气象学与气候学基础

(第二版)

李爱贞　刘厚凤　编

内 容 提 要

本书是大学本科地理学专业的专业基础课教材,以气候系统为主线,讲述了气象学、天气学和气候学的基本理论和基础知识。全书共分十一章,内容包括气候系统概述、辐射过程、大气热力学过程、大气中的水分、气压变化和空气运动、大气环流、天气系统、下垫面在气候形成中的作用、人类活动对气候的影响、气候的分布和分类、气候的变化等。结合各章的基本理论和基础知识,本书对气象、气候学领域的研究新成果进行了介绍,阐述了人类与大气圈的相互关系,由于人类的不合理开发活动造成的全球气候问题,以及与此有关的环境问题。

本书以其新颖的版式更接近于读者,适于用作高等院校地理专业的教材,亦可供环境、水文、农林等专业师生作教材,也可作为有关技术人员和中学地理教师的参考用书。

图书在版编目(CIP)数据

气象学与气候学基础/李爱贞,刘厚凤编.2版.—北京:气象出版社,2004.2
(2023.8重印)
ISBN 978-7-5029-3201-5

Ⅰ.气…　Ⅱ.①李…②刘…　Ⅲ.①气象学-高等学校-教材②气候学-高等学校-教材　Ⅳ.P4

中国版本图书馆 CIP 数据核字(2004)第 008851 号

Qixiangxue yu Qihouxue jichu

气象学与气候学基础(第二版)

李爱贞　刘厚凤　编

出版发行:	气象出版社		
地　　址:	北京市海淀区中关村南大街46号	邮政编码:	100081
电　　话:	010-68407112(总编室)　010-68408042(发行部)		
网　　址:	http://www.qxcbs.com	E-mail:	qxcbs@cma.gov.cn
责任编辑:	张锐锐　吴晓鹏	终　　审:	周诗健
封面设计:	博雅思企划	责任技编:	王丽梅
责任校对:	王丽梅		
印　　刷:	三河市百盛印装有限公司		
开　　本:	750mm×960mm　1/16	印　　张:	20
字　　数:	400千字	彩　　插:	4
版　　次:	2004年2月第2版	印　　次:	2023年8月第9次印刷
定　　价:	59.00元		

本书如存在文字不清、漏印以及缺页、倒页、脱页等,请与本社发行部联系调换

前　言

多年来作者一直从事高等师范学院地理本科专业的气象学与气候学的教学工作,对一本好的适用教材的重要性有着深切体会。借助"高等教育面向 21 世纪教学内容和课程体系改革研究"的东风,山东师范大学立项进行《气象学与气候学基础》教学内容和教材建设。经过历时两年的精心调查、探索和总结,我们完成了本教材的编写,它融入了课题组教师多年来在气象学与气候学课程上的教学经验和心得。针对课程设置的目的要求、教学对象素质不断提高以及在教学计划中教学时数有所减少等实际情况,我们精心选择了教材的内容和合理安排了章节的构架。

《气象学与气候学基础》是大学本科地理学专业的专业基础课,因此本书以气候系统为主线,围绕着影响气候形成和变化的各主要要素安排教学内容。第一、二章概述了气候系统,第三、四章分别介绍辐射过程和大气热力学过程,第五章介绍大气中的水分,第六章介绍气压变化和空气运动,第七章介绍大气环流,第八章介绍天气系统,第九章介绍下垫面在气候形成中的作用,第十章介绍人类活动对气候的影响,第十一章介绍气候的分布和分类,第十二章介绍气候的变化。

本教材编写的指导思想,一是全面介绍气象学和气候学基本理论和基础知识,以满足读者在学习其他相关课程,如地理学和环境学中所需的气象学和气候学基础知识;二是体现本领域最新的研究成果;三是能够适用于教和学。作为一本教学或自学用的教材,重要之处莫过于呈现给读者一个完整清晰的知识轮廓。我们在内容的选择、章节的编排、版式结构和形式上都尽量考虑到这一点。以下几方面是本书的特点：

简明清晰：为了充分适应学生的使用,本书在形式上一改同类教科书过于严肃单一的格式,在版式上力求创造一种清晰、易于接受的方式,如重要理论、结论、专业名词术语都以特殊字体或符号突出显示；引入身边发生的有关实例、气象谚语穿插于教材中,既加深对理论的理解,又提高了学生的学习兴趣;每一章最后的总结提要以最简洁的语言概括本章的重要内容,便于学生在学习时抓住重点;每章后附有的复习思考题,为学生复习提供了重要的辅助工具。

反映学科最新研究成果和动态:本书既完整介绍本学科的理论体系,更溶入了当代气象学和气候学最新研究成果和动态。如海气相互作用、厄尔尼诺-南方涛动;青藏高原对气候的影响的研究;城市气候、全球增暖、酸雨、臭氧洞等人类面临的环境问题等方面研究成果。注重人地和谐、可持续发展观念的培养。为了培养学生的环境意识,建立人地和谐、可持续发展的观念,本书始终贯穿人与大气圈相互影响的内容,尤其第十章以整章篇幅论述人类对气候的影响以及由此产生的全球气候和环境问题,警示读者从我做起,保护大气环境和自然环境。

难易兼顾,选择自如:考虑到课程时间安排,本书在内容选择上进行了精心的设计,在全面介绍核心内容的基础上,将较高深的内容以特殊字体单独安排,并在标题上标注"*"号,这部分内容作为选学内容,可以满足课时充裕的或求知欲特别强的学生;教学中时间特别紧促时可以跳过较难的部分,并不影响对本门课程核心内容的掌握。

配有多媒体直观教学软件:针对气象学、天气学教学抽象、难以建立空间概念的特点,本书在编写过程中特地制作了与教材内容密切相关的多媒体动画教学软件一套,将教材中难以理解的内容,如大气环流的形成、锋面气旋的结构、台风的形成和移动、梅雨形成的大气环流机制等以动画的形式展示其形成发展过程,减少了教和学的难度。

由于时间仓促,水平所限,本书一定存在不少缺点和不足,衷心希望广大读者给予批评指正,以便再版时修改。

作　者

2001年4月于山东师范大学

目 录

前言

第一章 绪论 ……………………………………………………………（1）
　§1.1 气象学与气候学的概念…………………………………………（1）
　　1.1.1 气象学的概念 ………………………………………………（1）
　　1.1.2 气候学的概念 ………………………………………………（2）
　§1.2 气象学与气候学在国民经济中的意义…………………………（3）
　　1.2.1 气象气候情报服务 …………………………………………（3）
　　1.2.2 天气、气候预报服务 ………………………………………（3）
　　1.2.3 气候资源的开发利用 ………………………………………（5）
　　1.2.4 人工影响天气和改善气候环境 ……………………………（5）
　§1.3 气象学和气候学的发展…………………………………………（6）
　总结与提要 ……………………………………………………………（8）
　复习思考题 ……………………………………………………………（8）

第二章 大气的基本情况 ………………………………………………（9）
　§2.1 大气圈和气候系统………………………………………………（9）
　　2.1.1 大气圈 ………………………………………………………（10）
　　2.1.2 水圈、陆面、冰雪圈和生物圈概述 ………………………（16）
　　2.1.3* 气候系统内部各成员间的相互作用 ………………………（17）
　§2.2 主要气象要素……………………………………………………（19）
　　2.2.1 气温 …………………………………………………………（19）
　　2.2.2 气压 …………………………………………………………（19）
　　2.2.3 湿度 …………………………………………………………（20）
　　2.2.4 降水 …………………………………………………………（21）
　　2.2.5 风 ……………………………………………………………（22）
　　2.2.6 云量和云状 …………………………………………………（24）
　　2.2.7 能见度 ………………………………………………………（24）
　§2.3 空气的状态方程…………………………………………………（25）
　　2.3.1 理想气体的状态方程 ………………………………………（25）

2.3.2　干空气的状态方程 ……………………………………………… (25)
　　　2.3.3　湿空气状态方程与虚温 ……………………………………… (25)
总结与提要 ………………………………………………………………………… (27)
复习思考题 ………………………………………………………………………… (28)

第三章　辐射过程 ……………………………………………………………… (29)

§3.1　辐射的基本知识 ………………………………………………………… (29)
　　　3.1.1　辐射与辐射能 …………………………………………………… (29)
　　　3.1.2　辐射光谱 ………………………………………………………… (30)
　　　3.1.3　物体对辐射的吸收、反射和透射 ……………………………… (30)
　　　3.1.4　辐射的基本定律 ………………………………………………… (31)
§3.2　太阳辐射 ………………………………………………………………… (33)
　　　3.2.1　大气上界的太阳辐射 …………………………………………… (33)
　　　3.2.2　太阳辐射在大气中的减弱 ……………………………………… (37)
　　　3.2.3　到达地面的太阳辐射 …………………………………………… (39)
　　　3.2.4　地面对太阳辐射的反射 ………………………………………… (43)
　　　3.2.5　地球行星反射率 ………………………………………………… (43)
§3.3　地面和大气的辐射 ……………………………………………………… (44)
　　　3.3.1　地面和大气的长波辐射 ………………………………………… (44)
　　　3.3.2　大气对长波辐射的吸收 ………………………………………… (45)
　　　3.3.3　地面有效辐射 …………………………………………………… (46)
　　　3.3.4　长波射出辐射 …………………………………………………… (47)
§3.4　辐射差额 ………………………………………………………………… (47)
　　　3.4.1　辐射差额 ………………………………………………………… (47)
　　　3.4.2　地气系统辐射差额的地理分布 ………………………………… (49)
§3.5　全球热量平衡 …………………………………………………………… (51)
　　　3.5.1　地面热量平衡 …………………………………………………… (51)
　　　3.5.2　全球热量平衡模式 ……………………………………………… (52)
§3.6　天文气候带 ……………………………………………………………… (53)
　　　3.6.1　赤道带 …………………………………………………………… (54)
　　　3.6.2　热带 ……………………………………………………………… (54)
　　　3.6.3　副热带 …………………………………………………………… (54)
　　　3.6.4　温带 ……………………………………………………………… (54)
　　　3.6.5　副寒带 …………………………………………………………… (54)

3.6.6　寒带 ………………………………………………………… (54)
　　　3.6.7　极地带 ……………………………………………………… (55)
　总结与提要 …………………………………………………………… (55)
　复习思考题 …………………………………………………………… (56)

第四章　大气的热力学过程 ……………………………………… (57)

§4.1　大气垂直运动中的热力学过程 ……………………………… (57)
　　　4.1.1　热力学第一定律在大气中的表达式 ………………… (57)
　　　4.1.2　干绝热过程 ………………………………………………… (58)
　　　4.1.3　湿空气的绝热过程 ………………………………………… (59)
　　　4.1.4　位温和假相当位温 ………………………………………… (61)
§4.2　大气静力稳定度 ………………………………………………… (62)
　　　4.2.1　大气稳定度 ………………………………………………… (62)
　　　4.2.2　逆温层 ……………………………………………………… (66)
§4.3　空气温度的局地变化 …………………………………………… (69)
　　　4.3.1　空气温度的个别变化和局地变化 …………………… (69)
　　　4.3.2　影响空气温度局地变化的因素 ………………………… (70)
§4.4　气温的时间变化 ………………………………………………… (73)
　　　4.4.1　气温的日变化和年变化 ………………………………… (73)
　　　4.4.2　气温的非周期变化 ………………………………………… (75)
　总结与提要 …………………………………………………………… (77)
　复习思考题 …………………………………………………………… (78)

第五章　大气中的水分 …………………………………………… (79)

§5.1　蒸发和凝结 ……………………………………………………… (79)
　　　5.1.1　水相变化 …………………………………………………… (79)
　　　5.1.2　饱和水汽压 ………………………………………………… (80)
　　　5.1.3　大气中水汽凝结的条件 …………………………………… (83)
§5.2　地表面的凝结现象 ……………………………………………… (85)
　　　5.2.1　露和霜 ……………………………………………………… (85)
　　　5.2.2　雾凇和雨凇 ………………………………………………… (86)
§5.3　大气中的凝结现象 ……………………………………………… (87)
　　　5.3.1　雾 …………………………………………………………… (87)
　　　5.3.2　云 …………………………………………………………… (90)

§5.4 降水···(95)
    5.4.1 降水概述··(95)
    5.4.2 降水的成因··(96)
总结与提要··(102)
复习思考题··(102)

第六章 气压变化和大气的水平运动···(103)

§6.1 气压的变化··(103)
    6.1.1 气压随高度的变化··(103)
    6.1.2 气压随时间的变化··(106)

§6.2 气压场··(109)
    6.2.1 等压线和等压面··(109)
    6.2.2 气压场的基本形式··(111)
    6.2.3 气压系统的空间结构··(114)

§6.3 大气的水平运动···(116)
    6.3.1 作用于空气的力··(116)
    6.3.2 自由大气中的空气水平运动··(120)
    6.3.3 摩擦层中空气的水平运动··(125)

§6.4 空气的垂直运动···(127)
    6.4.1 对流运动··(127)
    6.4.2 系统性垂直运动··(127)
总结与提要··(128)
复习思考题··(129)

第七章 大气环流···(131)

§7.1 大气环流形成的基本因子···(131)
    7.1.1 太阳辐射因子··(131)
    7.1.2 地球自转的作用··(132)
    7.1.3 地表性质的作用··(134)
    7.1.4* 地表的摩擦作用··(136)

§7.2 大气环流的平均特征··(137)
    7.2.1 平均纬向环流··(137)
    7.2.2 平均经圈环流··(138)
    7.2.3 平均水平环流··(139)

　　　　7.2.4* 急流 …………………………………………………… (141)
§7.3　大气环流的变化 …………………………………………………… (145)
　　　　7.3.1　大气环流的年变化 …………………………………………… (145)
　　　　7.3.2* 大气环流的中、短期变化 …………………………………… (146)
§7.4　环流在气候形成中的作用 ………………………………………… (146)
　　　　7.4.1　环流与热量输送 ……………………………………………… (146)
　　　　7.4.2　大气环流与水分循环 ………………………………………… (148)
　　　　7.4.3　行星风系与气候 ……………………………………………… (149)
　总结与提要 ………………………………………………………………… (151)
　复习思考题 ………………………………………………………………… (152)

第八章　天气系统 …………………………………………………… (153)

§8.1　气团和锋 …………………………………………………………… (153)
　　　　8.1.1　气团 …………………………………………………………… (153)
　　　　8.1.2　锋 ……………………………………………………………… (156)
§8.2　中高纬度天气系统 ………………………………………………… (167)
　　　　8.2.1　中高纬度高空主要环流系统 ………………………………… (167)
　　　　8.2.2　温带气旋和反气旋 …………………………………………… (170)
§8.3　低纬度天气系统 …………………………………………………… (176)
　　　　8.3.1　副热带高压 …………………………………………………… (176)
　　　　8.3.2　赤道辐合带 …………………………………………………… (182)
　　　　8.3.3* 东风波 ………………………………………………………… (183)
　　　　8.3.4　热带气旋 ……………………………………………………… (183)
§8.4* 天气预报简介 ……………………………………………………… (190)
　　　　8.4.1　天气图的一般知识 …………………………………………… (190)
　　　　8.4.2　天气预报的基本知识 ………………………………………… (194)
　总结与提要 ………………………………………………………………… (197)
　复习思考题 ………………………………………………………………… (198)

第九章　下垫面对气候的影响 ……………………………………… (199)

§9.1　海陆差异对气候的影响 …………………………………………… (199)
　　　　9.1.1　海洋性气候与大陆性气候 …………………………………… (199)
　　　　9.1.2* 洋流对气候的影响 …………………………………………… (202)
　　　　9.1.3　海陆热力差异与周期性风系 ………………………………… (204)

9.1.4　海气相互作用及其对气候的影响 ……………………………… (207)
　§9.2　地形起伏对气候的影响 ……………………………………………… (211)
　　　9.2.1　高大地形对气温的影响 ……………………………………… (212)
　　　9.2.2　地形对气流的影响 …………………………………………… (214)
　　　9.2.3　地形对降水分布的影响 ……………………………………… (217)
　§9.3　冰雪覆盖对气候的影响 ……………………………………………… (219)
　　　9.3.1*　世界冰雪覆盖概况 ………………………………………… (219)
　　　9.3.2　冰雪覆盖与气温 ……………………………………………… (220)
　　　9.3.3*　冰雪覆盖与大气环流和降水 ……………………………… (221)
　总结与提要 ……………………………………………………………………… (223)
　复习思考题 ……………………………………………………………………… (224)

第十章　人类活动对气候的影响 …………………………………………… (225)

　§10.1　大气成分改变对气候的影响 ……………………………………… (225)
　　　10.1.1　温室气体排放及其对气候的影响 ………………………… (225)
　　　10.1.2　臭氧层耗竭 ………………………………………………… (231)
　　　10.1.3　人为硫污染与酸雨 ………………………………………… (233)
　　　10.1.4　人为气溶胶变化及其气候效应 …………………………… (234)
　§10.2　下垫面的性质与局地气候的形成 ………………………………… (235)
　　　10.2.1　改变下垫面性质的气候效应 ……………………………… (235)
　　　10.2.2　人类活动形成的特殊气候 ………………………………… (239)
　　　10.2.3　沙尘暴 ……………………………………………………… (244)
　总结与提要 ……………………………………………………………………… (246)
　复习思考题 ……………………………………………………………………… (246)

第十一章　气候的分布和气候分类 ………………………………………… (247)

　§11.1　气温和降水的地理分布 …………………………………………… (247)
　　　11.1.1　海平面气温的地理分布 …………………………………… (247)
　　　11.1.2　降水的地理分布 …………………………………………… (249)
　§11.2　气候分类的基本原理 ……………………………………………… (253)
　　　11.2.1　纬度地带性规律 …………………………………………… (253)
　　　11.2.2　非地带性规律 ……………………………………………… (254)
　§11.3　世界气候分类方法 ………………………………………………… (257)
　　　11.3.1　实验分类法 ………………………………………………… (257)

11.3.2　成因分类法……………………………………………(261)
　　11.3.3　理论分类法……………………………………………(265)
总结与提要……………………………………………………………(271)
复习思考题……………………………………………………………(272)

第十二章　气候变化……………………………………………(273)

§12.1　气候变化的史实………………………………………………(273)
　　12.1.1　地质时期的气候变化……………………………………(273)
　　12.1.2　历史时期的气候变化……………………………………(276)
　　12.1.3　近代气候变化特征………………………………………(280)
§12.2　气候变化的可能原因…………………………………………(282)
　　12.2.1　太阳辐射的变化…………………………………………(283)
　　12.2.2　下垫面地理条件的变化…………………………………(286)
　　12.2.3　宇宙-地球物理因子………………………………………(289)
　　12.2.4　大气环流的变化…………………………………………(290)
　　12.2.5　人类活动引起的气候变化………………………………(291)
总结与提要……………………………………………………………(291)
复习思考题……………………………………………………………(292)
附图　世界气温、降水资料测站位置图………………………………(293)
附表　世界气候资料表…………………………………………………(294)
主题词索引………………………………………………………………(300)
参考文献…………………………………………………………………(305)

第一章 绪 论

§1.1 气象学与气候学的概念

包围地球的气体圈层,称为大气层。研究大气结构、组成、物理现象、化学反应、运动规律及其它问题的科学,称为**大气科学**。大气科学按传统概念可分为两门学科——**气象学**与**气候学**。

1.1.1 气象学的概念

气象学是大气科学的主要部分,是地球物理学中的重要分支。气象学是研究大气现象(风、云、雨、雪、干、湿、雷、电等)及其状态(温度、压强、湿度、密度等)的形成原因、变化规律和时空分布的科学。大气中的冷与暖、高压与低压、干与湿、晴与雨、动(风)与静等矛盾,既表现为对立,又在一定条件下呈现出相对的统一。正是这种矛盾的对立与统一决定了气象现象与气象过程的演变和发展。气象学的任务是查明大气中各种现象和过程之间互相联系、互相制约的规律性,并把这些规律应用于实际,以便合理地利用自然和改造自然,为人类造福。

由于气象学的范围很广泛,不同问题的研究方法也有一定差异,所以气象学在发展过程中分成了许多分支学科。例如,根据研究方法可分为理论气象学和实验气象学,前者包括动力气象学和大气物理学,后者包括大气探测、雷达气象学、无线电气象学、气象仪器学等。按传统,气象学可分为以下三个分支:

1.1.1.1 物理气象学

从物理学方面来研究大气的现象和过程,揭露支配它们发展的物理定律,称为**大气物理学**。大气物理学包括大气热力学、大气动力学、大气光学、大气电学、大气声学等。其中大气动力学部分发展比较完善,构成了**动力气象学**。

1.1.1.2 天气学

某一瞬间大气的状态和大气现象的综合称为**天气**。研究地理条件不同的区域内所发生的大气过程的规律,以寻求预测天气变化方法的学科便是**天气学**。

1.1.1.3 动力气象学

运用大气动力学与大气热力学相结合的观点和方法研究大气现象的理论性学科是**动力气象学**。动力气象学主要研究大气运动状态,选取气压、大气密度、水汽含量等参量以及空气运动的三个速度分量,建立大气方程组,用解析法或数值法求解。

如按地球表面对大气物理现象和物理过程影响的程度,将大气人为地分为三层,作为研究对象,因而构成了三个气象学部分:把研究发生于近地面层(约1500m以下)大气的物理现象和过程的部分,称为**近地面层大气物理学**;将在近地面层之上,直到约100km高空中发生的物理现象和过程的研究,称为**高空气象学**,或称为**自由大气物理学**;对于100km以上高层大气的现象和过程的研究,则构成**高层大气物理学**。由于贴地气层有限区域里大气的物理现象和过程,最深刻地影响着地表各种各样的生命活动,不少学者长期对此作了颇有成效的研究,因而又发展为另一气象学部分,称为**微气象学**。

从应用观点出发,气象学可分为农业气象学、水文气象学、污染气象学、航空气象学、航海气象学、军事气象学、医疗气象学等。

1.1.2 气候学的概念

气候的概念是和天气的概念紧密联系着的。**气候**是在太阳辐射、下垫面和大气环流的影响下形成的天气的多年综合状况。气候不同于天气。天气是短时间尺度(或高频)的大气现象和过程;气候则是长时间尺度(或低频)的大气现象和过程,是多年天气的综合,包括多年的大气平均状态和极端状态。一个地区的气候条件通常使用气候要素的平均值与极端值表示。世界气象组织认为,30年时段的气候平均状况具有一定的代表性,基本上能反映出当地的气候特征。这个30年为一周期的统计时段就是表示气候特征的最短年限,而各个30年统计时段气候的统计平均之间的差异称为**气候变化**,在30年内各个年份之间的差异称为**气候变率**。

气候学是研究气候的特征、分布、变化、形成及其与人类活动相互关系的学科。由于气候的特征反映了天气的多年综合情况,因此气象学是建立和发展气候学的一个主要基础。本书的气候学部分主要涉及天气气候学,它是研究那些造成某种类型气候的气候形成过程,它特别重视环流因素,并用一般大气环流过程来解释各种气候;当然,它也考虑到太阳辐射和下垫面的影响。

气候学内容丰富,范围广泛,分支也多。如按研究所用的原理和方法可分为**天气气候学**、**物理动力气候学**和**自然气候学**等。按研究的尺度可分为**大气候学**、**中气候学**和**小(微)气候学**。按研究时段和所用资料可分为**古气候学**或**地质时期气候学**,**历史时期气候学**和**近代气候学**等。

气候学在国民经济和国防建设中有广泛的应用,结合各相应专业的特点,就发展成各应用气候学的分支,如**建筑气候学**、**农业气候学**、**航空气候学**、**航海气候学**、**医疗气候学**等。在解决气候学问题时,要结合实际,综合运用各种方法,所以气候学的分支彼此相辅相成,并无矛盾。

§1.2 气象学与气候学在国民经济中的意义

天气气候是自然环境的一个组成部分。人类的经济和社会发展活动,如果顺应气象学和气候学规律,就能提高其完成各项活动的能力,在不同的天气、气候条件下,做到顺天时,量地利,获得最大的经济效益和社会效益;若违背气象学和气候学规律,就要受到来自自然界的惩罚。

1.2.1 气象气候情报服务

对气象观测资料进行整理分析,找出它们的规律性,供生产建设部门应用,是气象气候的情报服务功能。农业是与气象和气候条件关系最密切的部分,为农业和有关经济部门提供定期和不定期的农业气象和农业气候服务,以便分析与鉴定气象和农业气象条件正常与异常状况及其对各种作物生长发育的利弊,包括灾害种类、强度、受灾范围等,从宏观上了解与掌握过去一段时间内农业生产概况和发生的重要事件,评价作物生育期或全年的农业气候条件,及时作出安排和调整。除农业外,气象气候情报服务的范围很广,例如,在水利建设中,为了做好流域的总体规划、水库设计、灌溉工程、防洪等工作,需要月、年平均降水量、最大降水量、降水强度、暴雨持续时间与范围、降水变率等等的统计资料及其综合研究成果。在城市建设中,为了合理地布置工厂与住宅区,需要盛行风向、风速和浑浊度指数的资料;建设高大建筑物(如电视塔、水塔、烟囱)时,需要风压和雪压资料。在设计粮食仓库、印刷厂、造纸厂时,需要考虑温度、湿度和风的状况,进行厂房内的温度、湿度调节和通风。又如航空运输,随时都需要气象情报来保证飞行安全,飞机的起飞、飞行和降落,都要参照天气情况来决定。至于飞机场的选择,跑道方向的决定,非有当地的气候资料不可,例如在西南风盛行的地方,机场跑道呈西南-东北向就更为适宜。

1.2.2 天气、气候预报服务

1.2.2.1 天气预报服务

准确的天气预报,对于合理安排工农业生产,预防自然灾害,最大限度地减少灾害造成的损失,都有着重大意义。气象保障在国防建设和科学技术的发展中同样有着重要作用。例如,利用短期和中、长期的天气预报,可以加强各种农事活动的计划性,如播种、移栽、收割等。比较当前的天气条件和农作物的发育过程就可预测到将来的收成。为了保护农作物,避免或减轻一切不良天气现象,如霜冻、干旱、大风、暴雨等的危害,必须洞悉这些天气现象的发展规律以及造成这些现象的天气过程的机率,这不仅能提高预报效果,并有助于找出防止有害天气和气候影响的更有效方法。此外,农业虫害、病害、病毒的发生与气象条件有一定的关系,如能深入地分析彼此间的关系,找出其发生的前期气象因子,便可根据这些气象因子的出现作出预报,采取相应的防治措施,减轻病虫害的危害。又如,海、陆、空交通和邮电通讯也与天气条件有密切关系。海洋上常有大风和海雾,对航行有很大影响,必须弄清海域的盛行风向、风暴路径与频率、海冰的厚度、浓雾的频数,以便选择安全、节能、省时的航线。在航行时,要依靠天气预报,作好防御工作。阵雨、大风、积雪和雨凇都会影响陆上交通和通讯,特别是大量雨凇会压断电线、折断电杆,使通讯遭受破坏。航空路线的选择,应根据云量、云状、云高、风向、风速、能见度等气象资料,来确定安全舒适的航线。

此外,水利建设、森林保护、渔业和盐业生产、医疗卫生等部门都需要天气预报。例如,防汛抗洪需要汛期降水量预报,特别是大雨、暴雨的落区、持续时间的预报。预防森林灾害,如火灾、风灾、雪压等,都必须利用天气预报及早采取措施,防患于未然。捕鱼与风的关系密切,风力适宜既有利于渔船出海,又有利于鱼类群栖,因此准确的风力预报可以指导渔业生产。盐业生产过程实质上是海水蒸发过程,需要了解日照、气温、湿度、风向、风速和晴雨日数等气象资料,一次生产作业过程最好有七八天的晴天,最忌中途出现大雨,这就需要准确的天气预报。

1.2.2.2 气候预报服务

气候预报是一个复杂的综合性科学问题,现在还处在试验研究阶段。目前正在研究试验利用物理的方法预报气候系统的自然变化,而基本上使用统计学方法并综合其它方法做出的预报,都是建立在某些假定基础上实现的,多是一些气候变化趋势的概率预测,虽然可靠性受到一定的限制,但仍有一定的实用价值。

为了做好国民经济长期发展规划,需要对未来气候变化趋势作出预测。据研究,从现在起到本世纪中期气候变化的总趋势是增暖。在气候变暖时期,降水量、降水的地区分布以及蒸发量、河川径流量都会发生变化。在作长期发展规划时,必须考虑这些气候变化趋势。气候变暖,海平面上升,大片海涂被淹没,海岸侵蚀加剧,海堤需加高加固,风暴潮影响增加,内陆排水困难,海水内侵,沿岸建筑受到威胁。在开发沿海地区时,必须考虑这些因素。

我国地域辽阔,经常发生气候异常,发展农业生产需要了解气候异常及其所引起的灾害。例如,安排明年农业生产,就要提前知道春旱、伏旱、夏季低温、春季低温、连阴雨、秋季寒露风等气候灾害是否发生及其发生的时间和地点。这就要求了解这些气候灾害发生的物理原因和大气环流背景,根据前期大气环流与气候变化的关系,预测未来气候异常出现的时间、地点及其造成的灾害。各有关部门根据气候预测,及早采取措施,进行防御。

1.2.2.3 展望性气候影响评价

各生产建设部门即使获得了天气预报和气候预报,也常常不能确定所预报的天气现象、气候状态对他们会有什么样的影响。展望性气候影响评价就是为解决这些问题而开展的一种服务活动。

展望性气候影响评价的形式和思路有以下四种：

①依据长期天气预报编制展望性评价。这是在长期天气预报较准确的前提下，对所预报的气象因子在未来一定时期内的影响进行评价；

②利用气候影响的滞后性编制展望性评价。这是对大量的气候和经济资料进行统计分析，或通过试验方法找出某些气候因子对某些经济生产后期过程的影响指数或评价模式，对有关经济或产量等作出预测；

③采用积温法编制展望性评价。某一作物由一个生育期到另一个生育期所需要的有效积温是比较稳定的，因此可利用有效积温和生物学下限温度来预测物候期、收获期和病虫害发生期；

④早期警告评价。对已经发生或正在发生的重大天气、气候事件（如台风、龙卷风、干旱、洪涝、高温、强冰雹、霜冻、雪灾等）在将来一定时期内，可能造成的不利影响进行估计，以专门报告或其他形式及时提供给有关部门或用户。

1.2.3 气候资源的开发利用

资源是同物质财富生产有关的原材料和能源。**气候资源**就是可以在生产物质财富的过程中作为原材料或能源利用那些气候要素或现象的总体。例如，大气降水是人们生活和生产活动必不可少的水分来源，太阳辐射则是农作物光合作用必不可少的能源，空气的温度是人们生活和作物生长的重要条件，大气中的氧和二氧化碳等要素都是生物必需的重要物质，这些都是气候资源的重要组成部分。随着社会的发展，越来越多的气候要素和气候现象有了资源价值，原来的气候资源的价值也越来越显著。例如，旅游业的兴起使许多无法得到开发利用的气候要素，转变为宝贵的气候资源。众多的人类活动对气候的要求不一。对某种活动有益，是一种资源，但对另一种活动就可能不利，却是一种灾害。如持续干旱，对农业生产不利，使它缺乏十分重要的水资源，但对盐业生产来说，正是日光能源丰富的生产良好季节。

在深入了解各地气候特点的基础上，合理开发利用和保护当地的气候资源，对于维持经济、社会、环境这一复合生态系统的动态平衡及提高社会、经济的可持续发展能力有重要意义。

1.2.4 人工影响天气和改善气候环境

人工影响天气是用人工方法改变天气发展过程的措施。如人工增雨、人工抑雹、人工消雾、人工消云、人工防霜、人工抑制闪电和人工削弱台风等。

人类对气候环境的改善，有大范围的，也有小范围的。大范围改善气候环境的工程有：跨流域调水、大面积垦荒、兴建大型水库、营造防护林带等等。这些大工程对农业、对人类关系重大，气候工作者要预先作好研究，提出建议，使其为人类造福。小范围改善局地气候环境主要是通过改变下垫面的辐射特性、温湿状况和动力条件等，使其有利于人类活动和动、植物生长，如绿化城市、绿化荒山、建造房屋、兴建水库、玻璃温室、塑料大棚、地膜覆盖、设置风障、营造防护林等等。这是人们利用局地气候易于控制和改造的特点，克服不利的气象条件的一种重要手段。

> 我国是世界上气象灾害种类最多、损失最严重的少数几个国家之一。国家气象系统以保护人民生命财产安全和为社会主义建设服务为宗旨，及时提供各种气象服务，为减灾防灾努力工作，作出贡献。
>
> 中央电视台卫星频道每天还向全国和全世界五大洲80多个国家和地区播出电视天气预报，约有8亿多人次收看，是收视率最高的节目之一。国家气象中心电视天气预报节目开创于20世纪80年代初，是世界上第一个由气象部门独立建立系统并制作电视天气预报节目的国家，现在正在筹建新一代数字化电视天气预报制作系统，系统建成后将使我国电视天气预报制作系统达到世界先进水平。
>
> 海洋气象导航是利用现代天气预报技术和海洋气象导航业务系统，结合航海、计算机和通信技术，为国内外远洋航行提供最佳航线推荐、跟踪导航保障服务。目前导航范围遍及全球三大洋和南北极海域，准确、及时、全天候的技术咨询，有效地指导船舶安全航行，获得节时、节能等经济效益。我国已成为世界上能开展气象导航业务的为数不多的国家之一。

§1.3　气象学和气候学的发展

气象和气候很早就为人类所注意了，这是因为人们生活在大气之中，无论是生产活动或日常生活，都会受到天气和气候的影响。随着人类社会生产的发展，气象学与气候学也逐渐发展起来。

我国自周朝以来，许多典籍中都有关于气象和气候知识的记载。像《易经》、《书经》、《诗经》、《礼记》等历代史书、地方志等；又如《孙子兵法》、《本草纲目》、《博物志》、《山海经》、《田家五行》等，即使唐诗、《楚辞》等文学作品中也收集有很多描述天气的内容。古代遗留下来的宝贵经验，在《图书集成》一书中集其大成。

在国外，古代的底格里斯河和幼发拉底河流域的楔形文字碑上，也记载许多有关天气的知识。古希腊人、哲学家和医生的天气神话和推测各种天气和气候发生原因的知识也是很丰富的。例如，希腊哲学家亚里士多德(Aristotle)所著《气象学》(约为公元前350年)，对一些天气现象作过适当的解释。而传统意义上的"气象学"这个名词正是源于希腊文 meteoros 和 logos，意为"上空的"和"推理"。又如，希腊医生希波克拉底(Hippocrates)所著《空气、水和地方》(约为公元前400年)是一篇较好的气候志。

从古代到16世纪，气象和气候的研究只限于零碎的定性观察和描述，还谈不到是独立的科学。由于17世纪工业的发展，推动了自然科学的发展，物理学有显著的成就，较精密的气象仪器相继发明，气象和气候的理论也得到大大提高，使气象学和气候学逐步发展为独立的科学，进入了定量描述阶段。19世纪初到20世纪中叶，由于天气图的发明和使用，锋面学说、长波理论和降雨学说的出现和应用，大气现象得到了系统研究。20世纪50年代以后，气象学与气候学的发展更为迅速，**大气科学**这个术语也随之日益广泛应用，大大扩充了传统气象学的研究内容。其发展大致有以下四个特色：第一是开展大规模的观测实验。由于观测系统有了激光、雷达、人造地球卫星，大规模的综合遥测、遥感，使得几小时的短期灾害性天气预报不再纯是预报问题，而变成了对实况的跟踪加预报。技术的进步促进了基础理论的发展，如现在已能把大气环流基本状态和它的季节变化模拟出来，从而对它有了更深入的理解。探测技术的发展还促进了光和辐射等在大气中传播规律的基础研究。第二是利用计算机对大气现象定量地进行数值模拟试验。从此，气象科学摆脱了定性描述阶段，进入定量地深入地研究各种大气物理过程的新阶段。第三是越来越把大气作为一个整体进行研究，把对流层与平流层、中、高纬度与低纬度、南半球与北半球结合起来进行研究。同时，也越来越注意海洋与陆地表面的物理性质对天气和气候的影响。第四是越来越注意人类活动与气候之间的相互影响方面的研究，特别是人类活动有可能引起全球尺度气候变化的问题，发展了气候模拟技术，同时越来越注意气候变迁的研究。

与20世纪前60年相比较，气候学的概念发生了深刻变化。如果把20世纪70年代以前的气候学称为**传统气候学**，而把70年代及其以后的气候学称为**当代气候学**，那么当代气候学至少具有以下三个特点：

①传统气候学把气候当作静态来研究，只是描述某地区的气候特点，而当代气候学则把气候看作是具有不同尺度（如年际尺度、十年际尺度、百年际尺度和千年际尺度等）变化的复杂系统，要求预测某个地区或全球范围的各种时间尺度的气候变化；

②传统气候学把气候因子局限于大气内部种种过程，而当代气候学认为气候形成和变化不仅是大气内部状态和行为的反映，而且是与大气有明显相互作用的海洋、冰雪圈、陆地表面及生物圈所组成的复杂系统的总体；

③在研究方法上，当代气候学除了继承并发展了传统气候学的统计方法外，还要求对气候系统进行全面系统的观测和综合分析，并对气候系统相互作用过程和气候形成、变化的动态过程进行物理－动力学理论研究和数值模拟。

气象学与气候学正在经历着深刻的变革，已经以"大气科学"这个统一的学科名词出现在世人面前，而且它将在这场变革中发展自己的理论，并在生产建设中发挥更大的作用。

总结与提要

在绪论的学习中应该了解如下问题:

1. 气象学与气候学的研究对象

大气圈与岩石圈、水圈、生物圈共同组成了自然地理环境,作为一门自然地理学学科——气象学,其研究对象即为大气圈。在大气中发生着不同的物理过程,如:辐射能的发收与放射、热量的传导和对流、水分的蒸发和凝结,这些物理过程在一定条件下产生风、云、雨、雪、虹、晕和雷电等壮观多变的大气现象。由于地理位置和太阳的周年变化形成了寒暑交替的四季变化和不同地域的气候和地理景观千变万化,所有这些构成了气象学与气候学的研究内容。概括地说:气象学与气候学的研究对象是大气的物理过程和物理现象及其时间与空间分布规律。由于研究方法差异和角度的不同,气象学有许多分支学科。

2. 为什么学?

(1)人类生活在大气中,天气气候与人类息息相关。气象与农业、渔业、交通、工业、国防、水利建设等都有密不可分的关系。天气气候可以给人类提供资源,也会给人类带来灾害,地球上频繁发生的自然灾害中,气象灾害约占7成。干旱、洪涝、台风等对人类财产和生命构成极大威胁。另外,一些新的气候问题也困扰着人类,如:全球变暖、臭氧洞的产生、厄尔尼诺等气候异常。要解决这些问题,减少气象灾害对人类的危害,只能依赖对大气内在规律更深入的研究和探索。

(2)气象学和气候学是其它地理学和环境学等相关学科学习的基础。大气圈作为自然地理环境的组成部分与其它各圈层相互影响、相互作用:地球上的不同植被类型的分布基本上决定于气候条件,主要是热量和水分;气候条件还形成了不同地域的水文特征,同时还与岩石条件共同造就了不同的地貌和土壤特征。有人甚至提出气候是自然环境的第一决定因素。另外,气象条件是大气污染的重要决定因素之一。

(3)气象学和气候学的发展大致经历了萌芽时期、发展时期和近代发展三个阶段。

复习思考题

1. 什么是气象学?什么是气候学?它们有哪些主要分支?
2. 气象学和气候学在国民经济中的重要作用主要表现在哪些方面?

第二章 大气的基本情况

§2.1 大气圈和气候系统

包围地球的一层大气叫大气圈,它是气候系统的重要组成部分之一。

气候系统是20世纪60年代以后出现的一个新概念。**气候系统**是那些能够决定气候形成及其变化的各种因子的统一体。由于气候的时间尺度和空间尺度不同,仅考虑上下边界层之间的大气层是不够的,必须考虑气候系统的各个组成部分。按照世界气象组织(WMO)的意见,完整的气候系统应包括五个物理组分:大气圈、水圈、冰雪圈、陆地表面和生物圈,如图2.1所示。图中实箭头表示气候变化的外部过程,空箭头表示气候变化的内部过程。

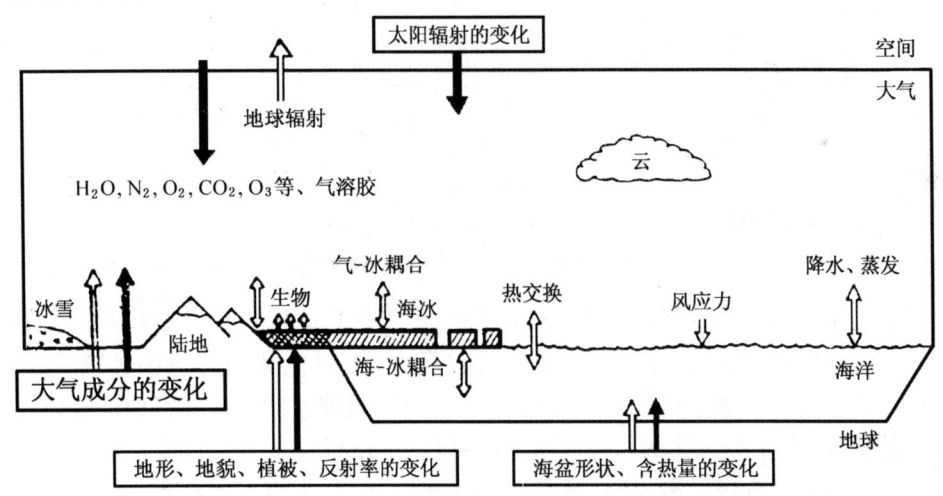

图2.1 气候系统示意图(引自GARP,1975)

在气候系统中存在多种气候过程,如辐射过程、云过程、陆面过程、海洋过程、冰雪圈过程、二氧化碳过程等,这些状态变量的变化密切相联。就其演变的时间尺度而言,可以把地球周围的气体、液体和冰雪看成气候的内部系统,而把全部陆地和地球周围的宇宙空间看成外部系统(或称强迫系统)。就影响气候系统状态变化的因子而言,可分为内部因子和外部因子。前者是本身参与变化,具有反馈作用的那些因子,后者是指可以影响气候而它本身又不受气候影响的那些因子。太阳辐射、地球轨道参数变化、大陆漂移、火山活动等均是外部因子。其中太阳辐射是气候形成和变化的最主要的外部因子。气候系统各成员之间的相互作用为内部因子,如温度-冰-反射率的反馈,水汽-辐射反馈,生物-地球反馈等。外部因子必须通过系统内部的相互作用,才能对气候产生影响。

2.1.1 大气圈

大气圈是地球的气体包围圈,也是气候系统中最活跃的、变化最大的组成部分。通过铅直的和水平的热量传输,大气圈对于外部施加影响的响应时间约为一个月。如果没有补充大气动能的过程,动能因摩擦作用而耗尽的时间大约也是一个月。

2.1.1.1 大气的组成

大气是由多种气体混合组成的气体及浮悬其中的液态和固态杂质所组成。

(1)**干空气**:大气中,除水汽、液体和固体杂质外的整个混合气体,称为干洁空气,简称**干空气**。表2.1列举了其气体成分。

表2.1 大气的气体组成成分

气体成分	分子式	所占体积	气体成分	分子式	所占体积
氮	N_2	78.08%	氧	O_2	20.98%
氩	Ar	0.93%	二氧化碳	CO_2	0.34mL/L
氖	Ne	1×10^{-2}mL/L	氪	Kr	1×10^{-3}mL/L
氙	Xe	8×10^{-5}mL/L	甲烷	CH_4	2×10^{-3}mL/L
一氧化二氮	N_2O	3×10^{-4}mL/L	臭氧	O_3	不定($2\times10^{-5}\sim1\times10^{-2}$)mL/L
二氧化氮	NO_2	1×10^{-6}mL/L			

注:引自 A. Henderson-Sellers,P. J. Robinson,Contemporary Climatology,Longman Scientific & Technical,1987。

干空气中,氮(N_2)、氧(O_2)和氩(Ar)三者合占大气总体积的99.96%。其它气体含量甚微,其总含量不超过0.04%。在各种成分中,二氧化碳的含量因地而异,约为0.02%~0.04%。臭氧含量则随高度而有较大变化,但因它们含量都很少,不影响空气成分总的情况。各主要气体的百分比从地面直到90km的高度基本保持不变,这主要是由于空气的垂直混合运动造成的。除表中所列的气体外,干空气还存在含量极少,变化很大的一些化合物,如二氧化硫、一氧化碳和双氧水等。在90km以下可以把干洁空气当成分子量为28.97的"单一成分"来处理。标准状况下(气压1013.25hPa,温度0℃),其密度约为1293g/m³。在90km以上,大气的主要成分仍然是氮和氧,但平均约从80km开始,由于紫外线的照射,氧和氮已有不同程度的离解,在100km以上,氧分子已几乎全部离解为氧原子,到250km以上,氮也基本上都离解为氮原子。

在自然界大气的温度和压力条件下,干空气的所有成分都处于气态,而且都离液化的程度很远,因此可以近似地把干空气看成是理想气体。

氮是大气中最多的气体,约占干空气质量的75%,它是地球上生命体的基本成分。氮在自然条件下可通过豆科植物根瘤菌的作用,被改造为易被植物吸收的化合物,固定到土壤中成为植物的良好养料。

氧是大气中次多的气体,约占干空气质量的23%,它是一切生命所必需的,动、植物的生长都少不了它。氧还决定着有机物质的燃烧、腐败和分解过程。

臭氧、二氧化碳、甲烷、氮氧化物(N_2O、NO_2)和硫化物(SO_2、H_2S)等在大气中的含量虽很少,但对大气温度分布及人类生活却有较大的影响。

大气中的臭氧主要是由于在太阳短波辐射下,通过光化学作用,氧分子分解为氧原子后再和另外的氧分子结合而形成的。另外有机物的氧化和雷雨闪电的作用也能形成臭氧。大气中的臭氧分布是随高度、纬度等的不同而变化的。在近地面层臭氧含量很少,从10km高度开始逐渐增加,到12~15km以上臭氧含量增加得特别显著,在20~30km高度处达最大值,再往上则逐渐减少,到55km高度上就极少了。造成这一现象的原因是由于在大气的上层,太阳短波的强度很大,使得氧分子离解增多,因此氧原子和氧分子相遇的机会很少,即使臭氧在此处形成,由于它吸收一定波长的紫外线,又引起自身的分解,因此在大气上层臭氧的含量不多。在20~30km高度这一层中,既有足够的氧分子,又有足够的氧原子,这就造成了臭氧形成的最适宜条件,故这一层又称**臭氧层**。在低于这一层的空气中,太阳短波紫外线大大减少,氧分子的分解也就大为减弱,所以氧原子数量减少,以致臭氧减少。

臭氧能大量吸收太阳紫外线,使臭氧层增暖,影响大气温度的垂直分布,从而对地球大气环流和气候的形成起着重要的作用。同时它还形成一个"臭氧保护层",大大降低了到达地表的对生物有杀伤力的短波辐射(波长小于$0.3\mu m$)强度。从而保护着地表生物和人类。

大气中臭氧的含量与纬度、季节有关。在纬度分布上,低纬少,高纬多;高纬的季节变化明显,以春季最多,秋季最少,低纬的季节变化则不明显。大气中的臭氧含量还具有强烈的日变化。这种变化与天气有关,例如,厚度较大的极地冷气团移来时,常使臭氧含量增加,而低纬暖气团移来时,则常使臭氧含量减少。故臭氧含量的增减能在一定程度上反映高空(平流层和对流层上部)的大气状况和气团的活动。

观测表明,近年来大气平流层中的臭氧有减少的现象,尤以南极为最。据研究这与在制冷工业中人为排放氟氯烃的破坏作用有关。

大气中的二氧化碳、甲烷、一氧化二氮等都是温室气体,它们对太阳辐射吸收甚少,但却能强烈吸收地面辐射,同时又向周围空气和地面放射长波辐射。因此它们都有使近地面空气和地面增温的效应。观测证明,近数十年这些温室气体的含量有与年俱增的趋势,这与人类活动关系十分密切。

(2)**水汽**:大气中的水汽来自江、河、湖、海及潮湿物体表面的水分蒸发和植物的蒸腾,并借助空气的垂直交换向上输送。空气中的水汽含量有明显的时空变化,一般情况是夏季多于冬季。低纬暖水洋面和森林地区的低空水汽含量最大,按体积来说可占大气的 4%,而在高纬寒冷干燥的陆面上,其含量则极少,可低于 0.01%。从垂直方向而言,空气中的水汽含量随高度的增加而减少。观测证明,在 1.5~2km 高度上,空气中的水汽含量已减少为地面的一半;在 5km 高度,减少为地面的 1/10;再向上含量就更少了。

大气中水汽含量虽不多,但它是天气变化中的一个重要角色。在大气温度变化的范围内,它可以凝结或凝华为水滴或冰晶,成云致雨,落雪降雹,成为淡水的主要来源。水的相变和水分循环不仅把大气圈、海洋、陆地和生物圈紧密地联系在一起,而且对大气运动的能量转换和变化,以及对地面和大气温度都有重要的影响。

(3)**大气气溶胶**:大气中悬浮着多种固体微粒和液体微粒,统称大气**气溶胶粒子**。固体微粒有的来源于自然界,如火山爆发的烟尘,被风吹起的土壤微粒,海水飞溅扬入大气后蒸发留下的盐粒、细菌、微生物、植物的孢子花粉、流星燃烧所产生的细小微粒和宇宙尘埃等;有的是由于人类活动,如燃烧物质排放至空气中的大量烟粒等。它们多集中于大气的低层。这多种多样的固体杂质,有许多可以成为水汽凝结的核心,对云、雾的形成起重要作用。同时固体微粒能散射、反射和吸收一部分太阳辐射,也能减少地面长波辐射的外逸,对地面和空气温度有一定影响,并会使大气的能见度变坏。

液体微粒是悬浮于大气中的水滴和冰晶等水汽凝结物。它们常集聚在一起,以云、雾形式出现,不仅使能见度变坏,还能减弱太阳辐射和地面辐射,对气候有很大的影响。

(4)**空气污染物质**:由于工业、交通运输业等的发展,在废气不加以利用的情况下,空气中增加了许多污染物质,这些污染物质有污染气体,也有固体和液体气溶胶粒子。一氧化碳、二氧化硫、硫化氢、氨等都是污染气体。燃烧过程排放的烟尘、工业生产过程排放的粉尘等均为气溶胶污染物质。污染物质的含量虽微,但对人类和气候环境的危害都是不容忽视的。

2.1.1.2 大气的垂直结构

大气总质量约 5.3×10^{15}t,其中有 50% 集中在离地 5.5km 以下的层次内,而离地 36~1000km 的大气层只占大气总质量的 1%。观测证明,大气在垂直方向上的物理性质是有显著差异的。根据温度、成分、电荷等物理性质,同时考虑到大气的垂直运动等情况,可将大气分为五层,如图 2.2 所示。

(1)**对流层**:对流层是大气圈最低的一层,厚度比其他各层都薄。由于对流程度在热带要比寒带强烈,故其顶部高度随纬度之增高而降低:热带约 16~17km,温带 10~12km,两极附近只有 8~9km。同大气的总厚度比较起来,对流层是非常薄的,不及整个大气层厚度的 1%。对流层虽然较薄,但却集中了整个大气质量的 3/4 和几乎全部的水汽,主要大气现象都发生在这一层中,是对人类活动影响最大的一层。

第二章　大气的基本情况

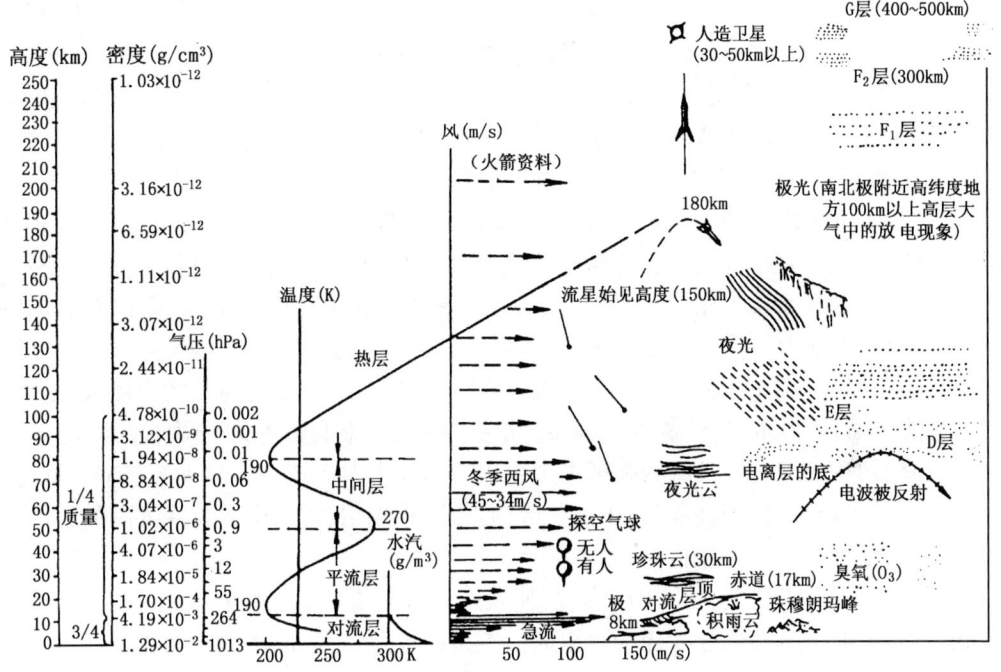

图 2.2　大气的垂直结构

对流层有三个主要特征：

①气温随高度增加而降低。由于对流层主要是从地面得到热量，因此除个别情况外气温随高度增加而降低。对流层中，气温随高度而降低的量值，因所在地区、所在高度和季节等因素而异。平均而言，高度每增加100m，气温则下降约0.65℃，这称为**气温直减率**，也叫**气温垂直梯度**，通常以γ表示：

$$\gamma = -\frac{dT}{dz} \tag{2.1}$$

②垂直对流运动。由于地表面的不均匀加热，产生垂直对流运动。对流运动的强度主要随纬度和季节的变化而不同。一般情况是：低纬较强，高纬较弱；夏季较强，冬季较弱。空气通过对流和湍流运动，高、低层的空气进行交换，使地面的热量、水汽、杂质等易于向上输送，对成云致雨有重要的作用。

③气象要素水平分布不均匀。由于对流层受地表的影响最大，而地表面有海陆分异、地形起伏等差异，因此在对流层中，温度、湿度等的水平分布是不均匀的。

在对流层内，按气流、气温和天气现象分布的特点，自下而上又可细分为贴地层、摩擦层、对流中层、对流上层和对流层顶五个副层：

贴地层：指0～2m间的气层。这一层的特点是气温变化受地表面的影响十分明显。因为紧贴地面,垂直方向上气流的交换很微弱,以至上下气温的差值非常之大,可达1～2℃。因为这层紧贴地表面,受地表冷热的直接影响,所以气温的日变化特别剧烈,昼夜可相差十几乃至几十度。气温随高度的变化也很急剧,白天随高度急剧下降,夜间和清晨随高度而增大,后者即是所谓逆温现象。此外,这一层的风速微弱,湿度较大。

农作物多在贴地层之内。贴地层内的温度、湿度等情况直接影响农作物的生长。

摩擦层:摩擦层也叫**行星边界层**,其顶部为1～2km高度。摩擦层中的气流受地面阻滞和摩擦的影响很大,故风速随高度的增大而增大;气温也在很大程度上受地面冷热的影响,因而出现比较明显的日变化。在这一层中,空气对流和湍流运动都比较盛行,加上水汽充足,尘埃等杂质的含量也多,因而低云、雾、霾等多在这一层内发生。

行星边界层以上的大气,受地面摩擦的影响可忽略不计,因此也称为**自由大气**。

对流中层:中层的上界高度约6km。此层受地面的影响要比其下两层小得多,该层处于对流层的中部,它的气流状况基本上可以表示整个对流层空气运动的趋势。此外,大气中的云和降水现象大多产生在这一层内,如降连绵雨、雪的中云和降阵雨的积状云的主体部分都出现在本层内。

对流上层:上层的范围从6km高度伸展到对流层顶。这一层的气温经常在0℃以下,这里的云都由冰晶或过冷却水滴组成。本层的风速较大,而水汽含量较少。

对流层顶:对流层顶是对流层和平流层之间的过渡层,其厚度约为数100～2000m不等。此副层温度随高度分布呈逆温型或等温型。因为此副层是过渡地带,也具有平流层的一些特点,如对流微弱,温度随高度的递减很慢或几乎呈等温状态。对流层顶的这种温度分布对其下层空气的垂直运动有很强的阻挡作用,往往使浓厚的积雨云顶部被迫平展为砧状,使水汽、尘埃等聚集于其下,使这里的能见度变坏。对流层顶的高度除与纬度有关外(低纬高,高纬低),还随季节、气团性质而变化,一般是冬季低于夏季,高压气团内高于低压气团内。对流层顶的温度随纬度的变化和地面相反,即赤道上的对流层顶温度反而比两极上空的对流层顶的温度低,低纬地区约−83℃,高纬地区约−53℃。

(2)**平流层**:自对流层顶到55km左右为平流层。在平流层内,随着高度的增高,气温最初保持不变或微有上升。大约到30km以上,气温随高度增加而显著升高,在55km高度上可达−3℃。平流层这种气温分布特征是和它受地面影响很小,特别是平流层内存在着大量臭氧,能够直接吸收太阳辐射有关。虽然30km以上臭氧的含量已逐渐减少,但这里紫外线辐射很强烈,故温度随高度得以迅速增高,造成显著的暖层。平流层的顶距离地面50～60km。大气中的臭氧到这里逐渐消失,故也叫**臭氧顶**。

平流层中水汽含量极少,大多数时间天空是晴朗的。有时对流层中发展旺盛的积雨云也可伸展到平流层下部。在高纬度20km以上高度,有时在早、晚可观测到贝母云(又称珍珠云)。平流层中的微尘远较对流层中少,但是当火山猛烈爆发时,火山尘可到达平流层,影响能见度和气温。平流层内气流比较平稳,空气的垂直混合作用显著减弱。

对流层中的风速随高度的增加而增大,到对流层顶上下达最大值;进入平流层后,随着高度的增加风速逐渐变小,到 22~25km 处风速达最小值;此后,随着高度的增加,风速又继续增大。在中纬地区,夏季平流层的风向在其风速达到最小值之前仍保持为西风,而自风速最小值的高度向上则变为东风;冬季的情况要复杂得多。

(3) **中间层**:自平流层顶到 85km 左右为中间层。该层的特点是气温随高度增加而迅速下降,并有相当强烈的垂直运动。在这一层顶部气温降到 -113~$-83℃$,其原因是由于这一层中几乎没有臭氧,而氮和氧等气体所能直接吸收的那些波长更短的太阳辐射又大部分被上层大气吸收掉了。

中间层内水汽含量极少,几乎没有云层出现,仅在高纬地区的 75~90km 高度,夏季夜晚有时能看到一种薄而带银白色的夜光云,但其出现机会很少。这种夜光云,有人认为是由极细微的尘埃所组成。在中间层的 60~90km 高度上,有一个只有白天才出现的**电离层**,叫做 **D 层**。

中间层的气流在冬季盛行西风,风速随高度上升而减小;夏季则以东风为主,风速随高度的上升先是减小,而后迅速增加。

(4) **热层**:热层又称**热成层**或**暖层**,它位于中间层顶以上。该层中,气温随高度的增加而迅速增高。这是由于波长小于 $0.175\mu m$ 的太阳紫外辐射都被该层中的大气物质(主要是原子氧)所吸收的缘故。其增温程度与太阳活动有关,当太阳活动加强时,温度随高度增加很快升高,这时 500km 处的气温可增至 2000K;当太阳活动减弱时,温度随高度的增加增温较慢,500km 处的温度也只有 500K。

热层没有明显的顶部。通常认为在垂直方向上,气温从向上增温转为等温时,为其上限。在热层中空气处于高度电离状态,其电离的程度是不均匀的。其中最强的有两层,即 E 层(约位于 90~130km)和 F 层(约位于 160~350km)。F 层在白天还分为 F_1 和 F_2 两层。据研究,高层大气(在 60km 以上)由于受到强太阳辐射,迫使气体原子电离,产生带电离子和自由电子,使高层大气中能够产生电流和磁场,并可反射无线电波,从这一特征来说,这种高层大气又可称为**电离层**。正是由于高层大气电离层的存在,人们才可以收听到很远地方的无线电台的广播。

电离层的强度白天强,夜间弱,有的层次,如 D 层、F_1 层在夜间消失;电离层各层次的电离程度从下往上逐渐增强,如 D 层最弱,F_2 层最强。

从 80km 到暖层顶以上的 1000~1200km 的范围内常出现一种大气光学现象——**极光**。它是由太阳喷焰中发射的高能微粒与高层大气中的空气分子相撞,使之电离,并在地球磁场的作用下移向两极上空而形成的,所以极光常出现在高纬度上空。

(5) **散逸层**:暖层顶以上的大气层统称**散逸层**。它是大气的外层,是大气圈和星际空间的过渡地带。由于这里温度高,空气粒子的运动速度很大,又由于这里远离地面,受地球的引力作用小,加之空气极为稀薄,分子间距离很大,相互碰撞的几率小,以致某些气体分子被撞击出去后,再难有机会被上层气体分子撞回来,故空气不断地向星际空间散逸。

2.1.2 水圈、陆面、冰雪圈和生物圈概述

2.1.2.1 水圈

水圈包括海洋、湖泊、江河、地下水和地表上的一切液态水,其中海洋在气候形成和变化中最重要。海洋是由世界大洋和邻近海域的海水所组成。其总面积为 $3.6 \times 10^8 km^2$,约占地球表面的71%,相当于陆地面积的2.5倍。海洋的分布在南北半球是不对称的。南半球海洋的面积远大于北半球。同时,北极是由大陆包围着的北冰洋,而南极则是广大海洋包围着的南极大陆。海洋被插入其中的大陆分隔成不同的区域,按其大小而言,依次有太平洋、大西洋、印度洋和北冰洋。

海水是由液态水和溶于水中的盐分及气体所组成的。在每1000g海水中溶有NaCl 23g,$MgCl_2$ 和 Na_2S 分别为5g和4g,此外还有其它微量盐分。海水中还溶有少量大气中的各种气体,其中以 O_2 和 CO_2 对海洋生物过程和气候过程最为重要。

由于海洋对太阳辐射的反射率比陆面小,海洋单位面积所吸收的太阳辐射比陆地多25%～50%,全球海洋表层的年平均温度要比全球陆面温度约高10℃左右。

据估算,到达地表的太阳辐射能约有80%为海洋表面所吸收。通过海水内部的运动,平均厚度约为240m的海洋上层水温有季节变化,其质量为 $8.7 \times 10^{10}t$,热容量为 $36.45 \times 10^{16} MJ/℃$;而陆面温度有季节变化的平均厚度只有10m,质量为 $3 \times 10^{15}t$,其热容量只有 $2.38 \times 10^{15} MJ/℃$。大气、海洋活动层和陆地活动层的质量比是1:10.4:0.55,热容量比是1:68.5:0.45。可见,无论从动力学还是热力学效应来看,海洋在气候系统中具有最大的惯性,是一个巨大的能量贮存库。如果仅考虑100m深的表层海水,即占整个气候系统总热量的95.6%,可见其在气候系统中的重要性。上层海洋或冰与大气的相互作用时间尺度为几个月到几年,而深层海洋的热力调整时间则为世纪尺度。

2.1.2.2 岩石圈或陆面

岩石圈亦称陆地表面,包括山脉、地表岩层、沉积物和土壤等。岩石圈变化的时间尺度甚长,其中如山脉形成的时间尺度约为 $10^5 \sim 10^8$ 年,大陆漂移的时间尺度约为 $10^6 \sim 10^9$ 年,而陆块位置和高度变化的时间尺度则更在 10^9 年以上。它们的这些特征对地质时期的气候变化是有巨大影响的,但对近代在季节、年际、十年际乃至百年际的气候变化中是可以忽略的。在上述近代气候变化的时间尺度内,除火山爆发外,对大气的作用主要还是发生在陆地表面。因此在气候系统中也常采用**陆面**一词。

陆地表面具有不同的海拔高度和起伏形势,可分为山地、高原、平原、丘陵和盆地等类型。它们以不同的规模错综分布在各大洲之上,构成崎岖复杂的下垫面。在此下垫面上又因岩石、沉积物和土壤等性质的不同,其对气候的影响更是复杂多样。

2.1.2.3 冰雪圈

冰雪圈包括大陆冰原、高山冰川、海冰和地面雪盖等。目前全球陆地约有10.6%被冰雪所覆盖。海冰的面积比陆冰的面积要大，但由于世界海洋面积广阔，海冰仅占海洋面积的6.7%。陆地雪盖有季节性的变化，海冰有季节性到几十年际的变化，而大陆冰原和冰川的变化要缓慢得多，其体积和范围显示出重大变化的周期在几百年甚至几百万年。冰川和冰原的体积变化与海平面高度的变化有很大关系。

由于冰雪对太阳辐射的反射率很大，而在冰雪覆盖下，地表(包括海洋和陆地)与大气间的热量交换被阻止，因此冰雪对地表热量平衡也有很大影响。

2.1.2.4 生物圈

生物圈主要包括陆地和海洋中的植物，在空气、海洋和陆地生活的动物，也包括人类本身。生物圈的各个部分变化的时间尺度有显著差异，但它们对气候的变化都很敏感，而且反过来又影响气候。生物对于大气和海洋的二氧化碳平衡、气溶胶粒子的产生，以及其它与气体成分和盐类有关的化学平衡等都有很重要的作用。植物自然变化的时间尺度为一个季节到数千年不等，而植物又反过来影响地面的粗糙度、反射率以及蒸发、蒸腾和地下水循环。由于动物需要得到适当的食物和栖息地，所以动物群体的变化也反映了气候的变化。人类活动既深受气候影响，又通过诸如农牧业、工业生产及城市建设等，不断改变土地、水等的利用状况，从而改变地表的物理特性以及地表与大气之间的物质和能量交换，对气候产生影响。

总之，气候系统是非常复杂的，它的每一个组成部分都具有十分不同的物理性质，并通过各种各样的物理过程、化学过程甚至生物过程同其它部分联系起来，共同决定各地区的气候特征。

2.1.3* 气候系统内部各成员间的相互作用

气候系统各个组成部分之间的相互作用是多种多样的，陆地、冰雪和海洋表面之间的能量和物质交换可以通过各种渠道在各种时间尺度内发生。

气候系统内部进行着复杂的物质交换，最突出的例子是水分循环。海洋、潮湿陆地、植被通过蒸发和蒸腾将水汽输送给大气，在一定的条件下，水汽在大气中凝结，成云致雨，释放出潜热。雨水降落除直接返回海洋外，在陆地上影响土壤湿度、河湖水位和冰雪等。同时，地表也是空中各种悬浮微粒的重要来源，例如火山灰、沙漠尘埃、花粉、孢子和海水飞沫中的盐粒。这些微粒同大气中的微量气体如二氧化碳等一道，反过来又通过大气辐射过程对气候产生重大的影响。

在气候系统内部发生的相互作用中，存在着大量的反馈过程，它们起着从内部调节气候系统的作用。其中有些反馈过程有使系统变化振幅加大的作用，称之为正反馈。另一类反馈过程则有对系统变化的阻尼作用，称之为负反馈。反馈过程表明气候系统各组成部分之间的耦合或相互补偿作用。气候系统中的主要反馈过程有：

2.1.3.1 水汽－辐射反馈

低层大气对红外辐射的不透明度基本上决定于大气中水汽的绝对含量。在相对湿度保持不变的条件下,气温上升使水汽含量增加,从而增加对地表射出长波辐射的吸收,结果使低层大气的温度进一步升高。因此,气温与水汽的耦合作用使气候系统产生不稳定。这种反馈是正反馈,也是地球大气产生温室效应的原因,故水汽－辐射反馈也称水汽－温室效应正反馈。

2.1.3.2 冰雪－反射率[①] 反馈

冰雪表面对入射太阳辐射具有很大的反射作用,它是支配极区气候的一个重要因子。地球表面冰雪覆盖的面积取决于气温。全球温度的降低,将导致地球表面冰雪覆盖面积的扩大,从而使温度进一步降低。在其它因子不变的条件下,温度的下降造成冰雪范围进一步扩大,使温度更加下降。冰雪覆盖与反射率这种耦合作用是气候变化正反馈机制的一个明显例证。

冰雪覆盖与反射率之间的正反馈作用,在冰雪出现部分消融时也表现得很明显。例如,当冰雪部分消融时,地表反射率降低,对太阳辐射的吸收增加,从而使下垫面温度增高,冰雪消融进一步增加。这是冰雪覆盖与反射率正反馈机制的又一个例证。

2.1.3.3 云量－地面气温反馈

地面温度随着吸收更多的太阳辐射而升高,将促使地面蒸发加剧,从而导致大气中水汽含量增加,促使云得到发展,云量的增加使入射到地表的太阳辐射减少,地面温度随之降低,这是负反馈的一个例子。

大多数云既能吸收地球向上放射的红外辐射,也能反射入射的太阳辐射,云量是决定全球辐射平衡的一个重要因子。因为云顶温度低于云下面的地表温度,使得地球向宇宙空间逸出的红外辐射因云的存在而减少。同时,云顶反射掉的入射太阳辐射也取决于云量。云量增大的结果将使地面温度降低,这是云量与地面温度之间负反馈作用的结果。根据全球平均的一维模式计算结果表明,只要全球平均云量变化百分之几,或者云顶高度变化几百米,就会引起全球平均地面温度改变1℃左右(S. H. Schneider 等,1972)。这个负反馈机制涉及到温度、太阳辐射、红外辐射以及云量和云高等多种要素。

2.1.3.4 二氧化碳－海洋－大气反馈

由于大量燃烧矿物燃料,使大气中二氧化碳含量增加,导致低层大气温度升高,海洋表层水温也随之升高,海水的垂直稳定度因而加大。这样便使海洋吸收二氧化碳的能力降低,海洋已吸收的二氧化碳由于海温升高而使海水的酸度增加,同样降低海洋表面吸收二氧化碳的能力。其结果是使大气中二氧化碳的增加速率越来越大,低层大气增温越来越明显。这是另一种引起气候变化的正反馈过程,这个过程将物理系统和生物化学系统联系起来,其形成机制与水汽－温室效应正反馈作用相似,所以也可称为二氧化碳－温室效应反馈。

应当指出,整个气候系统中各个组成部分之间的相互作用和反馈过程是极为复杂的,不能孤立地考虑其中一个过程而忽略其它过程。从总体上来看,在一个相当长的时间内,地球气候的自然变化趋势是相对稳定的,这是由气候系统内部各种过程的相互作用和相互依赖所决定的。

[①] 地面反射率有一个专门的名词 albedo,大气科学名词将定名为"反照率",本书中未将两者(反射率、反照率)仔细区分。

§2.2 主要气象要素

表示大气状态的物理量和物理现象,统称为**气象要素**,如气温、气压、湿度、风向、风速、云量、降水量、能见度等等。在气象观测时,按观测手段的不同,气象要素又可分为目测和器测两类。云、能见度、天气现象等是主要靠目力和分析判断定性或半定量测定的气象要素。温度、气压、湿度、风等是利用相应的仪表测定的有关气象要素的器测物理量。

2.2.1 气温

表示大气冷热程度的物理量称作气温。空气冷热的程度,实质上是空气分子平均动能的表现。当空气获得热量时,其分子运动的平均速度增大,平均动能增加,气温也就升高。反之当空气失去热量时,其分子运动平均速度减小,平均动能随之减少,气温也就降低。

气象上常用的温度单位是摄氏度(℃)和绝对温度(K)。摄氏(℃)温标是以气压为 1013.3hPa 时纯水的冰点为零度(0℃),沸点为 100 度(100℃),其间等分 100 等份中的 1 份即为 1℃。绝对温标,以 K 表示。绝对温标中 1 度的间隔和摄氏度相同,其零度称为**绝对零度**,规定等于摄氏 −273.15℃。因此水的冰点为 273.15K,沸点为 373.15K。两种温标之间的换算关系如下:

$$T = t + 273.15 \approx t + 273 \tag{2.2}$$

大气中的温度一般以百叶箱中干球温度为代表。

湿度与生产活动

一般说,相对湿度如果在 30% 以下,就会加速植物的蒸腾,特别是在高温和风速较大时,农作物就会枯萎甚至死亡。

低相对湿度也会使地面蒸发加速,使干旱更趋严重,森林火灾在相对湿度小于 30% 时最容易发生。高相对湿度对于作物发芽,蘑菇和木耳生产,发酵工业(酿酒、酱油、豆豉等生产)也十分重要,如果相对湿度低于 70%~80%,生产就会受到影响。

仓库储存需要适宜的湿度,一般水果蔬菜是 50%~70%。湿度太小会加速蒸发,而使水果、蔬菜干枯;湿度太大又会加速霉烂。粮食储存仓库相对湿度最好在 50% 以下,以防止霉烂。当然,这些数值还随温度而变化。

2.2.2 气压

气压指大气的压强,它是从观测点到大气上界单位面积上垂直空气柱的重量,即

$$p = \frac{Mg}{A} \tag{2.3}$$

式中,A 为面积,M 为 A 面积上的大气质量,g 为重力加速度。

气象学上气压的测量单位是 hPa(百帕)和 mmHg(毫米水银柱高)。1hPa 等于 1cm² 面积上受到 10^{-2}N(牛顿)的压力时的压强值,即

$$1\text{hPa} = 10^{-2}(\text{N/cm}^2) \tag{2.4}$$

mmHg 和 hPa 之间的换算关系为:

$$1\text{hPa} = \frac{3}{4}\text{mmHg}$$

$$1\text{mmHg} = \frac{4}{3}\text{hPa}$$

当选定纬度为 45°的海平面的温度为 0℃作为标准时,海平面气压为 1013.25hPa,相当于 760mm 的水银柱高度,此压强为 1 个**标准大气压**。

2.2.3 湿度

表示大气中水汽量多少的物理量称**大气湿度**。大气湿度常用下述物理量表示:

2.2.3.1 水汽压和饱和水汽压

大气压力是大气中各种气体压力的总和。水汽和其它气体一样,也有压力。大气中的水汽所产生的那部分压力称**水汽压**(e)。它的单位和气压一样,也用 hPa 表示。

在温度一定情况下,单位体积空气中的水汽量有一定限度,如果水汽含量达到此限度,空气就呈饱和状态,这时的空气,称**饱和空气**。饱和空气的水汽压(E)称**饱和水汽压**,也叫**最大水汽压**。超过这个限度,水汽就要开始凝结。

2.2.3.2 绝对湿度

绝对湿度指单位空气中含有的水汽质量,即空气中的水汽密度,其单位为 g/m³。绝对湿度不能直接测得,需要通过其他量间接测得。若取 e 的单位为 hPa,绝对湿度的单位取 g/m³,则两者的关系为:

$$a = 217\frac{e}{T}(\text{g/m}^3) \tag{2.5}$$

2.2.3.3 相对湿度

相对湿度(f)是空气中的实际水汽压与同温度下的饱和水汽压的比值(用%表示),即

$$f = \frac{e}{E} \times 100\% \tag{2.6}$$

相对湿度接近 100%时,表明当时空气接近于饱和。当水汽压不变时,气温升高,饱和水汽压增大,相对湿度会减小。

2.2.3.4 饱和差

在一定温度下,饱和水汽压与实际空气中水汽压之差称**饱和差**(d)。即实际空气距

离饱和的程度。饱和差的表达式为：

$$d = E - e \tag{2.7}$$

2.2.3.5 比湿

在一团湿空气中，水汽的质量与该团空气总质量（水汽质量加上干空气质量）的比值，称**比湿**（q）。其单位是 g/g，即表示每一克湿空气中含有多少克的水汽。也有用每千克质量湿空气中所含水汽质量的克数表示的，即 g/kg。

$$q = \frac{m_w}{m_d + m_w} \tag{2.8}$$

式中 m_w 为该团湿空气中水汽的质量；m_d 为该团湿空气中干空气的质量。据此公式和气体状态方程可导出：

$$q = 0.622 \frac{e}{p} \tag{2.9}$$

式中气压（p）和水汽压（e）单位相同，均为 hPa，q 的单位是 g/g。

对于某一团空气而言，只要其中水汽质量和干空气质量保持不变，不论发生膨胀或压缩，体积如何变化，其比湿都保持不变。

2.2.3.6 水汽混合比

一团湿空气中，水汽质量与干空气质量的比值称**水汽混合比**（γ），单位为 g/g，即：

$$\gamma = \frac{m_w}{m_d} \tag{2.10}$$

据其定义和气体状态方程可导出

$$\gamma = 0.622 \frac{e}{p - e} \tag{2.11}$$

2.2.3.7 露点

在空气中水汽含量不变，气压一定的条件下，使空气冷却达到饱和时的温度，称**露点温度**，简称**露点**（T_d）。其单位与气温相同。在气压一定时，露点的高低只与空气中的水汽含量有关，水汽含量愈多，露点愈高，所以露点也是反映空气中水汽含量的物理量。在实际大气中，空气经常处于未饱和状态，露点温度常比气温低（$T_d < T$），因此，根据其差值（温度露点差），可以大致判断空气距离饱和的程度。

上述各种表示湿度的物理量中，水汽压、绝对湿度、比湿、水汽混合比、露点基本上表示空气中水汽含量的多寡；而相对湿度、饱和差则表示空气距离饱和的程度。

2.2.4 降水

降水是指从天空降落到地面的液态或固态水，包括雨、毛毛雨、雪、雨夹雪、霰、冰粒和冰雹等。降水量指降水落至地面后（固态降水则需经融化后），未经蒸发、渗透、流失而在水平面上积聚的深度,降水量以 mm(毫米)为单位。

在高纬度地区冬季降雪多,还需测量雪深和雪压。雪深是从积雪表面到地面的垂直深度,以 cm(厘米)为单位。当雪深超过 5cm 时,则需观测雪压。雪压是单位面积上的积雪重量,以 g/cm^2 为单位。

降水量是表征某地气候干湿状态的重要要素,雪深和雪压还反映当地的寒冷程度。

2.2.5 风

空气的水平运动称为风。风是表示气流运动的物理量,它不仅有数值的大小(风速),还具有方向(风向),因此风是矢量。

风向是指风的来向。地面风向用 16 方位表示,每相邻方位的角度差为 22.5°,见图 2.3。高空风向用方位度数表示,即以 0°表示正北,90°表示正东,180°表示正南,270°表示正西。

风速单位常用 m/s、knot(海里/小时,又称"节")和 km/h 表示,其换算关系如下:

$$1m/s = 3.6km/h$$
$$1knot = 1.85km/h$$
$$1km/h = 0.28m/s$$
$$1knot = 0.5m/s$$

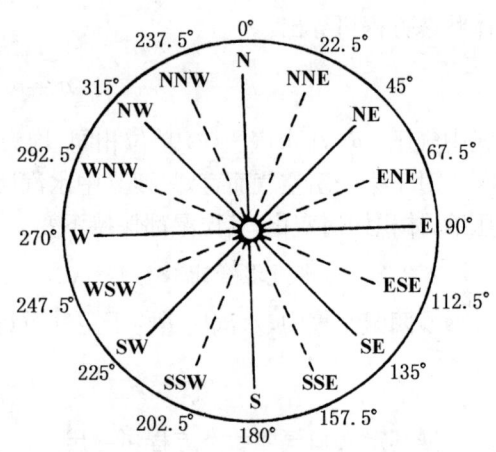

图 2.3 地面风向

风的小常识

　　远在 3000 多年前的我国殷代就已有东、西、南、北风的名称了。那时候,东风叫"谐",南风叫"凯",西风叫"夷",北风叫"寒"。以后逐渐发展,到封建社会初期,风向扩展为 8 个方位,即不周风(西北)、广莫风(北)、条风(东北)、明庶风(东)、清明风(东南)、景风(南)、凉风(西风)、阊阖风(西)。到了唐代风的观测又扩展到 24 个方位。李淳风在《乙己占》中的一张占风图里,不仅列出 24 个风向的名称,并且指出这些方位是由 8 个天干、4 卜卦名、12 辰(地支)组合而成的。"子"指北方,"午"指南方,"卯"指东方,"酉"指西方。还举例说明判定风向的方法。

　　现在,风向在地面用方位表示。如陆地上,一般用 16 个方位表示;海上多用 36 个方位表示;在高空则用角度表示。用角度(°)表示风向,可以把圆周分成 360°,北风(N)是 0°(即 360°),东风(E)是 90°,南风(S)是 180°,西风(W)是 270°,其余的风向都可以由此计算出来。

　　我国很早就有测定风向的仪器了。公元前 2 世纪的西汉时代,《淮南子》中载有一种叫"𬴊"的风向器,它很可能是由风杆上系了布帛或长条旗的最简单"示风器"演变过来的。东汉时代则有"相风铜乌","相风"即观测风的意思,"乌"是指一种鸟。"相风铜乌"比欧洲的"候风鸡"早1000多年。

目前观测风向常用风向标,它可以在转动轴上自由转动,头部总是指向风的来向。在风向标的下面,附有标示方向的十字架,十字架上有N字,它与当地的正北方向相符。也可以在地面上竖立一根竹竿或木杆,其顶端系一块长方形布条,布条随风摆动的方向,就是风的去向,于是就知道风向了。

风力等级

风速就是风的前进速度。相邻两地间的气压差越大,空气流动越快,风速越大,风的力量自然也就大。所以通常都以风力来表示风的大小。风速的单位用 m/s,km/h,n mile/h[①] 来表示。气象台站发布天气预报时,大都用的是风力等级。

风力的级数是怎样定出来的呢?

1000多年前的我国唐代,人们根据物体征状来确定风力的大小,并订出风力等级。据记载,当时已把风分为8级,即动叶、鸣条、摇枝、坠叶、折小枝、折大枝、折木、飞沙石、拔大树及根。这8级风,再加上"无风"、"和风"(风来时清凉、温和,尘埃不起,叫和风)两个级,可合为10级。这可以说是世界上最早的风力等级。

到了200多年前,各国仍没有测量风力大小的仪器,也没有统一规定,都是按自己国家定的观测风力的方法来表示的。当时英国有一位姓蒲福的人,他仔细观察了陆地和海洋上各种物体在大小不同的风里的情况,积累了50年的经验,才在1805年把风划成了13个等级。后来又经过研究补充,把原来的说明解释得更清楚了,并且增添了每级风的速度,便成了现在预报风力的"行话"。

风在单位时间内所移动的距离叫风速,可以由风级换算而来,其口诀是"从1直到9,乘2各级有"。意思是:从1级到9级风,各级分别乘2,就大致可得出该风的最大风速(以m/s为单位)。譬如1级风,其最大速度是2m/s,2级风是4m/s,3级风是6m/s等,依次类推。各级风之间还有过渡数字,比如1级风是1~2m/s,2级风是2~4m/s等,依次类推。

看风识天气

风与天气的关系极为密切,这方面的谚语也很多。比如,"东风吹湿西风干,南风吹暖北风寒"这条谚语,在我国流传很广。它说明不同的风向会带来冷暖干湿不同的天气。因为我国东临海洋,西连大陆,暖湿的东南风为云雨的产生提供了丰富的水汽条件,只要有上升的机会就会成云致雨。所说"要问雨远近,但看东南风"、"白天东南风,夜晚湿衣裳"也是这个道理。而西风干,北风寒,晴天刮西北风,预示着继续晴冷无雨;雨天刮西北风,预示着干冷空气已经压境,云层升高变薄,不久就会云消雨散了。所说"西北风,开天锁"正是这个道理。

不同的风向以及风向的变换,又往往反映了不同天气系统的影响。不同天气系统有着不同的天气特点。随着天气系统的发展和移动,天气也相应地发展和变化。

在温带地区,地面上如有两股对吹的风,它们往往是两股规模大、范围广,温度、湿度不同的冷气流和暖气流。南风多为暖湿气流,北风多为干冷气流。在它们相遇的地带,形成了锋面。锋面上,暖湿气流的上升运动旺盛,有时暖湿气流势力强大,主动北进,并凌驾于冷气流之上,向上滑升,冷却凝云。这时天上云向(暖气流)与地上风向(冷气流)相反,"风与云逆行",随着云层迅猛发展、增厚,便形成范围广大、连续不断的云雨了。锋面云雨带的生消、移动,决定于南北气流势力的消长,也就是与风的关系密切。某地南风劲吹,说明该地处于锋面云雨带以南,

---

① 1 n mile＝1852 m,下同。

这时暖锋北去，天气晴暖。但是"北风不受南风欺"，"南风吹到底，北风来还礼"，每一次吹南风的过程，虽晴暖一时，却又预示着北风推动冷锋南下。所以一旦转了北风，就会云涌雨落。

值得注意的是，相同的风也不一定会出现相同的天气。因此，看风识天气还要看具体条件，比如季节、风速、地方特点等等。这里就不详述了。

冷暖感觉与风速

在日常生活中，人们在收听天气预报时，一般都注意气温的高低，这当然是对的。但是，人的冷暖感觉除了和气温高低有直接关系外，风速大小也是重要因素。在气温相同的条件下风速大小会使人的冷暖感觉差异很大。

大多数人都有这样的经验：当你静止或徒步行走时，穿着衣服感觉冷暖刚好适宜。这时候如果你坐上敞篷汽车奔驰前进，马上就会感到风声大作，周身冷冷。这是为什么呢？因为人的体温一般为36～37℃，在多数情况下会高于周围环境的气温，在无风或微风情况下，人体周围的空气分子变换很弱，这就在人体和大自然空气之间，形成了一个比较稳定的过渡层。

由于空气是热的不良导体，这个过渡层就在贴近人体的表面起到了保暖的作用。可是，当空气流动很快的时候，人体周围的空气保温层便不断地被新来的冷空气所代替，并把热量带走。风速越大，人体散失的热量越快、越多，人也就越来越感到寒冷。这就是在气温相同的条件下，刮风天比无风或微风时使人感到寒冷的原因。

从大量的科学实验中，人们找出了风速大小和人体冷暖感觉的关系。当气温在0℃以上时，比如无风时为10℃，在3级风时，使人感觉的气温为5℃；5级风时，人会感到气温像0℃时一样；当7级风时，人就会感觉到和－3℃时相同。如果气温在0℃以下时，比如无风时为－10℃，当风力增加到7级时人的感觉就会像－21℃一样。因此，从以上两组实验中大致可以计算出这样的数据：当气温在0℃以上时，风力每增加2级，人的寒冷感觉会下降到3～5℃；气温在0℃以下时，风力每增加2级，人的寒冷感觉会下降6～8℃。

寒暑变化是影响人们生产、生活的重要气象要素之一，而当你根据冷暖增减衣服时，除了要注意气温的高低以外，还要注意风速的大小，这样才能使你的衣着和环境冷暖相宜。

2.2.6 云量和云状

云是悬浮在大气中的小水滴、冰晶微粒或二者混合物的可见聚合群体，底部不接触地面（如接触地面则为雾），且具有一定的厚度。云量是指云遮蔽天空视野的成数。将地平线以上全部天空划分为10份，为云所遮蔽的份数即为云量。

例如，碧空无云，云量为0，天空一半为云所覆盖，则云量为5。云状是指云的形状，关于云状，详见第三章。

2.2.7 能见度

能见度指视力正常的人在当时天气条件下，能够从天空背景中看到和辨出目标物的最大水平距离，单位用m或km表示。

§2.3 空气的状态方程

空气状态常用密度（ρ）、体积（V）、压强（P）、温度（t 或 T）表示。对一定质量的空气，其 P,V,T 之间存在函数关系。例如，一小团空气从地面上升时，随着高度的增大，其受到的压力减小，随之发生体积膨胀增大，因膨胀时做功，消耗了内能，气温乃降低。这说明该过程中一个量变化了，其余的量也要随着变化，亦即空气状态发生了变化。如果三个量都不变，就称空气处于一定的状态中。研究它们之间的关系可以了解空气状态变化的基本规律。

2.3.1 理想气体的状态方程

描述气体密度（ρ）、体积（V）、温度（T）、压强（P）之间的关系式，称为**状态方程**。理想气体的状态方程可写作：

$$PV = \frac{M}{\mu}R^*T \tag{2.12}$$

式中 M 为气体的质量；μ 为气体的分子量；R^* 为普适气体恒量，$R^* = 8.31 \text{J/(mol·K)}$。

在气象学中，常用单位质量的空气块作为研究对象，为此，常将(2.12)式中的关系变为压强、温度和密度三个量间的关系，即

$$P = \frac{M}{V}\frac{R^*}{\mu}T \tag{2.13}$$

式中 $\frac{M}{V}$ 就是密度 ρ，用 R 表示 $\frac{R^*}{\mu}$，则得

$$P = \rho R T \tag{2.14}$$

式中 R 称为**比气体常数**，是对质量为 1g 的气体而言的，它的取值与气体的性质有关。

2.3.2 干空气的状态方程

虽然(2.14)式是理想气体的状态方程，但在一般情况下可用于压强不太大，温度远离绝对零度条件下的实际气体。在通常大气温度和压强条件下，干空气和未饱和的湿空气都十分接近于理想气体。如前所述可以把干空气视为分子量为 28.97 的单一成分的气体来处理，这样干空气的比气体常数 R_d 为

$$R_d = \frac{R^*}{\mu_d} = \frac{8.31}{28.97} = 0.287 \text{(J/g·K)}$$

干空气的状态方程为
$$P = \rho R_d T \tag{2.15}$$

2.3.3 湿空气状态方程与虚温

在实际大气尤其是在近地面气层中存在的总是含有水汽的湿空气。在常温常压下，

湿空气仍然可以看成理想气体。湿空气状态参量之间的关系,可用下式表示

$$P = \rho' R' T \tag{2.16}$$

式中 $R' = \dfrac{R^*}{\mu}$, μ 是湿空气的分子量, ρ' 是湿空气的密度。由于湿空气中水汽含量是变化的,所以 μ 和 R' 都是变量。

如果以 P 表示湿空气的总压强, e 表示其中水汽的压强(即水汽压),则 $P - e$ 是干空气的压强。干空气的密度(ρ_d)和水汽的密度(ρ_w)分别是

$$\rho_d = \frac{P-e}{R_d T} \qquad \rho_w = \frac{e}{R_w T}$$

式中 R_w 为水汽的比气体常数：

$$R_w = \frac{R_*}{\mu_w} = \frac{8.31}{18} \mathrm{J/(g \cdot K)} = 0.4615 \mathrm{J/(g \cdot K)}$$

式中 μ_w 为水汽分子量, $\mu_w = 18 \mathrm{g/mol}$。即：

$$R_w = \frac{R^*}{\mu_w} = \frac{\mu_d}{\mu_w} \cdot \frac{R^*}{\mu_d} = 1.608 R_d$$

因为湿空气是干空气和水汽的混合物,故湿空气的密度 ρ 是干空气密度 ρ_d 与水汽密度 ρ_w 之和,即

$$\rho = \rho_d + \rho_w = \frac{P-e}{R_d T} + \frac{e}{R_w T} = \frac{1.608(P-e)+e}{1.608 R_d T} = \frac{P}{R_d T}\left(1 - 0.378 \frac{e}{P}\right)$$

将上式右边分子分母同乘以 $\left(1 + 0.378 \dfrac{e}{P}\right)$,并考虑到 e 比 P 小得多,因而 $\left(0.378 \dfrac{e}{P}\right)^2$ 很小,可以略去不计,上式可写成

$$\rho = \frac{P}{R_d T \left(1 + 0.378 \dfrac{e}{P}\right)} \tag{2.17}$$

$$P = \rho R_d T \left(1 + 0.378 \frac{e}{P}\right) \tag{2.18}$$

上式为湿空气状态方程的常见形式,如果引进一个虚设的物理量——**虚温**(T_V),即

$$T_V = \left(1 + 0.378 \frac{e}{P}\right) T \tag{2.19}$$

由于 $\left(1 + 0.378 \dfrac{e}{P}\right)$ 恒大于1,因此虚温总要比湿空气的实际温度高些。引入虚温后,湿空气的状态方程可写成

$$P = \rho R T_V \tag{2.20}$$

式中 R 是干空气的比气体常数。为了书写方便,把 R_d 的下标 d 省去了。比较湿空气和干

空气的状态方程,两者在形式上是相似的,其区别仅在于把方程右边实际气温换成了虚温。**虚温**的意义是在同一压强下,干空气密度等于湿空气密度时,干空气应有的温度。虚温和实际温度之差 ΔT 为

$$\Delta T = T_v - T = 0.378 \frac{e}{P} > 0$$

可见空气中水汽压 e 愈大,这一差值便愈大。低层大气,尤其是在夏季,e 值较高,这时必须用湿空气状态方程,但在高空,e 值相对较小,因而 ΔT 很小,这时便可用干空气状态方程,而不致造成大的误差。

总结与提要

本章的学习旨在使初学者对大气的特性、组成和结构有一个概括的了解。同时掌握描述大气过程和状态常用的指标——气象要素、主要气象要素(气压、温度、密度)在变化过程中的相互关系——状态方程。本章还力图使初学者建立起这样的概念,气象、气候的变化并非只缘于大气本身的特性,大气与其周围的其它圈层共同组成了一个互动关联的系统——气候系统。只有从气候系统的角度才能对气候变化的认识和预测更为准确、可靠。

(1)气候系统是由大气圈、水圈、冰雪圈、陆地表面和生物圈组成的能够决定气候形成及其变化的统一体,各组成因子间通过物质和能量的交换,紧密结合成一个复杂的、有机联系的气候系统。太阳辐射是这个系统的能源。不同因子对气候变化的影响的时间尺度不同,在对气候系统的研究中,不能忽视水汽—辐射、云量—气温、冰雪—反射率、CO_2—海洋—大气等反馈过程。

(2)大气是气候系统的主体,也是其变化最快的子系统。大气是各种气体的混合物,严格地讲还含有少量悬浮固体和液体微粒。N_2, O_2, Ar, CO_2 是组成空气的基本成分,水汽等是易变成分。由于人类活动使大气中增加了许多污染气体(二氧化硫、硫化氢、一氧化碳等)和温室气体(二氧化碳、甲烷、一氧化二氮等),并由于人类活动排放氟氯烃等使大气臭氧层受到破坏。

(3)大气成分、温度、密度等在垂直方向上存在着差异,由此可将大气分为五层:对流层、平流层、中间层、热层、散逸层。其中对流层集中了大气质量的75%和90%的水汽,是气象学研究的重点层次。

(4)温度、湿度、气压、风、降水、云、能见度是最基本的气象要素。要注意它们的表示方法和单位换算。

(5)大气状态方程揭示了大气物理量在变化中的相互关系,气象上常用的状态方程表达式为 $P = \rho RT$。湿空气状态方程说明在气压一定的条件下,湿空气轻于干空气。

复习思考题

1. 什么是气候系统？它由哪些因子组成？
2. 臭氧的分布特点是什么？大气中的臭氧在气象学和生物生命活动中有什么意义？
3. 大气垂直分层的主要依据是什么？共分哪几层？
4. 对流层的主要特点及其成因是什么？
5. 了解气象要素的意义及其单位，并比较：绝对湿度与水汽压；饱和水汽压与水汽压；温度与露点温度；相对湿度和饱和差。
6. 如果两个气团温度不同，但相对湿度相等，它们的绝对湿度和比湿是否相等？为什么？
7. 写出气象上常用的干空气和湿空气状态方程表达式，并说明其物理意义。
8. 解释名词：干洁空气、气温直减率、露点、相对湿度、水汽压、标准大气压、大气上界、虚温。

第三章 辐射过程

地球大气中的一切物理过程都伴随着能量的转换，而辐射能，尤其是太阳辐射能是地球大气最重要的能量来源。地面和大气在获得太阳辐射能增温的同时，本身又向外辐射长波辐射而冷却。气象学和气候学中几乎所有重要现象都与辐射能量的传递过程相联系，辐射过程是形成气候的主要因子之一。

§3.1 辐射的基本知识

3.1.1 辐射与辐射能

自然界中的一切物体都以电磁波的方式向四周发射能量。这种传播能量的方式称为**辐射**。通过辐射传播的能量称为**辐射能**，也简称为**辐射**。辐射是能量传播方式之一，也是太阳能传输到地球的唯一途径。

辐射能是通过电磁波的方式传输的。电磁波的波长范围很广，从波长 $10^{-10}\mu m$ 的宇宙射线，到波长达几千米的无线电波。肉眼看得见的是从 $0.4 \sim 0.76 \mu m$ 的波长，这部分称为**可见光**。可见光由红、橙、黄、绿、青、蓝、紫等各种颜色的光组成，其中红光波长最长，紫光波长最短。波长长于红色光波的，有红外线和无线电波；波长短于紫色光波的，有紫外线、X 射线、γ 射线等，这些射线虽然不能为肉眼看见，但是用仪器可以测量出来（图 3.1）。气象学着重研究的是太阳、地球和大气的辐射。它们的波长范围大约在 0.15 $\sim 120 \mu m$ 之间。通常以 J（焦耳）作为辐射能的单位。

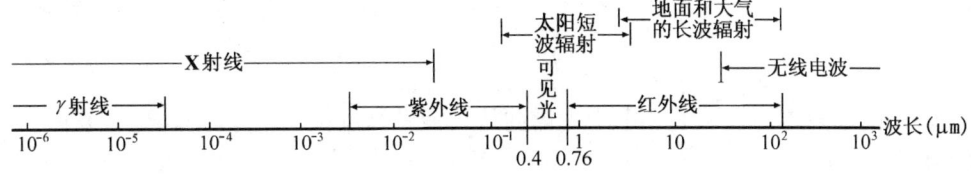

图 3.1 各种辐射的波长范围

单位时间内通过单位面积的辐射能量称**辐射通量密度**（E），单位是 W/m^2。辐射通量密度没有限定辐射方向，辐射接受面可以垂直于射线或与之成某一角度。如果指的是投射来的辐射，则称入射辐射通量密度；如果指的是自物体表面射出的辐射，则称发射辐射通量密度。其数值的大小反映物体发射能力的强弱，故称之为**辐射能力**或**发射能力**。

单位时间内,通过垂直于选定方向上的单位面积(对球面坐标系,即单位立体角)的辐射能,称为**辐射强度**(I)。其单位是 W/m^2 或是 W/sr(W/sr 读瓦特每球面度,即 Watt per steradian)。辐射强度与辐射通量密度有密切关系,在平行光辐射的特殊情况下,辐射强度与辐射通量密度的关系为:

$$I = \frac{E}{\cos\theta} \quad (3.1)$$

式中 θ 为辐射体表面的法线方向与选定方向间的夹角。

3.1.2 辐射光谱

为准确描述辐射能的性质,引入一个能确定辐射能按波长分布的函数——**辐射光谱**。设一物体的辐射出射度为 F (W/m^2),在波长 λ 至 $\lambda + d\lambda$ 间的辐射能为 dF,则

$$dF = F_\lambda d\lambda \quad 或 \quad F_\lambda = \frac{dF}{d\lambda} \quad (3.2)$$

式中 F_λ 是单位波长间隔内的辐射出射度,是波长的函数,称为分光辐射出射度,或单色辐射通量密度。因 F_λ 是随波长而变的函数,所以又称为辐射能随波长的分布函数。它不仅取决于物体的性质,而且还取决于物体所处的状态。F_λ 随波长的变化可以用图形来表示,如图 3.2 所示。图中 F_λ 随 λ 的变化曲线称为辐射光谱曲线。

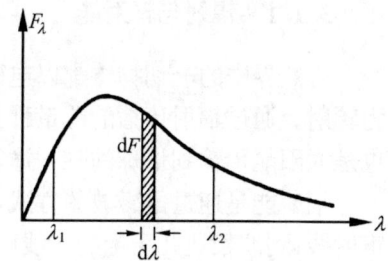

图 3.2 辐射光谱曲线与积分辐射出射度

因此波长 λ_1 和 λ_2 间的辐射 $F_{\lambda_1 \lambda_2}$,可由积分得到

$$F_{\lambda_1 \lambda_2} = \int_{\lambda_1}^{\lambda_2} F_\lambda d\lambda \quad (3.3)$$

$F_{\lambda_1 \lambda_2}$ 在图 3.2 上相当于 λ_1 到 λ_2 间光谱曲线下的面积。若对所有波长积分,就得到总辐射能

$$F = \int_0^\infty F_\lambda d\lambda \quad (3.4)$$

全波长总的辐射能力在图 3.2 中为光谱曲线与横坐标所包围的面积。

3.1.3 物体对辐射的吸收、反射和透射

不论何种物体,在它向外发射辐射的同时,必然会接受到周围物体向它投射过来的辐射,但投射到物体上的辐射并不能全部被吸收,其中一部分被反射,一部分可能透过物体(图3.3)。

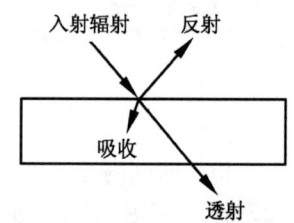

图 3.3 物体对辐射的吸收、反射和透射

设投射到物体上的总辐射能为 Q_0,被吸收的为 Q_a,被反射的为 Q_r,透过的为 Q_d。根据能量守恒原理

$$Q_a + Q_r + Q_d = Q_0$$

将上式等号两边除以 Q_0,得

$$\frac{Q_a}{Q_0} + \frac{Q_r}{Q_0} + \frac{Q_d}{Q_0} = 1$$

式中左边第一项为物体吸收的辐射与投射于其上的辐射之比,称为**吸收率**(a);第二项为物体反射的辐射与投射于其上的辐射之比,称为**反射率**(r);第三项为透过物体的辐射与投射于其上的辐射之比,称为**透射率**(d),则

$$a + r + d = 1 \tag{3.5}$$

式中 a,r,d 都是无量纲量,数值在 $0\sim 1$ 之间,分别表示物体对辐射吸收、反射和透射的能力。

物体的吸收率、反射率和透射率大小随着辐射的波长和物体的性质而改变。例如,干洁空气对红外线是近似透明的,而水汽对其却能强烈地吸收;雪面对太阳辐射的反射率很大,但对地面和大气的辐射则几乎能全部吸收。

如果吸收率不随波长变化,并等于 1,那么所有入射到物体上的辐射全部被该物体吸收,这种物体称为**黑体**。自然界不存在绝对黑体,但对某一辐射波段,有的物体可近似看作黑体。如对于地面和大气的长波辐射,就可近似地将雪面看作黑体。

吸收率与辐射波长无关的非黑体称为"**灰体**",即灰体的吸收率对各种波长都一样。自然界中也没有完全的灰体,一些物体在某一有限波长区域内具有与灰体相近的特性。如对于长波辐射来说,地面可以近似作为灰体。

3.1.4 辐射的基本定律

物体的辐射都遵从下述基本定律:

3.1.4.1 基尔霍夫(Kirchhoff)定律

设有一真空恒温器 (T),放出黑体辐射 $I_{\lambda Tb}$。在其中用绝热线悬挂一个非黑体物体,它的温度与容器温度一样亦为 T,它的辐射强度为 $I_{\lambda T}$,吸收率为 $K_{\lambda T}$。这样非黑体和器壁之间将要达到辐射平衡。器壁发射的辐射能、非黑体发射的辐射能和未被吸收的非黑体反射的辐射能,三者达到平衡,则

$$I_{\lambda Tb} - (1 - K_{\lambda T})I_{\lambda Tb} - I_{\lambda T} = 0 \tag{3.6}$$

除以 $I_{\lambda Tb}$,得

$$\frac{I_{\lambda T}}{I_{\lambda Tb}} = K_{\lambda T} \tag{3.7}$$

从发射率的定义得

$$e_{\lambda T} = \frac{I_{\lambda T}}{I_{\lambda Tb}} \tag{3.8}$$

所以
$$K_{\lambda T} = e_{\lambda T} \tag{3.9}$$

(3.9)式是**基尔霍夫定律**的基本形式,它表明:<u>在一定波长、一定温度下,一个物体的吸收率等于该物体同温度、同波长的发射率</u>。即对不同物体,辐射能力强的物质,其吸收能力也强;辐射能力弱的物质,其吸收能力也弱。黑体吸收能力最强,所以它也是最好的发射体。K 下标 λ 表示在一定温度(T)下,不同波长的 K_λ、e_λ 及 I_λ 的数值不同。即同一物体在温度 T 时它发射某一波长的辐射。那么,在同一温度下也吸收这一波长的辐射。

(3.7)式还可写成

$$\frac{I_{\lambda T}}{K_{\lambda T}} = I_{\lambda Tb} \tag{3.10}$$

这表明一个物体在某温度下对某波长的辐射强度与其吸收率之比值等于同温度、同波长时的黑体辐射强度。在同温度条件下,这条规律适用各种波长的辐射体,因此基尔霍夫定律又可写成

$$\frac{I_T}{K_T} = I_{Tb} \tag{3.11}$$

上面讨论表明,在辐射平衡条件下,一物体在某波长 λ 的辐射强度和对该波长的吸收率之比值与物体的性质无关,对所有物体来讲,这一比值只是某波长 λ 和温度 T 的函数。从(3.10)式得

$$I_{\lambda T} = K_{\lambda T} \cdot I_{\lambda Tb} \tag{3.12}$$

上式表明,基尔霍夫定律把一般物体的辐射、吸收与黑体辐射联系起来,从而有可能通过对黑体辐射的研究来了解一般物体的辐射,这就极大简化了一般辐射的问题。

3.1.4.2 黑体辐射

由实验得知,物体的发射能力是随温度、波长而改变的。图 3.4 所式是温度为 300K、250K 和 200K 时黑体的发射能力随波长的变化。

由图 3.4 可见:

①随着温度的升高,黑体对各波长的发射能力都相应地增强,因而物体发射的总能量(即曲线与横坐标之间包围的面积)也会显著增大;

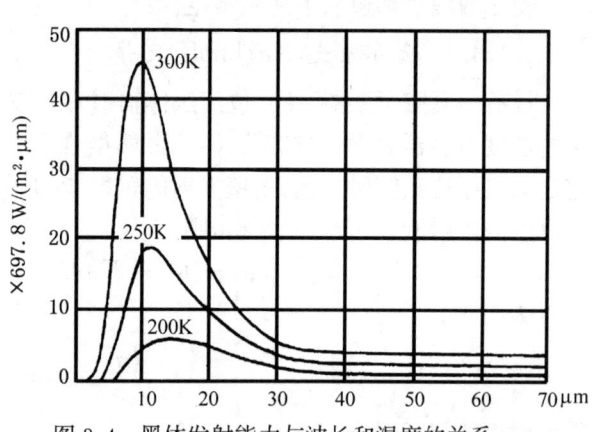

图 3.4 黑体发射能力与波长和温度的关系

②黑体单色辐射极大值所对应的波长(λ_m)是随温度的升高而逐渐向波长较短的方向移动的。

上述两点可用斯蒂芬-玻尔兹曼定律和维恩位移定律来表示。

(1)**斯蒂芬-玻尔兹曼**(Stefan-Boltzmann)**定律**：黑体的总发射能力与它本身的绝对温度的四次方成正比，即

$$E_{Tb} = \sigma T^4 \tag{3.13}$$

上式称斯蒂芬-玻尔兹曼定律。式中 $\sigma = 5.67 \times 10^{-8} \text{W}/(\text{m}^2 \cdot \text{K}^4)$，为斯蒂芬-玻尔兹曼常数。根据(3.13)式可以计算黑体在温度 T 时的辐射强度，也可以由黑体的辐射强度求得其表面温度。

(2)**维恩**(Wein)**位移定律**：黑体单色辐射强度极大值所对应的波长与其绝对温度成反比，即

$$\lambda_m T = C \tag{3.14}$$

上式称维恩位移定律。如果波长以 μm 为单位，则常数 $C = 2896 \mu m \cdot K$。于是(3.14)式为

$$\lambda_m T = 2896 (\mu m \cdot K) \tag{3.15}$$

上式表明，物体的温度愈高，其单色辐射极大值所对应的波长愈短；反之，物体的温度愈低，其辐射的波长则愈长。

§3.2 太阳辐射

太阳辐射能是地球最重要的能量来源。一年中整个地球可以从太阳获得 5.44×10^{24} J 的辐射能量。地球和大气的其它能量来源同来自太阳的辐射能相比是极其微小的，如从地球内部传递到地面上的能量仅是来自太阳辐射能的万分之一。

3.2.1 大气上界的太阳辐射

3.2.1.1 太阳辐射光谱和太阳常数

太阳辐射能按波长的分布，称为太阳**辐射光谱**。大气上界太阳光谱能量的分布曲线(图 3.5 中实线)与 $T = 6000K$ 的黑体光谱能量分布曲线(图 3.5 中虚线)相比较，非常相似。因此，可把太阳辐射看作黑体辐射，有关黑体辐射的定律都可应用于太阳辐射。

太阳表面的温度不能直接测量，但可以根据太阳辐射探测资料，根据斯蒂芬-玻尔兹曼定律或维恩位移定律推算出太阳的表面温度约为 6000K，其内部温度更高。根据维恩定律可以计算出太阳辐射最强的波长为 $0.475 \mu m$。这个波长在可见光范围内相当于青光部分。在全部辐射能之中，波长在 $0.15 \sim 4 \mu m$ 之间的占 99% 以上。可见光区($0.4 \sim 0.76 \mu m$)的太阳辐射占太阳辐射总能量的 50% 左右；红外光区($> 0.76 \mu m$)占太阳辐射总能量的 43% 左右；紫外光区($< 0.4 \mu m$)的太阳辐射只占总能量 7%。

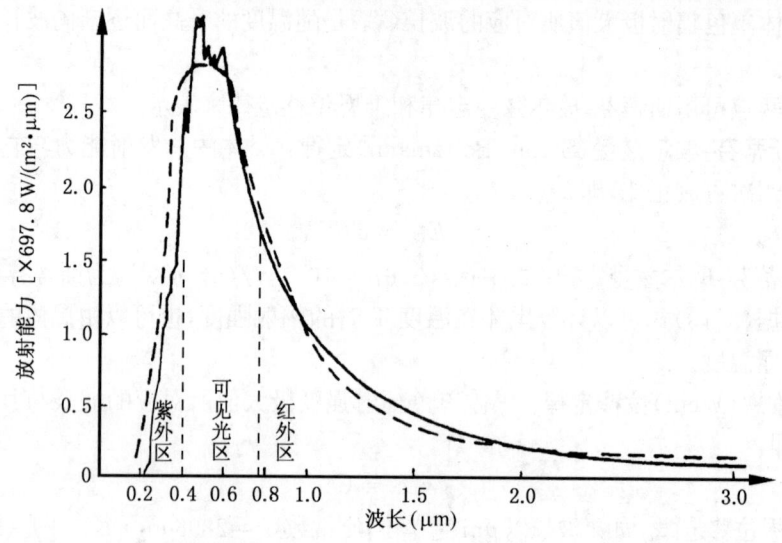

图 3.5 太阳辐射光谱

在日地平均距离条件下,在大气上界,垂直于太阳光线的单位面积、单位时间内获得的太阳辐射能量,称为**太阳常数**,用 I_0 表示。1981 年世界气象组织推荐的太阳常数值为 $1367W/m^2$,多数文献上采用 $1370W/m^2$。

据研究,太阳常数也有周期性的变化,变化范围在 1‰～2‰,这可能与太阳黑子的活动周期有关。在太阳黑子最多的年份,紫外线部分某些波长的辐射强度可为太阳黑子最少年份的 20 倍。

3.2.1.2 太阳辐射在大气上界的分布

太阳辐射在大气上界的时空变化与分布是由太阳与地球间的天文位置决定的,又称**天文辐射**。除太阳本身的变化外,天文辐射能量主要决定于日地距离、太阳高度和白昼长度。

(1)**日地距离**:地球绕太阳公转的轨道为椭圆形,太阳位于两焦点之上。因此日地距离时时都在变化,这种变化以一年为周期。地球上接收到太阳辐射的强度是与日地间距离的平方成反比的,在某一时刻,大气上界的太阳辐射强度 I 应为

$$I = \frac{a^2}{b^2} I_0 \tag{3.16}$$

式中 b 为该时刻的日地距离,a 为地球公转轨道的平均半径,I_0 为太阳常数 $1370W/m^2$。假设取 $a = 1$(1 个天文单位),$\frac{b}{a}$ 用 ρ 表示,则

$$I = \frac{I_0}{\rho^2} \tag{3.17}$$

一年中地球在公转轨道上运行,就近代情况而言,在1月初经过近日点,7月初经过远日点,按上式计算,便得到各月1日大气上界太阳辐射强度变化值(与太阳常数相差的百分数),如表3.1所示。

表3.1 大气上界太阳辐射强度的变化

月 份	1	2	3	4	5	6	7	8	9	10	11	12
百分数(%)	3.4	2.8	1.8	0.2	−1.5	−2.8	−3.5	−3.1	−1.7	−0.3	1.6	2.8

由表3.1可见,大气上界的太阳辐射强度在一年中变动于+3.4%~−3.5%之间。如果没有其它因素的影响,北半球的冬季应当比南半球的冬季暖些,夏季则比南半球凉些。但因其它因素的作用,实际情况并非如此。

(2) **太阳高度**:太阳高度是决定天文辐射能量的一个重要因素。任意时刻太阳高度的表达式为

$$\sin h = \sin\varphi \sin\delta + \cos\varphi \cos\delta \cos\omega \tag{3.18}$$

(3.18)式是计算太阳高度角的基本方程,式中 h 为太阳高度;φ 为所在地的纬度;δ 为太阳赤纬,赤纬在赤道以北为正,在赤道以南为负,一年内在北半球夏至日 δ 为 $23°27'$,冬至日为 $-23°27'$,春、秋分日 $\delta = 0°$;ω 为时角,在一天中正午时 $\omega = 0°$,距离正午每差1h,时角相差 $15°$,午前为负值,午后为正值。

投射到单位面积的水平面上的太阳辐射 I' 与投射到垂直于太阳辐射的单位面积上的辐射 I 之间的关系可用朗伯定律来描述。设有一水平地段 AB,其面积为 S',太阳光线以 h 高度角倾斜地照射到它上面,在单位面积上单位时间所接收到的太阳辐射能为 I'。引一垂直于太阳光的平面 AC,其面积为 S(图3.6),在此垂直受射面上的太阳辐射强度为 I,则到达水平面 AB 与垂直受射面 AC 上的辐射量,将分别等于 $I' \cdot S'$ 和 $I \cdot S$,显然这两个辐射量是相等的,即

$$I' \cdot S' = I \cdot S$$

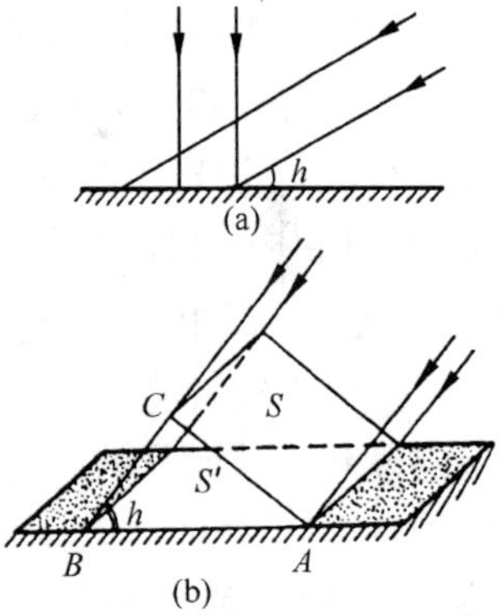

图3.6 太阳高度与水平面大小的关系

由图3.6(b)可以看出:

$$\frac{S}{S'} = \frac{AC}{AB} = \sin h$$

则

$$I' = I \sin h \tag{3.19}$$

(3.19)式即为朗伯定律。即在太阳高度为 h 时,单位面积上所获得的太阳能为 $I\sin h$。再考虑到日地距离的影响,那么每单位时间落到大气上界任意地点的单位水平面上的天文辐射能量为

$$\frac{dQ_s}{dt} = \frac{I_0}{\rho^2} \sin h \tag{3.20}$$

将(3.18)式代入(3.20)式,则得

$$\frac{dQ_s}{dt} = \frac{I_0}{\rho^2}(\sin\varphi\sin\delta + \cos\varphi\cos\delta\cos\omega) \tag{3.21}$$

由(3.21)式可以求出任一地点、任一天太阳辐射在大气上界流入量(天文辐射)的日变化,以及一年中任一天白昼的任一时刻,地球表面水平面上天文辐射的分布。

(3) **白昼长度**:白昼长度指从日出到日没的时间间隔。以 $-\omega_0$ 为日出的时角,以 ω_0 为日没的时角,有

$$\cos\omega_0 = \text{tg}\varphi\,\text{tg}\delta \tag{3.22}$$

因日出、日没的时角绝对值相等,所以 $2\omega_0$ 就是白昼长度,也就是天文辐射中的可照时间。它是随地理纬度和太阳赤纬而变化的。

要计算任一地点在一天内,$1m^2$ 水平面上天文辐射的总能量,可将(3.21)式对时间积分,得到

$$Q_s = \frac{T}{\pi}\frac{I_0}{\rho^2}(\omega_0\sin\varphi\sin\delta + \cos\varphi\cos\delta\sin\omega_0) \tag{3.23}$$

式中 T 为1日长度(24h),而 $\frac{T}{\pi} = 458.4$,太阳赤纬 δ,日地相对距离 ρ 和时角 ω_0 都可由天文年历中查得,因此根据(3.23)式可以计算出某纬度 φ 在某日天文辐射的日总量 Q_s。(3.23)式中 δ 和 ρ 仅决定于一年中的季节,ω_0 则决定于纬度和季节,因此太阳辐射的理论分布值 Q_s 决定于纬度和季节的变化。若干纬度天文辐射的年变化如图3.7所示;全球天文辐射的立体模式如图3.8所示。由图3.7和图3.8可知:

① 天文辐射能量的分布完全是因纬度和季节而异的。全球获得太阳辐射最多的是赤道,随着纬度的增高,太阳辐射能逐渐减少,最小值出现在极点,仅及赤道的40%。这种能量的不均匀分布,必然使地表各纬度带之间的气温产生差异,形成热带、温带、寒带等气候带。

② 夏半年获得天文辐射量的最大值在20°~25°的纬度带上,由此向两极逐渐减少,最小值在极地。这一方面是因为在赤道附近太阳位于或近似位于天顶的时间比较短,而在

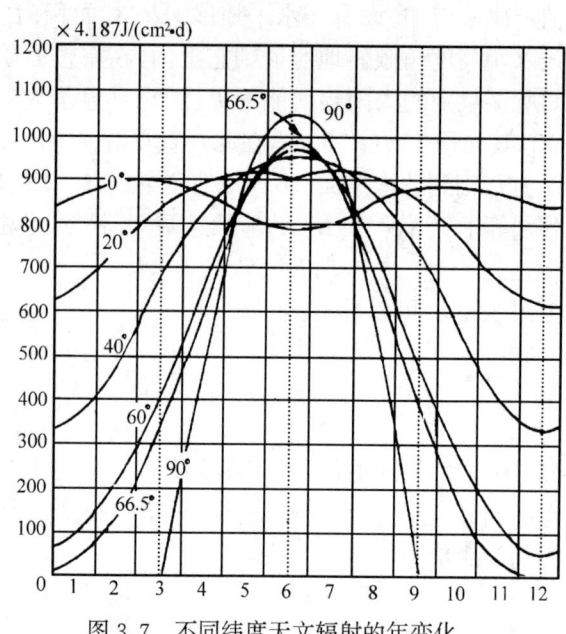

图3.7 不同纬度天文辐射的年变化

回归线附近的时间比较长。同时,在此纬度带,夏季白昼长度比赤道长。太阳高度角和白昼长度的共同影响,使"热赤道"北移(北半球)。又由于夏季白昼长度随纬度的增高而增长,所以天文辐射随纬度的增高而递减的程度减缓,甚至在夏季的一定时间里,到达极地的天文辐射量还大于赤道。表现在高低纬之间夏季的气温差较小。

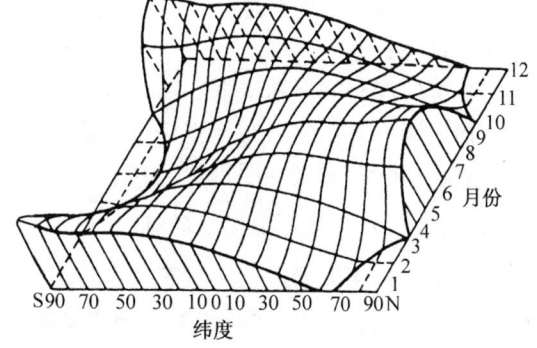

图 3.8 各纬度天文辐射的立体模式

③冬半年北半球获得天文辐射最多的是赤道。随着纬度的增高,正午太阳高度角和白昼长度都迅速递减,所以天文辐射量也迅速减小,到极点为零。在极圈之内,极夜期间天文辐射为零。表现在高低纬之间冬季的气温差较大。

④南北半球天文辐射总量是不对称的,南半球夏季各纬圈日辐射总量大于北半球夏季相应各纬圈的日辐射总量。相反,南半球冬季各纬圈的日辐射总量又小于北半球冬季相应各纬圈的日辐射总量。这是日地距离有差异的缘故。

3.2.2　太阳辐射在大气中的减弱

太阳辐射通过大气后到达地表。由于大气对太阳辐射有一定的吸收、散射和反射作用,使投射到大气上界的太阳辐射不能完全到达地面,所以在地球表面所获得的太阳辐射强度比 $1370W/m^2$ 小。

图 3.9 表明太阳辐射光谱穿过大气时受到减弱的情况:曲线 1 是大气上界太阳辐射光谱;曲线 2 是臭氧层下的太阳辐射光谱;曲线 3 是同时考虑到分子散射作用的光谱;曲线 4 是进一步考虑到粗粒散射作用后的光谱;曲线 5 是将水汽吸收作用也考虑在内的光谱,它也可近似地看成是地

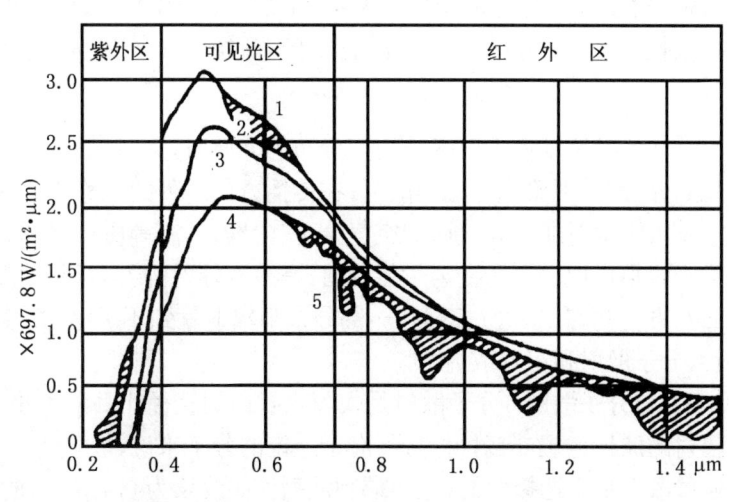

图 3.9 太阳辐射光谱穿过大气时的变化

面所观测到的太阳辐射光谱。对比曲线1和曲线5可以看出太阳辐射光谱穿过大气后的主要变化有：

①总辐射能有明显地减弱；
②辐射能随波长的分布变得极不规则；
③波长短的辐射能减弱得更为显著。

3.2.2.1 大气对太阳辐射的吸收

大气中吸收太阳辐射的成分主要有水汽、臭氧、液态水及固体杂质等。太阳辐射被大气吸收后变成了热能，因而使太阳辐射减弱。

(1) **臭氧**：臭氧在大气中的含量很少，但对太阳辐射能量的吸收很强。在 $0.2\sim0.3\mu m$ 为一强吸收带，使得小于 $0.29\mu m$ 的辐射由于臭氧的吸收而不能到达地面。在 $0.6\mu m$ 附近又有一宽吸收带，吸收能力虽然不强，但因位于太阳辐射最强烈的辐射带里，所以吸收的太阳辐射量相当多。

(2) **水汽和液态水**：水汽虽然在可见光区和红外区都有不少吸收带，但吸收最强的是在红外区 $0.93\sim2.85\mu m$ 之间的几个吸收带。因为最强的太阳辐射能是短波部分，因此水汽从进入大气中的太阳总辐射能吸收的能量并不多。太阳辐射因水汽的吸收可以减弱 $4\%\sim15\%$，所以大气因直接吸收太阳辐射而引起的增温并不显著。液态水的吸收带比水汽更强，其吸收带的波长比水汽吸收带稍向长波方向移动。

悬浮在大气中的尘埃等杂质，也能吸收一部分太阳辐射，但其量甚微。只有当大气中尘埃等杂质很多（如有沙尘暴、烟幕或浮尘）时，吸收才比较显著。

由上分析可知，由于大气中主要吸收物质（臭氧和水汽）对太阳辐射的吸收带都位于太阳辐射光谱两端能量较小的区域，因而对太阳辐射的减弱作用不大。也就是说，大气直接吸收的太阳辐射并不多，特别是对于对流层大气来说，太阳辐射不是主要的直接热源。

3.2.2.2 大气对太阳辐射的散射

光通过密度或折射率不均匀分布的介质时，除在光的传播方向外，在其它方向也可见到光，这种现象称为光的**散射**，在传播方向之外的光称为**散射光**。

太阳辐射通过大气遇到空气分子、尘埃、云滴等质点时，都要发生散射。但散射并不像吸收那样把辐射转变为热能，而只是改变辐射的方向，使太阳辐射以质点为中心向四面八方传播。因而经过散射，一部分太阳辐射就到不了地面。空气中的散射可以分为两种，分子散射和粗粒散射。

(1) **分子散射**：分子散射是太阳辐射遇到直径比其波长小的空气分子发生的散射，辐射的波长愈短，散射得愈强。对于一定的分子来说，散射能力与波长的四次方成反比，这种散射是有选择性的，也叫**瑞利散射**。如波长为 $0.7\mu m$ 时的散射能力为1，那末波长为 $0.3\mu m$ 时的散射能力就为30。因此，当太阳辐射通过大气时，由于空气分子散射的结果,波长较短的光被散射得较多。雨后天晴,天空呈青蓝色,就是因为太阳辐射中青蓝色波长较短,容易被大气散射的缘故。分子散射还有一个特点是,质点散射对于其光学特性来说是对称的球形,如图 3.10(a)所示。在光线射入的方向($\varphi = 0°$)及相反的方向($\varphi = 180°$)上的散射比垂直于射入光线方向上($\varphi = 90°$ 及 $\varphi = 270°$)的散射量大 1 倍。图 3.10(a)中由极点到外围曲线的向径长度是以假定的比例,表示此方向上所散射的总能量。

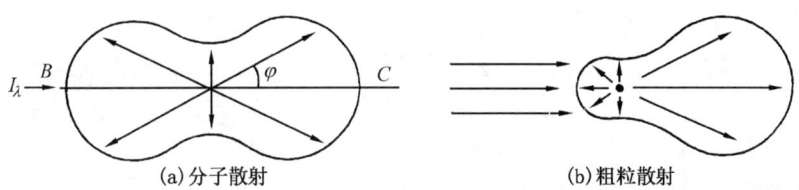

(a) 分子散射　　　　(b) 粗粒散射

图 3.10　大气对太阳辐射的散射

(2)**粗粒散射**:太阳辐射遇到悬浮在空气中的尘埃、烟尘、水滴等比光的波长尺度大的粗粒时,散射就失去了对称的形式,而于射入光的前方伸长。图 3.10(b)是粗粒(水滴)散射的一种常见方式。在此种粗粒散射下,在射入光方向上的散射能量,分别超过了在射入光线的相反方向上及其垂直方向上能量的 2.37 及 2.85 倍。散射质点愈大,这种偏对称的程度愈强。粗粒散射是没有选择性的,即辐射的各种波长都同样地被散射。这种散射称**粗粒散射**,也称**漫散射**。当空气中存在较多的尘埃或雾粒,一定范围的长短波都被同样的散射,使天空成灰白色。

3.2.2.3　大气的云层和尘埃对太阳辐射的反射

大气中云层和较大颗粒的尘埃能将太阳辐射中一部分能量反射到宇宙中去。其中云的反射作用最为显著,太阳辐射遇到云时被反射一部分或大部分。反射对各种波长没有选择性,所以反射光成白色。云的反射能力随云状和云的厚度而不同,高云反射率约 25%,中云为 50%,低云 65%,稀薄的云层也可反射 10%~20%。随着云层增厚反射增强,厚云层反射可达 90%,一般情况下云的平均反射率为 50%~55%。

3.2.3　到达地面的太阳辐射

到达地面的太阳辐射有两部分:一是太阳以平行光线的形式直接投射到地面上的,称为太阳**直接辐射**;二是大气介质散射后自天空各个方向投射到地面的辐射,称为**散射辐射**,两者之和称为**总辐射**。

3.2.3.1　直接辐射

太阳直接辐射的强弱和许多因子有关,其中最主要的有两个,即太阳高度角和大气透明度。

(1)太阳高度角：太阳高度角不同时，地表面单位面积上所获得的太阳辐射也就不同。这有两方面的原因：

①太阳高度角不同，等量的太阳辐射在地面上的散布面积不同。如前所述，太阳高度角越小，其在水平面上散布的面积越大，投射到水平面上的太阳辐射与太阳高度的正弦（$\sin h$）成正比。

②太阳高度角愈小，太阳辐射穿过的大气层愈厚，太阳辐射被减弱越多。如图3.11所示，当太阳高度角为90°时，通过大气层的射程为AO；当太阳高度角变小，光线沿CO方向斜射，通过大气的射程为CO。显然，大气厚度$CO > AO$，因此太阳辐射被减弱也较多，到达地面的直接辐射就较少。

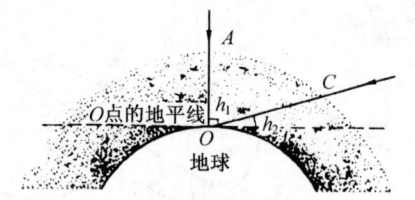

图3.11 太阳高度角与太阳辐射穿过大气质量的关系

在地面为标准气压（1013hPa）时，太阳光垂直投射到地面所经路程中单位截面积的空气柱的质量，称为**一个大气光学质量**。不同的太阳高度，阳光穿过大气的光学质量也不同。不同太阳高度时的大气光学质量数如表3.2所示。从表中可以看出，大气光学质量数随太阳高度减小而增大，且当太阳高度较小时，大气光学质量数的变化加大。

表3.2 不同太阳高度时的大气光学质量数

太阳高度(h)	90°	60°	30°	10°	5°	3°	1°	0°
大气质量数(m)	1	1.15	2.0	5.6	10.4	15.4	27.0	35.4

(2)大气透明度：大气透明度的特征用**透明系数**（p）表示，它是指透过一个大气光学质量的辐射强度与进入该大气的辐射强度之比。即当太阳位于天顶处，在大气上界太阳辐射通量为I_0，而到达地面后为I，它们的关系为

$$\frac{I}{I_0} = p \tag{3.24}$$

p值表明辐射通过大气后的削弱程度。实际上，不同波长的削弱也不相同，p仅表征对各种波长的平均削弱情况，例如$p = 0.80$，表示平均削弱了20%。

大气透明度系数决定于大气中所含水汽、水汽凝结物和尘粒杂质的多少，这些物质愈多，大气透明程度愈差，透明系数愈小，因而太阳辐射受到的减弱愈强，到达地面的太阳辐射也就相应地减少。太阳辐射透过大气层后的减弱与大气透明系数和通过大气质量之间的关系，可用布格（Bouguer）公式表示：

$$I = I_0 p^m \tag{3.25}$$

式中，I为到达地面的太阳辐射强度；I_0为太阳常数；p为空气透明系数；m为大气光学质量数。

从(3.25)式可以看出,如果大气透明系数一定,大气质量以等差级数增加,则透过大气层到达地面的太阳辐射,以等比级数减小。

太阳高度角的大小决定于纬度、季节和一天中的时间,因此直接辐射有明显的日变化、年变化和随纬度的变化。晴日时,在一天当中,日出、日没时太阳高度最小,直接辐射最弱;中午太阳高度角最大,直接辐射最强。如图3.12和图3.13所示。同样道理,在一年当中,直接辐射在夏季最强,冬季最弱。以纬度而言,低纬度地区一年各季太阳高度角都很大,地表面得到的直接辐射比中、高纬度地区大得多。

天空有云时直接辐射减小,厚的云层能全部挡住太阳辐射。太阳高度角越小,直接辐射穿透云层的能力越弱。

大气透明系数和云况主要决定于天气气候特征,因此直接辐射的大小除与纬度等有关外,还与当地的天气气候特征有关。如呼和浩特虽然纬度较高(49°49′),但由于气候干燥、云量少,大气透明系数大,直接辐射的年总量为 $3.67 \times 10^6 KJ/(m^2 \cdot a)$;重庆的纬度虽低(29°47′),但该地湿润多雨、多云雾,大气透明系数小,直接辐射的年总量仅为 $1.64 \times 10^6 KJ/(m^2 \cdot a)$,不及呼和浩特的一半。

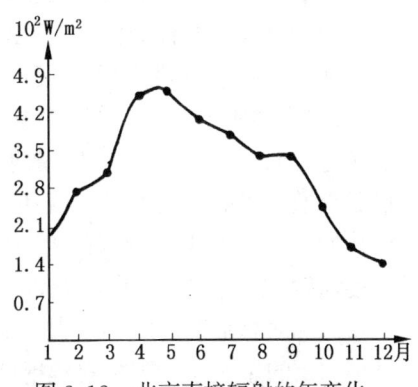

图3.12 北京直接辐射的年变化

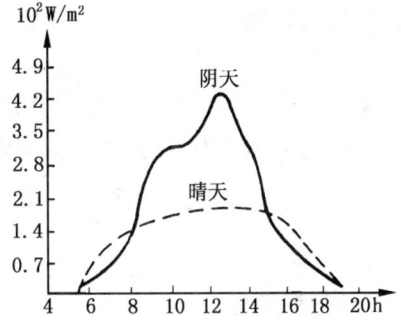

图3.13 重庆散射辐射的日变化

海拔高度高,则太阳辐射通过的大气光学质量数小,到达地面的太阳辐射强。例如珠穆郎玛峰地区不同高度上的直接辐射值都高于同纬度平原地区的值。

3.2.3.2 散射辐射

散射辐射的强弱也与太阳高度角及大气透明度有关。太阳高度角增大时,到达近地面层的直接辐射增强,散射辐射也就相应地增强;相反,太阳高度角减小时,散射辐射也弱。大气透明度不好时,参与散射作用的质点增多,散射辐射增强;反之,减弱。阴天和有云天的散射辐射还与下垫面的反射率有关,特别是在积雪条件下,太阳直接辐射被地面积雪大量反射到大气中,再经大气散射到地面,使散射辐射增强。同直接辐射类似,散射辐射的变化也主要决定于太阳高度角的变化。一日内正午前后最强,一年内夏季最强。

3.2.3.3 总辐射

总辐射等于直接辐射与散射辐射之和,它的变化特点是:

①晴天总辐射的日变化是:日出以前,地面上只有散射辐射;日出之后,随着太阳高度的增加,直接辐射和散射辐射逐渐增加,总辐射增加。但直接辐射增加得较快,即散射辐射在总辐射中所占的成分逐渐减少;当太阳高度升到约等于8°时,直接辐射与散射辐射相等;当太阳高度为50°时,散射辐射仅相当总辐射的10%~20%;中午时太阳直接辐射与散射辐射均达到最大值;中午以后二者又按相反的次序变化。

②大气透明系数大,太阳辐射削弱小,直接辐射大,散射辐射小。因总辐射主要决定于直接辐射,因此大气透明系数大时,总辐射大;反之大气透明度小时,总辐射小。

③云况对总辐射的影响很大。通常有云天总辐射减小。云量大,云层厚而低,则总辐射小。云的影响还会破坏总辐射的变化规律。例如,中午云量突然增多时,总辐射的最大值可能提前或推后,这是因为直接辐射是组成总辐射的主要部分,有云时直接辐射的减弱比散射辐射的增强要多的缘故。

④总辐射随纬度的分布一般是,纬度愈低,总辐射愈大,反之愈小。表3.3是根据计算得到的北半球年总辐射纬度分布的情况,其中可能总辐射是考虑了受大气减弱之后到达地面的太阳辐射;有效总辐射是考虑了大气和云的减弱之后到达地面的太阳辐射。

表3.3 北半球年总辐射随纬度的分布

纬度(°N)	64	50	40	30	20	0
可能总辐射(W/m^2)	139.3	169.9	196.4	216.3	228.2	248.1
有效总辐射(W/m^2)	54.4	71.7	98.2	120.8	132.7	108.8

全球年总辐射大致在2510~9210$MJ/(m^2 \cdot a)$之间,基本上呈带状分布,只是在热带低纬度地区受到破坏,如图3.14,图中单位为$MJ/(m^2 \cdot a)$。赤道地区,因为云雨较多,年总量大为降低。南、北半球的副热带地区,特别是在大陆上的副热带沙漠地区,因为云量最少,总辐射最大,最大值出现在非洲东北部,其数值达9210$KJ/(m^2 \cdot a)$。我国各地太阳辐射年总量大致在3350~8370$MJ/(m^2 \cdot a)$之间,最大值出现在青藏高原西南部,高达8370$MJ/(m^2 \cdot a)$,最小值出现在四川盆地西南部和贵州北部,仅为3350~3768$MJ/(m^2 \cdot a)$。

⑤总辐射的年变化特征是,一般在一年中总辐射强度(指月平均值)在夏季最大,冬季最小。但受当地气候特征的影响,各地很不一致。

⑥海拔高度高,大气对直接辐射的削弱减小,总辐射增加。如西安和华山,两地相距很近,但西安海拔高度不超过400m,华山为2000m以上,实测西安的晴天日总辐射量为2.80$KJ/(m^2 \cdot d)$,而华山为3.11$KJ/(m^2 \cdot d)$,远高于西安。

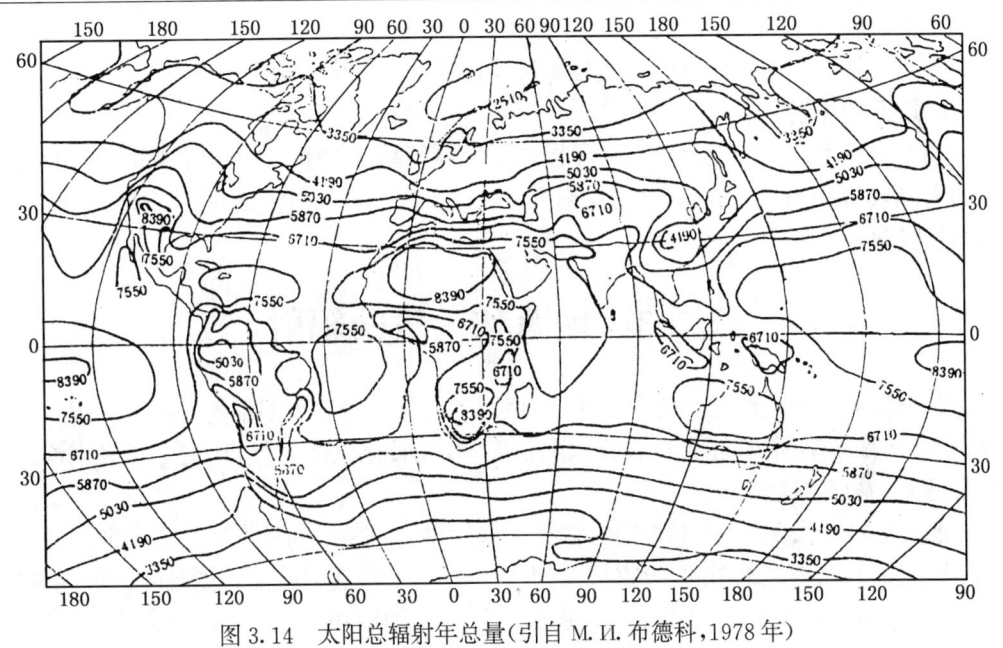

图 3.14　太阳总辐射年总量(引自 М.И.布德科,1978 年)

3.2.4　地面对太阳辐射的反射

投射到地面的太阳辐射,并非完全被地面所吸收,其中一部分被地面所反射。地表对太阳辐射的反射率,决定于地表面的性质和状态。陆地表面对太阳辐射的反射率约为 10%～30%。其中深色土比浅色土反射能力小,粗糙土比平滑土反射能力小。雪面的反射能力很大,约为 60%,洁白的雪面甚至可达 90% 以上(表 3.4)。水面的反射率随水的平静程度和太阳高度角的大小而变。当太阳高度角超过 60°时,平静水面的反射率为 2%,高度角 30°时为 6%,10°时为 35%,5°时为 58%,2°时为 79.8%,1°时为 89.2%。对于波浪起伏的水面来说,其平均反射率为 10%。因此,总的说来水面反射率比陆面稍小一些。

表 3.4　不同性质地面的反射率(%)

地　面	反射率	地　面	反射率	地　面	反射率
砂　土	29～35	黑钙土(干)	14	干草地	29
粘　土	20	黑钙土(湿)	8	小麦地	10～25
浅色土	22～32	耕　地	14	新　雪	84～95
深色土	10～15	绿草地	26	陈　雪	46～60

由此可见,即使总辐射的强度一样,不同性质的地表真正得到的太阳辐射仍有很大差异,这也是导致地表温度分布不均匀的重要原因之一。

3.2.5　地球行星反射率

由于以下三种作用,使得到达地球的太阳辐射,有一部分又重新返回宇宙空间。

①太阳辐射受到云层的反射；
②空气及其中的尘埃、烟尘、盐粒等散射回宇宙空间的部分；
③地面的反射。

整个地球上这三部分反射率之和构成了**地球行星反射率**。以全球平均而言,进入地球的太阳辐射约有30%被散射和反射回宇宙,20%被大气和云层直接吸收,50%到达地面被吸收。

§3.3 地面和大气的辐射

太阳辐射虽然是地球上的主要能源,但因为大气本身对太阳辐射直接吸收很少,地球表面(又称**下垫面**)却能大量吸收太阳辐射,并经转化供给大气,从这个意义来说,下垫面是大气的直接热源。

地面能吸收太阳短波辐射,同时按其本身的温度不断地向外发射长波辐射。大气对太阳短波辐射几乎是透明的,吸收很少,但对地面的长波辐射却能强烈吸收。大气也按其本身的温度,向外发射长波辐射。通过长波辐射,地面和大气之间以及大气中气层和气层之间,相互交换热量,并向宇宙空间散发热量。

3.3.1 地面和大气的长波辐射

地面辐射指由地面发射的指向大气的辐射。它大部分被大气所吸收,只有一小部分直达宇宙空间。**大气辐射**是指大气发射的长波辐射,它一部分向下到达地面,一部分被周围的大气吸收,只有小部分到达宇宙空间。

地面和大气都按其本身的温度向外放出辐射能。由于它们是非黑体,运用斯蒂芬-波耳兹曼定律,可写成如下形式

$$E_g = \delta \sigma T^4 \tag{3.26}$$

$$E_a = \delta' \sigma T^4 \tag{3.27}$$

式中 E_g 和 E_a 分别表示地面和大气的辐射能力,T 表示地面和大气的温度,δ 和 δ' 分别称地面和大气的**相对辐射率**,又称**比辐射率**。按基尔霍夫定律,相对辐射率等于吸收率。据测定,土壤、草地、砂粒等地面对长波辐射的吸收率都接近于0.90,并且可以看作是吸收率与波长无关的灰体。如地面温度为15℃,以 $\delta = 0.9$,则可算得

$$E_g = 0.9 \times 5.67 \times 10^{-8} \times (288)^4 = 346.7 (\text{W/m}^2)$$

同样,当地面温度为15℃,根据维恩定律可算得

$$\lambda_m = \frac{C}{T} = \frac{2896}{288} \approx 10 (\mu m)$$

即该温度下地面最强的辐射能位于波长 $10\mu m$ 左右的光谱范围内。地面平均温度约为

300K,对流层大气的平均温度约为 250K,故其热辐射中 95%以上的能量集中在 3~120μm 的波长范围内(属于肉眼不能直接看见的红外辐射)。其辐射能最大段波长在 10~15μm 范围内,所以我们把地面和大气的辐射称为长波辐射。

3.3.2 大气对长波辐射的吸收

3.3.2.1 大气对长波辐射的吸收

大气对长波辐射的吸收非常强烈,大气中对长波辐射的吸收起重要作用的成分有水汽、液态水、二氧化碳和臭氧等。它们对长波辐射的吸收同样具有选择性。

(1)**水汽和液态水**:水汽对长波辐射的吸收最为显著,除 8~12μm 波段的辐射外,其它波段都能吸收。并以 6μm 附近和 24μm 以上波段的吸收能力最强。按基尔霍夫定律,水汽的长波辐射能力也强,因而干燥地区夜间降温剧烈,而湿润地区由于地面在夜间能接收较多的大气辐射而使降温和缓。液态水对长波辐射的吸收与水汽相仿,只是作用更强一些,例如 0.1mm 的薄层水可以吸收长波辐射的 99%,因此厚度大的云层表面可当作黑体表面,能完全吸收地面辐射,同时又以接近黑体的辐射能力向上和向下发射长波辐射。

(2)**二氧化碳**:二氧化碳有两个吸收带,中心分别位于 4.3μm 和 14.7μm。第一个吸收带位于温度为 200~300K 绝对黑体的发射能量曲线的末端,其作用不大,第二个吸收带从 12.9~17.1μm,对吸收长波辐射有重要意义。

(3)**臭氧**:臭氧在 9~10μm 之间有一个狭窄的强吸收带。图 3.15 描绘了整个大气对长波辐射的发射与透射光谱。由图看出,大气在整个长波段,除 8~12μm 一段外,其余的透射率近于零,即吸收率为 1。在 8~12μm 处吸收率最小,透明度最大,称为"大气窗口"。这个波段的辐射,正好位于地面辐射能力最强处,所以地面辐射有 20%的能量透过这一窗口射向宇宙空间。

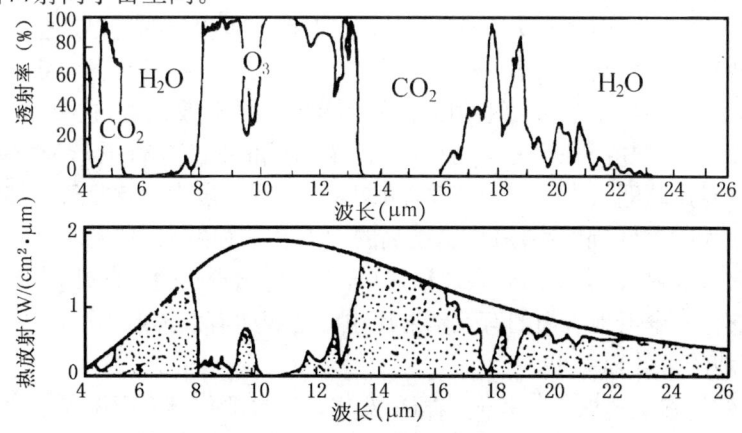

图 3.15 大气吸收谱与发射谱

长波辐射在大气中的传输过程与太阳辐射的传输有很大不同。第一,太阳辐射中的直接辐射是作为定向的平行辐射进入大气的,而地面和大气辐射是漫射辐射;第二,太阳辐射在大气中传播时,仅考虑大气对太阳辐射的削弱作用,而未考虑大气本身的辐射的影响。这是因为大气的温度较低,所产生的短波辐射是极其微弱的。但考虑长波辐射在大气中的传播时,不仅要考虑大气对长波辐射的吸收,而且还要考虑大气本身的长波辐射;第三,长波辐射在大气中传播时,可以不考虑散射作用。这是由于大气中气体分子和尘粒的尺度比长波辐射的波长要小得多,散射作用非常微弱。

3.3.2.2 大气逆辐射和大气保温效应

大气辐射指向地面的部分称为**大气逆辐射**。大气逆辐射使地面因发射辐射而损耗的能量得到一定的补偿,因而对地面有一种保暖作用,这种作用称为大气的**保温效应**或**温室效应**。据计算,如果没有大气,近地面的平均温度应为$-23℃$,但实际上近地面的均温是$15℃$,也就是说大气的存在使近地面的温度提高了$38℃$。

> 工业革命以后,由于人类活动的不断增强,人类活动向大气中排放的二氧化碳、甲烷、氯氟烃等气体不断增多,这些气体均能透过太阳辐射,但强烈吸收地面长波辐射,对地球起着保温作用,因此将这些气体称为温室气体。大气中温室气体的增加,使低层大气在自然变化的基础上,叠加有变暖的趋势,这是全球关注的重大环境问题之一。

3.3.3 地面有效辐射

地面发射的辐射(E_g)与地面吸收的大气逆辐射(δE_a)之差,称为**地面有效辐射**。以F_0表示,则

$$F_0 = E_g - \delta E_a \tag{3.28}$$

通常情况下,地面温度高于大气温度,地面有效辐射为正值。这意味着通过长波辐射的发射和吸收,地表面经常失去热量。只有在近地层有很强的逆温及空气湿度很大的情况下,有效辐射才可能为负值,这时地面才能通过长波辐射的交换而获得热量。

影响地面辐射和大气逆辐射的因子都会影响地面有效辐射,主要因子有:地面温度,空气温度,空气湿度和云况。一般情况下,在湿热的天气条件下,有效辐射比干冷时小;有云覆盖时比晴朗天空条件下有效辐射小;空气混浊度大时比空气干洁时有效辐射小;在夜间风大时有效辐射小;海拔高度高的地方有效辐射大,当近地层气温随高度显著降低时,有效辐射大;逆温时有效辐射小,甚至可出现负值。此外,有效辐射还与地表面的性质有关,平滑地表面的有效辐射比粗糙地表面的有效辐射小;有植物覆盖时的有效辐射比裸地的有效辐射小。

地面有效辐射具有明显的日变化和年变化。其日变化具有与温度日变化相似的特征。在白天,由于低层大气中垂直温度梯度增大,所以有效辐射值也增大,中午$12\sim14$

时达最大;而在夜间由于地面辐射冷却的缘故,有效辐射值也逐渐减小,在清晨达到最小。当天空有云时,可以破坏有效辐射的日变化规律。有效辐射的年变化也与气温的年变化相似,夏季最大,冬季最小。但由于水汽和云的影响使有效辐射的最大值不一定出现在夏季。我国秦岭、淮河以南地区有效辐射秋季最大,春季最小;华北、东北等地区有效辐射则春季最大,夏季最小,这是由于水汽和云况结果影响的。

3.3.4 长波射出辐射

地面长波辐射被云体和大气层吸收了绝大部分,有一小部分透过大气层射入宇宙空间;云和大气层也向宇宙空间放出长波辐射,这两部分进入宇宙空间的长波辐射之和,是地球-大气系统进入宇宙空间的热辐射,称为长波射出辐射。可以将对流层顶的净向上辐射近似看作长波射出辐射。图 3.16 是北半球不同季节平均云量条件下对流层顶的净向上辐射通量的纬度平均值。极地对流层顶的净向上辐射通量平均值为 $139.5W/m^2$,副热带为 $251.2W/m^2$。夏季各纬度向上的辐射通量最大。

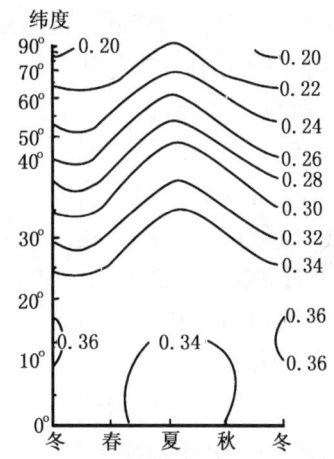

图 3.16 北半球冬季对流层顶净向上辐射通量($\times 697.8W/m^2$)的纬度平均分布

§3.4 辐射差额

3.4.1 辐射差额

物体收入辐射能与支出辐射能的差值称为**净辐射**或**辐射差额**。即"辐射差额=收入辐射-支出辐射"。在没有其它方式进行热交换时,辐射差额决定物体的升温或降温。辐射差额不为零,表明物体收支的辐射能不平衡,会有升温或降温产生。辐射差额为零时,物体的温度保持不变。

3.4.1.1 地面辐射差额

地面由于吸收太阳总辐射和大气逆辐射而获得能量,同时又以其本身的温度不断向外放出辐射而失去能量。某段时间内单位面积地表面所吸收的总辐射和其有效辐射之差值,称为**地面辐射差额**。若以 R_g 表示单位水平面积、单位时间的辐射差额,则有

$$R_g = (Q+q)(1-a) - F_0 \tag{3.29}$$

式中 $(Q+q)$ 是到达地面的太阳总辐射,即太阳直接辐射和散射辐射之和;a 为地面对

总辐射的反射率;F_0为地面的有效辐射。显然,地面辐射能量的收支,决定于地面的辐射差额。当$R_g>0$时,即地面所吸收的太阳总辐射大于地面的有效辐射,地面将有热量的积累;当$R_g<0$时,则地面因辐射而有热量的亏损。

影响地面辐射差额的因子很多,除考虑到影响总辐射和有效辐射的因子外,还应考虑地面反射率的影响。反射率是由不同的地面性质决定的,所以不同的地理环境、不同的气候条件下,地面辐射差额值有显著的差异。

地面辐射差额具有日变化和年变化。一般夜间为负,白天为正,由负值转到正值的时刻一般在日出后1h,由正值转到负值的时刻一般在日落前1~1.5h。在一年中,一般夏季辐射差额为正,冬季为负,最大值出现在较暖的月份,最小值出现在较冷的月份。图3.17表示无云情况下,辐射差

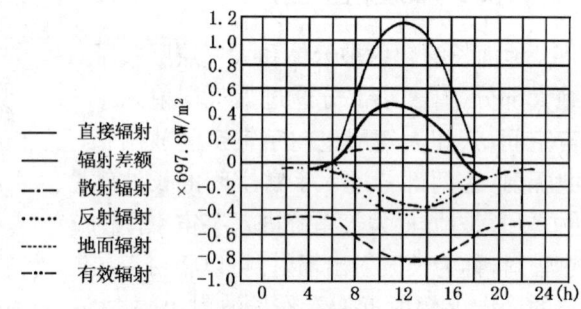

图3.17 地面辐射差额各分量的日变化

额各分量的日变化。其中地面辐射和有效辐射曲线对正午来说是不对称的,其绝对最大值发生在12时以后,这是由于地表最高温度出现在13时左右造成的,因而也导致辐射差额曲线对正午的不对称。图3.18是呼和浩特晴天和阴天辐射差额日变化。图3.19给出了我国不同地区辐射差额年变化的情况。图3.19中,赣州代表我国南部地区,地面辐射差额月最大值出现在7月,而北部地区以北京为例,沙漠地区以敦煌为例,地面辐射差额月最大值都出现在6月,地面辐射差额的最小值出现在12月。

辐射差额的年振幅随地理纬度的增加而增大。对同一地理纬度来说,陆地辐射差额的年振幅大于海洋。全球各纬度绝大部分地区地面辐射差额的年平均值都是正值,只有在高纬度和某些高山终年积雪区才是负值。因此就整个地球表面平均来说是收入大于支出的,也就是说地球表面通过辐射方式获得能量。

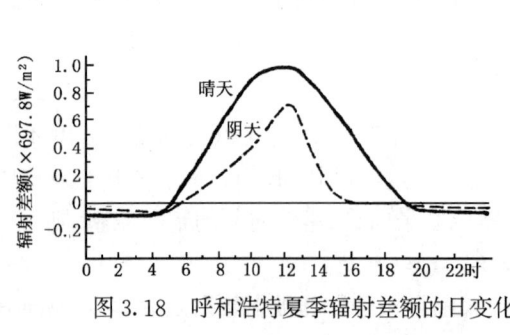

图3.18 呼和浩特夏季辐射差额的日变化

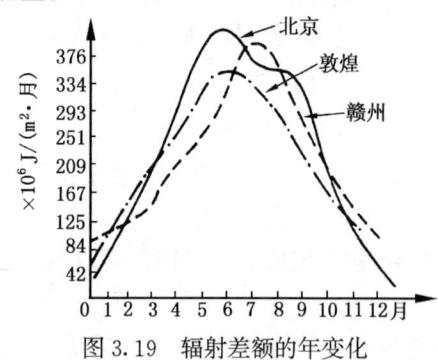

图3.19 辐射差额的年变化

3.4.1.2 大气的辐射差额

大气的辐射差额可分为整个大气层的辐射差额和某一层大气的辐射差额。这也是考虑某气层降温率的最重要因子。由于大气中各层所含吸收物质的成分、含量不同以及其本身温度不同,辐射差额的差别还是很大的。

若以 R_a 表示整个大气层的辐射差额,q_a 表示整个大气层所吸收的太阳辐射,F_0、F_∞ 分别表示地面及大气上界的有效辐射,则整个大气层辐射差额的表达式为

$$R_a = q_a + F_0 - F_\infty \tag{3.30}$$

式中 F_∞ 总是大于 F_0 的,并且 q_a 一般是小于 $F_\infty - F_0$,所以整个大气层的辐射差额是负值,大气要维持热平衡,还要靠地面以其它的方式,例如对流及潜热释放等来输送一部分热量给大气。图 3.20 描绘了大气辐射差额随纬度的分布情况。

3.4.1.3 地气系统的辐射差额

如果把地面和大气看作为一个整体,其辐射能的净收入为

$$R_s = (Q + q)(1 - a) + q_a - F_\infty \tag{3.31}$$

式中 q_a 和 F_∞ 分别为大气所吸收的太阳辐射和大气上界的有效辐射。

就个别地区来说,地气系统的辐射差额既可为正,也可为负。但就整个地气系统来说,这种辐射差额的多年平均应为零。观测表明,整个地球和大气的平均温度多年来是没有什么变化的,也就说明了整个地气系统所吸收的辐射能量和发射出的辐射能量是相等的,从而使全球达到辐射平衡。

地气系统净辐射除两极地区全年为负值,赤道附近地带全年为正值外,其余大部分地区是冬季为负值,夏季为正值,季节变化十分明显。

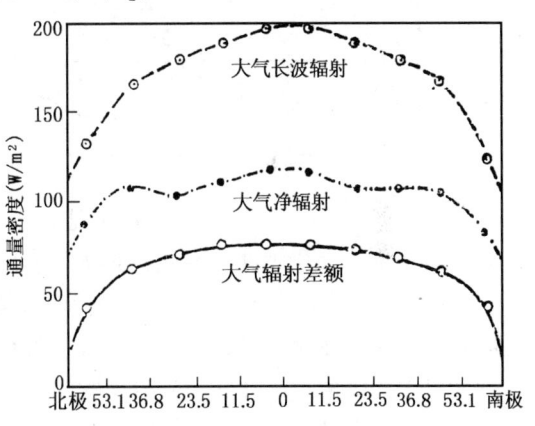

图 3.20 大气辐射平衡随纬度的变化
(引自 Paltridge 等,1976)

3.4.2 地气系统辐射差额的地理分布

全球地气系统全年各纬圈吸收的太阳辐射,低纬度明显多于高纬度。这一方面是因为天文辐射量本身有很大的差别,另一方面是高纬度冰雪面积广,反射率特别大,所以由热带到极地间太阳辐射的吸收值随纬度的增高而递减的梯度甚大。在赤道附近稍偏北处因云量多,减少了地面对太阳辐射的吸收率。到达地表的年平均总辐射如图 3.21 所示。由图可见,年平均总辐射最高值并不出现在赤道,而是位于热带沙漠地区。例

在非洲撒哈拉和阿拉伯沙漠部分地区年平均总辐射高达 293W/m² ,而处在同纬度的我国华南沿海只有 160W/m² 左右。只有在广阔的大洋表面,年平均总辐射等值线才大致与纬线平行,其值由低纬向高纬递减,在极地最低,降至 80W/m² 以下。

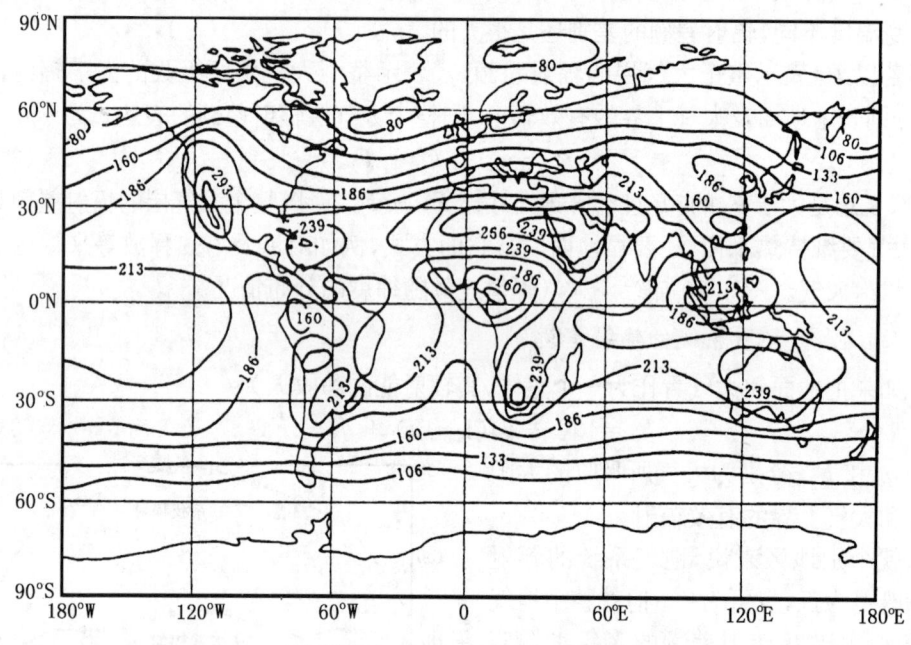

图 3.21 全球到达地表的年平均总辐射图(W/m²)

地表反射率在极地冰雪覆盖区最大,可达 0.7 以上,其次沙漠地区反射率亦甚高,常在 0.4 左右。大洋水面反射率较低,特别是太阳高度角大时反射率最小,小于 0.08。但如洋面为白色碎浪覆盖时,反射率会增大。就长波射出辐射而言,高低纬度间的差值要小得多。这是因为赤道与极地间的气温梯度不完全由各纬度所净得的太阳辐射所决定。通过大气环流和洋流的作用,可缓和高、低纬度间的温度差。南北气温梯度减小,其长波辐射的差值亦必随之减小。地气系统长波射出辐射 F_∞ 以热带干旱地区为最大,夏季尤为显著。如北非撒哈拉和阿拉伯等地夏季长波辐射达 300W/m² 以上。极地冰雪表面 F_∞ 最低,冬季北极最低值在 175W/m² 以下,南极最低值在 125W/m² 左右。

图 3.22 描绘了南北半球各纬度辐射

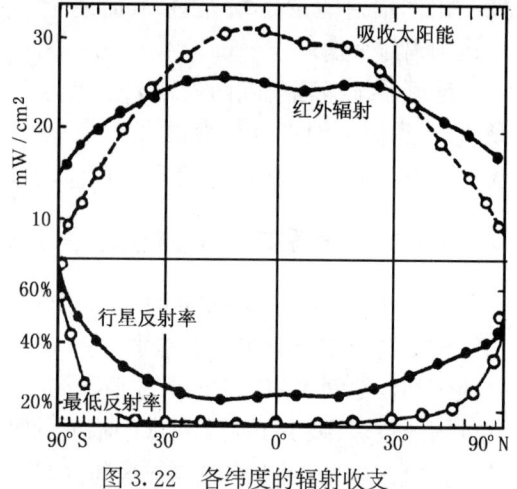

图 3.22 各纬度的辐射收支

收支情况及各纬圈行星反射率。由图可以看出,无论南、北半球,地气系统的辐射差额在纬度35°处是转折点。35°N以南的差额是正值,以北是负值。这样,会不会造成低纬地区的不断增温和高纬地区的不断降温呢?多年的观测事实表明,不会如此。从长期的平均情况来看,高纬及低纬地区的温度变化是很小的。这说明必定有另外一些过程将低纬地区盈余的热量输送至高纬地区。这种热量的输送主要是由大气及海水的流动来完成的。

图3.23是地气系统平均辐射差额的地理分布图。由图也可看出,地气系统辐射平衡在赤道带两侧至中纬度地区大致呈带状分布,零值线基本上与南北纬35°线平行。在10°N～10°S间赤道带,环绕地球为一不连续的高值区。同一纬度,辐射收支可能有明显的变化,特别是在热带。副热带海洋在南北半球均为净辐射极大值区,但纬度相同的非洲阿拉伯沙漠地区出现低值,在有些年份甚至是辐射亏损区(Raschke,1973)。

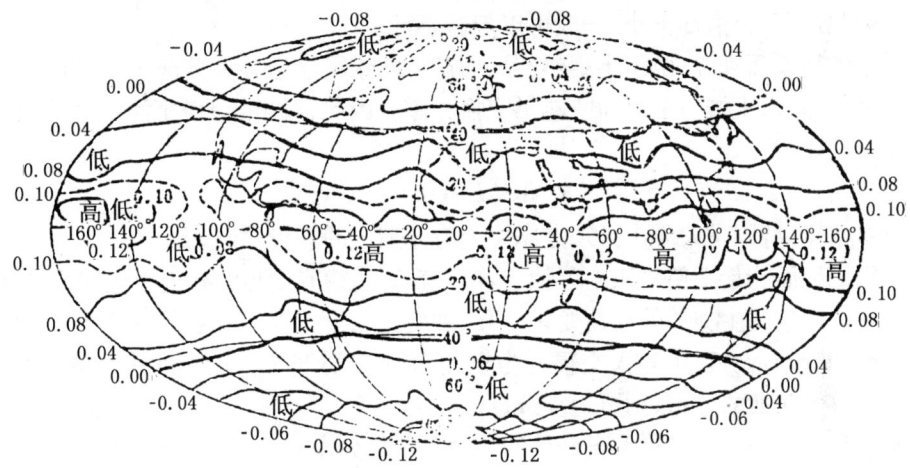

图3.23 地气系统辐射差额年平均值的地理分布图(单位:×697.8W/m²)(引自Vonder Haar等,1971)

§3.5 全球热量平衡

太阳辐射到达地球后,往往转化为各种形式的能量,如蒸发或凝结潜热,湍流显热等,这些能量也是气候形成的基本因素。地球上热量收支的代数和就是**热量平衡**。

3.5.1 地面热量平衡

当地面收入短波辐射能大于其长波支出辐射,辐射差额为正值时,一方面地面要升温,另一方面盈余的热量就以湍流或蒸发潜热的形式向空气输送热量,以调节温度,并供给空气水分。同时还有一部分热量在地表活动层内部交换,改变下垫面(土壤、海水)温度的分布。当地面辐射差额为负值时,则地表温度降低,所亏损的热量由土壤(或海水)下层向上层输送,或通过湍流及水汽凝结从空气获得热量,使空气降温。根据能量守恒定律,这些热量是可以转换的,但其收入与支出的量应该是平衡的,这就是地面能量平衡。

地面能量平衡方程可写成下列形式

$$R_g + LE + Q_p + A = 0 \qquad (3.31)$$

式中 R_g 为地面辐射差额，LE 为地面与大气间的潜热传输量（L 为蒸发潜热，E 为蒸发量或凝结量），Q_p 地面和大气间的湍流显热交换，A 为地表面与其下层间的热传输量（B）和平流输送量（D）之和。(3.31) 式中，地面得到热量时各项为正值，地面失去热量时各项为负值（图 3.24）。在形成地面能量平衡中，这四者是最主要的，其它如大气的湍流摩擦使地面得到的热量，植物光合作用消耗的能量以及与降水使温度不同的地面得到或损失的热量等，数值都很小，一般可以忽略不计。

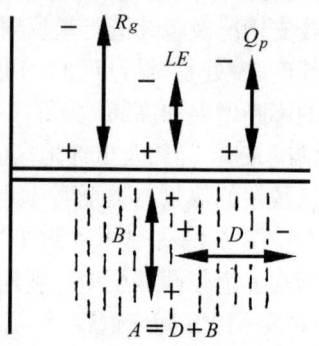

图 3.24 下垫面能量平衡示意图

对于陆地表面来说，由于土壤热传导而产生的水平输送异常缓慢而可忽略不计，而对于年平均而言，土壤与上界面的能量交换为零。因此，对于陆地表面年平均热量平衡方程就可简化为

$$R_g + LE + Q_p = 0 \qquad (3.32)$$

但对水体，特别是大洋中必须考虑由于海流造成的能量输送。

在组成地面能量平衡的四个分量中，由于辐射差额有明显的昼夜变化和季节变化，因此其它分量也发生类似的周期变化，而这种变化又因纬度和海陆分布而不同。地面净辐射的地理分布形势已经较天文辐射为复杂，而其它分量如地面蒸发失热的年总量分布及地气显热交换的分布，则更为复杂。

海洋和大陆表面热量平衡各分量的纬度年平均分布如图 3.25 和图 3.26 所示。

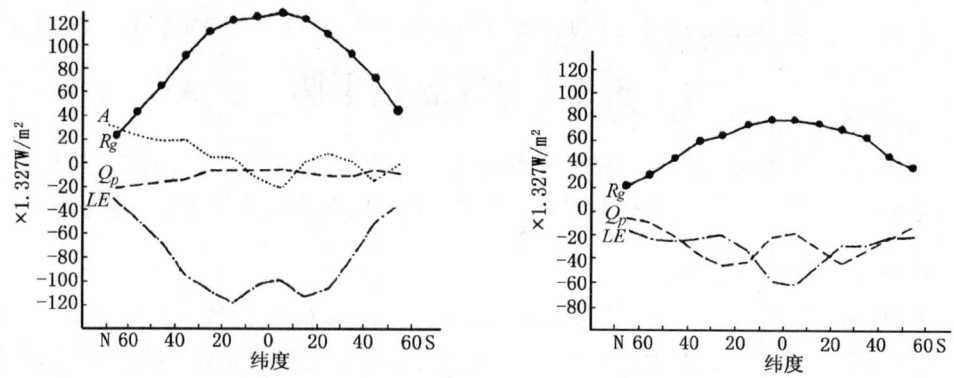

图 3.25 海洋表面的热量平衡（A 表示海洋内部的热交换）　图 3.26 大陆表面的热量平衡

3.5.2 全球热量平衡模式

将全球地气系统平均能量收支各分量之间的相互关系用图形的方式表示出来，这

种图称为**全球能量平衡模式**。为了论述方便,将到达大气上界的太阳辐射(175000×10^{12} W/m²)算作 100 个单位。该 100 个单位进入大气圈后,被大气吸收了 18 个单位(主要是水汽、臭氧、二氧化碳、尘埃等的吸收),云滴吸收 2 个单位,二者共吸收 20 个单位。云层反射 20 个单位,大气散射返回宇宙空间 6 个单位,地面反射 4 个单位,地气系统共反射 30 个单位(又称地球反射率)。地面吸收直接辐射 22 个单位,散射反射 28 个单位(其中来自云层漫射 16,大气散射 12),合计吸收总辐射 50 个单位。

地面因吸收总辐射而增温。根据全球年平均地面气温 T,其长波辐射能量相当于 115 个单位。地面长波辐射进入大气圈时有 109 个单位为大气(主要为 CO_2、水汽、云滴等)所吸收,只有 6 个单位透过"大气之窗"逸入宇宙空间。

大气吸收了 20 个单位的太阳辐射和 109 个单位地面长波辐射,它本身也根据其温度进行长波辐射。大气和云长波辐射一部分为射向地面的逆辐射,其值相当于 95 个单位,另一部分射向宇宙空间为 64 个单位(其中大气 38 个单位,云层 26 个单位)。

因此通过辐射过程,大气总共吸收 129 个单位,而长波辐射支出 95+64=159 个单位。这亏损的 30 个单位的能量,由地面向大气输入的潜热 23 个单位和湍流显热 7 个单位来补充,以维持大气的能量平衡。以上收支情况如图 3.27 所示。

整个地球下垫面的能量收支为 ±145 个单位,大气的能量收支为 ±159 个单位,从宇宙空间射入的太阳辐射 100 个单位,而地球的反射为 30 个单位,长波辐射射出 70 个单位,各部分的能量收支都是平衡的。这些估算的数值是很粗略的,它们仅仅提供一个地气系统中能量收支的梗概。在这种能量收支下形成并维持着现阶段的地球气候状态。

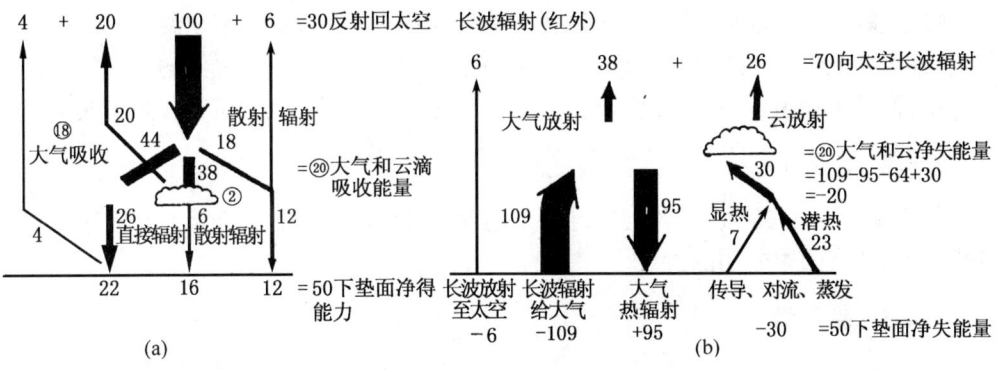

图 3.27 地球能量平衡模式(引自 A. Henderson-sallees, P. J. Robinson, 1987)

§3.6 天文气候带

太阳高度角决定地球表面上所接受的太阳辐射能,因而支配着生物圈的热量环境,这为全球划分成若干纬度气候带提供了基础。由天文辐射所决定的气候称为**天文气候**,

由此将全球气候按纬度分为七个纬度气候带,它反映了全球气候的基本轮廓,如图 3.28 所示。

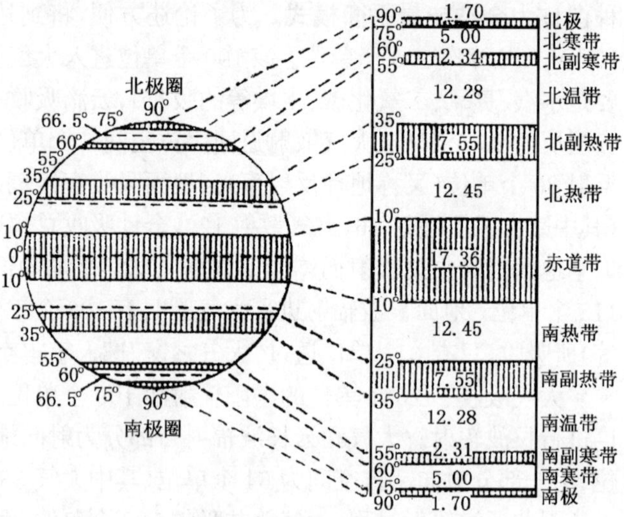

3.6.1 赤道带

在南北纬 10°之间,占地球表面积 17.36%。在此带内全年正午太阳高度角都很大,一年中有两次受到太阳直射,在一年内昼夜长短几乎均等。因此全年受到太阳辐射最强,年变化小,日变化大。

3.6.2 热带

位于纬度 10~25°,在南北半球各占地球总面积 12.45%,大部分地区一年中有两次连续受到太阳直射的机会(回归线以外地带除外,回归线指南北纬度为 23.5°的纬圈),天文辐射日变化大,年变化仍较小(比赤道带稍大)。

图 3.28 纬度气候带

3.6.3 副热带

位于纬度 25~35°间,在南北半球各占地球面积 7.55%,是热带与温带间的过渡地带,也称为**亚热带**。这里水平面上已无太阳直射的机会。但夏半年受到的太阳辐射仅次于热带,而大于赤道带,冬半年则较少。天文辐射的季节变化比赤道带和热带显著。

3.6.4 温带

位于纬度 35~55°间,在南北半球各占地球面积的 12.28%。全年天文辐射的季节变化最显著,有四季分明的特点。

3.6.5 副寒带

位于纬度 55~60°间,在南北半球各占地球面积的 2.34%。是温带与寒带的过渡地带,也称**亚寒带**。副寒带昼夜长短差别大,但无极昼、极夜的现象。

3.6.6 寒带

位于纬度 60~75°间,在南北半球各占地球面积的 5.0%,此带一年中昼夜长短差别更大,在极圈以内有极昼极夜现象,全年天文辐射总量显著减小。

3.6.7 极地带

纬度75~90°,在南北半球各占地球面积1.70%,此带昼夜长短差别最大,在极点半年为昼,半年为夜。即使在昼半年正午太阳高度亦甚小,是天文辐射日变化最小,年变化最大的地区。

总结与提要

辐射是大气中主要的物理过程之一。太阳辐射是地球大气运动变化的最重要能源。辐射通过影响大气的温度影响湿度、大气压力,并进一步导致空气的水平运动和垂直运动产生。值得注意的是太阳辐射并非直接加热我们周围的(对流层)空气(对流层大气直接吸收的太阳能微乎其微),而是通过地面先吸收太阳辐射获得热量后发射地面长波辐射,大气吸收地面长波辐射获得热量,经过传导、辐射、对流等热量交换方式,热量从下层往上层传输。这就是对流层中一般气温随高度递减的原因。

1. 辐射基本知识

辐射是一种电磁波。物体发射辐射能力与其温度的4次方成正比,物体发射能力最强的波长与其温度呈反比,即温度越高,发射最强的波长愈短;发射能力强的物质其吸收能力也强。

2. 大气上界的太阳辐射

太阳辐射以可见光为主,占50%,其次是红外,占43%,紫外占7%。大气上界太阳辐射能的大小用太阳常数表示。$I_0=1370W/m^2$。天文辐射的强度随日地距离而变化,变化范围为+3.4%(北半球冬半年)~-3.5%(北半球夏半年),影响天文辐射强弱最关键的因素是太阳高度角,正是由于太阳高度角的周期变化,导致了地球表层大气温度出现早凉午热的日变化和冬寒夏暑的年变化。

3. 穿过大气层的太阳辐射

大气层对太阳辐射以透射为主,但也有吸收、散射和反射等削弱作用。大气中吸收太阳辐射的物质最主要的是O_3(吸收紫外光)、水汽和水滴(吸收红外光);散射作用因空气中质点的大小不同而异,粗粒散射(又称漫散射)为无选择性散射;分子散射(又称瑞利散射)为选择性散射,对波长短的光散射能力强;大气中对太阳辐射的反射作用主要缘于大气中的云层、尘埃。

4. 到达地面的太阳辐射

到达地面的太阳辐射——总辐射,总辐射由直接辐射和散射辐射两部分组成。到达地面的总辐射强弱因太阳高度呈现周期性变化规律。大气透明度(云量的影响为主)使周期性的地域和时间变化规律变得不规则。

5. 地面和大气辐射

地面和大气的辐射为长波辐射(是相对太阳辐射而言的),它们是地面与大气、大气与大气间热量传输的重要方式,大气和地面辐射的过程是它们热量损失的过程。向上的地面辐射被大气强烈吸收后,大气向四面八方发射辐射,地面发射的辐射与地面吸收的大气逆辐射之差——地面有效辐射,说明地面通过辐射方式损失热量的多少。

6. 辐射差额和热量平衡

地面辐射差额(R_g)——地面吸收的辐射与地面发射的辐射的差额。R_g随纬度增大而减小。它的变化决定着地面的增温与降温,进而影响气温的升降。

地气系统辐射差额——地气系统吸收的辐射能与发射到宇宙空间的辐射能之差。

大气辐射差额——大气吸收的辐射与射出的辐射之差。

以上三个系统中,地面辐射差额全球多年平均是正值,说明地面通过辐射的方式是获得热量的;大气辐射差额全球多年平均是负值,说明大气通过辐射的方式是损失热量的;地气系统做为一个系统其辐射差额正负抵消为零,说明辐射能是平衡的。但地面和大气的温度并未因辐射的不平衡而逐年升高或降低,这是因为地面通过潜热和显热输送把多余的热量传输给大气,从而使地面和大气各作为一个整体而言也都保持各自的热量平衡。

复习思考题

1. 何为辐射?辐射遵循哪些基本定律?
2. 太阳辐射光谱可分为哪三部分?各占太阳辐射总能量的多少?
3. 太阳辐射穿过大气时起了什么变化?
4. 为什么大气在比较干洁时,天空呈蔚蓝色?而浑浊时天空呈灰白色?并解释早晚的红日。
5. 到达地面的太阳总辐射由哪两部分组成?试比较二者的不同?
6. 太阳辐射随太阳高度角、大气透明度、纬度、海拔高度是如何变化的?
7. 为什么在晴朗无风的夜间往往比阴雨的夜间多霜(露)?
8. 地面有效辐射的大小与地面和大气的哪些性质有关?
9. 地气系统的辐射差额随纬度如何变化?
10. 写出地面有效辐射、地面辐射差额、地气系统辐射差额的表达式。
11. 解释名词:太阳常数;总辐射;地面有效辐射;大气逆辐射;地面辐射差额。

第四章 大气的热力学过程

大气内部始终存在着冷与暖、干与湿、高气压与低气压三对基本矛盾。其中冷与暖所表现的地球及大气的热状况、温度的分布和变化,制约着大气运动状态,影响着云和降水的形成。温度是天气变化的基本因素之一,也是气候系统状态的一个主要因子。

空气的冷热程度是空气内能大小的表现。空气内能的变化既可因其与外界的热量交换而引起,也可因外界压力变化对空气作功而使空气膨胀或压缩引起。在前一种情况下,空气与外界有热量交换,称为气温的**非绝热变化**;后一种情况,空气和外界没有热量交换,称为气温的**绝热变化**。

§4.1 大气垂直运动中的热力学过程

大气的垂直运动、水汽的蒸发、凝结以及云雾降水等天气现象的形成有非常密切的关系,这是因为空气在垂直运动过程中,温度要发生变化,从而影响空气的饱和程度。

4.1.1 热力学第一定律在大气中的表达式

热力学第一定律是能量守恒定律在理想气体中的应用。处于孤立系统中的理想气体,如有 dQ 热量加到理想气体系统中,该热量的用途有两个,即增加该系统的内能(dE),提高系统的温度及对外作的功(dW)。因此对于空气,热力学第一定律可以写成

$$dQ = dE + dW \tag{4.1}$$

对于理想气体来说,气体的内能就是其分子运动的动能。对单位质量的气体而言,它等于 $C_v T$(T 为气体温度,C_v 为定容热容)。当气温变化 dT 时,其值为

$$dE = C_v dT \tag{4.2}$$

(4.1)式右边第二项为在定压状况下气体膨胀时所作的功。如以 p 表示压力,V 表示气体比容,则

$$dW = p dV \tag{4.3}$$

将(4.2)和(4.3)式代入(4.1)式,得

$$dQ = C_v dT + p dV \tag{4.4}$$

利用状态方程 $pV = RT$,对它进行微分,则有

$$p dV + V dp = R dT \tag{4.5}$$

将(4.5)式代入(4.4)式,消去 $p dV$,并用 $C_p = C_v + R$ 表示气体的定压热容,得

$$dQ = C_p dT - RT \frac{dp}{p} \tag{4.6}$$

$$dT = \frac{dQ}{C_p} + \frac{RT}{C_p p} dp \tag{4.7}$$

这是气象学中热力学第一定律的常用形式。式中 dQ 为单位质量空气由于辐射、湍流等引起的热量变化;C_p 是空气的定压热容,对于单位质量的干空气,实测 $C_p = 1.005 J/(g \cdot k)$;$R$ 为比气体常数,对干空气来说,比气体常数 $R_d = 0.287 J/(g \cdot k)$。

由(4.6)和(4.7)式可以看出,空气温度的变化 dT,不仅与空气的热量交换 dQ 有关,而且和本身的气压变化 dp 有关。

4.1.2 干绝热过程

4.1.2.1 绝热过程

大气中进行的物理过程,通常伴有不同形式的能量转换。在能量转换过程中,空气的状态要发生改变。在气象学上,任一气块与外界之间无热量交换,即 dQ=0 时的状态变化过程,叫做**绝热过程**。将升、降气块内部既没有发生水相变化,又没有与外界交换热量的过程,称作**干绝热过程**。一块空气在运动过程中,通常与其周围有热量交换,并不完全符合绝热条件。但在较短的时间内,空气的非绝热变化的影响常比空气因升降运动引起的气压变化造成的影响要小得多,因此,<u>大气的垂直运动过程可近似看作是绝热的</u>。

4.1.2.2 干绝热方程

对于干空气和未饱和湿空气,当系统是绝热变化时,即 dQ=0 时,其状态的变化,即向外作功是要靠系统内能转化,(4.7)式可写为

$$C_p dT - RT \frac{dp}{p} = 0 \tag{4.8a}$$

或

$$C_p dT = RT \frac{dp}{p} \tag{4.8b}$$

上式将气体的压力变化和温度变化联系起来。在大气中,气压变化主要由空气块的垂直位移引起。

在绝热条件下,当空气质点上升时,压力减小,dp<0,这时 $C_p dT < 0$,因而温度降低;当空气质点下沉时,压力增加,dp>0,这时 $C_p dT > 0$,因而温度升高。

对(4.8)式在 (p_0, p) 及 (T_0, T) 的范围内积分

$$\int_{T_0}^{T} \frac{dT}{T} = \frac{R}{C_p} \int_{p_0}^{p} \frac{dp}{p}$$

$$\ln \frac{T}{T_0} = \frac{R}{C_p} \ln \frac{p}{p_0} \tag{4.9}$$

$$\frac{T}{T_0} = \left(\frac{p}{p_0}\right)^{\frac{R}{C_p}}$$

第四章 大气的热力学过程

因为
$$\frac{R}{C_p} = \frac{0.287 \text{J/(g·K)}}{1.005 \text{J/(g·K)}} \approx 0.286$$

则
$$\frac{T}{T_0} = \left(\frac{p}{p_0}\right)^{0.286} \tag{4.10}$$

(4.10)式是干绝热方程,亦称泊松(Poisson)方程。从方程中可以看出,在干绝热过程中,气块温度的变化唯一地决定于气压的变化,当气压降低时,温度也下降,反之亦然。利用干绝热方程,可以了解气块在上升和下降过程中状态的改变情况。例如初态为 $P_0 = 1000\text{hPa}, T_0 = 273\text{K}$,就可以算出它下降到 1050hPa 时,温度将变为 276.7K;当上升到 900hPa 时,温度将变为 265K。

4.1.2.3 干绝热直减率

气块绝热上升单位距离时的温度降低值,称绝热垂直减温率,简称**绝热直减率**。对于干空气和未饱和的湿空气来说,则称**干绝热直减率**,以 γ_d 表示,即

$$\gamma_d = -\left(\frac{dT_i}{dZ}\right)_d$$

其中 i 表示某一气块。

运用(4.8)式、静力学基本方程和状态方程,可得

$$\gamma_d = \frac{g}{C_p} \approx 0.98\text{K}/100\text{m}(\text{或 } 0.98°\text{C}/100\text{m}) \tag{4.11}$$

实际工作中取 $\gamma_d = 1°\text{C}/100\text{m}$,这就是说,在干绝热过程中,气块每上升 100m,温度约下降 1℃。必须注意:γ_d 与 γ(气温直减率) 的含义是完全不同的。γ_d 是干空气在绝热上升过程中气块本身的降温率,它近似于常数;而 γ 是表示周围大气的温度随高度的分布情况。γ 可以有不同数值,即可以大于、小于或者等于 γ_d。

如果气块的起始温度为 T_0,干绝热上升 ΔZ 高度后,其温度 T 为

$$T = T_0 - \gamma_d \Delta Z \tag{4.12}$$

4.1.3 湿空气的绝热过程

4.1.3.1 湿空气的绝热方程

饱和湿空气在上升过程中,与外界没有热量交换,该过程称为**湿绝热过程**。

饱和湿空气绝热上升时,如果只是膨胀降温,亦应每上升 100m 降温 1℃。但是,水汽既已饱和了,就要因冷却而发生凝结,同时释放凝结潜热,加热气块。这是与干绝热过程不同的。设单位质量饱和湿空气中含有水汽 q_s(g),绝热上升,凝结了 dq_s(g) 水汽,所释放出的潜热为

$$dQ = -Ldq_s \tag{4.13}$$

式中 L 表示水汽的凝结潜热。上式右边的负号表示当有水汽凝结时得到热量,因为这时水汽减少,$dq_s < 0$,则 $dQ > 0$;当水分蒸发时消耗热量,这时 $dq_s > 0$,则 $dQ < 0$。应用于饱和湿空气的热力学第一定律的形式,

$$-L dq_s = C_p dT - RT \frac{dp}{p} \quad (4.14)$$

由于这个方程中只包含湿空气的相变所产生的热量,而没有考虑其他的热量,所以(4.14)式又称为**湿绝热方程**。饱和湿空气上升时,方程(4.14)可写为

$$dT = \frac{RT}{C_p} \frac{dp}{p} - \frac{L}{C_p} dq_s \quad (4.15)$$

上式说明,饱和湿空气上升时,温度随高度的变化是由两种作用引起的:一种是由气压变化引起的,例如上升时气压减小,$dP < 0$,这使得温度降低;另一种作用是由水汽凝结时释放潜热引起的,上升时水汽凝结,$dq_s < 0$,造成温度升高。因此,凝结作用可抵消一部分由于气压降低而引起的温度降低。有水汽凝结时,空气上升所引起的降温比没有水汽凝结时要缓慢。

4.1.3.2 湿绝热直减率

饱和湿空气绝热上升的减温率,称为**湿绝热直减率**,以 γ_m 表示。湿绝热直减率的表达式可写成

$$\gamma_m = -\left(\frac{dT_i}{dZ}\right)_m = \gamma_d + \frac{L}{C_p} \cdot \frac{dq_s}{dZ} \quad (4.16)$$

当饱和湿空气上升时,$dZ > 0$,$dq_s < 0$,则 $\frac{dq_s}{dZ} < 0$;下降时,$dZ < 0$,$dq_s > 0$,则 $\frac{dq_s}{dZ} < 0$,所以 γ_m 总小于 γ_d。此外,由于 $\frac{dq_s}{dZ}$ 是气压和温度的函数,所以 γ_m 不是常数,而是气压和温度的函数。表 4.1 给出不同温度和气压下 γ_m 的值。由表可见,γ_m 随温度升高和气压减小而减小。这是因为气温高时,饱和空气的水汽含量大,每降温 1℃,水汽的凝结量比气温低时多。例如,温度从 20℃降低到 19℃时,每立方米的饱和空气中有 1g 的水汽凝结;而温度从 0℃降到 -1℃时,每立方米的饱和空气中只有 0.33g 的水汽凝结。这就是说饱和空气每上升同样的高度,在温度高时比温度低时能释放出更多的潜热。因此,在气压一定的条件下,高温时空气湿绝热直减率比低温时小一些。

图 4.1 所示为干绝热线与湿绝热线的比较。干绝热直减率近于常数,故成一直线;而湿绝热线,因

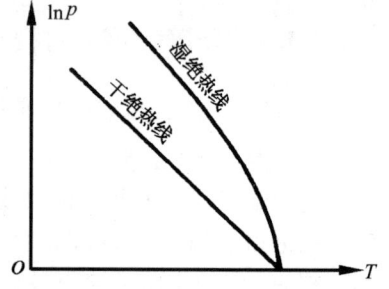

图 4.1 干绝热及湿绝热线

$\gamma_m < \gamma_d$,故在干绝热线的右方,并且下部因为温度高,γ_m 小,上部温度低,γ_m 大,这样形成上陡下缓的一条曲线。到高层水汽凝结愈来愈多,空气中的水汽含量便愈来愈少,γ_m 愈来愈和 γ_d 值相近,使干、湿绝热线近于平行。

表 4.1　湿绝热直减率(℃/100m)

气压(hPa)	温度(℃)						
	−30	−20	−10	0	10	20	30
1000	0.93	0.86	0.76	0.63	0.54	0.44	0.38
800	0.92	0.83	0.71	0.58	0.50	0.41	
700	0.91	0.81	0.69	0.56	0.47	0.38	
500	0.89	0.76	0.62	0.48	0.41		

4.1.4　位温和假相当位温

4.1.4.1　位温

空气块在干绝热过程中,其温度是变化的,同一气块处于不同的气压时,其温度值常常是不同的,这就给处在不同高度上的两气块进行热状态的比较带来一定的困难。为此,假设把气块都按绝热过程移到同一高度(或等压面上),就可以进行比较了。把各层中的气块都循着干绝热过程订正到一个标准高度,即 1000hPa 处,这时所具有的温度称为**位温**,以 θ 表示。根据泊松方程,即可得到位温的表达式

$$\theta = T\left(\frac{1000}{p}\right)^{\frac{R}{C_p}} = T\left(\frac{1000}{p}\right)^{0.286} \tag{4.17}$$

式中,T 和 p 分别为干绝热过程起始时刻的温度和气压。从(4.17) 式可以看出,位温 θ 是温度 T 和气压 p 的函数。在气象学中,一般常用的热力图表以温度 T 为横坐标,以压力对数 p 为纵坐标,称为**温度对数压力图解**。该图上的干绝热线即为等位温线,是根据(4.17)式绘制的,已知空气的温度和压力时,我们可以由热力图表直接读出位温 θ 来。

显然气块在循干绝热升降时,其位温是恒定不变的,这是位温的重要性质。

4.1.4.2　假相当位温

位温只是把气块的气压、温度考虑进去的特征量,并且只有在干绝热过程中才具有保守性。在湿绝热过程中由于有潜热的释放或消耗,位温是变化的。为此,需根据湿绝热过程的特点另找特征量。

大气中的水汽凝结时,一般是一部分凝结物脱离气块而降落,另一部分随气块而运动。为了理解潜热对气块的作用,可假设一种极端的情况,即水汽一经凝结,其凝结物即脱离原上升的气块而降落,而把潜热留在气块中来加热气团,这种过程称**假绝热过程**。当气块中含有的水汽全部凝结降落时,所释放的潜热,就使原气块的位温提高到了极值,这个数值称为**假相当位温**,用 θ_{se} 来表示,根据定义

$$\theta_{se} = \theta + \frac{Lq}{C_p} \quad (4.18)$$

式中，q 是 1g 湿空气所含水汽量。

由(4.18)式可以看出，θ_{se} 是气压、温度和湿度的函数。如图 4.2 所示，设有一气块，其温、压、湿分别为 T,p,q。在绝热图表上温度、压力始于 A 点，因未达到饱和，循干绝热线上升；达到 B 点时，气块达到饱和；当气块再继续上升时，就不断的有水汽凝结，这时它将沿湿绝热线上升降温。当气块内水汽全部凝结降落后，再令其沿干绝热线下沉到 1000hPa，此时气块的温度就是假相当位温 θ_{se}。它不仅考虑了气压对温度的影响，而且也考虑了水汽对温度的影响，实际上是关于温度、压力、湿度的综合特征量，对于干绝热、假绝热和湿绝热过程都具有保守性。

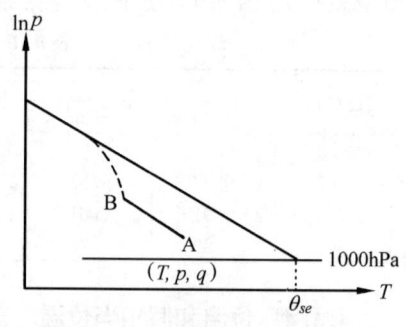

图 4.2　假相当位温 θ_{se} 的确定

§4.2　大气静力稳定度

4.2.1　大气稳定度

4.2.1.1　大气稳定度的概念

大气稳定度是指气块受任意方向扰动后，返回或远离平衡位置的趋势和程度。它表示在大气层中的个别空气块是否安于原在的层次，是否易于发生垂直运动，即是否易于发生对流。假如有一团空气受到对流冲击力的作用，产生了向上或向下的运动，那么就可能出现三种情况：如果空气团受力移动后，逐渐减速，并有返回原来高度的趋势，这时的气层，对于该空气团是稳定的；如果空气团一离开原位就逐渐加速运动，并有远离起始高度的趋势，这时的气层，对于该空气团而言是不稳定的；如空气团被推到某一高度后既不加速也不减速，这时的气层，对于该空气团而言是中性气层。

判别稳定度的基本公式是

$$a = \frac{T_i - T}{T} \dot{g} \quad (4.19)$$

当空气块受到冲击力作用上升时，如空气块的温度比周围空气温度高，即 $T_i > T$，则它将受到一向上的加速度而上升；反之，当 $T_i < T$ 时，将受到向下的加速度；而 $T_i = T$，垂直运动将不会发展。

某一气层是否稳定，实际上就是某一运动的空气块比周围空气是轻还是重的问题。

第四章 大气的热力学过程

比周围空气重,倾向于下降;比周围空气轻,倾向于上升;和周围空气一样重,既不倾向于下降也不倾向于上升。空气的轻重,决定于气压和气温。在气压相同的情况下,两团空气的相对轻重问题,实际上就是气温的问题。在一般情形之下,在同一高度,一团空气和它周围的空气大体有相同的温度。如果这样一团空气上升时,变得比周围空气冷一些,它就重一些。那末,这一气层是稳定的。反之,这团空气变得比周围空气暖一些,因而轻一些,那么,这一气层是不稳定的。至于中性平衡的气层,是这团空气上升到任何高度和周围空气都具有相同的温度,因而有相同的轻重。

4.2.1.2 判断大气稳定度的基本方法

大气是否稳定,通常用周围空气的气温直减率(γ)与上升空气块的干绝热直减率(γ_d)或湿绝热直减率(γ_m)的对比来判断。

考虑干绝热的情况:当起始温度为 T_i 的干空气或未饱和的湿空气块上升 ΔZ 高度时,其温度变为 $T_i = T_{i0} - \gamma_d \Delta Z$,而周围的空气温度为 $T = T_0 - \gamma \Delta Z$。因为起始温度相等,即 $T_{i0} = T_0$,以此代入(4.19)式,则得

$$a = g \frac{\gamma - \gamma_d}{T} \Delta Z \tag{4.20}$$

$(\gamma - \gamma_d)$ 的符号决定加速度 a 与扰动位移 ΔZ 的方向是否一致,即决定大气是否稳定。

当 $\gamma < \gamma_d$,若 $\Delta Z > 0$,则 $a < 0$,加速度与位移方向相反,层结是稳定的;

当 $\gamma > \gamma_d$,若 $\Delta Z > 0$,则 $a > 0$,加速度与位移方向一致,层结是不稳定的;

当 $\gamma = \gamma_d$,$a = 0$,层结是中性的。

现举例说明:设有 A,B,C 三团空气,均未饱和,其位置都在离地 200m 的高度上,在作升降运动时其温度均按干绝热直减率变化,即 1℃/100m。而周围空气的温度直减率分别为 0.8℃/100m、1℃/100m 和 1.2℃/100m,则可以有三种不同的稳定度,如图 4.3 所示。

A 团空气受到外力作用以后,如果上升到 300m 高度(图 4.3 左列实矢线所示),则本身的温度(11℃)低于周围空气的温度(11.2℃),它向上的速度就要降低,并有返回原来高度的趋势(虚矢线所示);如果它下降到 100m 的高度,其本身温度(13℃)高于周围的温度(12.8℃),它向下的速度就要减缓,也有返回原来高度的趋势。因此,当 $\gamma < \gamma_d$ 时,大气处于稳定状态。

B 团空气受到外力作用以后,不管上升或下降,其本身温度均与周围空气温度相等,它的加速度等于零。因此,当 $\gamma = \gamma_d$ 时,大气处于中性平衡状态。

C 团空气受到外力作用后,如果上升到 300m 高度,其本身温度(11℃)高于周围空气的温度(10.8℃),则要加速上升;如果下降到 100m 高度,其本身温度(13℃)低于周围空气的温度(13.2℃),则要加速下降。因此,当 $\gamma > \gamma_d$ 时,大气处于不稳定状态。

如将以上结论用**层结曲线**(即大气温度随高度变化曲线)和**状态曲线**(即上升空气

块的温度随高度变化曲线)表示出来,则如图 4.4 所示(T_i 为空气团温度;T 为周围空气温度)。同理,饱和湿空气作垂直运动时,温度按湿绝热直减率(γ_m)递减,有 $T_i = T_{i0} - \gamma_m \Delta Z$;而周围空气的温度为 $T = T_0 - \gamma \Delta Z$。

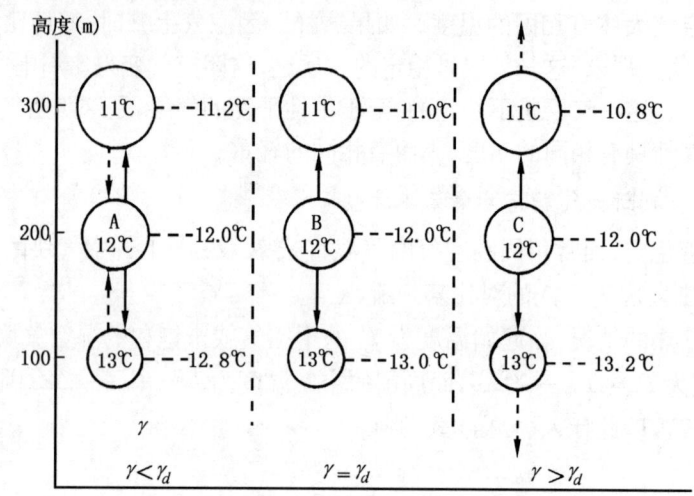

图 4.3 某空气团未饱和时大气的稳定度

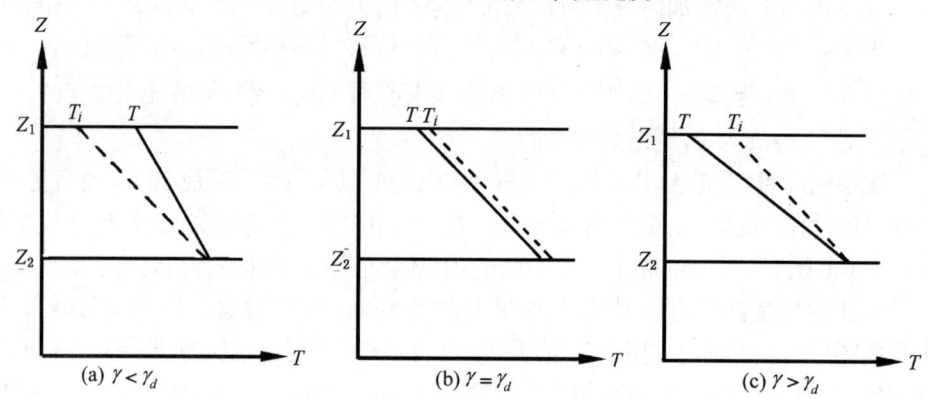

图 4.4 三种不同的大气稳定度

代入(4.19)式得

$$a = g\frac{\gamma - \gamma_m}{T}\Delta Z \tag{4.21}$$

当 $\gamma < \gamma_m$ 时,层结稳定;当 $\gamma > \gamma_m$ 时,层结不稳定;当 $\gamma = \gamma_m$ 时,层结中性。

综上所述可以得出以下几点结论:

① γ 愈大,大气愈不稳定;γ 愈小,大气愈稳定。如果 γ 很小,甚至等于 0(等温)或小于 0(逆温),将会抑制对流发展。

② 当 $\gamma < \gamma_m$ 时,不论空气是否达到饱和,大气总是处于稳定状态,因而称为**绝对稳定**;当 $\gamma > \gamma_d$ 时则相反,因而称为**绝对不稳定**。

③ 当 $\gamma_d > \gamma > \gamma_m$ 时,对于作垂直运动的饱和空气来说,大气是处于不稳定状态的;而对于作垂直运动的未饱和空气来说,大气是处于稳定状态的。这种情况称为**条件不稳定状态**。

如果知道了某地某气层的 γ 值,就可以利用上述判据,分析当时的大气稳定度。

4.2.1.3* 不稳定能量

不稳定能量就是气层中可使单位质量空气块离开初始位置后作加速运动的能量。在不稳定气层中的空气块一旦离开原来的位置而向上运动时,气块的温度将高于周围环境的气温,浮力大于重力。向下运动时,情况相反,重力大于浮力。两种情况下气块都会发生向上或向下的加速运动,该气块的动能增加。显然这是由储藏在大气中的不稳定能量转化而来的。常把某一时刻气层实际的气温随高度的分布曲线绘在 T-Z(高度)坐标系中,并称之为气层的**层结曲线**。因为气压是高度的函数,因此常把 Z 坐标变换为 p 坐标,例如 T-lnp 坐标(图 4.5)。气层中的某一气块若作绝热上升或下沉运动,这时气块温度随高度变化的曲线称之为该气块的**状态曲线**。显然,不同气块的状态曲线是不同的。

气层能提供给气块的不稳定能量可分为下述三种情况:

(1)**不稳定型**:如图 4.5 所示,气块受到某种冲击力向上运动时,气块的温度始终高于周围大气的温度,气块将不断加速向上运动。温差愈大,气层能提供给气块加速的不稳定能量愈多,这种作用愈明显。这时,状态曲线位于层结曲线的右边,这时状态曲线和层结曲线所构成的面积,叫做**正不稳定能量面积**(简称正面积)。这种情况在实际大气中很难持久的维持,因而也很少出现。

(2)**稳定型**:若状态曲线在层结曲线左边时(图 4.6),当 A 点的空气块受对流冲击力作用上升后,空气块的温度 T_i' 始终低于周围空气的温度 T。周围气层有抑制空气块上升的作用,即有负的不稳定能量,表示在 p_0 高度上即使有较强的对流冲击力,也不能造成对流。这种状态曲线和层结曲线所构成的面积,叫做**负不稳定能量面积**(简称负面积)。这一类型的气层叫稳定型,对流运动很难出现在这种大气中。

(3)**潜在不稳定型**:在实际大气中,经常出现的是在稳定型和不稳定型之间的情况,如图 4.7 所示。某一上升空气块的状态曲线,不完全在层结曲线的左方或右方,而是这两条曲线相交于B,交点B以下为负面积,交点以上为正面积。这时只要 p_0 高度上有较强的对流冲击力,足以迫使这一块空气抬升到B点以上,上升空气块的温度就会高于周围大气的温度,从而获得向上的加速度,使对流得到发展,故称这一类型的气层为**潜在不稳定型**。B点的高度称为**自由对流高度**。它的含义是,在该高度以下,空气块只能在冲击力的作用下强迫上升,而当空气块上升超过了这个高度,就可以从大气中获得不稳定能量而自由上升了。因而,下层负值不稳定能量愈小,上层不稳定能量愈大,愈有利于对流的发展。大气中对流能否发展,主要看是否存在外来的机制,能将气块抬升到自由对流高度以上。

稳定度的概念在讨论空气的对流、湍流等垂直运动时非常重要。气层稳定时,对流、湍流受到抑制,上下气层质量交换微弱,因此低空的水汽、空气中的污染物质等容易积聚在低层,不易向上扩散,地气间的湍流热交换也很小。相反,气层不稳定时,对流、湍流旺盛,水汽、污染物质极易向上扩散,这时的对流热交换也会很强。

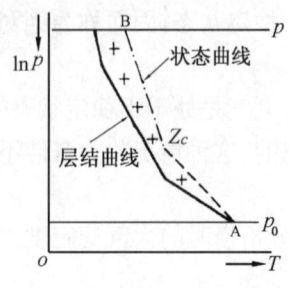 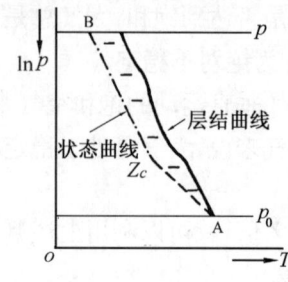 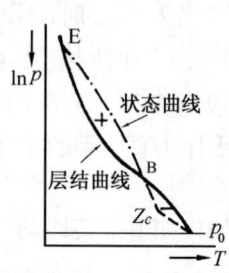

图 4.5 正不稳定能量　　图 4.6 负不稳定能量面积　　图 4.7 潜在不稳定

4.2.1.4* 位势不稳定

以上对稳定度的讨论，都是针对气层中空气块的垂直运动而言。在实际大气中，有时整层空气会被同时抬升；在上升的过程中，气层的稳定情况也会发生变化，这样造成的气层不稳定，称为**位势不稳定**。例如，某一气层的 γ 在初始时小于 γ_m，因此气层是绝对稳定的。如果该气层的下层水汽含量比较大，上层水汽含量少，在气层抬升过程中，气层下部的空气块很快达到饱和，并沿 γ_m 继续降温，而该气层的上部仍以 γ_d 的递减率降温，而通常在大气的下层，γ_m 比 γ_d 要小得多，因此气层的下部降温速度要比上层慢，气层的 γ 将不断增大，经过一段时间后，有可能 $\gamma > \gamma_m$ 或 $\gamma > \gamma_d$，气层将由稳定骤然变得很不稳定。对于上湿下干的气层，情况将完全相反。在低纬地区的海面上，前一种情况经常出现，由于气层开始时是稳定的，因此大量的水汽积聚在大气低层，上层却很干燥，可是一旦由于某种原因造成整层气层的抬升后，气层会突然变得很不稳定而释放大量的能量，形成强烈的对流天气。

4.2.2 逆温层

在对流层中，总的情况是气温随高度而降低，这首先是因为对流层空气的增温主要依靠吸收地面的长波辐射。因此，离地面愈近，获得地面长波辐射的热能愈多，气温愈高；离地面愈远，气温愈低。其次，愈近地面空气密度愈大，水汽和固体杂质愈多，因而吸收地面辐射的效能愈大，气温愈高。愈向上空气密度愈小，能够吸收地面辐射的物质——水汽、微尘愈少，因此气温乃愈低。整个对流层的气温直减率平均为 0.65℃/100m。实际上，在对流层内各高度的气温垂直变化是因时因地而不同的。

对流层的中层和上层受地表的影响较小，气温直减率的变化比下层小得多。在中层气温直减率平均为 0.5～0.6℃/100m，上层平均为 0.65～0.75℃/100m。

在一定条件下，对流层中也会出现气温随高度增高而升高的**逆温现象**。**逆温层**是一种强稳定的大气层结。逆温层可以阻碍空气垂直运动的发展，使近地面大量的烟、尘、水汽凝结物聚集在它的下面，能见度因而变坏。造成逆温的条件有地面辐射冷却、空气平流冷却、空气下沉增温、空气湍流混合等。

4.2.2.1 辐射逆温

由于地面强烈辐射冷却而形成的逆温，称为**辐射逆温**。图 4.8 表明辐射逆温的生消过程。图 4.8(a)为辐射逆温形成前的气温垂直分布情形。在晴朗无云或少云的夜间,地面辐射冷却很快,贴近地面的气层也随之降温。由于愈靠近地面,受地表的影响愈大,所以离地面愈近降温愈多,离地面愈远降温愈少,因而形成了自地面开始的逆温,如图 4.8(b)所示;随着地面辐射冷却的加剧,逆温逐渐向上扩展,黎明时达到最强,如图 4.8(c)所示;日出后,太阳辐射逐渐增强,地面很快增温,逆温便逐渐自下而上的消失,如图 4.8(d)和(e)所示。

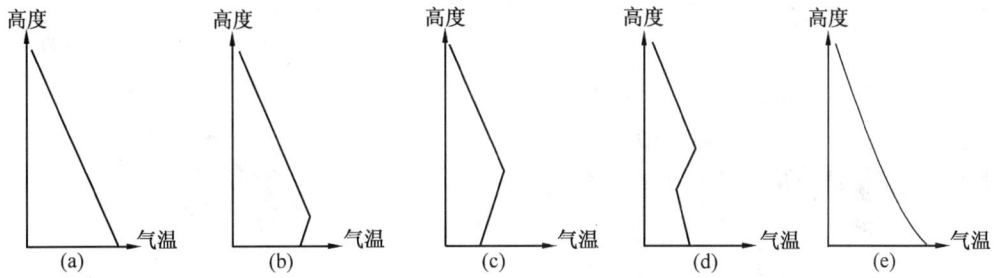

图 4.8　辐射逆温的生消过程

辐射逆温的厚度从数十米到数百米,在大陆上常年都可以出现,以冬季最强。夏季夜短,逆温层较薄,消失的也快。冬季夜长,逆温层较厚,消失较慢。在山谷盆地地区,由于冷却的空气还会沿斜坡流入低谷和盆地,因而常使低谷和盆地的辐射逆温得到加强,逆温往往持续数天而不会消失。

4.2.2.2　湍流逆温

由于低层空气的湍流混合而形成的逆温,称为**湍流逆温**。其形成过程可用图 4.9 来说明。图中 AB 为气层原来的气温分布,气温直减率(γ)比干绝热直减率(γ_d)小。经过湍流混合以后,气层的温度分布将逐渐接近于干绝热直减率。这是因为湍流运动中,上升空气的温度是按干绝热直减率变化的,空气上升到混合层上部时,它的温度比周围的空气温度低,混合的结果,使上层空气降温。空气下沉时,情况相反,会使下层空气增温。所以,空气经过充分的湍流混合,气层的温度直减率就逐渐趋近干绝热直减率。图中 CD 是经过湍流混合后的气温分布。这样,在湍流减弱层(湍流混合层与未发生湍流的上层空气之间的过渡层)就出现了逆温层 DE。

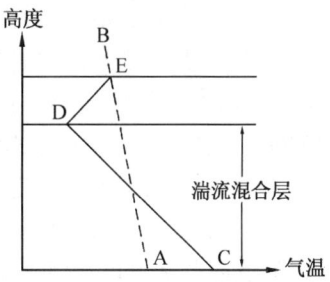

图 4.9　湍流逆温的形成

4.2.2.3　平流逆温

暖空气平流到冷的地面或冷的水面上,会发生接触冷却作用,愈近地表的空气降温愈多,而上层空气受冷地表面的影响小,降温较少,于是产生逆温现象。这种因空气平流产生的逆温,称**平流逆温**(图4.10)。但是平流逆温的形成仍和湍流及辐射作用分不开。因为既是平流,就具有一定的风速,这就产生了空气的湍流,较强的湍流作用常使平流逆温的近地面部分遭到破坏,使逆温层不能与地面相联,而且湍流的垂直混合作用使逆温层底部气温降得更低,逆温也愈加明显。

另外,夜间地面辐射冷却作用,可使平流逆温加强,而白天地面辐射增温作用,则使平流逆温减弱,从而使平流逆温的强度变化。

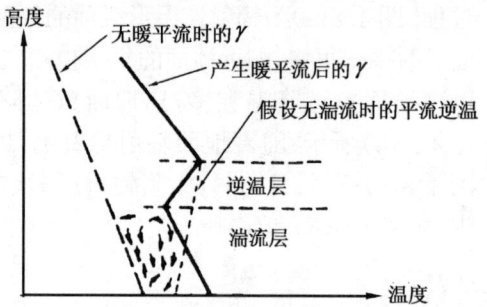

图4.10 平流逆温的形成

4.2.2.4 下沉逆温

如图4.11所示,当某一层空气发生下沉运动时,因气压逐渐增大,以及因空气向水平方向的辐散,使其厚度减小($h' < h$)。如果气层下沉过程是绝热的,而且气层内各部分空气的相对位置不发生

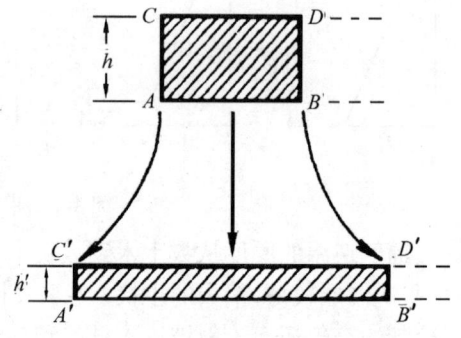

图4.11 沉逆温的形成

改变,这样空气层顶部下沉的距离要比底部下沉的距离大,其顶部空气的绝热增温要比底部多。于是可能出现这样的情况:当气层下沉到某一高度时,空气层顶部的温度高于底部的温度而形成逆温。例如,设某气层从空中下沉,起始时顶部为3500m,底部为3000m(厚度500m),它们的温度分别为-12℃和-10℃,下沉后顶部和底部的高度分别为1700m和1500m(厚度200m)。假定下沉是按干绝热变化的,则它们的温度分别增高到6℃和5℃,这样逆温就形成了。这种因整层空气下沉而造成的逆温,称为**下沉逆温**。下沉逆温多出现在高气压区内,范围很广,厚度也较大,在离地数百米或数千米的高空都可能出现。冬季下沉逆温常与辐射逆温结合在一起,形成一个从地面开始有着数百米深厚的逆温层。由于下沉的空气层常来自高空,水汽含量本来就不多,加上在下沉以后温度升高,相对湿度显著减小,空气显得很干燥,不利于云的形成,原来有云也会趋于消散,因此在有下沉逆温的时候,天气总是晴好的。

4.2.2.5 锋面逆温

锋面是冷暖空气的交界面,暖空气因其比重小而位于冷空气之上,受地球自转作用的结果,使锋面在空间平衡时的几何形状呈一斜面,如图4.12。在这种情况下,同一数值的等温线的位置在暖空气中要比在冷空气中高,当它穿过锋面时,便发生转折,当冷暖空气的温度差别很大时,就可以出现逆温。

除以上几种逆温外,冰雪覆盖的地表面,在回暖的季节由于冰雪融化,需从低层大气中吸收大量热量,也可形成逆温,这种逆温叫**融雪逆温**。在山谷及洼地,夜间由于临近的山坡、高地或平地的冷空气沿坡下滑、沉向山谷及洼地的底部,而把原来较暖的空气向上抬升,也可形成逆温,这种逆温叫**洼地逆温**。

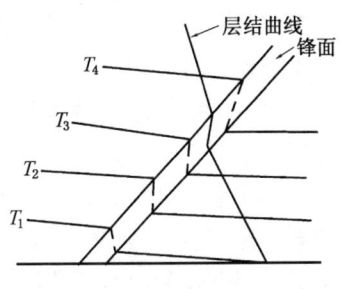

图 4.12 锋面逆温

上面分别讨论了各种逆温的形成过程。实际上,大气中出现的逆温常常是由几种原因共同形成的。因此,在分析逆温的成因时,必须注意到当时的具体条件。

逆温层"雪上加霜",空气污染"变本加厉"

1952 年 12 月上旬,英国伦敦连续五天被黑色大雾笼罩,烟雾中有害物质使许多人出现胸闷、咳嗽、喉痛和呕吐等症状,几天内就有 4000 多人死亡。20 世纪 40 年代以来,震惊世界的大气污染事件屡屡发生,"罪魁祸首"是大气中的各种污染物,而"杀人帮凶"即是逆温。逆温层内的空气"头轻脚重",比较稳定,不易发生对流。它像一个大的盖子一样,压在上空,使逆温层下的烟雾、杂质和各种有害气体在近地面蔓延,不易向空中扩散,造成空气污染。前面说到的伦敦烟雾事件,当时在伦敦上空就存在两个逆温层。

---

§4.3 空气温度的局地变化

4.3.1 空气温度的个别变化和局地变化

单位时间内个别空气质点温度的变化称作**空气温度的个别变化**,也就是空气块在运动过程中随时间的变化,包括绝热变化和非绝热变化。因为个别空气质点在大气中不断地改变位置,所以个别空气质点温度的变化不容易直接观测。在实际问题中,我们更关心固定地点大气温度随时间的变化。气象站在不同时间所观测的,或是自记仪器所记录的气温变化都是某一固定地点的空气温度随时间的变化。

某一固定地点的空气温度随时间的变化称作**空气温度的局地变化**。如何理解温度的个别变化与局地变化的联系呢?举例来说,当预报北京的温度时,发现在蒙古人民共和国地区近地层气温为 -20℃,高空为西北气流,当时北京近地层气温为 0℃。作温度预报时,要考虑两个方面的作用:一是根据空气的移动,预计 36h 后,蒙古的冷空气将移到北京,根据这种作用,36h 后,北京温度应下降 20℃。这种由于空气的移动所造成的某地温度的变化称为**温度的平流变化**。我国北京和蒙古之间的温差愈大,西北风愈强,由于平流所造成的单位时间内的降温就愈大;另一方面,还要考虑当冷空气由蒙古移到北京的过程中空气本身温度的变化。这部分变化实际上就是温度的个别变化。例如,当冷空气南下时南部地表面温度较高,下垫面将把热量传递给冷空气,这种作用将使气温升高。预计空气温度的这一个别变化将使其温度升高10℃。考虑了上述两方面因子的共同影响后,就可以预报北京温度在36h后要降温10℃。也就是说某地区温度的局地变化是平流变化与个别变化之和。

4.3.2 影响空气温度局地变化的因素

把热力学第一定律(4.6)式两边除以dt,就得到反映温度随时间变化规律的热流量方程

$$\frac{dQ}{dt} = C_p \frac{dT}{dt} - \frac{RT}{p}\frac{dp}{dt} \quad (4.22)$$

其中$\frac{dT}{dt}$和$\frac{dp}{dt}$分别表示单位时间内,单位质量的空气温度和气压的变化,$\frac{dQ}{dt}$表示单位质量的空气在单位时间内的热流量。

在气象学中,常选用x,y,p坐标系,即x,y坐标在水平面内,垂直方向上以p作为坐标建立温度变化方程。在该坐标系中,天气、气候中常用的热流量方程的形式为:

$$\frac{\partial T}{\partial t} + \vec{V}_h \cdot \nabla_h T - \frac{(\gamma_d - \gamma)RT}{pg}\omega = \frac{\varepsilon}{C_p} \quad (4.23)$$

式中$\omega = \frac{dp}{dt}$表示垂直运动,上升时气压减小,$\omega < 0$;下沉时气压增大,$\omega > 0$,ω的单位为hPa/s;$\vec{V}_h$为水平风速矢量,$\vec{V}_h = u\vec{i} + v\vec{j}$;$\varepsilon = \frac{dQ}{dt}$,是单位质量的空气在单位时间内的热流量。

把(4.23)式写成

$$\frac{\partial T}{\partial t} = -\vec{V}_h \cdot \nabla_h T + \frac{(\gamma_d - \gamma)RT}{pg}\omega + \frac{\varepsilon}{C_p} \quad (4.24)$$

式中,$\frac{\partial T}{\partial t}$为气温的局地变化。等式右边第一项表示温度的平流变化;第二项是空气垂直运动传热过程引起的局地变化;第三项代表热流入量的影响。

下面对这三个因素分别加以讨论:

4.3.2.1 空气平流运动引起的局地气温变化

$(-\vec{V}_h \cdot \nabla_h T)$为温度的水平平流变化,它能从天气图上加以确定,可简称为**温度平流**。$\nabla_h T$是水平温度梯度,为垂直于等温线的单位距离内的温度差值,并由低温指向

高温(见图 4.13)。$\vec{V}_h$ 表示水平风速。

$$\nabla_h T = \frac{\partial T}{\partial N}\vec{n} = \frac{\partial T}{\partial x}\vec{i} + \frac{\partial T}{\partial y}\vec{j} \qquad (4.25)$$

式中 $\vec{n}$ 为垂直于等温线方向上的单位向量。$\vec{i}$ 和 $\vec{j}$ 分别为 x 和 y 方向的单位向量。

温度平流可写成

$$-\vec{V}_h \cdot \nabla_h T = -|\vec{V}_h| \cdot |\nabla_h T| \cdot \cos\alpha \qquad (4.26)$$

式中 α 为风向和水平温度梯度的夹角。

由图 4.13 可以看出,当 $\alpha < \frac{\pi}{2}$ 时,$\cos\alpha > 0$,有 $-\vec{V}_h \cdot \nabla_h T < 0$,表示温度的平流变化使局地空气温度降低,这种冷空气向暖空气方面流动的情形,称为**冷平流**。当 $\alpha > \frac{\pi}{2}$,$\cos\alpha < 0$ 时,有 $-\vec{V}_h \cdot \nabla_h T > 0$,表示温度的平流变化使局地空气温度升高,这种暖空气向冷空气方面流动的情形,称为**暖平流**。冷暖平流的强弱由水平温度梯度及风速在其方向上的分量所决定。温度梯度越大,在温度梯度方向上的风速分量越大,冷、暖平流越强。

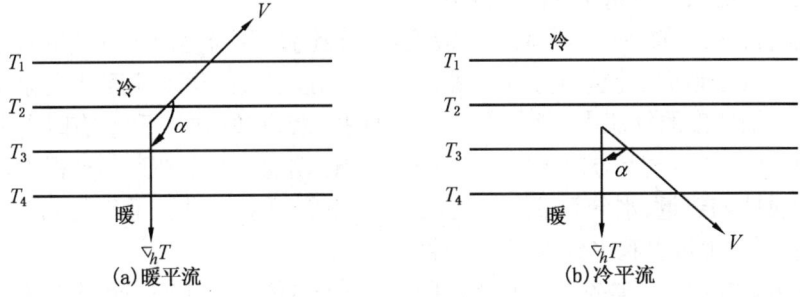

图 4.13 温度平流

4.3.2.2 空气铅直运动引起的局地气温变化

(4.24)式中的第二项,即 $\frac{(\gamma_d - \gamma)RT}{pg}\omega$,是因为空气垂直运动引起的局地气温变化项。式中,$g > 0$,$p > 0$,因此空气垂直运动引起的气温变化由 ω 和 $(\gamma_d - \gamma)$ 两者决定。在一般情况下,$\gamma_d > \gamma$,因而 $\frac{(\gamma_d - \gamma)RT}{pg} > 0$,当出现上升运动时 $\omega < 0$,温度降低;当出现下沉运动时,$\omega > 0$,温度升高;如 $\gamma = \gamma_d$,则空气的垂直运动不引起局地气温的变化。

4.3.2.3 非绝热热量交换引起的局地气温变化

(4.24)式中,第三项代表空气非绝热热量交换引起的局地气温变化,即大气的热流入量引起的气温的改变,该项的作用为:热量收入使温度升高,热量支出使温度降低。

对流层大气吸收太阳辐射的能力很弱,大气要靠吸收地面向上传播的热量增温。空气与空气之间也在不断的进行热量交换。传热的方式有如下几种:传导、辐射、对流、湍流和蒸发凝结(包括升华、凝华)。通过这些方式,空气与地面、空气与空气之间交换热量,空气的温度发生变化。

(1)**传导**：**传导**是依靠分子的热运动将能量从一个分子传递给另一个分子,从而达到热量平衡的传热方式。空气与地面之间,空气团与空气团之间,当有温度差异时,就会以传导方式交换热量。但是地面和大气都是热的不良导体,所以通过这种方式交换的热量很少,其作用仅在贴近气层中,因为空气密度大,单位距离内的温度差异也较大。对于较大规模的热量传递来说,可以忽略不计。

(2)**辐射**：是物体之间依各自的温度以辐射方式交换热量的传热方式。大气主要依靠吸收地面的长波辐射而增热,同时,地面也吸收大气放出的长波辐射,这样它们之间就可以通过长波辐射的方式不停的交换着热量。空气团之间,也可以通过长波辐射而交换热量。

(3)**对流**：当暖而轻的空气上升时,周围的冷空气便下来补充,这种升降运动,称为**对流**。通过对流,上下层空气相互混合,热量也就随之交换,使低层的热量传递到较高的层次。这是对流层中热量交换的重要方式。

(4)**湍流**：空气的不规则运动称为**湍流**,又称**乱流**。湍流是由于空气粘滞力产生的。当近地层空气在地面上流动时,由于粘滞力的作用,空气的运动速度产生脉动现象,即在总的按平均速度的气流中,产生许多不规则的涡漩,它们方向不定,有时向上,有时向下,有时甚至和总的气流方向相反。这些不规则运动的小涡漩在运动过程中,把它在原始位置的属性如热量、水分等带到新的位置上,相邻的空气团之间发生混合,从而引起热量交换,同时也可引起水分等其它属性的交换。

湍流热交换比分子热交换大得多,通常比分子热传导大几千倍到几万倍,是摩擦层中热量交换的重要方式,对大气中其它属性如水分等的交换也起着很重要的作用。湍流热交换也称为显热交换,因为它传递的热量直接导致空气温度的升高。

湍流活动在晴日白天强,夜间弱;夏季强,冬季弱,低纬比高纬地区湍流活动强,大气不稳定时湍流活动强。夏季晴日干燥地区近地层的湍流活动非常剧烈。

(5)**蒸发(升华)和凝结(凝华)**：水在蒸发(或冰在升华)时要吸收热量；相反,水汽在凝结(或凝华)时,又会放出潜热。如果蒸发(升华)的水汽,不是在原处凝结(凝华),而是被带到别处去凝结(凝华),就会使热量得到传递。例如,从地面蒸发的水汽,在空中发生凝结时,就把地面的热量传给了空气。因此,通过蒸发(升华)和凝结(凝华),也就能使地面和大气之间、空气团与空气团之间发生潜热交换。水的蒸发和凝结进行的热量交换称为**潜热交换**,因为只有在水分发生相变时,才能吸收或释放热量,使空气加热。由于大气中的水汽要集中在5km以下的气层中,所以这种热量交换主要在对流层下半层起作用。

以上分别讨论了空气与外界交换热量的方式,事实上,同一时间对同一团空气而言,温度的变化常常是几种作用共同引起的。哪个为主,哪个为次,要看具体的情况。在地面与空气之间,最主要的是辐射。在气层(气团)之间,主要依靠对流和湍流,其次通过蒸发、凝结过程的潜热出入,进行热量交换。

在日常分析某地点气温变化时主要考虑温度平流、空气的垂直运动和空气与外界的热量交换这三方面的因子。在近地面范围内,垂直运动较小,由此引起的气温变化通常可以忽略不计。地面和大气间热交换是引起局地气温日变化和年变化的主要因子。冷暖气团运动引起的温度平流是气温非周期变化的主要因子。在分析高层大气温度的局地变化时,除有凝结现象出现时,非绝热因子通常起的作用比较小。

§4.4 气温的时间变化

地表从太阳辐射得到大量热量,同时又以长波辐射、显热和潜热的形式将部分热量传输给大气,从而失去热量。从长时间平均来看,热量得失相当,所以地面平均温度保持不变。但在某一段时间里,热量收入可能比支出得多,地面因有热量累积而升温;而当热量支出大于收入时,地面将出现降温过程。地面温度的变化会通过非绝热过程传递给大气,大气温度也会相应变化。由于在热量收支平衡中,太阳辐射处于主导地位,因此,随着日夜、冬夏的交替,地面温度、气温也会出现相应的日变化和年变化,这是周期性变化。气温还会因大气的运动而有非周期变化。

4.4.1 气温的日变化和年变化

4.4.1.1 气温的日变化

由于地球自转,太阳辐射、辐射差额都有一个日变化的周期。这种周期性的变化又造成气温在一日中有升有降的循环。

(1)**气温的日变化**:近地层气温日变化的特征是:在一日内有一个最高值,一般出现在14时左右;一个最低值,一般出现在日出前后(图4.14)。

一天中正午太阳辐射最强,但最高气温却出现在午后两点钟左右,这是因为大气的热量主要来源于地面。地面一方面吸收太阳的短波辐射而得热,一方面又向大气输送热量而失热。若净得热量则温度升高,若净失热量则温度降低。这就是说,地面温度的高低并不直接决定于地面上当时吸收太阳辐射的多少,而决定于地面储存热量的多少。早晨日出以后随着太阳辐射的增强,地面净得热量,温度升高。此时地面放出的热量随着温度升高而增强,大气吸收了地

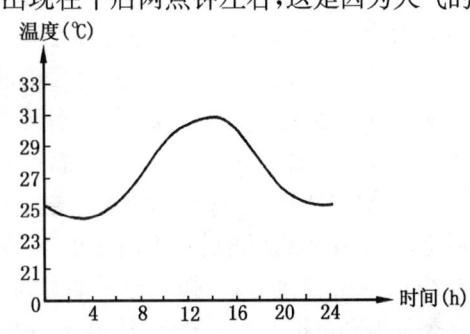

图4.14 上海7月份气温日变化的平均情况

面放出的热量,也跟着升温。到了正午太阳辐射达到最强。正午以后,地面太阳辐射强度虽然开始减弱,但得到的热量还比失去的热量还多,地面储存的热量仍在增加,所以地温继续升高,长波辐射继续增强,气温也随着不断升高。到午后一定时间,地面得到的热量因太阳辐射的进一步减弱而少于失去的热量,这时地温开始下降。地温的最高值就出现在地面热量由储存转为损失,地温由上升转为下降的时刻,这个时刻通常在13时左右。由于地面的热量传递给空气需要一定的时间,所以最高气温出现在14时左右。随后气温便逐渐下降,一直下降到清晨日出之前地面储存的热量减至最少为止。所以最低气温出现在清晨日出前后,而不是在半夜。

(2)**气温日较差**:一天中气温的最高值与最低值之差,称为**气温日较差**,其大小反映气温日变化的程度。气温日较差的大小与纬度、季节和其它自然地理条件有关。

纬度:正午太阳高度角随纬度的增加而减小,因此气温的日较差也随纬度的增加而减小。由于赤道地区降水多,因此地球上实际气温日较差最大的地区在副热带,向两极减小。热带地区的平均日较差约为12℃,温带约为8～9℃,极圈附近为3～4℃。

季节:夏季太阳高度角大,白昼时间长,因此日较差夏季大于冬季,但最大值并不出现在夏至日。夏至日正午太阳高度角虽最高,但夜间持续时间短,地面来不及剧烈辐射冷却,最低温度不够低。所以中纬度地区日较差最大值出现在初夏,最小值出现在冬季。

下垫面的性质:海陆表面热力状况不同,海陆气温日变化也不同,海洋上气温日较差小于陆地。在陆地上,气温日变化也因下垫面不同性质而不同。沙漠地区日较差很大,潮湿地区日较差较小;砂土表面气温日较差比粘土表面大;深色土壤比浅色土壤大;植物覆盖层能减小气温日变化的幅度。

地形:凹下的地形气温日较差大于凸出的地形。白天谷地、盆地等因与地面接触面比平地更广,增温强烈,加之空气流动少,热量不易流失,因此温度较高。夜间冷空气沿坡地下滑聚集在谷地,同时由于辐射冷却强烈,温度很低,因此日较差较大。凸出的地面因贴地层空气与较高层的空气自由交流,受地面影响较小,因此气温昼夜变化较小。

天气状况:如果有云层存在,则白天地面得到的太阳辐射少,最高气温比晴天低。而在夜间,云层覆盖又不易使地面热量散失,最低气温反而比晴天高。所以阴天的气温日较差比晴天小(图4.15)。气温日变化的极值出现时间随离地面的高度增大而后延,振幅随离地高度的增大而减小。冬季在约0.5km高度处,日振动已不明显,但夏季日振动可扩展到1.5km到2km高度处。

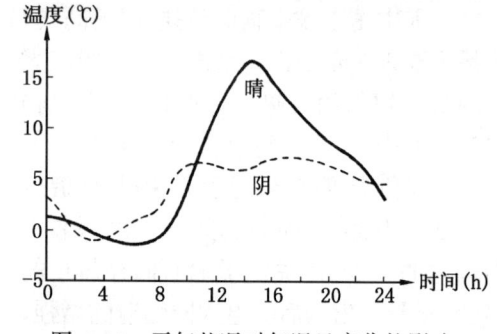

图4.15 天气状况对气温日变化的影响

4.4.1.2 气温的年变化

(1) **气温的年变化**:地球绕太阳公转时,地轴的倾斜造成了日射强度的年周期变化,从而产生了气温的年周期变化,形成了气候季节。

气温的年变化和日变化在某些方面有着共同的特点,如地球上绝大部分地区,在一年中月平均气温有一个最高值和一个最低值。由于地面储存热量的原因,使气温最高值和最低值出现的时间不是在太阳辐射最强和最弱的一天(北半球冬至和夏至),也不是太阳辐射最强和最弱一天所在的月份(北半球 6 月和 12 月),而是比这一时段要落后 1~2 个月。大体而论,海洋上落后较多,陆地上落后较少。就北半球来说,中、高纬度内陆的气温以 7 月为最高,1 月为最低。海洋上气温以 8 月最高,2 月为最低。

(2) **气温年较差**:一年中月平均气温的最高值与最低值之差,称为**气温年较差**。气温年较差的大小与纬度、海陆分布等因素有关。

纬度:气温年较差随纬度的升高而增大。以赤道最小,因为赤道正午太阳高度角全年变化很小,并且全年昼夜长短相等。随着纬度的升高,不同季节正午太阳高度角变化增大,全年昼夜长度的差别显著,因此两极,气温年较差最大。如我国的西沙群岛(16°50′N)气温年较差只有 6℃,上海(31°N)为 25℃,海拉尔(49°13′N)达到 46.7℃。图 4.16 给出了不同纬度气温年变化的情况。低纬度地区气温年较差很小,高纬度地区气温年较差可达 40~50℃。

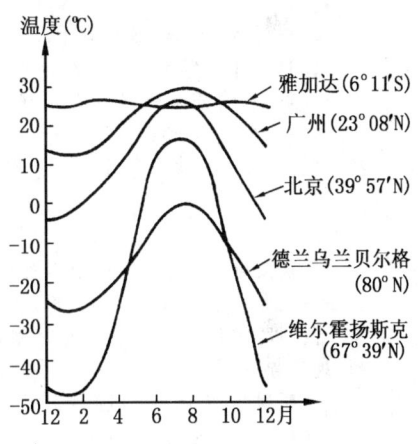

图 4.16 不同纬度的气温年变化

地表性质:如以同一纬度的海陆相比较,大陆区域冬夏两季热量收支的差值比海洋大,所以,陆上气温年较差比海洋大得多。在一般情况下,温带海洋上气温年较差为 11℃,大陆上气温年较差可达到 20~60℃。

地形:与地形对气温日较差的影响类似,凸出地形的气温年较差小于凹下地形的气温年较差。

天气情况:阴雨天气出现多可使气温年较差减小。低纬度的雨季对于温度年变化影响很大,因为这里的太阳辐射变化小。例如印度夏季风带来雨季,因此雨季之前的 5 月份月均温最高。

4.4.2 气温的非周期变化

气温的变化还受空气运动的影响,因此实际的气温变化并不象周期变化那样简单而有规律。例如,4 月正是华北地区春暖花开之时,却常常因冷空气的活动而突然转冷。

一般情况下14时左右是一天中最高气温出现的时刻,也常常会因冷空气的活动或云层增厚而使气温降低。由此可见,某地的气温除因太阳辐射的变化引起的周期性变化外,还有因大气运动引起的非周期变化。实际气温的变化,是两者共同作用的结果。如果前者的作用大,气温呈现出周期变化;相反,就呈现非周期变化。但从总的趋势和大多数情况来看,以气温日变化和年变化为其表现形式的周期性变化还是主要的。

四季的划分

春、夏、秋、冬称为四季。四季的划分有不同的标准。天文学上以春分(3月20日前后)、夏至(6月22日前后)、秋分(9月23日)、冬至(12月21日前后)分别作为四季的开始。中国古籍上多用立春(2月4日前后)、立夏(6月5日前后)、立秋(8月8日前后)与立冬(11月8日前后)作为四季的开始。气候统计上,因一般以1月份为最冷月,7月份为最热月,故以公历的3月、4月、5月为春季,6月、7月、8月为夏季,9月、10月、11月为秋季,12月、1月、2月为冬季。这种四季的分法,较适宜于四季分明的温带地区。

1934年中国学者张宝堃结合物候现象与农业生产,提出了另一种分季方法。他以候(每5天为一候)平均气温稳定降低到10℃以下作为冬季开始,稳定上升到22℃以上作为夏季开始。候平均气温从10℃以下稳定上升到10℃以上时,作为春季开始。从22℃以上稳定下降到22℃以下时,作为秋季开始。这种分季方法,可以结合各地的具体气候和农业,故运用得较多。

气候的"刻度"

气候按暖、热、凉、寒的变化,可将一年分为春、夏、秋、冬四季,这即是粗线条的气候刻度。我国第一部编年体史书《春秋》中,就已有许多关于春、夏、秋、冬的记载。细究起春、夏、秋、冬等气候刻度的起源,至迟可以上溯到距今约4000多年的夏朝。这是因为"农历",就诞生于夏朝,故又名"夏历"。

到商朝时,农历有了12个刻度,即12个月,也就是按照气候的变化,将春、夏、秋、冬这4个刻度再各自细分为三,即后人所说的按孟、仲、季三分四季。如孟春、仲春、季春等。

到了春秋战国时期,人们已经测定了立春、春分、立夏、夏至、立秋、秋分、立冬、冬至8个节气,除12个月之外,又增加了8个刻度。战国末年,古人为了适应气候,指导农时,在4季8节的基础上,按照太阳在天球黄经的位置,将一回归年等分为24个节气,即除8节之外,又增加雨水、惊蛰、清明、谷雨、小满、芒种、小暑、大暑、处暑、白露、寒露、霜降、小雪、大雪、小寒、大寒等16个刻度。这样,用这24个刻度来反映寒暑变化,掌握农时,就更加确切了。在汉时问世的《淮南子·天文训》中,已完整地记录了这24个节气。24节气后来被人们按照顺序编为一首广为流传的歌谣:"春雨惊春清谷天,夏满芒夏暑相连,秋处露秋寒霜降,冬雪雪冬小大寒。"

随着社会的发展,人们对已有的气候刻度仍不满足。于是,古代的术家又把每一节气的15天再分为三:每5天称之为"候"。我国的古籍《素问·六节藏象论》一书中气候的刻度予以总结曰:"五日谓之候,三候谓之气(节),六气谓之时(季),四时谓之岁"。一年24气(节),72候,各气各候都有其自然特征,合称"气候"。

给冬季的寒冷气候作刻度的,最为人们所熟知的莫过于从冬至算起的"数九"了。冬至在公历每年的12月22日前后,这一天比半球白天最短,黑夜最长。我国地处北半球,从冬至起,部分地区进入严寒季节,以冬至节为"头九"的第一天,"数九寒天"总数81天,共分为9个"九",

第四章 大气的热力学过程

通过这9个刻度来表示冬季气候的变化状况。和"24节气歌"一样,我国民间也流传着各具特色的"九九歌"。其中流传最为广泛的是:"一九二九不出手,三九四九冰上走,五九和六九,河边看杨柳,七九河冻开,八九燕子来,九九加一九,耕牛遍地走。"但在湖北、湖南、四川一带,此歌还有另一种"说法":"冬至是头九,两手藏袖口;二九一十八,口中似吃辣;三九二十七,见火似见蜜;五九四十五,开门寻暖处;六九五十四,杨柳发青丝;七九六十三,行人脱衣衫;八九七十二,柳絮飞满地;九九八十一,穿襄戴斗笠。"

同冬季的寒冷气候有其刻度一样,勤劳智慧的中华民族,将夏季的炎热气候也标上了刻度,这说是鲜为人知的"夏九九"。"夏九九"当然是从夏至起算,一共也是"九九八十一"天。如20世纪80年代初,在湖北省老河口东郊拆明代建筑禹王庙时,在其正厅大梁上发现一首用松墨草书的"夏至九九歌",其具体内容是:"夏至入头九,羽扇握在手;二九一十八,脱冠着罗纱;三九二十七,出门汗欲滴;四九三十六,卷席露天宿;五九四十五,炎秋似老虎;六九七十二,子夜寻棉被;九九八十一,开柜拿棉衣。"这首"九九歌"反映了气温由热变冷循序渐进的进程。

总结与提要

气温的变化实质上是空气内能变化(ΔE)的反映。引起气温变化的原因有绝热变化($dQ = 0$)和非绝热变化($dQ \neq 0$)两种情况。当空气停留在某地或沿水平方向运动时,非绝热变化是主要的。空气团的垂直运动过程可近似看做为绝热过程。空气团垂直运动发生和发展的程度决定于大气稳定度,大气稳定度实质上是气温在垂直方向上的分布格局,空气团湿度也是影响其稳定程度的一个因素。该章的重要理论依据是热力学第一定律:

$$dQ = dE + dW$$

(1)大气处于非绝热过程时,气团与外界交换热量的方式有辐射、传导、对流、湍流、蒸发和凝结。

(2)大气的垂直运动过程可看作绝热过程。气团在上升过程中由于膨胀对外做功,内能减少,是绝热降温过程;反之,气团下沉为绝热增温过程。干空气和未饱和湿空气团的垂直运动过程中没有水相变化,称为干绝热过程,干绝热直减率$\gamma_d \approx 1℃/100m$;饱和湿空气团的垂直运动过程中有水相变化,故为湿绝热过程,湿绝热直减率(γ_m)是气温和气压的函数,$\gamma_m < \gamma_d$;气团温度越低,气压越高,γ_m越接近于$1℃/100m$。

位温——使空气按干绝热过程移动到1000hPa等压面时所具有的温度,它在干绝热过程中是守恒的。假相当位温在湿绝热过程中是守恒的。

(3)大气稳定度是衡量大气是否易于发生垂直运动的指标。通常用气层的气温直减率(γ)、干绝热直减率(γ_d)和湿绝热直减率(γ_m)对比来判断:

• γ愈大,大气愈不稳定(如盛夏的午后);γ愈小,大气愈稳定(如冬季的早晨)。

• 当 $\gamma < \gamma_m$ 时，为绝对稳定；$\gamma > \gamma_d$ 时，为绝对不稳定；当 $\gamma_m < \gamma < \gamma_d$ 时为条件不稳定。

(4)逆温层（$\gamma < 0$）是一种强稳定层结，它的存在严重阻碍空气垂直运动，是造成空气污染的重要机制。逆温层的形成常有以下原因：长时间地面辐射冷却、空气湍流、暖空气平流到冷的下垫面、空气下沉、锋面处。

(5)从空气温度的个别变化和局地变化的概念和空气热流量方程可以了解影响气温变化的因素：

• 冷暖平流的影响；
• 空气的垂直运动引起的气温绝热变化；
• 大气与外界（大气与下垫面、空气团与空气团）的热量交换。

(6)气温的时间变化规律。气温的日变化是由地球自转引起的太阳高度变化造成的。一日中气温最高值出现在午后约 14 时左右，最低值出现于日出前的早晨。日较差随纬度、季节、下垫面和天气而异。气温的年变化是由地球公转引起得气温周期性变化。由于地球公转造成太阳在南北回归线之间移动而引起的太阳高度角的变化。气温年较差随纬度、下垫面状况、气候条件而异。注意气温日较差与年较差随纬度的变化规律相反。

复习思考题

1. 写出热力学第一定律在气象学中的表达式。
2. 什么是干绝热过程，什么是湿绝热过程？
3. 为何湿绝热直减率（γ_m）小于干绝热直减率（γ_d）？γ_m 的大小与什么有关？
4. 如何通过 $\gamma_m, \gamma_d, \gamma$ 判断大气的层结稳定度？
5. 设山高为 1000m，$\gamma_m = 0.65℃/100m$，一团未饱和湿空气在迎风坡山脚时的温度为 20℃，露点为 16.5℃，当它上升到山顶时，水汽已全部凝结并离开气块。求该团空气上升到山顶时的温度是多少？越过山顶后到达背风坡山脚时气温为多少？
6. 什么叫逆温？辐射逆温、平流逆温、下沉逆温是如何形成的？逆温对天气有何影响？
7. 温带山区山体的什么部位最易引种亚热带作物？为什么？
8. 地面与大气、大气与大气之间通过哪些方式进行热量交换？
9. 为什么低纬地区气温日较差大于高纬地区？而气温年较差正好相反？
10. 解释名词：位温、大气稳定度、逆温、辐射逆温、平流逆温、干绝热直减率、湿绝热直减率、气温日较差、年较差。

第五章 大气中的水分

大气从海洋、湖泊、河流及潮湿土壤的蒸发中或植物的蒸腾中获得水分。水分进入大气后由于它本身的分子扩散和空气的运动传递而散布于大气之中。在一定条件下水汽蒸发,凝结,形成云、雾等天气现象,并以雨、雪等降水形式重新回到地面。地球上的水分就是通过蒸发、凝结和降水等过程循环不已。因此,地球上水分循环过程对地、气系统的热量平衡和天气变化起着非常重要的作用。

§5.1 蒸发和凝结

5.1.1 水相变化

水的三种形态:气态(水汽)、液态(水)、和固态(冰),称为水的三相。水是大气中唯一能由一种相态转变成另一种相态的成分。这种水相的相互转化就称为**水相变化**。

图 5.1 是水的位相平衡图。水的三种状态分别存在于不同的温度和压强条件下。水只存在于 0℃ 以上的区域,冰只存在于 0℃ 以下的区域,水汽虽然可以存在于 0℃ 以上及以下的区域,但其压强却被限制在一定值域下。图 5.1 中 OA 线和 OB 线是水与水汽、冰与水汽两相共存时的状态曲线。显然这两条曲线上各点的压强就是在相应的温度下的饱和水汽压,因为只有水汽达到饱和时,两相才能共存。所以 OA 线又称蒸发线,表示水与水汽处于动态平衡时水面上饱和水汽压与温度的关系。线上 K 点所对应的温度和水汽压是水汽的临界温度 t_k 和临界压力 $E_k(E_k = 2.2 \times 10^5 \text{hPa})$。高于临界温度时就只能有气态存在,因此蒸发线在 K 点中断。OB 称升华线,它表示冰与水汽平衡时冰面上饱和水汽压与温度的关系。OB′ 是过冷却水面饱和水汽压与温度的关系。OC 是融解线,表示冰与水达到平衡时压力与温度的关系。O 点为三相共存点:$t_0 = 0.0076℃$,$E_0 = 6.11\text{hPa}$。上述三线划分了冰、水、水汽的三个区域,在各个区域内不存在两相间的稳定平衡。例如图中的 1,2,

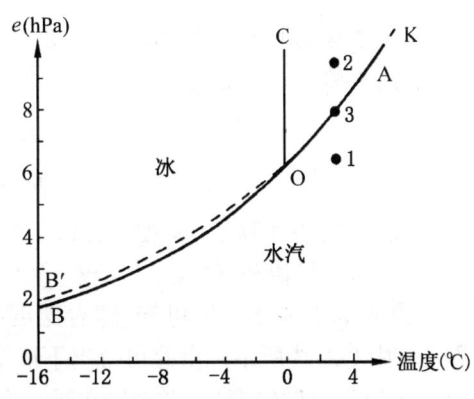

图 5.1 纯水(平水面)的位相平衡

3点,点1位于OA线之下,$e_1 < E$,这时水要蒸发;点2处,$e_2 > E$,此时多余的水汽要凝结;点3恰好位于OA线上,$e_3 = E$,只有这时水和水汽才能处于平衡稳定状态。

在水相变化过程中,还伴随着能量的转换。蒸发潜热L与温度有如下关系:

$$L = (2500 - 2.4t) \times 10^3 (\text{J/kg}) \tag{5.1}$$

根据上式,当$t = 0℃$时,有$L = 2.5 \times 10^6 \text{J/kg}$,而且$L$是随温度的升高而减小的。不过在温度变化不大时,$L$的变化是很小的,所以一般取$L$为$2.5 \times 10^6 \text{J/kg}$。当水汽发生凝结时,这部分潜热又会全部释放出来,这就是凝结潜热。在相同温度下,凝结潜热与蒸发潜热相等。

同样,在冰升华为水汽的过程中也要消耗热量,这热量包含两部分,即由冰化为水所需消耗的融解潜热和由水变为水汽所需消耗的蒸发潜热。融解潜热为$3.34 \times 10^5 \text{J/kg}$。所以,若以$L_s$表示升华潜热,则有

$$L_s = (2.5 \times 10^6 + 3.34 \times 10^5) \text{J/kg} = 2.8 \times 10^6 \text{J/kg}$$

5.1.2 饱和水汽压

饱和水汽压和蒸发面的温度、性质(水面、冰面、溶液面等)、形状(平面、凹面和凸面)以及所带电荷之间有密切关系。

5.1.2.1 饱和水汽压与温度的关系

从图5.1中的曲线OA、OB和OB′可以看出,随着温度的升高,饱和水汽压显著增大。饱和水汽压与温度的关系可由克拉柏龙-克劳修司(Clapeyron-Clauius)方程描述

$$\frac{dE}{dT} = \frac{LE}{R_w T^2} \tag{5.2}$$

或

$$\frac{dE}{E} = \frac{L}{R_w} \frac{dT}{T^2} \tag{5.3}$$

式中E为饱和水汽压,T为绝对温度,L为凝结潜热,R_w为水汽的比气体常数。对(5.3)式积分,并将L, R_w, E_0($t = 0℃$时纯水面上的饱和水汽压),$T = 273 + t$代入,则得

$$E = E_0 e^{\frac{19.9t}{273+t}} \tag{5.4}$$

$$E = E_0 10^{\frac{8.5t}{273+t}} \tag{5.5}$$

根据(5.5)式的计算结果,列于表5.1,为了比较起见,表中还列有实验资料。从表5.1可以看出,计算值和试验值是比较一致的。

由表5.1和图5.1可知,随着温度的升高,饱和水汽压按指数规律迅速增大,如图5.1中OA线所示。由此可得出下述结论:

①空气温度的变化,对蒸发和凝结有重要影响。高温时,饱和水汽压大,空气中所能容纳的水汽含量增多,因而能使原来已处于饱和状态的蒸发面会因为温度升高而变得

第五章 大气中的水分

不饱和,蒸发重新出现;相反,如果降低饱和空气的温度,由于饱和水汽压减小,就会有多余的水汽凝结出来。

②饱和水汽压随温度的改变量,在高温时要比低温时大。例如温度由30℃降低到25℃,饱和水汽压减少10.76hPa,而温度从15℃降到10℃,饱和水汽压只减少4.77hPa。所以降低同样的温度,在高温饱和空气中形成的云要浓一些,这也说明了为什么暴雨总是发生在暖季。

表5.1 各种温度下的饱和水汽压(hPa)

t(℃)	-30	-20	-10	0	10	20	30
计算值	0.53	1.27	2.87	6.11	12.32	23.70	43.60
实验值	—	—	—	—	12.28	23.38	42.43

5.1.2.2 饱和水汽压与蒸发面性质的关系

(1)冰面与过冷却水面的饱和水汽压:通常,水温在0℃时开始结冰,但是试验和对云雾的观察发现,有时水在0℃以下,甚至在-20℃到-30℃以下仍不结冰,处于这种状态的水称为**过冷却水**。过冷却水与同温度下的冰面比较,它们的饱和水汽压并不一样。以升华潜热

$$L_s = L + L_d = 2.8 \times 10^6 \text{J/kg}$$

取代式(5.3)式中的蒸发潜热L,并积分,可得到冰面上的饱和水汽压E_i

$$E_i = E_0 \times 10^{\frac{9.77t}{273+t}} \quad (5.6)$$

在实际应用中,经常采用经验公式确定饱和水汽压和温度的关系。最常用的比较准确的是马格努斯(Magnus)经验公式

$$E = E_0 \times 10^{\frac{\alpha t}{\beta + t}} \quad (5.7)$$

式中α,β为经验常数,它们与理论值稍有不同,对水面而言α,β分别是7.63和241.9。对冰面而言,α,β分别是9.5和265.5。

对于冰面和过冷却水面,饱和水汽压仍然是按指数规律变化,这就是图5.1中OB和OB'线所表示的情况。所不同的是冰是固体,冰分子要脱出水面的束缚比水分子脱出水面的束缚更难。二者在同温度下的差别如表5.2和图5.2所示。

表5.2 不同温度下过冷却水面(E)和冰面饱和水汽压(E_i)及其差值(ΔE)(hPa)

t(℃)	0	-5	-10	-11	-12	-15	-20	-25	-30	-35	-40	-50
E_s	6.108	4.215	2.863	2.644	2.441	1.942	1.254	0.807	0.509	0.314	0.189	0.064
E_i	6.108	4.015	2.597	2.376	2.172	1.652	1.032	0.632	0.380	0.223	0.128	0.039
ΔE	0.000	0.200	0.266	0.268	0.269	0.260	0.222	0.175	0.129	0.091	0.061	0.025

在图5.2中,ΔE代表同温度下过冷却水汽压和冰面饱和水汽压之差:$\Delta E = E - E_i$。其变化趋势如图中实线所示:自0℃开始,随着温度降低,差值迅速增大,至-12℃

时达最大值($\Delta E = 0.296\text{hPa}$),温度继续降低时,差值减少。$f$表示冰面饱和水汽压与过冷却水面饱和水汽压的相对百分数:$f = \dfrac{E_i}{E}$,它随温度的变化如图中虚线所示。f随温度降低近似于线性递减,温度越低,冰面饱和水汽压和水面饱和水汽压的比

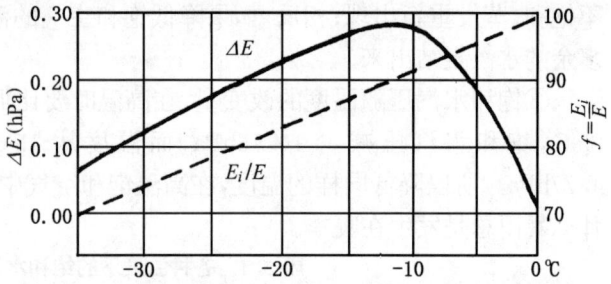

图5.2 水面与冰面饱和水汽压之差 E(实线),对冰面已是饱和的空气之相对湿度(虚线),以及二者与温度的关系

值越小。在这种情况下,当水面饱和时,冰面已是过饱和了($e = E > E_i$)。或者当冰面上饱和时($e = E_i < E$),其相对湿度小于100%。在云中,冰晶和过冷却水共存的情况是很普遍的,如果当时实际水汽压介于两者饱和水汽压之间,就会产生冰水之间的水汽转移现象。水滴会因不断蒸发而缩小,冰晶会因不断凝华而增大。这就是**冰晶效应**,冰晶效应对降水的形成有重要意义。

(2)**溶液面的饱和水汽压**:不少物质都可融解于水中,所以天然水通常是含有溶质的溶液。溶液中溶质的存在使溶液内分子间的作用力大于纯水分子间的作用力,使水分子脱离溶液面比脱离纯水面困难。因此同一温度下,溶液面的饱和水汽压比纯水面要小,且溶液浓度愈高,饱和水汽压愈小。这种作用对在可溶性凝结核上形成云或雾的最初胚滴相当重要,而且以溶液滴刚形成时较为显著,随着溶液滴的增大,浓度逐渐减小,溶液的影响就不明显了。

5.1.2.3 饱和水汽压与蒸发面形状的关系

不同蒸发面上,水分子受到周围分子的吸引力是不同的,如图5.3所示,三个圆圈分别表示凸水面、平水面和凹水面对于A,B,C三点分子引力的作用范围。由图可知,A分子受到的引力最小,最易脱出水面;C分子受到的引力最大,最难脱出水面;B分子的情况介于二者之间。因此,温度相同时,凸面的饱和水汽压最大,平面次之,凹面最小。而且凸面的曲率愈大,饱和水汽压愈大;凹面的曲率愈大,饱和水汽压愈小。

大气中水汽的凝结都是发生在微小的凸面或凹面上的。凸面的有以凝结核为中心凝结成的小水滴、冰晶等;凹面的有在土壤、植物和毛织品上形成的凝结。同是凸面,曲

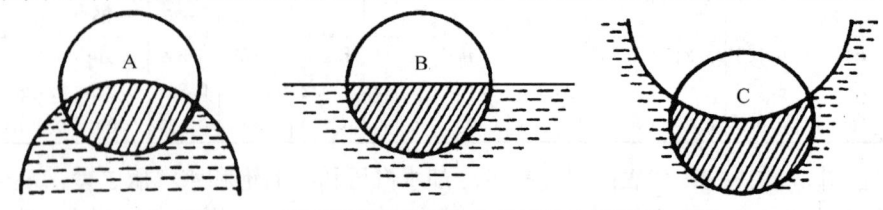

图5.3 不同形状蒸发面上分子受到的吸引力

率半径不同,饱和水汽压也不相同:水滴愈小,曲率愈大,饱和水汽压愈大;水滴愈大,饱和水汽压愈小。

云雾中的水滴有大有小,大水滴曲率小,小水滴曲率大。如果实际水汽压介于大小水滴的饱和水汽压之间,也会产生水汽的转移现象。小水滴因不断蒸发而减小,大水滴因凝结而增大,该效应对温度高于 0℃ 的暖云形成降水有重要意义。

5.1.2.4 电荷对饱和水汽压的影响

云雾中的水滴常带有电荷,电荷使水滴的饱和水汽压减小。对于很小的水滴,当 $r<10^{-6}cm$ 时,电荷的影响比曲率大;但对 $r>10^{-6}cm$ 的大水滴,曲率的影响大于电荷的影响。

5.1.3 大气中水汽凝结的条件

水由气态变为液态的过程,称为**凝结**;水汽直接转变为固态的过程,称为**凝华**。

大气中水汽凝结或凝华的一般条件:一是大气中的水汽要达到或超过饱和状态,二是要具有凝结核或凝华核。现分别讨论如下:

5.1.3.1 使空气中的水汽达到并超过饱和状态

由于饱和时,水处于两相(水汽与水或水汽与冰)的平衡状态。而当过饱和时,平衡受到破坏,空气中的水分子进入到水面或冰面的机会就大于水分子从水面和冰面逸出的机会。在这种过程中,伴随着出现了水汽的凝结或凝华。

设空气中的水汽压为 e,相应温度下的饱和水汽压为 E,因此,凝结的必要条件是 $e \geqslant E$。要使 $e \geqslant E$ 的情况发生,在大气中是通过两种过程来达到的:一种是在一定温度下使水面不断蒸发,以增加大气中的水汽含量,即加大 e 的值;另一种是使含有定量水汽的大气温度降低,从而使饱和水汽压降低,使 E 减小到与实际大气中的水汽含量 e 相等或小于 e 的程度。

(1)**暖水面蒸发**:要增加大气中的水汽含量,只有在具有蒸发源,且蒸发源表面温度高于气温的条件下才有可能。例如当冷空气移到暖水面时,由于暖水面上水分迅速蒸发,可以使冷空气达到过饱和。此外,雨淋过的潮湿地面和河流、湖泊等,受到日光照射以后,由于水分蒸发,也可能使接近它的空气中的水汽达到过饱和。

(2)**空气的冷却**:多数的凝结或凝华现象是产生在降低温度这一过程中,也就是使气温降低到露点或露点以下,这种过程可发生在以下几种场合:

①辐射冷却:因为空气的水汽和杂质吸收和散失热量的能力都很强,所以在夜间,水汽和杂质集中的气层内,因辐射冷却,使空气的温度降低得也比较快,尤其是在潮湿空气层和云的顶部,因得不到地面辐射的补偿,容易产生凝结现象,生成雾或云。

②平流冷却:暖湿空气流经冷的下垫面时,将热量传递给冷的地表,造成空气本身

温度降低。如果暖空气与冷地面温度相差较大,冷空气降温较多,也可能产生凝结。

③绝热冷却:指空气上升时,由于绝热膨胀而导致空气的冷却作用。这是引起自由大气中水汽凝结或凝华的最重要的过程。在大气中很多水汽凝结物或凝华物,如云就是在这种过程中产生的。

④水平混合冷却:两个温度不同的饱和或接近饱和的空气团相互水平混合,由于饱和水汽随温度的变化呈指数曲线形式(图 5.4 中 AA′ 即饱和水汽压线),就使混合后空气团的平均水汽压可能比混合气团平均温度下的饱和水汽压要大,于是多余的水汽就会凝结出来。图 5.4 中的 A 和 B 分别代表两个未饱和气团的状态:

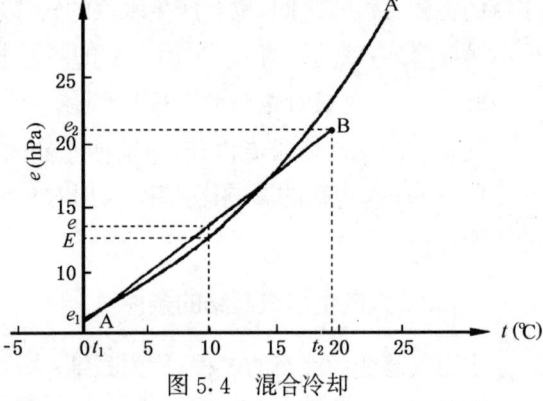

图 5.4 混合冷却

A 气团温度 $t_1 = 0°C$,水汽压 $e_1 = 6.0 hPa$;

B 气团温度 $t_2 = 20°C$,水汽压 $e_2 = 22.0 hPa$。

混合后平均气温 $t = 10°C$,平均水汽压 $e = 14.0 hPa$,而 $10°C$ 时饱和水汽压 $E = 12.3 hPa$,因此混合后的气团已达到过饱和,多余的 $1.7 hPa$ 水汽就要凝结出来。但在实际大气中,两气团的温差不会很大,因此由气团混合凝结出来的水分,其量是很少的。

5.1.3.2 凝结核、凝华核

使纯净空气中的水汽凝结成水滴是非常困难的。因为小水滴表面的饱和水汽压非常大。例如,要形成的水滴半径 $r < 10^{-7} cm$ 时,其过饱和的程度要达到 $800\% \sim 900\%$,即使考虑到水滴由于带微量电荷,受电荷影响的结果,在形成小水滴时,其过饱和程度也至少要求达到 400%。在试验室中,在相对湿度达到 600% 时,纯净空气仍不能发生凝结。可是实际大气中根本达不到这种饱和的程度,而云、雾等水汽凝结的现象却是经常发生的,甚至有时当饱和程度还不到 100% 时,凝结就产生了。其原因在于大气中存在着大量的固体微粒,水汽就以这些微粒为核心凝结,因此固体微粒又叫做**凝结核**。若水汽直接在其上凝华成冰晶时,它的核心就叫做**凝华核**。

因凝结核或凝华核本身存在着一定尺度的体积,所以半径 r 较大,这样,水汽若附着其上形成水滴,其饱和水汽压就降低很多,凝结现象就得以产生。而且因开始形成的水滴较大,不至于很快蒸发。凝结核半径越大,水汽在核上越容易凝结。

大气中的凝结核分为吸湿性的和非吸湿性的两种。吸湿性的核,具有很强的吸水能力,如 NaCl 的微粒及硫化物的微粒等。NaCl 主要由于海水飞沫进入大气水分蒸发后留在空中的,而硫化物等则由于燃烧而进入大气的。吸湿性凝结核是最活跃的凝结核。

这些微粒吸收水分,而变成很浓的盐或酸溶液的液滴,由于受溶液的影响,其表面的饱和水汽压较小,另一方面,由于半径较大,也使得饱和水汽压减小,因此有这种凝结核存在时,相对湿度接近100%时,就会形成水汽的凝结。

从上面分析知道,要使大气中的水汽产生凝结,除了空气要达到饱和外,还必须要有凝结核存在,而在大气中总是有很多凝结核存在的,所以只要大气处于饱和或过饱和状态时,水汽就会产生凝结。

§5.2 地表面的凝结现象

当空气与冷的地面或物体接触时,若贴近地面或物体上的气层温度下降到露点时,气层中的水汽便达到饱和,如果温度再继续下降,多余的水汽便开始在地面或物体表面上凝结,从而产生露、霜、雾淞、雨淞等水汽凝结物。

5.2.1 露和霜

5.2.1.1 露

露是凝结在地表或地物上的微小的水滴,它由潮湿的空气与较冷的物体表面相接触形成的,这时较冷物体表面的温度应不低于0℃。这种微小的水滴以后又合并成较大的水滴,即露珠。露通常形成于黄昏或夜间,这时地面或物体表面因辐射冷却降温,可达露点以下。所以,形成露的有利天气条件是天空无云或有很薄的高云而有微风的夜间,这时可使辐射冷却在较厚的气层中充分进行。

露的降水量很少,在温带夜间露最多相当于0.1~0.3mm的降水量,但在热带地区多露之夜可相当于3mm的降水,平均约1mm的降水量。露的降水量虽然有限,但对植物的生长有利,特别是在干旱地区和干旱季节,夜间的露常有维持植物生命的功用。

5.2.1.2 霜

霜是白色具有晶体结构的水汽凝华物,它的形成原因和形成的天气条件与露相似,不同点在于:露是当地面及其它地物温度高于0℃时形成的,而霜在0℃以下才能形成。形成霜时百叶箱(离地1.5m高)内的气温并不一定低于0℃,但地表面及地物表面温度均在0℃以下。除了辐射冷却所形成的霜外,在冷平流以后或洼地上聚集冷空气时都有利于霜的形成。这种霜常被称为**平流霜**或**洼地霜**,它们又常因为辐射冷却而加强。

霜和霜冻是有区别的,霜冻是因为气温剧降所引起植物受冻现象,有霜时农作物不一定遭受霜冻之害。有霜冻时可以有霜出现(白霜),也可以没有霜的出现(黑霜)。因此要预防的是霜冻而不是霜。早霜冻(或初霜冻)和晚霜冻(或终霜冻)对农作物的威胁较大,需采取熏烟、浇水、覆盖等预防措施。

5.2.2 雾凇和雨凇

5.2.2.1 雾凇

雾凇是水汽在树枝、电线和地物凸出表面上形成的凝华物,多见于寒冷而湿度高的天气条件之下,例如,我国高山区以及东北地区的东部较多出现。根据其形状可分为粒状雾凇和晶状雾凇两种。

粒状雾凇出现在气温约$-2 \sim -7$℃有雾且风速相当大的天气里,它是由于风的作用,将过冷却的雾滴吹到物体表面冻结而成。形态呈球形,直径约为$0.02 \sim 0.03$mm。由于雾滴与物体接触时冻结得很快,从而保留了原来雾滴的形状。

晶状雾凇是一种结晶冻结现象,它的结晶形状和霜的结晶形状相似,结构松散,稍有振动,就会脱落。晶状雾凇形成的天气条件是:气温为-15℃左右,有雾(或空气呈过饱和),微风。它可以由空气中过饱和水汽在物体表面直接凝华而成,也可以由雾滴蒸发的水汽形成。因为冰面的饱和水汽压小于同温度的过冷却水面的饱和水汽压,因此在有过冷却雾的条件下,更有利于晶状雾凇的增长。

虽然雾凇和霜在形状上相似,但在形成过程上却有差别。霜主要是在晴朗微风的夜晚形成,而雾凇可以在任何时间内形成。此外,霜形成在强烈辐射冷却的水平面上,雾凇主要形成在垂直面上。雾凇聚集在电线上,严重时可以压断电线,使输电、通讯造成障碍。不过其危害程度比雨凇要小一些。

雪落千佛山,雾凇现奇观

2001年2月13日傍晚,济南的一场小雨雪和凌晨的雾气,滋润了林木的枝干树梢,适宜的温差为千佛山造就了雾凇奇观。2001年春节前后连续几次降雪,不仅为节日登山赏雪的人们提供了绝好机会,还使得地表湿度增加,空气含水量高,形成了20年来罕见的雾凇。雾凇是由于雨雪和雾气一并附着于枝干树梢,0℃以下的气温使其冰冻、膨胀并聚集扩张而成。雾凇奇观现于兴国禅寺与山顶之间,东西横列,面积达百亩之多,在晨光照射下,玲珑剔透,格外赏心悦目。虽然雪后登山路滑,举步艰难,但人们还是竞相登临山顶目睹多年不见的雾凇奇观。

吉林雾凇

吉林松花江两岸树茂枝繁,冬日里不冻的江水腾起来的雾气遇到寒冷的空气,在树上凝结为"雾凇",当地群众称为"树挂"。腊月严冬,每当雾凇出现的时候,十里长堤上的垂柳青枝变成琼枝玉树,一片晶莹洁白,江岸雾凇缭绕,人在其中犹入仙境。吉林雾凇与桂林山水、云南石林、长江三峡同称为中国四大自然奇观。吉林市自1991年起,每年举办一次"雾凇·冰雪节"。

5.2.2.2 雨凇

雨凇是在地面或地物的迎风面上形成的透明的或呈毛玻璃状的紧密冰层。它是由过冷却的雨或过冷却的毛毛雨的雨滴在所接触的物体表面上形成的。它可以发生在水平面上,也可发生在垂直面上,与风向有很大关系,总是在迎风面聚集得较多。

雨凇的破坏性很大,它能压断电线、折断树木、中断通讯、输电;坚硬的冰层使覆盖于下的庄稼糜烂,农牧业和交通运输等方面受到较大程度的损失。

"冻雨"的危害

雨水从空中落下来结成冰,能致害吗?是的,这种冰积聚到一定程度,不仅有害,而且危害不浅。入冬,雨落在树木、高楼、山岩、电杆等物体上,立即结成了冰,老百姓习惯叫"滴水成冰"。这种雨在气象学上叫"冻雨"(它的凝聚物叫"雨凇");它和人们常说的一般水滴不同,是一种碰上物体就能结冻的过冷却水滴。

"冻雨"落在电线、树枝、地面上,随即结成外表光滑的一层薄冰,冰越结越厚,结聚过程中还边流动边冻结,结果便制造出一串串钟乳石似的冰柱、冰穗(俗称"冰挂"),它们晶莹透亮,遇上阳光,放射出五彩光芒,煞是好看!可惜的是,当它的重量超过物体的承载能力的时候,悲剧就发生了。1955年,浙赣地区曾因"冻雨"倒毁电杆数百根,南浔、浙赣铁路运输一度中断;1987年11月和1989年12月,郑州市先后两次出现"冻雨",受伤的就有200多人;前苏联西南部地区,一次"冻雨"折毁、倒翻电杆近万根,造成大面积的电讯中断。

形成"冻雨",要使过冷却水滴顺利地降落到地面,往往离不开特定的天气条件:近地面2km左右的空气层温度稍低于0℃;2~4km的空气层温度高于0℃,比较暖一点;再往上一层又低于0℃,这样的大气层结构,使得上层云中的过冷却水滴、冰晶和雪花,掉进比较暖一点的气层,变成液态水滴。再向下掉,又进入不算厚的冻结层。当它们随风下落,正准备冻结的时候,已经以过冷却的形式接触到冰冷的物体,转眼形成坚实的"冻雨"!

为了避免和减轻"冻雨"、"雨凇"的危害,及时发现、清除凝聚物,防微杜渐,这种简单的方法,还是行之有效的。

---

§5.3 大气中的凝结现象

5.3.1 雾

雾是近地面层空气的凝结现象。雾是由悬浮在空气中的小水滴或冰晶所组成的,其下层与地面相连接,当水平能见度降到1km以内时,称为**雾**;当水平能见度在1~10km时,称为**轻雾**。雾的水滴半径约为10^{-4}cm以下。当温度降低到0℃以下时,雾就由过冷水滴和冰晶组成,温度越低,冰晶所占的比例越大。

5.3.1.1 雾的形成条件

形成雾的基本条件是,近地面层空气中水汽充沛,有使水汽凝结的冷却过程,有凝结核存在。水汽压大于其饱和水汽压,才能使气层中的水汽凝结或凝华。此外,倘若气层中含有较多量的活跃的凝结核,如吸湿性的盐粒,或是气层温度在0℃以下时,气层可在湿度低于100%的情况下,使其中的水汽出现凝结或凝华现象。这是因为盐溶液表面的饱和水汽压小于纯水面的饱和水汽压,冰面的饱和水汽压小于过冷却水面的饱和水汽压的缘故。

5.3.1.2 雾的分类

根据雾形成的天气条件,可将雾分为气团雾和锋面雾两大类。气团雾是在气团内形成的;锋面雾与锋面活动有关。根据气团雾的形成条件,又可将它分为冷却雾、蒸发雾和混合雾。冷却雾又可分为辐射雾、平流雾及上坡雾等。其中以辐射雾和平流雾最为常见。

(1)**辐射雾**:由于夜间地面辐射冷却,直接使近地面气层变冷而形成的雾,称为**辐射雾**。有利于辐射雾形成的条件是:空气中有充足的水汽,风力微弱而晴朗少云,有逆温存在。辐射雾多形成于近地层的辐射逆温层中。这种发生在贴地气层中的辐射雾,称为辐射低雾。当高空存在着逆温层时,在该层的下界,可使水汽、尘埃等大量在此聚集,夜间由于这些物质的降温冷却,也可在此形成雾,这样的雾称为辐射高雾,它从上往下依次形成,可以造成较大范围内较浓的雾。秋冬季节地面常为稳定的气团所控制,夜间长波辐射较强,有利于辐射雾的形成。另外盆地、谷地和雨后潮湿的土壤表面,都有利于辐射雾的形成,因为这些地方水汽充足,湿度大。

辐射雾有明显的日变化。日落以后,因近地层空气辐射冷却形成雾;日出后,地面增温,近地面层逆温被破坏,使雾蒸发消散或上升成云。气层逆温愈强,也即愈稳定时,雾消散愈慢,这预兆着白天将是一个晴好的天气。

辐射雾有明显的地方性。四川盆地是我国有名的辐射雾区,其中重庆冬季无云的夜晚或早晨,雾出现的频率可达80%,有时终日不散,甚至连续几天。

城市及其附近,凝结核充沛,因此易形成浓雾(常称为都市雾)。

(2)**平流雾**:平流雾是当暖空气移到冷的下垫面上时所形成的雾,它的范围广而且深厚。平流雾常发生在以下几种情况下:

①冬季热带气团向高纬寒冷区域移动时所形成的雾。

②暖季大陆上的暖气团移动到较冷的海面上而形成的雾,春末夏初我国山东半岛一带所形成的雾及即属此类。

③冬季海洋暖气团移到冷的大陆上时形成的雾,也称海雾。

④空气由暖海面移到冷海面时形成的雾。这是在冷、暖洋流汇合的地带形成的海雾,如日本东北部黑潮与亲潮汇合处多雾。海雾四季都可出现,但以春、夏之交最频,这是因为其时冷洋流挟浮冰南下,暖洋流自低纬来,形成交汇地区于一年中温差最大的时期。

有利于平流雾生成的条件是:移来的空气是暖湿的;移来的空气与下垫面之间的温差大;风速在3~7m/s时最为合适。若风速太小,使移来的空气与下垫面之间热量交换仅限于贴地的薄层空气中;风速过大,则引起强烈的扰动,水汽上传,也不利于雾的形成。平流雾可在一天中的任何时间形成,但在夜间,平流雾可因辐射冷却而加强;相反地,白天的增温又可使之减弱。

平流雾的范围和厚度一般比辐射雾大,在海洋上一年四季都可出现。由于它的生消主要取决于有无暖湿空气平流,所以只要有暖湿空气不断流来,雾就持久不散,且范围广。我国沿海地区,以春夏为多雾季节,因为只有当夏季风盛行时,具有平流性质的海雾才能到达陆上。在陆上,由于平流冷却和辐射冷却共同作用形成的雾称为平流辐射雾。

(3)**蒸发雾**:蒸发雾是冷空气移到暖水面上时,暖水面因温度高,饱和水汽压大而蒸发,其蒸发的水汽使低层空气达到饱和产生凝结形成的雾。如果冷空气长期停留在暖水面上,就会因为不断受暖水面的影响使底部空气温度升高,气层趋于不稳定,从而使雾抬升离地或消失。蒸发雾常常可以在冬季的北冰洋上看到,这种海面上的烟雾腾腾的现象叫做极地烟雾(或北极烟)。另外,在秋季和冬季的早晨,也常常可以看到因夜晚辐射冷却而变冷的空气移到河流、湖泊等水面所产生的一种水面冒汽的现象,这也是一种蒸发雾,常称为水面轻雾。

以上三种雾都发生在气团内部,因此可通称为**气团雾**。

(4)**锋面雾**:锋面雾是发生于冷暖性质不同气团的交界处——锋面附近的雾。形成原因主要是暖气团的降水到达冷空气层时,雨滴在冷空气层中蒸发,使冷空气达到饱和,水汽凝结而成。此外在锋区处,由于冷暖空气的水平混合,也可使水汽达到饱和而形成雾,这也是锋面雾,又称**锋际雾**。

雾的地理分布,一般是沿海多于内地,高纬多于低纬,因为沿海地区水汽较内陆丰富,而高纬比低纬气温低,这些都有利于近地面气层空气达到饱和而凝结。因此我国沿海地区雾日较多。但是地处我国西南内陆的四川、贵州一带雾日也较多,这是由于受当地特殊的地形——盆地和云贵高原的影响,使这里降水量较多,水汽充足且不易流走,因此具有形成雾的有利条件。

大雾天气与"污闪"

1999年11月,北京地区频频出现大雾天气,水平能见度常常只有数十米。浓雾不仅给公路交通带来极大的麻烦,也使得超高压输电线路不断发生"污闪"事故,幸亏首都有足够的"备用电网",否则可能因为"污闪"事故导致北京地区大范围停电,损失和影响都将难以估计。

近20多年来,由于大气污染不断加剧,空气中的各种酸、碱、盐、胺、酚、苯、重金属微粒、灰尘等污染物不断增多。这些污染物降落到输电线路的绝缘瓷瓶串上,便形成污秽集合物,日积月累,就好像给瓷瓶套上一件"尘衣"。当大雾天气出现时,组成大雾的小水滴就会不断浸湿"尘衣"。时间一长,污秽物中的可溶性电解质就被溶解,在高电压的作用下,泄漏电流就会明显增大。由于瓷瓶上污染物分布不均,被雾滴浸湿的程度也不同,从而引起电压分布不均,输电线路受到干扰,在无绝缘效果或绝缘效果较差的线路部位就会出现局部电弧,从而导致全网断电,这就是人们常说的"污闪"事故。

"污闪"事故的危害是很大的。1991年2月9日,华北地区被一场持续的大雾笼罩,使电网接连发生"污闪"事故,先后有13条220kV线路和25条110kV线路多次跳闸,造成了石家庄地区大面积停电,给工农业生产和人民生活带来严重影响。无独有偶,1992年1月22日,川西北地区被锁在茫茫大雾中,以青白江变电站为中心的6座220kV变电站和15条220kV输电线路相继发生"污闪"事故,出现40多次跳闸,使得成都地区大范围停电,电气化铁路也被迫中断。

近几年,由于大中城市的输电设备更新较快,"备用电网"也有所增多,"污闪"造成的损失相对减少,但总的来说,"污闪"的危害仍不可低估。由于我国目前超高压输电线路抗污等级较低,更新换代和清扫污物的能力又难以跟上,而随着全球增温和气候异常机率的增大,大雾天气出现的频度比过去有所增加。所以在短时间内,电网的"污闪"事故还难以避免。

5.3.2 云

云也是由空气中的水滴和冰晶组成的。云和雾的区别在于:雾的下层贴近地面,是发生在低空的水汽凝结现象,而云是发生在高空的水汽凝结现象,其下界是不和地面相连的(山区除外)。云是重要的天气现象之一,云可直接产生一些其它的天气现象,如降雨、降雪、降雹等,有一些云出现时,可伴随着大风,这些都直接影响到生产与日常生活。因为云的形成和大气中的水汽含量、气层的稳定状况直接有关,所以利用云量的多少、云的形态特征,可推断大气的某些动态、静态特性。目前气象雷达和卫星都是以观测云为主要对象,卫星拍摄的云图已成为天气预报的重要资料之一。

5.3.2.1 云的形成条件

使水汽达到饱和而凝结是云形成的基本条件。形成云的过程就是使空气中的水汽达到饱和或过饱和的过程。空气中的水汽过饱和得以维持时,云就继续增长。空气中的凝结核可以大大减少形成胚胎时期水滴所需的饱和水汽压,有利于云的形成,这个条件一般认为是可以得到满足的。对于云层的形成来说,其过饱和主要是空气上升的绝热冷却引起的。产生大气上升运动主要有以下几种情况:

①动力抬升:暖湿气流受锋面、辐合气流的作用被迫上抬,或在运行中受地形阻挡产生上升气流。

②热力对流:大气层结不稳定或地面受热不均匀而产生上升运动。由对流运动形成的云多属积状云。

③动力上升与热力对流相结合:潜在不稳定气流整层被抬升到凝结高度以上,由于潜在不稳定能量的释放形成强烈的上升运动。除了动力抬升以外,有时低层的绝对不稳定气流造成的局地对流也可把整层的潜在不稳定气流抬升到凝结高度以上。

5.3.2.2 云的分类

由于生成云的过程、条件不同,以及云所在高度与厚度不同,因此云的结构、成分及性质有着很大差别,从而其形态也多种多样。为了便于归纳辨认,把云按照一定的原则进行分类。根据云的形成高度并结合其形态,国际分类法将云分为4族10属。

第五章 大气中的水分

我国1972年出版的《中国云图》按云底高度将云分为高云、中云、低云3族；按云的形态将云分为孤立的相互间不相联系的团块状积状云，表面不匀整的波状云以及均匀的云幕层状云三种类型，共分为3族11属29类。见表5.3和表5.4。

表5.3 云族和云层的分类

云 型	低云(<2000m)	中云(2000～6000m)	高云(>6000m)
层 状 云	雨层云(Ns)	高层云(As)	卷层云(Cs)、卷云(Ci)
波 状 云	层积云(Sc)、层云(St)	高积云(Ac)	卷积云(Cc)
积 状 云	淡积云(Cu hum)、浓积云(Cu cong)、积雨云(Cb)		

表5.4 云状分类表（有关云状参见附录图）

云 族	云 属		云 类	
	学 名	简 写	学 名	简 写
高 云 (C$_H$)	卷云	Ci	毛卷云 密卷云 伪卷云 钩卷云	Ci fil Ci dens Ci not Ci unc
	卷层云	Cs	毛卷层云 薄幕卷层云	Cs fil Cs nebu
	卷积云	Cc	卷积云	Cc
中 云 (C$_M$)	高层云	As	透光高层云 蔽光高层云	As tra As op
	高积云	Ac	透光高积云 蔽光高积云 荚状高积云 积云性高积云 絮状高积云 堡状高积云	Ac tra Ac op Ac lent Ac cug Ac flo Ac cast
低 云 (C$_L$)	积云	Cu	淡积云 碎积云 浓积云	Cu hum Fc Cu cong
	积雨云	Cb	秃积雨云 鬃积雨云	Cb calv Cb cap
	层积云	Sc	透光层积云 蔽光层积云 积云性层积云 堡状层积云 荚状层积云	Sc tra Sc op Sc cug Sc cast Sc lent
	层云	St	层云 碎层云	St Fs
	雨层云	Ns	雨层云	Ns
	碎雨云	Fn	碎雨云	Fn

现对各类云分述如下：

(1)**第Ⅰ族：高云族(C$_H$)**：高云族(C$_H$)，其高度通常大于6km。其中包括卷云、卷层云和卷积云3属。

①卷云(Ci)：卷云具有丝缕状结构，呈白色，有晶莹光泽，阳光透过时没有阴影。多呈丝条状、羽毛状、钩状、片状和砧状等。由冰晶组成。云高6～8km。厚度几百米至几千米。卷云的类别有：毛卷云、密卷云、钩卷云及伪卷云。毛卷云(图5.5)和密卷云多预示天晴，但如果其云层变厚，云量增多，则表示天气将有变化。钩卷云往往平行排列，向上的一头有小钩或小簇，象逗点符号(图5.6)，表示高层风速较大，并且上、下层间风向相反。系统性的钩卷云出现，常是暖锋移近的先兆，天气将转为阴雨。伪卷云是由积雨云的顶部脱离主体后而成，所以云体大而厚密。多见于积雨云崩析消散过程中，天气由雨转晴。

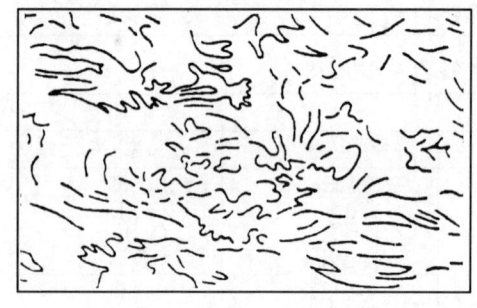
图5.5 毛卷云

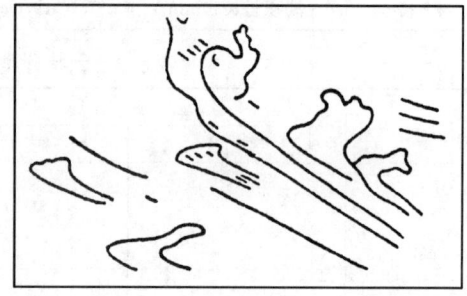
图5.6 钩卷云

②卷层云(Cs)：云体均匀成层，透明或呈乳白色，透过云层日月轮廓清楚，常有晕的现象，其高度与厚度与卷云相近。当云加厚并降低时预示天气将有变化；若无明显发展或云量减少，则未来天气不会有显著变化。卷层云的类别有：毛卷层云和薄幕卷层云。

③卷积云(Cc)：云块很小，呈白色鳞片状，个体常排列成行，很像轻风吹过水面所引起的小波纹。当高空存在着逆温层时，在其下界附近就出现了上面是密度较小的暖空气，下面是密度较大的冷空气的界面。界面上下气流的速度不一样时，就产生空气的垂直波动。波峰处空气绝热上升，达到饱和，有利于凝结过程的进行，形成云；波谷处则以蒸发过程为主，云层较薄或无云，于是就产生波状云。空气波动的走向随上、下层气流速度的改变而改变，不同走向的波动叠加在一起就形成排列整齐的波状云。波纹状的卷积云就是因此形成的。当逆温层在空中高度不同时，便产生不同高度的波状云，波状的高积云和波状的层积云就是在高度较低的逆温层附近形成的。卷积云中因有一部分过冷水滴，所以很易变成高积云，处在这种条件下的高积云又增厚变成雨层云。因此当全天布满卷积云时，是天气将要转阴雨的一个征兆，所谓"鱼鳞天，不雨也风颠"指的就是这种情况。

(2)第Ⅱ族：中云族(C_M)：中云族(C_M)，其高度2～6km。分高积云和高层云2属。

①高积云(As)：云块较小，最大的云块其视直径小于太阳视直径的十分之一，其形状有扁圆形、瓦状、鱼鳞状、团絮状等多种形状，个体轮廓分明，或聚集成波状或田垄状的排列形式。云底高2～6km不等，厚度200～700m。薄的高层云呈白色，太阳照射其上时，可出现华环或在云的边缘出现贝母色，厚的高积云呈暗灰色。高积云的类别有：

透光高积云: 云块厚薄不匀,白到灰暗色,自云层的空隙处可见青天。

蔽光高积云: 为连续的高积云块,云层大半看不见间隙,厚而且密,阳光不易透过。

一般高积云多生成于天气较稳定的情况下,所以有"瓦块云,晒煞人","天上鲤鱼斑,晒谷不用翻"的说法。这里的鲤鱼斑是指云块较大的高积云,它不同于前面所说的由卷积云造成的鱼鳞天。高积云若发展为浓厚的云幕,为天气将转晴的征兆。

积云性高积云: 由积云顶部扩散分离而成,底部原有的积云已经消散了。

絮状高积云: 云块边缘破碎象棉絮,呈灰或白色(图 5.7)。其大小与所在高度均不一致。絮状高积云发生在潮湿气层不稳定且有强烈的湍流混合作用时。出现这种云时,常常预示有雷雨天气,"朝有破絮云,雨后雷雨临",就是指的这种情况。

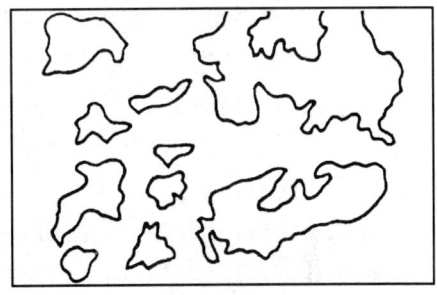

图 5.7 絮状高积云

堡状高积云: 云块细长,底部水平,顶部凸起有垂直发展的趋势,好象城堡或人头状(图 5.8)。其形成多由于较强的上升气流突破稳定气层所至。如在上午观测到这种云,那末随着一天中温度的升高,对流还将进一步发展,午后出现雷阵雨的机会较多。

图 5.8 堡状高积云

荚状高积云: 形状像豆荚、轮廓分明的高积云称为荚状高积云(图 5.9)。它常在上升气流与下降气流汇合处生成,受地形影响,尤以山地附近为多。一般单独出现的荚状高积云多预示晴天。

②**高层云(As):** 是浓密灰白或灰色、均匀成层的云体,云底高 3~6km,厚 1~2km。云中除水滴外,可有冰晶等固态水。多属锋面云系,可产生连续性的降水。高层云的类别有:

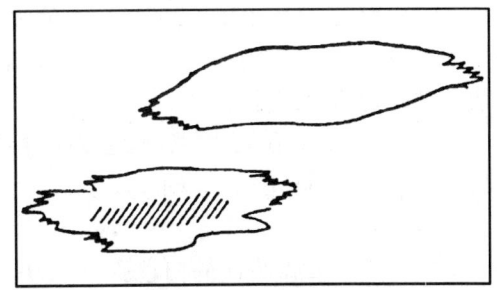

图 5.9 荚状高积云

透光高层云: 很像厚的卷层云,但无晕,从云下看日月朦胧,好象通过毛玻璃一样。

蔽光高层云: 灰暗而厚薄不匀,极厚处完全看不见日光,常有纤缕结构。有时云中可以降微雨或雪,有连续的,也有间断的。从云底可以见到雨幡。

(3)**第Ⅲ族:低云族**(C_L):低云族(C_L),其高度小于2km。分层积云、层云、雨层云、碎雨云、积云、积雨云6属。

①层积云(Sc):为灰白色或灰色的大块云,它与高积云的差别是其视直径超过了太阳视直径的10倍。这些云块常呈滚轴状、波状,沿着一个或两个方向排列。云块有时相互离开,有时靠得很近。但即使在云块密集的情况下,该云底面上的波状特性或其他凹凸不平仍然非常清晰。云底高度约0.6~1.5km,厚度从0.1~2km。

层积云多数是由于空气的波动及湍流混合作用生成的,有时也可由辐射冷却形成。一般表示天气较稳定,但有时也可因对流作用加强,突破稳定层结而形成层积云,这就将预示天气向不稳定方面转化了。层积云的类别有:

透光层积云:云块较薄,呈灰白色,排列整齐,云块之间有空隙。

蔽光层积云:云块较厚,呈暗灰色,云块之间无缝隙,密集成层。底部有明显波状起浮,常布满全天,有时可产生降水。

积云性层积云:由积云顶部的平衍,到后来积云顶不见,形成积云性层积云。

荚状层积云:云形似豆荚,中间厚,边缘薄。

堡状层积云:底平,顶突起似积云,但云呈长条状。

②层云(St):层云是稳定天气条件下的云层。由辐射雾日出后升地面所成。所以其云底有时可罩在高大建筑物的顶部,高时达0.5km左右。云体均匀成层,色灰与雾相同。这是一种地方性的云,除了偶有毛毛雨外,一般不降水。

③雨层云(Ns):暖锋等大型天气系统侵入时,随系统而来的云层。它是由于稳定的暖湿空气受到冷空气的抬升,在冷空气上滑时所形成的,是灰白无一定形态的云层。云底有时有雨幡,降雨时伴有碎雨云,其底面没有清晰的界限,云底高约1km左右,但厚度可达4~5km。它常造成长时间的连续性降水,有"空中水库"之称。

④碎雨云(Fn):雨层云下常有一种破碎的低云,它是由于降水时雨滴蒸发,云下湿度增大,经扰动凝结成的云。初生时少而孤立,常不断滋生,很快合并成层。碎雨云边缘散乱破碎,低而移动快。

⑤积云(Cu):积云为对流性云。是在对流的开始阶段以及初期发展阶段形成的云。具有平底和圆弧形凸出顶部的孤立云块。云底高度约1km左右,厚度约0.5~2km。积云的类别有:

淡积云:平底凸顶的白色孤立云块,个体不大,轮廓清晰(图5.10),多出现在晴天的午后,尤以夏季为多。

浓积云:平底凸顶的孤立云块,但是颜色呈灰色或灰黑色,个体高大,云内由于

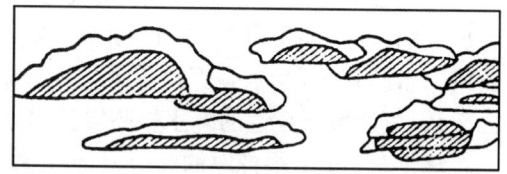

图5.10 淡积云

气流的上、下翻滚,致使云顶内形成多重圆弧顶的叠障,呈花椰菜形状,浓积云是由淡积云发展成的。发展着的积云顶上有时会生成纱巾似的云条,即所谓幞状云,也称云幞。它的生成是因为云顶向上发展,促使云顶之上原来比较潮湿的一层空气向上抬升产生凝结。如果积云继续发展,云顶就穿过它向上突出。一般都把云幞作为积云的一部分。

⑥积雨云(Cb):积雨云是对流发展到成熟阶段形成的,云体庞大,像耸立的高山,云浓而厚。云底高约 0.4~1.0km,厚度达几千米,有时甚至达到对流层顶。上部温度极低,因此过冷水滴冻结成冰粒,水汽也直接凝华成冰晶、雪花,这样在云顶便出现丝缕状结构。由于顶部已达到对流的上限,浓积云时的圆弧形凸出的云顶,渐向水平方向延展成砧状。积雨云的类别有:

秃积雨云:浓积云向鬃积雨云发展的过渡阶段的云,云顶开始冻结,圆弧形重叠模糊,好象浪花飞卷,但伪卷云的形象已开始显出(图 5.11)。

鬃积雨云:对流发展到鼎盛时期所产生的。其内部可测到每秒几十米的上升或下沉气流,云顶有明显的白色丝缕结构,并扩展到马鬃状或铁砧状。云底由于剧烈的下沉作用而呈悬囊状或滚轴状。云中常伴有雷电现象。该云形成的同时,常伴有狂风,甚至龙卷风。此云所造成的降水为强度极大的阵性降水甚至冰雹,因此可酿成风灾、暴雨及雹灾等灾害性天气。

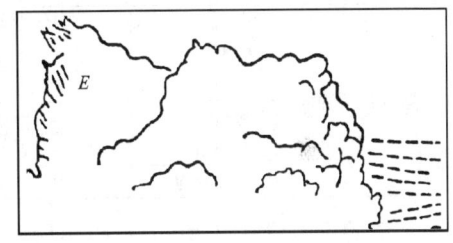

图 5.11 秃积雨云

§5.4 降　　水

5.4.1 降水概述

从云中降到地面上的液态或固态水,称为**降水**。降水虽然主要来自云中,但有云不一定有降水。这是因为云滴的体积很小(通常把半径小于 100μm 的水滴称为**云滴**,半径大于 100μm 的水滴称为**雨滴**)。标准云滴半径为 10μm,标准雨滴半径为 1000μm。从体积来说,半径 1mm 的雨滴约相当于 100 万个半径为 10μm 的云滴。不能克服空气阻力和上升气流的顶托的雨滴不能形成降水。只有当雨滴增长到能克服空气阻力和上升气流的顶托,并且在降落至地面的过程中不致被蒸发掉时降水才形成。

由于云的温度、气流分布等状况的差异,降水具有不同的形态——雨、雪、霰、雹。

雨:自云体中降落至地面的液体水滴。

雪:从混合云中降落至地面的呈雪花形态的固体水。

霰:从云中降落至地面的不透明的球状晶体,由过冷却水在冰晶周围冻结而成,直径 2~5mm。

雹:是由透明和不透明的冰层相间组成的固体降水,呈球形,常降自积雨云。

区分降水的种类常依据降水量、降水强度以及持续稳定的状况而定。降水量是指在不渗透的平面上,由于降水所形成的水层高度,单位为 mm。降水强度是用单位时间内的降水量测定的,单位是 mm/d 或 mm/h。按降水强度的大小,降水可分为小雨、中雨、大雨、暴雨、大暴雨、特大暴雨、小雪、中雪、大雪等。其划分标准见表5.5。

表5.5 降水强度划分标准

划分标准	雨			雪	
		mm/d	mm/h		mm/d
降水强度等级	小雨	$R < 10$	< 2.5	小雪	$R < 2.5$
	中雨	$10 \leq R < 25$	$2.5 \leq R < 8.0$	中雪	$2.5 \leq R < 5.0$
	大雨	$25 \leq R < 50$	$8.0 \leq R < 16.0$	大雪	$R \geq 5.0$
	暴雨	$50 \leq R < 100$	$R \geq 16.0$		
	大暴雨	$100 \leq R < 200$			
	特大暴雨	$R \geq 200$			

依照天气学中采用的分类法,降水可以分为三类:

①连续性降水:高层云及雨层云云系中的降水,降水历时长,强度有所变化。它们以中长尺度的雨滴或雪花的形式下降。

②阵性降水:通常自积雨云中降下,其特点是常常强度很大,有时甚至可达 200~300mm/h。它们突然开始,而持续不久,经短时停歇后又重复降落下来。有时还会降雹。

③毛毛状降水:从层云或层积云中降下,这种降水是由极小的雨滴、极小的雪或冰针所组成。这种降水的强度极小,仅 0.05~0.25mm/h。

5.4.2 降水的成因

5.4.2.1 雨滴增长的物理过程

降水的形成就是云滴增大为雨滴、雪花或其它降水物的过程。一块云能否降水,则意味着在一定时间内(例如1小时)能否使约 10^6 个云滴转变成一个雨滴。使云滴增大的过程主要有二:<u>一为云滴的凝结(或凝华)增长;二为云滴冲并增长</u>。实际上,云滴的增长是这两个过程同时作用的结果。

(1)**云滴凝结(或凝华)增长**:凝结(或凝华)增长过程是指云滴依靠水汽分子在其表面上凝聚而增长的过程。在云的形成和发展阶段,由于云体继续上升,绝热冷却,或云外不断有水汽输入云中,使空气中的水汽压大于云滴的饱和水汽压,因此云滴能够由于水汽凝结(或凝华)而增长。但是,一旦云滴表面产生凝结(或凝华),水汽从空气中析出,空气湿度减小,云滴周围便不能维持过饱和状态,而使凝结(或凝华)停止。因此,一般情况下,云滴的凝结(或凝华)增长有一定的限度。而要使这种凝结(或凝华)增长不断进行,还必须有水汽的扩散转移过程,即当云层内部存在着冰水云滴共存、冷暖云滴共存或大小云滴共存的任一种条件时,产生水汽从一种云滴转移至另一种云滴上的扩散转移过程。例如,在冰晶和过冷却水滴的共存的混合云中,在温度相同的条件下,由于冰面饱和水汽压小于过冷却水面饱和水汽压,当空气中的实际水汽压介于两者之间时,过冷却水滴就会蒸发,水汽就会转移凝华到冰晶上去,使冰晶不断增大,而过冷却水滴则不断减小。当冷暖云滴共存或大小云滴共存时,同样也可发生这种现象,使冷(或大)的云滴不断增大。

上述几种条件中,对形成大云滴来说,冰水云滴共存的作用更为重要。这是因为在相同的温度下,冰水之间的饱和水汽压差异很大,特别是当温度在−10~12℃时差别最显著,最有利于大云滴的增大。因此,对于冷云(指云体上部低于0℃,有冰晶和过冷却水滴共同构成的混合云)降水,这种冰水云滴共存作用(称为冰晶效应)是主要的。观测事实也证实了这一点。著名的贝吉龙(Bergeron)理论的价值,就在于它强调了冰晶对降水的作用。但是,不论是凝结增长过程,还是凝华增长过程,都很难使云滴迅速增长到雨滴的尺度,而且它们的作用都将随云滴的增大而减弱。可见要使云滴增长成为雨滴,势必还有另外的过程,这就是冲并增长过程。

(2)云滴的冲并增长:云滴经常处于运动之中,这就可能使它们发生冲并,大小云滴之间发生冲并而合并增大的过程,称为**冲并增长过程**。

云内的云滴大小不一,相应地具有不同的运动速度。大云滴下降速度比小云滴快(表5.6),因而大云滴在下降过程中很快追上小云滴,大小云滴相互碰撞而粘结起来,成为较大的云滴。在有上升气流时,当大云滴被上升气流向上带时,小云滴也会追上大云滴并与之合并,成为更大的云滴。云滴增大以后,它的横截面积变大,在下降过程中又可合并更多的小云滴。有时在有上升气流的云中,当大小水滴被上升气流携带而上时,小水滴也可以赶上大水滴与之合并。这种在重力场中由于大小云滴速度不同而产生的冲并现象,称为**重力冲并**。

表5.6 静止空气中单个水滴的下降末速度($p=1013hPa, T=293K$)

水滴半径(mm)	0.02	0.05	0.1	0.2	0.5	1.0	2.0	2.5	3.0
下降末速度(cm/s)	5	27	72	162	403	649	883	909	918

实际上大水滴下降时,与空气发生相对运动,空气经过大水滴,会在其周围发生绕流。半径为R的大云滴以末速度v下降的过程中,单位时间内扫过的体积为以πR^2为截面的圆柱体,位于圆柱体中的小水滴只有一部分与大水滴相碰撞,另一部分小水滴将随气流绕过大滴而离开,不发生碰撞(图5.12)。

水滴重力冲并增长的快慢程度与云中含水量及大小水滴的相对速度成正比。云中含水量越大,大小水滴的相对速度越大,则单位时间内冲并的小水滴越多,重力冲并增长越快。计算和观测表明,对半径小于20μm的云滴,其重力冲并增长作用可忽略不计,但对半径大于 30μm 的大水滴,却能在很短时间内通过重力冲并增长达到半径为几毫米的雨滴。大水滴越大,冲并增长越迅速。也就是说,水滴的冲并增长是一种加速过程。

实际的云中云滴大小不一,在空间分布也不均匀,云中云滴与云滴之间的冲并过程是一种随机过程。在每一时间间隔内云滴的增长为概率性的。有的云滴冲并增长增大,有的则保持不变。这样在下一时间间隔内,有的云滴能获得两次增长的机会,有的只获一次,有的还保持不变。这个情况不仅说明了凝结增长过程的窄滴谱拓宽的机制,而且也能解释为何有少数云滴能因随机冲并而增长的比一般云滴要快得多。

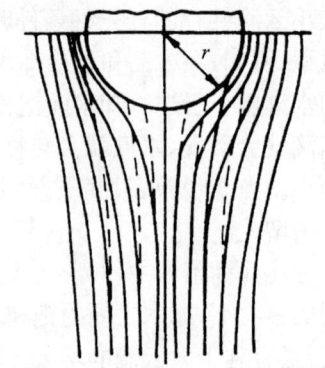

图 5.12 水滴的冲并
细实线表示气流;虚线为小水滴的轨迹线

此外由于云中分子的不规则运动、云中空气的湍流混合、云滴带有正负不同的电荷、流体吸力等原因,也可以引起云滴的相互冲并。

由于冲并作用,水滴不断增大,在空气中下降时就不再保持球形。开始下降时,底部平整,上部因表面张力而保持球形。当水滴继续增大,在空气中下降时,除受表面张力外,还要受到周围作用在水滴上的压力以及因重力引起的内部净压力差,二者均随水滴的增长及下降而不断增大。在三种力的作用下,水滴变形越来越剧烈,底部向内凹陷,形成一个空腔。空腔越变越大,越变越深,上部越变越薄,最后破碎成许多大小不同的水滴。破碎的水滴又被上升气流携带上升,并在上升气流中作为新一代的胚胎而增长,长大到上升气流支托不住时再次下降,在下降过程中继续增大,当大到临界半径后,再次破碎分裂而重复上述过程。云中的水滴增大→破碎→再增大→再破碎的循环往复过程,常用来解释暖云降水的形成,称之为**连锁反应**,有时也称为暖云的繁生机制。

产生"连锁反应"的条件是:上升气流要大于 6m/s(对于不同的水滴有不同的要求),云中含水量要大于 $2g/m^3$,同时还要求一定的云厚。当然"连锁反应"不会无限继续下去,因为强烈的上升气流无法持久,云的宏观条件和微观结构也在迅速改变。同时当大量雨滴下降时会抑制上升的气流,或带来下沉的气流。例如雷雨的情况,下一阵大雨之后,云体即崩溃消散。

上述两种云滴增大过程在云滴转化为降水的过程中始终存在。但观测表明,在云滴增长的初期,凝结(或凝华)增长为主,冲并为次。当云滴增长到一定阶段(一般直径达 50~70μm)后,凝结(或凝华)的过程退居次要地位,而以重力冲并为主。在低纬度地区,云中出现冰水共存的机会较少,形成所谓暖云(指整个云体的温度在 0℃以上,云体由水滴构成,又称为水成云)降水,这时冲并作用更为重要。总之,凝结(或凝华)增长和冲并增长两种过程是不可分割的。

5.4.2.2 降水的形成

根据云的组成成分,可把云分成三类,即水成云,冰成云和混合云。现分别讨论它们各自形成降水的过程及降水特点:

(1) **水成云形成的降水**:水成云即由水滴组成的云。水滴的温度可以在 0℃以上,也可以低于 0℃(即过冷水滴)。当云层稳定时,如层云、层积云和高积云等,因为云中的扰动小,对流弱,云滴增长主要靠凝结过程,所以一般不产生降水,即使形成降水,也多为均匀,持续的小雨或毛毛雨。而当云层不稳定时,如热带地区的浓积云,由于云中水汽含量丰富,空气对流旺盛,强烈的上升运动使水汽因降温而过饱和,在云中出现许多小云滴,它们受到凝结和冲并作用,有些变成了大雨滴;此外空气中常有大的吸湿性的凝结核存在,水汽在它们的表面凝结也可产生大水滴。当上升气流强度减弱时,大雨滴则因受重力作用便从云中降落而形成降雨,特别大的雨滴降落时会被气流冲散成许多小云滴,又随上升气流而上升,再凝结、冲并增长,发生连锁反应。热带的暴雨多系此种原因产生。

(2) **冰成云形成的降水**:冰成云是由冰晶组成的云。主要为卷云、卷层云和卷积云,有时也能有高层云,其特点是温度低,多在 -40℃以下,这时水汽能直接凝华成冰晶。当空气中水汽含量相同时,冰成云比水成云更易产生降水,这是因为冰面饱和水汽压小于水面饱和水汽压,有利于凝结过程的进行。此外,由于冰晶和雪花比同体积的水滴具有更大的横截面,下降途中有更多的机会和小云滴碰撞合并,加之其下降速度比雨滴小,在空中停留时间长,碰撞机会随之增加,这些又都利于冲并过程。

但是因冰成云的高度较高,因此水汽含量很少,云滴增长缺乏"原料",并且因为云高,下降过程长,倘若云下水汽含量较少,易被蒸发,而形成雪幡或雨幡。因此,冰成云除了在冬季或高原地区可能形成一些降水外,一般不会产生降水。

(3) **混合云形成的降水**:混合云即由水滴和冰晶组成的云,如积雨云和雨层云,其上部为冰晶,下部为过冷水滴或水滴。中纬地区尺度较大的雨滴、雪花以及霰、雹等降水,多由混合云所产生。混合云形成降水过程,是 20 世纪 30 年代首先由贝吉龙-芬得生(Bergeron-Findeisen)提出来的,为后来人工影响冷云降水的具体实施提供了实际途径。当较大的冰晶自云上部降落到有水滴存在的云体时,冰晶便处于过饱和状态,于是便形成由水滴向冰晶转移输送水汽的过程。这样使水滴缩小而冰晶增大形成雪花。雪花大小不一,下降速度不同,相互碰并而粘成雪花,雪片能在下降过程中捕获大量的小水滴,形成更大的雪片降落地面,这就是平常所说的降雪,雪片降落到高于 0℃的气层中,便溶化成雨。

霰是冰晶降落到有过冷水滴云层时,与过冷水滴相碰撞冻结而成,因为过冷水滴本身近于球形粘附在冰晶上,所以霰都近似球形。过冷水滴向冰晶上冻结得很快,往往留有空隙,所以霰呈不透明的白色。

雹是颗粒最大的固体降水,其直径小的为几毫米,大的可达几十毫米。发生在有强烈上升运动的积雨云中,由霰在云中继续增大而成。作为雹核的霰粒在下降过程中不断的有雪花粘附上去,也有过冷水滴冻结上去。当它下降到0℃的云区中时,表面将融化成水,周围的水汽也向上凝结,并有小水滴粘着上去,表面便形成透明的水层。当强的上升气流将它带至0℃以下的云区时,其表面便冻结成透明冰壳形成的雹块。雹块又因雪花粘附及过冷水滴在它表面碰撞冻结,形成一不透明的冰层。经过反复的升降,就使雹块的体积不断增大,并形成透明层与不透明层相间的结构。当上升气流支托不了其重量时,便降落到地面。

"69·5"严重冰雹灾害

1969年5月23日,陕西省关中平原中部,出现了一场历史上罕见的冰雹灾害。其冰雹路线之长,危害面积之大,造成损失之严重,均为少见。这场冰雹发生该日下午5时前后。冰雹开始起源于渭北的宜君县境,由北向南再向东南方向移动,途经铜川市、耀县、富平、三原、临潼、蓝田,直至商州市的黑龙口镇一带消失。冰雹移动路线全长约160km,沿冰雹路线波及宽度约5km左右,波及范围约960km²,波及农田100余万亩①,且多是关中的农业高产区。

这场冰雹出现时,其特征是冰雹加大风、暴雨。群众称"三合一"式的灾害。最大的冰雹有核桃大,甚至有鸡蛋大,风力至少在8级以上。冰雹所经之处,乌鸦、麻雀等飞鸟被打死;村落、道旁的树叶被击烂、打落;三原、富平一带沿雹线几十千米的杨树,从树梢到树枝树杆的皮全被击烂、剥光、吹走,无皮的树木白花花一片,景似寒冬。不少村舍瓦被打烂。

这场冰雹发生时,正值关中冬小麦灌浆、乳熟之际,油菜接近成熟,棉花成苗期。油菜植株被冰雹捣烂、棉株叶子全被击落,冬小麦被击烂倒伏。三原、富平一带,受灾的冬小麦植株被冰雹捣烂后,连麦秆、麦穗全被大风吹走,暴雨冲走,整个麦田"一贫如洗",果树、蔬菜一无所收。该年仅三原县棉花损失了8000余亩。据统计,这场冰雹灾害、使整个雹区共50余万亩麦田受灾,使该年丰收在望的冬小麦,丰产没有丰收,合计共损失小麦1亿余公斤。

打雷和闪电

当天空乌云密布,雷雨云迅猛发展时,突然一道夺目的闪光划破长空,接着传来震耳欲聋的巨响,这就是闪电和打雷,亦称为雷电。雷属于大气声学现象,是大气中小区域强烈爆炸产生的冲击波形成的声波,而闪电则是大气中发生的火花放电现象。

闪电通常是在有雷雨云时出现,偶尔也在雷暴、雨层云、尘暴、火山爆发时出现。闪电的最常见形式是线状闪电,偶尔也可出现带状、球状、串珠状、枝状、箭状闪电等等。线状闪电可在云内、云与云间、云与地面间产生,其中云内、云与云间闪电占大部分,而云与地面间的闪电仅占六分之一,但其对人类危害最大。

闪电的成因

雷暴时的大气电场与晴天时有明显的差异,产生这种差异的原因,是雷雨云中有电荷的累积并形成雷雨云的极性,由此产生闪电而造成大气电场的巨大变化。云的起电机制主要有如下两种:

---

① 1亩=666.6m²,下同。

第五章　大气中的水分

1. 对流云初始阶段的"离子流"假说

大气中总是存在着大量的正离子和负离子,在云中的水滴上,电荷分布是不均匀的:最外边的分子带负电,里层带正电,内层与外层的电位差约高 0.25V。为了平衡这个电位差,水滴必须"优先"吸收大气中的负离子,这样就使水滴逐渐带上了负电荷。当对流发展开始时,较轻的正离子逐渐被上升气流带到云的上部;而带负电的云滴因为比较重,就留在下部,造成了正负电荷的分离。

2. 冷云的电荷积累

当对流发展到一定阶段,云体伸入 0℃ 层以上的高度后,云中就有了过冷水滴、霰粒和冰晶等。这种由不同相态的水汽凝结物组成且温度低于 0℃ 的云,叫冷云。冷云的电荷形成和积累过程有如下几种:

① 冰晶与霰粒的摩擦碰撞起电。霰粒是由冻结水滴组成的,呈白色或乳白色,结构比较松脆。由于经常有过冷水滴与它撞冻并释放出潜热,故它的温度一般要比冰晶来得高。在冰晶中含有一定量的自由离子(OH^- 或 OH^+),离子数随温度升高而增多。由于霰粒与冰晶接触部分存在着温差,高温端的自由离子必然要多于低温端,因而离子必然从高温端向低温端迁移。离子迁移时,较轻的带正电的氢离子速度较快,而带负电的较重的氢氧离子(OH^-)则较慢。因此,在一定时间内就出现了冷端 H^+ 离子过剩的现象,造成了高温端为负,低温端为正的电极化。当冰晶与霰粒接触后又分离时,温度较高的霰粒就带上负电,而温度较低的冰晶则带正电。在重力和上升气流的作用下,较轻的带正电的冰晶集中到云的上部,较重的带负电的霰粒则停留在云的下部,因而造成了冷云的上部带正电而下部带负电。

② 过冷水滴在霰粒上撞冻起电。在云层中有许多水滴在温度低于 0℃ 时仍不冻结,这种水滴叫过冷水滴。过冷水滴是不稳定的,只要它们被轻轻地震动一下,马上就会冻结成冰粒。当过冷水滴与霰粒碰撞时,会立即冻结,这叫撞冻。当发生撞冻时,过冷水滴的外部立即冻成冰壳,但它内部仍暂时保持着液态,并且由于外部冻结释放的潜热传到内部,其内部液态过冷水的温度比外面的冰壳来得高。温度的差异使得冻结的过冷水滴外部带正电,内部带负电。当内部也发生冻结时,水滴就膨胀分裂,外表皮破裂成许多带正电的小冰屑,随气流飞到云的上部,带负电的冻滴核心部分则附在较重的霰粒上,使霰粒带电并停留在云的中、下部。

③ 水滴因含有稀薄的盐分而起电。除了上述冷云的两种起电机制外,还有人提出了由于大气中的水滴含有稀薄的盐分而产生的起电机制。当云滴冻结时,冰的晶格中可以容纳负的氯离子(Cl^-),却排斥正的钠离子(Na^+)。因此,水滴已冻结的部分就带负电,而未冻结的外表面则带正电。由水滴冻结而成的霰粒在下落过程中,摔掉表面还来不及冻结的水分,形成许多带正电的小云滴,而已冻结的核心部分则带负电。由于重力和气流的分选作用,带正电的小滴被带到云的上部,而带负电的霰粒则停留在云的中、下部。

④ 暖云的电荷积累。在热带地区,有一些云整个云体都位于 0℃ 以上区域,因而只含有水滴而没有固态粒子,这种云叫做暖云或"水云"。暖云也会出现雷电现象。在中纬度地区的雷暴云,云体位于 0℃ 等温线以下的部分,就是云的暖区。在云的暖区里也有起电过程发生。

在雷雨云的发展过程中,上述各种机制在不同发展阶段可能分别起作用。但是,最主要的起电机制还是由于水滴冻结造成的。大量观测事实表明,只有当云顶呈现纤维状丝缕结构时,云才发展成雷雨云。飞机观测也发现,雷雨云中存在以冰、雪晶和霰粒为主的大量云粒子,而且大量电荷的累积即雷雨云迅猛的起电机制,必须依靠霰粒生长过程中的碰撞、撞冻和摩擦等才能发生。

总结与提要

大气中的水汽饱和或过饱和,以及有凝结核时,水分便凝结为各种固体或液体颗粒,形成变幻多彩的云、雾、雨、霜等气象现象和景观。本章的主线是蒸发和凝结,饱和水汽压的概念是理解蒸发凝结过程的重要基础。

(1)蒸发与凝结在一定条件下相互转化,转化的条件是当时实际水汽压与饱和水汽压的差异;当 $e<E$ 时蒸发;$e>E$ 时凝结。饱和水汽压与蒸发面温度、性质、形状等有关。其中受温度变化的影响是最主要的。两种蒸发面共存时,饱和水汽压大的蒸发,饱和水汽压小的凝结。

(2)地面附近的凝结形成霜、露、雾凇、雨凇。这些凝结物形成的条件是:空气达到饱和。霜和露的成因主要是地面辐射冷却和平流冷却。雾凇或雨凇在较冷时冻结(或凝华)在地面突出物表面(树枝、电线等),造成一定的灾害,同时也形成美丽的景观。

(3)大气中的凝结物包括雾、云、雨。在大气中凝结物产生的条件有二:空气达到饱和或过冷却;有凝结核。雾和云的不同主要表现在雾是悬浮在近地面气层中的水滴(或冰晶),云是飘浮于空中(不连接地面)的水滴(或冰晶)。雾和云的形成原因也截然不同,雾多是由辐射冷却和平流冷却(非绝热冷却)造成的,云则主要由绝热冷却(空气上升运动)造成。雾的产生条件是大气层结稳定;而云则更容易形成于不稳定的条件下。

(4)云分为3族11属29类。按云底高度,可分为高云、中云和低云。不同的上升运动形成不同形态特点的云:积状云、层状云、波状云。雨层云产生连续性降水,积雨云产生阵性降水。

(5)云滴增大为雨滴的物理过程有凝结增长和冲并增长。云中的水滴(冰晶)若增大到上升气流托不住时,便形成降水(雨、雪、雹等)。

(6)冰晶与过冷却水滴共存时的冰晶效应是混合云云滴凝结增长进而形成降水的重要机制。大小云滴共存是水成云云滴凝结增长进而形成降水的重要机制。

复习思考题

1. 饱和水汽压的大小决定于哪些因素?它们如何影响饱和水汽压?
2. 大气中水汽凝结的条件是什么?达到凝结的途径通常有哪些?
3. 霜和露是如何形成的?说明其形成的有利天气条件和区域。
4. 雾可以分为哪几种?试区分辐射雾和平流雾的形成条件、特征和产生区域的不同点。
5. 根据上升运动的特点,云可分为哪几类?了解各类云的主要特征。各类云与什么样的降水相联系?
6. 简要说明云滴增长为雨滴的物理过程。
7. 解释名词:潜热、辐射雾、平流雾、霜与霜冻、冰晶效应。

第六章 气压变化和大气的水平运动

大气时刻不停地运动着,运动的形式和规模复杂多样。既有水平运动,也有垂直运动;既有规模很大的全球性运动,也有尺度很小的局地性运动。大气的运动使不同地区、不同高度间的热量和水分得以传输和交换,使不同性质的空气得以相互接近、相互作用,直接影响天气、气候的形成和演变。

大气水平运动的产生和变化直接取决于大气压强的空间分布和变化。因而,研究大气运动常常从气压的时空分布和变化入手。

§6.1 气压的变化

6.1.1 气压随高度的变化

一个地方的气压值经常有变化,变化的根本原因是其上空大气柱中空气质量的增多或减少。大气柱质量的增减又往往是大气柱厚度和密度改变的反映。当气柱增厚、密度增大时,则空气质量增多,气压就升高。反之,气压则减小。因而,任何地方的气压值总是随着海拔高度的增加而递减。确定空气密度大小与气压随高度变化的定量关系,一般是应用静力学方程。

6.1.1.1 静力学方程

假设大气相对于地面处于静止状态,则某一点的气压值等于该点单位面积上所承受铅直气柱的重量,见图 6.1。在大气柱中截取面积为 $1cm^2$,厚度为 Δz 的薄气柱。设高度 z_1 处的气压为 p_1,高度 z_2 处的气压为 p_2,空气密度为 ρ,重力加速度为 g。在静力平衡条件下,z_1 面上的气压 p_1 和 z_2 面上的气压 p_2 间的气压差应等于这两个高度面间的薄气柱质量,即

$$p_2 - p_1 = -\Delta p = -\rho g(z_2 - z_1) = -\rho g \Delta z$$

式中负号表示随高度增加,气压降低。若 Δz 趋于无限小,则上式可写成

$$-dp = \rho g dz \quad (6.1)$$

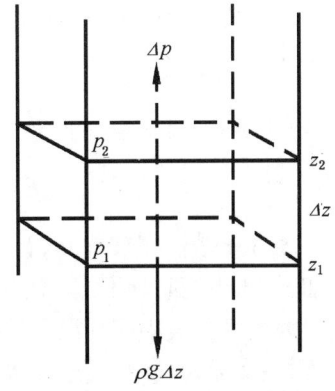

图 6.1 空气静力平衡图

上式是气象上应用的**大气静力学方程**。方程说明：气压随高度递减的快慢取决于空气密度（ρ）和重力加速度（g）的变化。重力加速度（g）随高度的变化量一般很小，因而气压随高度递减的快慢主要取决于空气的密度。在密度大的气层里，气压随高度递减得快，反之则递减得慢。实践证明，静力学方程虽是静止大气的理论方程，但除在有强烈的对流运动的局部地区外，其误差仅有1%，因而得到广泛应用。

通常，大气总是处于静力平衡状态，当气层不太厚和要求精度不太高时，(6.1)式可以用来粗略地估算气压与高度间的定量关系，或者用于将地面气压订正为海平面气压。如果研究的气层高度变化范围很大，气柱中上下层温度、密度变化显著时，该式就难以直接运用，需采用适合于较大范围气压随高度变化的关系式，即压高方程。

6.1.1.2 气压垂直梯度和单位气压高度差

在实际计算时，如果气层较薄，要求的精度不高，可以用气压梯度或单位气压高度差来表示气压随高度变化的特征。

将(6.1)式变换成

$$-\frac{dp}{dz} = \rho g$$

将状态方程 $\rho = \dfrac{p}{R_d T}$ 代入，得

$$G_z = -\frac{dp}{dz} = \frac{g}{R_d} \cdot \frac{p}{T} \tag{6.2}$$

$G_z = -\dfrac{dp}{dz}$ 称为**铅直气压梯度**或**单位高度气压差**，它表示每升高1个单位高度所降低的的气压值。当气温不变时，垂直气压梯度 G_z 随气压的增大而增大；当气压不变时，G_z 随气温的升高而减小。这是因为气压高或温度低时，空气密度大，因此同样厚的单位面积空气柱的质量和重量比气压低或温度高时的大。

实际工作中还经常引用**单位气压高度差**（h），也称为**气压阶**，它表示在铅直气柱中气压每改变一个单位所对应的高度变化值。显然它是铅直气压梯度的倒数，即

$$h = -\frac{dz}{dp} = \frac{R_d \cdot T}{pg} \tag{6.3}$$

(6.3)式中 R_d 为干空气的比气体常数。将 R_d 和 g 值代入，并将 T 换成摄氏温标 t，则得

$$h \approx \frac{8000}{p}\left(1 + \frac{t}{273}\right) \quad \text{(m/hPa)} \tag{6.4}$$

表6.1是根据(6.4)式计算出的不同气温和气压下的 h 值。由(6.4)式和表(6.1)可知，气压不变时，h 值随气温的升高而增大；气温不变时，h 值随气压的减小而增大。这是因为当气压减小或气温升高时，空气柱的密度减小，这一段空气柱也随之拉长，反之缩短。在实际大气中，气压在水平方向变化较小，而温度在水平方向变化较大，故在水平方向上，温度是影响单位气压高度差的主要因素。空气温度越高，密度越小，单位气压高

度差越大。在垂直方向上，由于气压变化很大，虽然温度也有变化，但其作用没有气压的作用大，因此气压是影响单位气压高度差的主要因素。愈到高空，空气密度愈小，单位气压高度差愈大。

表 6.1 不同温度和气压条件下的 h 值(m/hPa)

p (hPa)	t (℃)				
	−40	−20	0	20	40
1000	6.7	7.4	8.0	8.6	9.3
500	13.4	14.7	16.0	17.3	18.6
100	67.2	73.6	80.0	86.4	92.8

6.1.1.3 压高方程

为了精确地获得气压与高度的对应关系，通常将静力学方程从气层底部到顶部进行积分，即得出压高方程

$$\int_{p_1}^{p_2} \mathrm{d}p = -\int_{z_1}^{z_2} \rho g \mathrm{d}z \tag{6.5}$$

(6.5)式中，p_1 和 p_2 分别是高度 z_1 和 z_2 的气压值。该式表示任意两个高度上的气压差等于两个高度间单位截面积空气柱的重量。用状态方程替换式中的 ρ，得

$$\int_{p_1}^{p_2} \frac{\mathrm{d}p}{p} = -\int_{z_1}^{z_2} \frac{g}{RT} \mathrm{d}z$$

$$\ln \frac{p_2}{p_1} = -\int_{z_1}^{z_2} \frac{g}{RT} \mathrm{d}z \tag{6.6}$$

$$p_2 = p_1 \mathrm{e}^{-\int_{z_1}^{z_2} \frac{g}{RT} \mathrm{d}z}$$

(6.6)式是通用的压高方程。它表示：气压是随高度的增加按指数规律递减的。

利用(6.6)式原则上可以进行气压和高度间的换算，但直接计算还比较困难。因为在公式中指数上的子式中，g 和 T 都随高度而有变化，而且 ρ 因不同高度上空气组成的差异也会随高度而变化，进行积分是困难的。为了方便实际应用，需要对方程作某些特定假设。比如忽略重力加速度的变化和水汽影响，并假定气温不随高度发生变化，此条件下的压高方程，称为等温大气压高方程。在等温大气中(6.6)式中的 T 可视为常数，于是得 $p_2 = p_1 \mathrm{e}^{-\frac{g(z_2-z_1)}{RT}}$，或写成

$$\ln \frac{p_2}{p_1} = -\frac{g}{RT}(z_2 - z_1)$$

$$(z_2 - z_1) = \frac{RT}{g} \ln \frac{p_1}{p_2} \tag{6.7}$$

(6.7)式中负号取消是因为将 p_1 和 p_2 的位置上下调换。从(6.7)式中可以看出，等温大气中，气压随高度是按指数规律递减的，将 T 换成 t，自然对数换成常用对数，并将 g 和 R 代入，则(6.7)式变成气象上常用的**等温大气压高方程：**

$$z_2 - z_1 = 18400\left(1 + \frac{t}{273}\right)\log\frac{p_1}{p_2} \tag{6.8}$$

实际大气并非等温大气,所以应用(6.8)式计算实际大气的厚度和高度时,必须将大气划分为许多薄层,求出每个薄层的 t_m,然后分别计算各薄层的厚度,最后把各薄层的厚度求和便是实际大气的厚度。

(6.8)式中把重力加速度 g 当成常数,实际上 g 随高度和纬度而变化,要求得精确的值,还必须对 g 作纬度和高度的订正。一般说,在大气低层 g 随高度的变化不大,但将此式应用到 100km 以上的高层大气时,就必须考虑 g 的变化。此外,(6.8)式是把大气当成干空气处理的,但当空气中水汽含量较多时,就必须用虚温代替式中的气温。

压高方程中四个变量 $p_1, p_2, (z_2 - z_1)$ 和 t,如果已知三个,就可以求出第四个来,因此压高方程可用于以下几方面:

①根据不同高度上的气压差和气柱的平均温度,求这两处之间的高度差。飞机上的高度表就是利用此原理制成的。

②根据某高度的气压值和气柱的平均温度,推算另一高度上的气压值。气象台站测得的气压是本站气压,根据本站气压、该站的海拔高度和气柱的平均温度,可以推算海平面气压。

③由不同高度上的气压,求两高度之间气柱的平均温度。

6.1.2 气压随时间的变化

6.1.2.1 气压变化的原因

某地气压的变化,实质上是该地上空空气柱重量增加或减少的反映,而空气柱的重量是其质量和重力加速度的乘积。重力加速度通常可以看作是定值,因而一地的气压变化就取决于其上空气柱中质量的变化,气柱中质量增加了,气压就升高。质量减少了,气压就下降。空气柱质量的变化主要是由热力和动力因子引起。热力因子是指温度的升高或降低引起的空气体积膨胀或收缩,从而使密度发生变化。动力因子是指大气运动所引起的气柱质量的变化以及伴随的气流辐合和辐散所造成的。根据空气运动的状况可归纳为下列三种情况:

(1)**水平气流的辐合与辐散**:空气运动的方向和速度常不一致。有时运动的方向相同而速度不同,有时速度相同而方向各异,也有时运动的方向、速度都不相同。这样可能引起空气质量在某些区域堆积,而在另一些区域流散。图 6.2(a)和(c)表示各点的空气都背着同一点或同一线散开,而且前面空气运动快,后面的运动速度慢,显然这个区域里的空气质点会逐渐向周围流散,引起气压降低,这种现象称为水平气流辐散。相反,图 6.2(b)和(d)表示各点空气向着同一点或同一线聚集,而且前面空气质点运动速度慢,后面运动速度快,结果这个区域里空气质点会逐渐聚集起来,引起气压升高,这种现象称水平气流辐合。实际大气中空气质点水平辐合、辐散的分布比较复杂,有时下层辐合,上层辐散,有时下层辐散,上层辐合。在大多数情况下,上下层的辐散、辐合交互重叠非常复杂。因而某一地点气压的变化要依整个气柱中是辐合占优势还是辐散占优势而定。

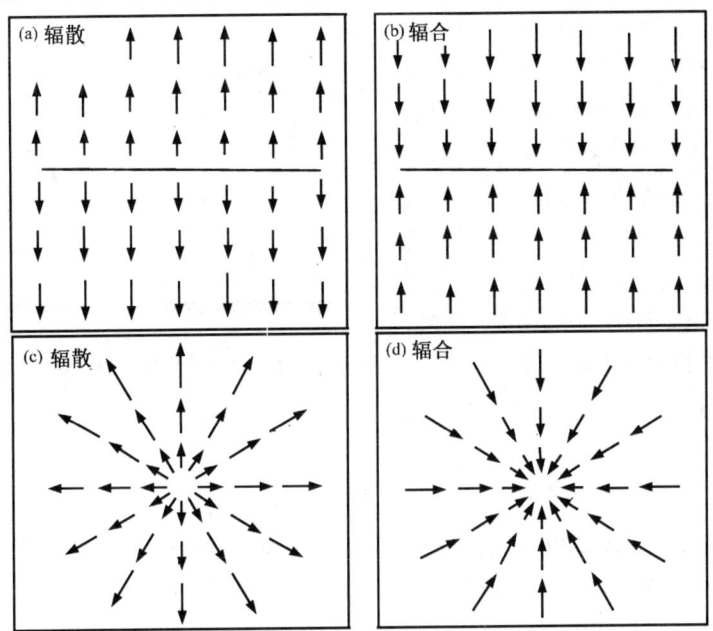

图 6.2 水平气流的辐散和辐合
箭头方向表示空气质点运动方向;箭头长度表示空气质点运动快慢

(2) **不同密度气团的移动**:不同性质的气团,密度往往不同。如果移到某地的气团比原来气团密度大,则该地上空气柱中质量会增多,气压随之升高。反之该地气压就要降低。不同密度气团的移动即冷暖平流,冷平流使该地的气压升高,暖平流使该地的气压降低。例如冬季大范围强冷空气南下,流经之地空气密度相继增大,地面气压随之明显上升。夏季时暖湿气流北上,引起流经之处空气密度减小,地面气压下降。

(3) **空气垂直运动**:当空气有垂直运动而气柱内空气没有外流时,气柱中空气总质量没有改变,因此地面气压不会发生变化。但气柱中空气的上下传输,可造成气柱中某一层次空气质量改变,从而引起气压变化。图 6.3 中位于 A,B,C 三地上空某一高度上 a,b,c 三点的气压,在空气没有垂直运动时应是

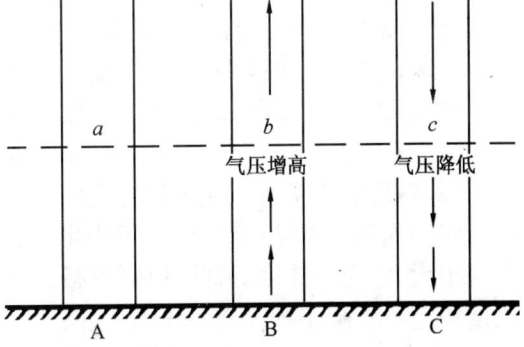

图 6.3 空气垂直运动和气压变化的关系

相等的。而当B地有上升运动时,空气质量由低层向上输送,b点因其上空气柱中质量增多而气压升高。C地有空气下沉运动,空气质量由上层向下层输送,C点因其上空气柱中质量减少而气压降低。由于近地层空气垂直运动通常比较微弱,以致空气垂直运动对近地层气压变化的影响也较微小,可略而不计。

实际大气中气压变化并不由单一情况决定,而往往是几种情况综合作用的结果,而且这些情况之间又是相互联系、相互制约、相互补偿。如图6.4所示。上层有水平气流辐合、下层有水平气流辐散的区域必然会有空气从上层向下层补偿,从而出现空气的下沉运动。反之,则会出现空气的上升运动。同理,在有空气垂直运动的区域也会在上层和下层出现水平气流的辐合和辐散。

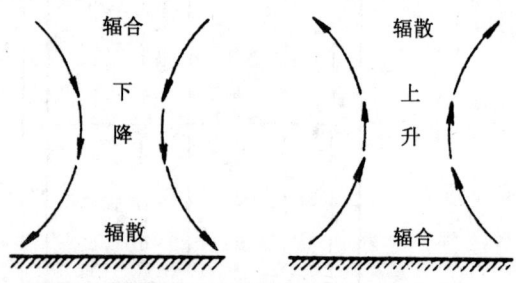

图 6.4　水平气流的辐合、辐散和垂直运动的相互关系

6.1.2.2　气压的时间变化

气压有周期性变化和非周期性变化。气压的周期性变化是指气压随时间变化的曲线呈现出有规律的周期性波动,明显的是以日为周期和以年为周期的波动。气压的非周期性变化指不规则气压变化。

(1) **气压的日变化**:地面气压的日变化有单峰、双峰和三峰等型式,其中以双峰型最为普遍,其特点是一天中有一个最高值、一个次高值和一个最低值、一个次低值(图6.5)。一般是清晨气压上升,09~10时出现最高值,以后气压下降,到15~16时出现最低值,此后又逐渐升高,到21~22时出现次高值,以后再度下降,到次日03~04时出现次低值。气压日变化的振幅同气温一样随海陆、季节和地形而有区别,表现出陆地大于海洋、夏季大于冬季、山谷大于平原。如热带地区气压日变化最为明显,日较差可达3~5hPa。随着纬度的增高,气压日较差逐渐减小,到纬度50°处日较差已减至不到1hPa。

(2) **气压的年变化**:气压年变化是以一年为周期的波动,受气温的年变化影响很大,因而与纬度、海陆性质、海拔高度等地理因素有关,见图6.6。在大陆上,一年中气压最高值出现在冬季,最低值出现在夏季,气压年变化很大,并由低

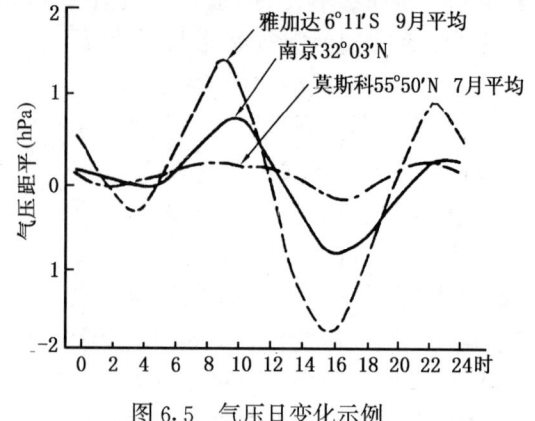

图 6.5　气压日变化示例

纬向高纬逐渐增大。海洋上一年中气压最高值出现在夏季,最低值出现在冬季,年较差小于同纬度的陆地。高山区一年中气压最高值出现在夏季,是空气受热,气柱膨胀、上升,质量增加所致,而最低值出现在冬季,是空气受冷,气柱收缩、空气下沉、高山上空气质量减少的结果。

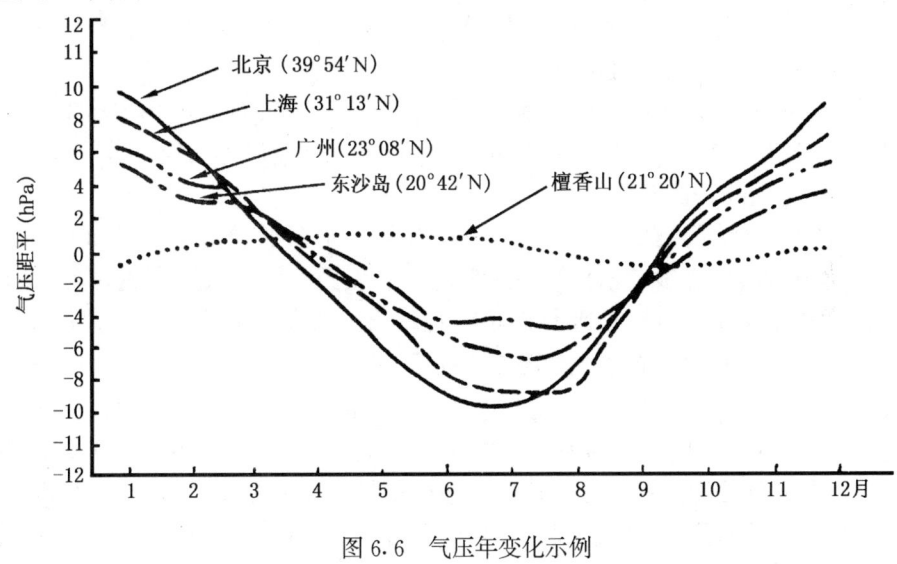

图 6.6 气压年变化示例

(3) **气压的非周期性变化**:气压的非周期性变化是指气压变化不存在固定周期的波动,它是气压系统移动和演变的结果。通常在中高纬度地区气压系统活动频繁,气团属性差异大,气压非周期性变化远较低纬度明显。如以 24h 气压的变化量来比较,高纬度地区可达 10hPa,低纬度地区因气团属性比较接近,气压的非周期性变化很小,一般只有 1hPa。一个地方的地面气压变化总是既包含周期变化,又包括非周期变化,只是在中高纬度地区气压的非周期变化比周期性变化明显得多,因而气压变化多带有非周期性特征。在低纬度地区气压的非周期性变化比周期性变化弱小的多,因而气压变化的周期性比较显著。

§6.2 气压场

气压的空间分布称为**气压场**,由于各地气柱的质量不相同,气压的空间分布也不均匀,有的地方气压高,有的地方气压低,气压场呈现出各种不同的气压形势,这些不同的气压形势统称**气压系统**。

6.2.1 等压线和等压面

气压的水平分布形势通常用等压线或等压面来表示。**等压线**是同一水平面上各气压相等点的连线。等压线系按一定的气压间隔(如2.5hPa或5hPa)绘出,构成一张气压水平分布图。若绘制的是海平面的等压线,就是一张海平面气压分布图。等压线的形状和疏密程度反映着水平方向上气压的分布形势。

空间气压相等的各点组成的面,称为**等压面**。由于同一高度上各地气压不可能是一样的,所以等压面不是一个水平面,而是像地形一样的起伏不平的面。用来表示等压面的起伏形势的图,称为**等压面形势图**。

等压面的起伏形势,可以采用绘制等高线方法表示出来:即将同一时间的等压面上各站所在的高度值填在图上,然后连接高度相等的各点绘制出等高线,从等高线的分布就可以看出等压面的起伏形势。

如图 6.7 中,p 为等压面,$H_1, H_2, \cdots, H_5$ 为高度间隔相等的若干水平面,它们分别和等压面相截(截线以虚线表示),因每条截线都在等压面 p 上,故所有截线上各点的气压值均等于 p,将这些截面投影到水平面上,便得出 p 等压面上的高度分别为 $H_1, H_2, \cdots, H_5$ 的许多等高线,其分布情况如图 6.7 的下方所示。由此可见,在投影的水平面上,和等压面凸起部位相对应的是一组闭合等高线构成的高值区,高度值由中心向外递减;和等压面下凹部位对应的是一组闭合等高线构成的低值区,高度值由中心向外递增。等高线的疏密同等压面的陡缓是相对应的。等压面陡的地方如图中 A 和 B 处相对应的 A′ 和 B′ 处的等高线密集,等压面平缓的地方,如图中 C 和 D 处相对应的 C′ 和 D′ 处等高线比较稀疏。

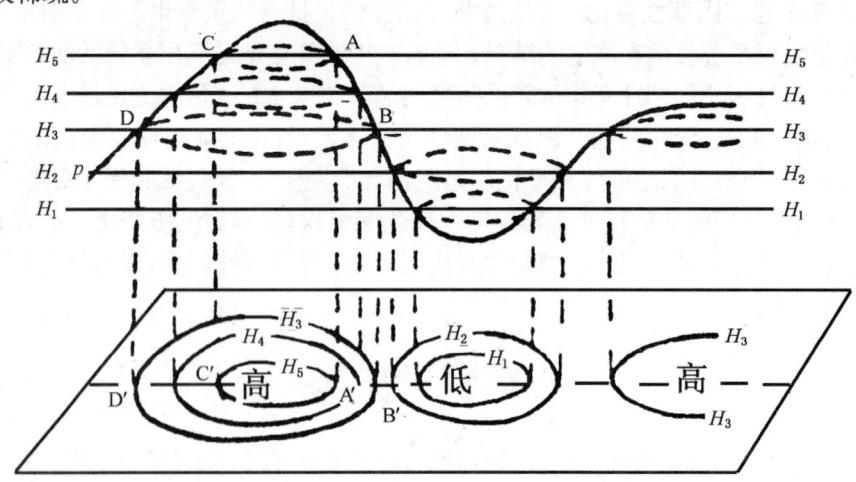

图 6.7 等压面和等高线的关系

分析等压面形势图,目的是了解空间气压场的情况。因为等压面的起伏不平现象实际上反映了等压面附近的水平面上气压分布的高低。例如图 6.8 中有一组值为 680hPa,690hPa,700hPa,710hPa 的等压面和高度为 H 的水平面。由于气压总是随高度降低的,所以气压值小的等压面总是在上面,680hPa 等压面在最上面,710hPa 的等压面在最下面。而高度为 H 的水平面上 A 点处的气压最高为 710hPa,B 点处的气压最低为 690hPa,所以 700hPa 等压面必然在 A 点的上方,在 B 点下方,即

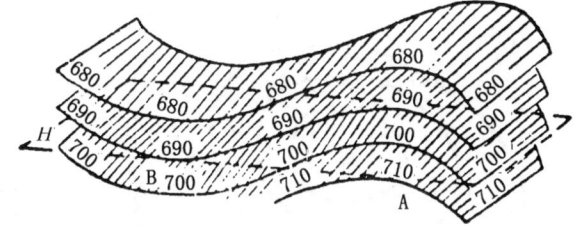

图 6.8 等压面的起伏与等高面上气压分布的关系

700hPa 等压面在 A 点上空是凸起的,在 B 点是凹下的。由此可知,同高度上气压比四周高的地方,等压面的高度也较四周为高,表现为向上凸起。而且气压高得多,等压面凸得越厉害(如 A 点处)。同高度上气压比四周低的地方,等压面的高度也较四周为低,表现为下凹,而且气压愈低,等压面向下凹的愈厉害。因此,通过等压面上的等高线的分布,就可以知道等压面附近气压场的情况,等高线数值高的地方气压高,等高线数值低的地方气压低,等高线密集的地方表示气压水平梯度大。

气象上采用**位势高度**代替几何高度。几何高度即通常用米或千米表示的高度。空间某一点的位势高度是将单位质量物体从海平面(位势取为零)抬高到空间某高度克服重力所作的功,此功又称为重力位势。位势高度的单位为 gpm(位势米)。从几何米换算成位势米的公式为

$$H = \frac{g_\varphi}{9.8} Z \tag{6.9}$$

式中 H 为位势高度;g_φ 为纬度 φ 处的重力加速度;Z 为几何高度。

实际上位势米与几何米在数值上的差别是很小的,即 1gpm 近似等于 1m。但两者物理意义完全不同,位势米是表示能量的单位,几何米是表示几何高度的单位。由于大气是在地球重力场中运动着,时刻受到重力的作用,因此用位势米来表示不同高度气块所具有的位能,显然比用几何高度要好。

气象台日常工作所分析的等压面图有 850hPa,700hPa,500hPa 以及 300hPa,200hPa,100hPa 等,它们分别代表 1500m,3000m,5500m 和 9000m,12000m,16000m 高度附近的水平气压场。海平面气压场一般用等高面图(零等高面)来分析,必要时也用 1000hPa 等压面图来代替。

6.2.2 气压场的基本形式

6.2.2.1 低空气压场的基本形式

低空气压水平分布的类型,一般从海平面图上等压线的分布特征来确定。

(1)**高气压**:高气压简称**高压**,由闭合等压线构成,中心的气压比四周高,海平面等压线分布见图 6.9(a)。其空间等压面向上凸起,形如山丘,其空间结构见图 6.9(b)。

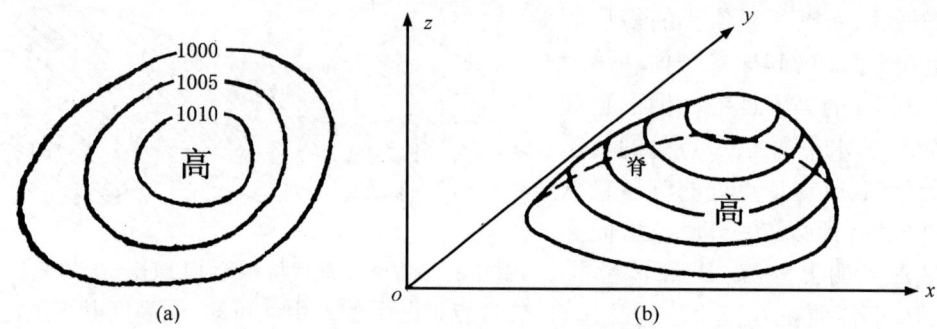

图 6.9　高压及高压的空间等压面

(2) **高压脊**：从高压延伸出来的狭长区域，叫**高压脊**，或简称**脊**。一组未闭合的等压线向较低的一方突出的部分，也叫作高压脊，如图 6.10 所示。高压脊附近的空间等压面形如山脊。高压脊中各条等压线曲率最大处的连线，称为脊线。脊线上的气压值比其两侧都高。

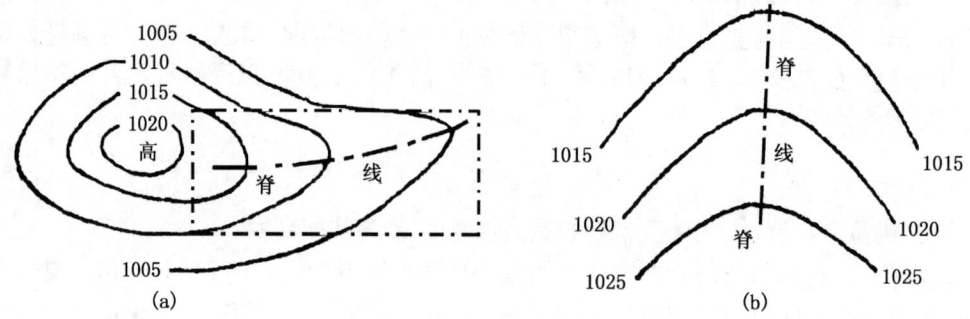

图 6.10　高压脊

(3) **低气压**：简称**低压**，由闭合等压线构成，中心的气压比四周低，如图 6.11(a) 所示。其空间等压面向下凹陷，形如盆地。其空间结构见图 6.11(b)。

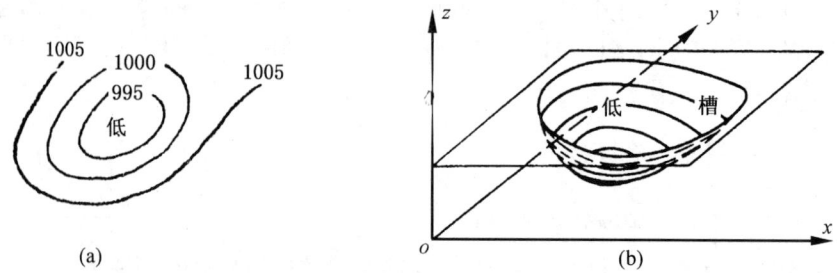

图 6.11　低压及低压的空间等压面图示

(4) **低压槽**：从低压延伸出来的狭长区域，叫**低压槽**。一组未闭合的等压线向气压较高的一方突出的部分，也叫低压槽(图6.12)。槽附近空间的等压面形如山谷，低压槽中各条等压线曲率最大处相连的线，称为槽线，槽线上的气压值比其两侧都低。

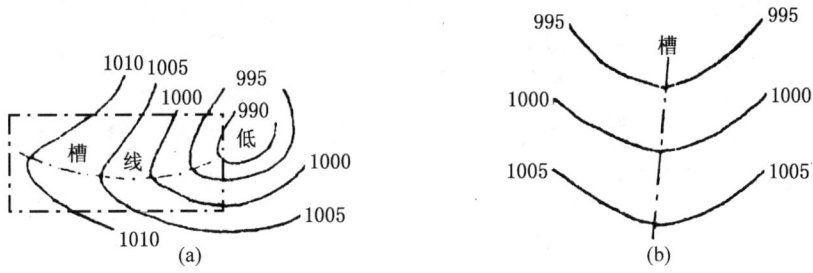

图 6.12 低压槽

(5) **鞍形气压场**：简称**鞍**，是两个高压与低压交错分布的中间区域。鞍形区空间的等压面形似马鞍(图6.13)。

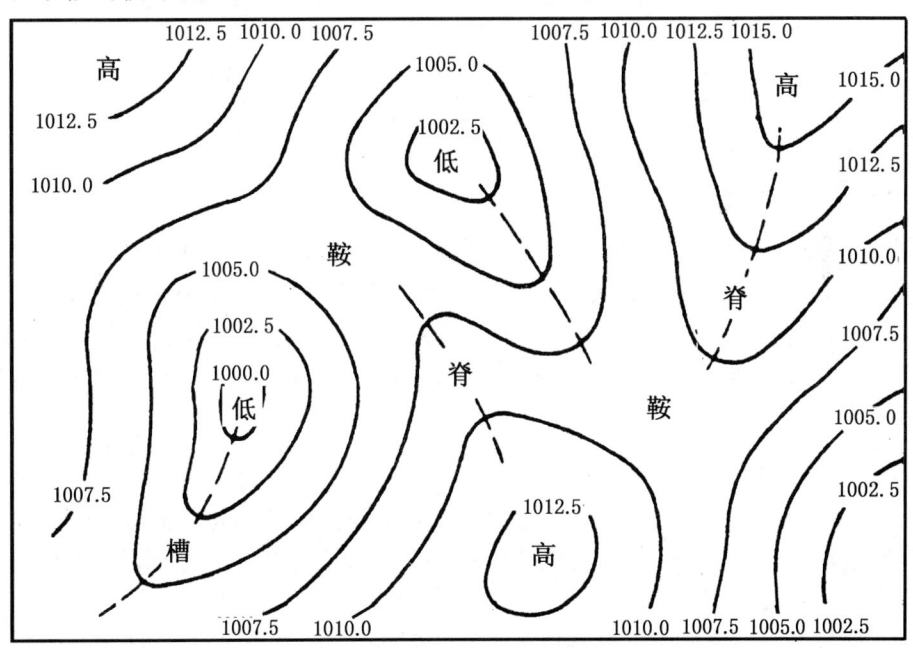

图 6.13 气压场的几种基本形式

以上几种气压水平分布形式统称气压系统。气压系统存在于三度空间中。

6.2.2.2 高空气压场的基本形式

由于愈向高空受地面影响愈小，因此高空气压系统比低空气压系统要相对简单，大多呈现出沿纬向的平直或波状等高线,有时也有闭合系统如切断低压、阻塞高压,如图6.14所示。

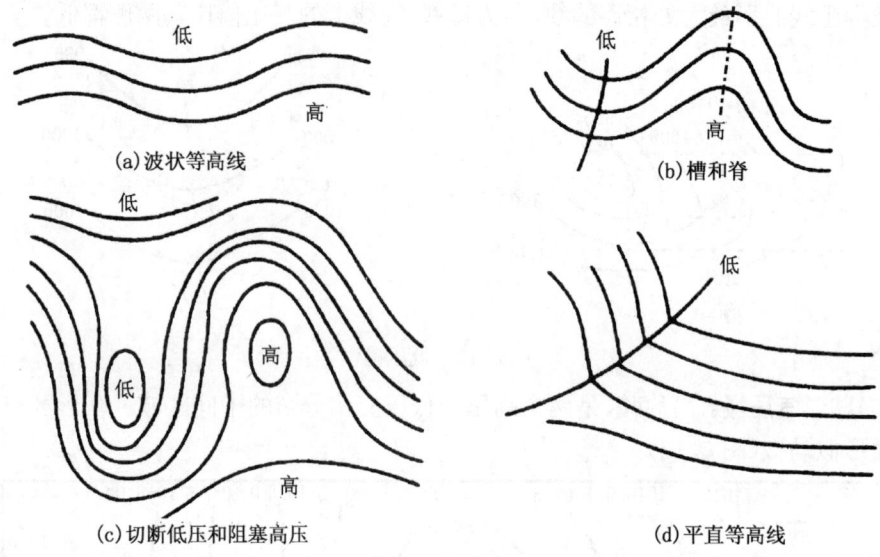

图6.14 常见的高空等高线形式

6.2.3 气压系统的空间结构

气压系统存在于三度空间中,在静力平衡下,气压系统随高度的变化同温度分布密切相关。因此气压系统的空间结构往往由于与温度场的不同配置状况而有差异。当温度场与气压场配置重合(温度场的高、低温中心分别与气压场的高、低压中心相重合)时,称气压系统是温压场对称。当温度场与气压场配置不重合时,称气压系统是温压场不对称。

6.2.3.1 温压场对称系统

由于温压场配置重合,所以该系统中水平面上等温线与等压线基本上平行。系统中包括暖性高压、冷性低压和暖性低压、冷性高压,如图6.15所示为不同温压场配置垂直剖面图示。

(1)**暖性高压**：**暖性高压**是高压中心区为暖区,四周为冷区,等压线和等温线基本平行,暖中心与高压中心基本重合的气压系统。由于暖区单位气压高度差大于周围冷区,因而高压的等压面凸起程度随高度增加不断增大,即高压的强度愈向高空愈强。

(2)**冷性低压**：**冷性低压**为低压中心区为冷区,四周为暖区,等温线与等压线基本平行,冷中心与低压中心基本重合的气压系统。因为冷区单位气压高度差小于周围暖区,因而冷低压的等压面凹陷程度随高度增加而增大,即冷低压的强度愈向高空愈强。

(3) **暖性低压**：**暖性低压**为低压中心为暖区,暖中心与低压中心基本重合的气压系统。由于暖区的单位气压高度差大于周围冷区,所以低压等压面凹陷程度随高度升高而逐渐减小,最后趋于消失。如果温压场结构不变,随高度继续增加暖低压就会变成暖高压系统。

(4) **冷性高压**：**冷性高压**为高压中心为冷区,冷中心与高压中心基本重合的气压系统。因为冷区单位气压高度差小于周围暖区,因而高压等压面的凸起程度随高度升高而不断减小,最后趋于消失。若温压场结构不变,随高度继续增加,冷高压会变成冷低压系统。

由上可见,暖性高压和冷性低压系统不仅存在于对流层低层,还可伸展到对流层高层,而且其气压强度随高度增加逐渐增强,这类系统称为**深厚系统**。而暖性低压和冷性高压系统主要存在于对流层低空,称为**浅薄系统**。

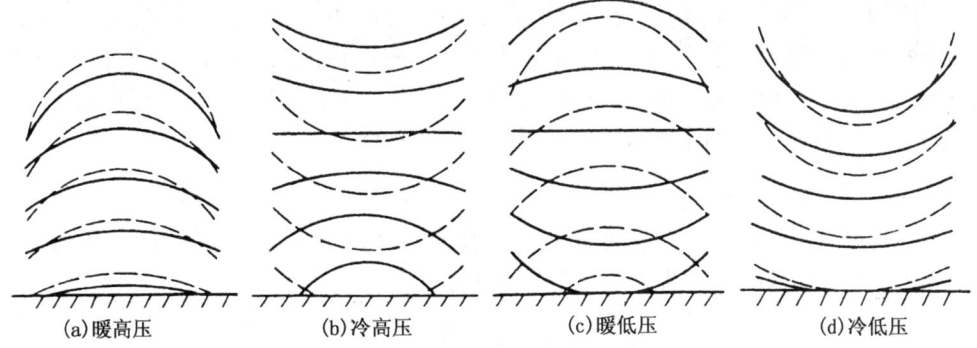

图 6.15　温压场对称系统(图中实线为等压线,虚线为等温线)

6.2.3.2　温压场不对称系统

是指地面的高低压系统中心同温度场冷暖中心配置不重合的系统。这种气压系统,中心轴线不是铅直的,而发生倾斜。地面低压中心轴线随高度升高不断向冷区倾斜,高压中心轴线随高度升高不断向暖区倾斜。北半球中高纬度的冷空气多从西北方向移来,因而低压中心轴线常常向西北方向倾斜,而高压的西南侧比较温暖,高压中心的轴线多向西南方向倾斜,如图 6.16 所示。

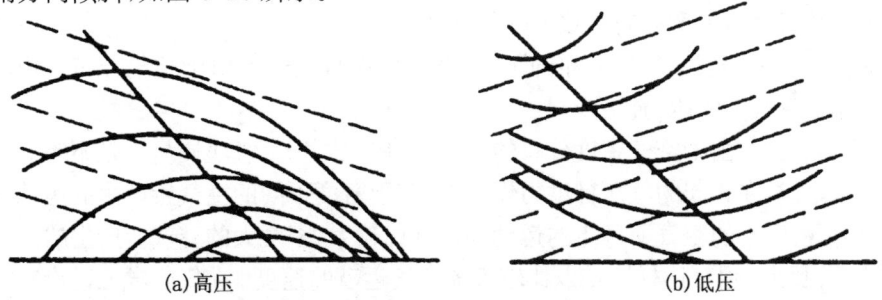

图 6.16　温压场不对称的高压与低压

大气中气压系统的温压场配置绝大多数是不对称的,对称系统是很少的,因而气压系统的中心轴线大多是倾斜的,系统的结构随高度发生改变。气压系统的温压场结构对于天气的形成和演变有着重要影响。

§6.3 大气的水平运动

大气运动经常满足静力学方程,基本上是准水平的。大气的水平运动对于大气中水分、热量的输送和天气、气候的形成、演变起着重要的作用。

6.3.1 作用于空气的力

空气的运动是在力的作用下产生的。作用于空气的力除重力之外,还有由于气压分布不均而产生的气压梯度力,由于地球自转而产生的地转偏向力,由于空气层之间、空气与地面之间存在相对运动而产生的摩擦力,由于空气作曲线运动产生的惯性离心力。这些力的水平分量之间的不同组合,构成了不同形式的大气水平运动。

6.3.1.1 气压梯度力

气压梯度是一个向量,它垂直于等压面,由高压指向低压,数值等于两等压面间的气压差(Δp)除以其间的垂直距离(ΔN),用下式表示:

$$G_N = -\frac{\Delta p}{\Delta N}$$

式中 G_N 为气压梯度。由于 ΔN 是从高压指向低压,Δp 为负值,故 $\frac{\Delta p}{\Delta N}$ 前加负号。

$\left(-\frac{\Delta p}{\Delta N}\right)$ 可以分解为**水平气压梯度**$\left(-\frac{\Delta p}{\Delta n}\right)$和**垂直气压梯度**$\left(-\frac{\Delta p}{\Delta z}\right)$。水平气压梯度的单位通常用百帕/赤道度表示。1°赤道度是赤道上相差1°的纬圈长度,其值约为111km。观测表明,水平气压梯度值很小,一般为1～3hPa/赤道度,而垂直气压梯度在大气低层可达0.1hPa/m左右,即相当于水平气压梯度的10000倍,因而气压梯度的方向几乎与垂直气压梯度方向一致,等压面近似水平。

气压梯度不仅表示气压分布的不均匀程度,而且还表示由于气压分布不均而作用在单位体积空气上的压力。

实际大气中,由于空气密度分布的不均匀,单位体积空气块质量也是不等的。根据牛顿第二定律,在相同的气压梯度力作用下,对于密度不同的空气所产生的运动加速度是不同的,密度小的空气所产生的运动加速度比较大,密度大的空气所产生的运动加速度比较小。因此,用气压梯度难以比较各地空气运动的速度。在气象学上讨论空气水平运动时,通常取单位质量的空气作为讨论对象,并把在气压梯度存在时,单位质量空气

所受的力称为**气压梯度力**,通常用 G 表示,即

$$G = -\frac{1}{\rho}\frac{\Delta p}{\Delta N} \tag{6.10}$$

式中 ρ 是空气密度,Δp 是两等压面间的气压差,ΔN 是两等压面间的垂直距离。气压梯度力的方向由高压指向低压,其大小与气压梯度 $-\Delta p$ 成正比,与空气密度 ρ 成反比。气压梯度力可以分解为水平气压梯度力(G_n)和垂直气压梯度力(G_z),即:

$$\begin{aligned}G_n &= -\frac{1}{\rho}\frac{\partial p}{\partial n}\\ G_z &= -\frac{1}{\rho}\frac{\partial p}{\partial z}\end{aligned} \tag{6.11}$$

在大气中气压梯度力垂直分量比水平分量大的多,但是重力与 G_z 始终处于平衡状态,因而在垂直方向上一般不会造成强大的垂直加速度。而水平气压梯度力虽小,由于没有其它实质力与它相平衡,在一定条件下却能造成较大的空气水平运动。

通常,在同一水平面上,空气密度随时间、地点变化不很明显,因此水平气压梯度力的大小主要由 $\left(-\dfrac{\partial p}{\partial n}\right)$ 所决定。只有当两个高度相差甚大的水平气压梯度力相比较时,ρ 的差异才需要考虑。实际大气中经常出现的数据是:$\rho = 1.3 \times 10^{-3}\text{g/cm}^3$,$-\dfrac{\Delta p}{\Delta N} = 1\text{hPa}/$赤道度,所以 $G_n = 7 \times 10^{-4}\text{N/kg}$。当这种气压梯度力持续作用下 3h,可使风速由零增大到 7.6m/s。可见气压梯度力是空气产生水平运动的直接原因和动力。

6.3.1.2 地转偏向力

如果空气只受气压梯度力的作用,则应沿着气压梯度的方向作加速度运动。事实并非如此。因为地球自转的缘故,当运动的空气质点依其惯性沿着水平气压梯度力方向运动时,对于站在地球表面的观察者看来,空气质点却偏离气压梯度力方向,这种因地球自转而使空气质点运动方向发生改变的现象,设想它是受到一个力的作用,这种力称为**地转偏向力**或科里奥利力。在大尺度的空气运动中,地转偏向力是一个非常重要的力。

任何纬度上作用于单位质量运动空气上的地转偏向力为:

$$A = 2V\Omega\sin\varphi \tag{6.12}$$

式中 Ω 为地球自转角速度,φ 为地理纬度。

地转偏向力有以下特点:

①地转偏向力只是在物体相对于地面有运动时才产生,物体静止时,不受地转偏向力的作用。

②地转偏向力的方向同物体运动的方向相垂直,它只能改变物体运动的方向,不能改变物体运动速率的大小。在北半球,地转偏向力指向物体运动的右方,使物体向原来运动方向的右方偏转;在南半球,地转偏向力指向物体运动的左方,使物体向原来运动

方向的左方偏转。

③地转偏向力的大小同风速成正比。在同纬度,风速越大,地转偏向力越大。地转偏向力的大小同纬度的正弦成正比。在风速相同的条件下,地转偏向力随纬度的增高而增大,在赤道上地转偏向力等于零。

6.3.1.3 惯性离心力

惯性离心力是物体在作曲线运动时所产生的,由运动轨迹的曲率中心沿曲率半径向外作用在物体上的力。这个力是物体为保持沿惯性方向运动而产生的,因而称惯性离心力。惯性离心力同运动的方向相垂直,自曲率中心指向外缘(图6.17),对单位质量空气而言,惯性离心力C的大小的表达式为

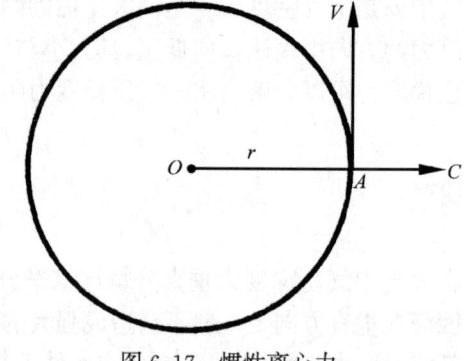

图 6.17 惯性离心力

$$C = \frac{V^2}{r} \tag{6.13}$$

(6.13)式表明惯性离心力C的大小与运动物体的线速度V的平方成正比,与曲率半径r成反比。

实际上,空气运动路径的曲率半径一般都很大,从几十千米到上千千米,因而空气运动时所受到的惯性离心力一般比较小,往往小于地转偏向力。但是在低纬度地区或空气运动速度很大而曲率半径很小时,也可以达到较大的数值并有可能超过地转偏向力。惯性离心力和地转偏向力一样只改变物体运动的方向,不改变运动的速度。

6.3.1.4 摩擦力

摩擦力是两个相互接触的物体作相对运动时,接触面之间所产生的一种阻碍物体运动的力。大气运动中所受到的摩擦力一般分为**内摩擦力**和**外摩擦力**。

内摩擦力是在速度不同或方向不同的相互接触的两个空气层之间产生的一种相互牵制力,它主要通过湍流交换作用使气流速度发生改变,也称**湍流摩擦力**。湍流摩擦力的大小取决于上下层风的矢量差和湍流强度。湍流强度一定时,上下层风的矢量差越大,同一时间内交换的动量越多,湍流摩擦力越大;上下层风的矢量一定时,湍流越强,上下层的动量交换越强,湍流摩擦力也越大。但在一般情况下,湍流摩擦力的数值比外摩擦力要小得多,常常不予考虑。

外摩擦力是空气贴近下垫面运动时,下垫面对空气运动的阻力。它的方向与空气运动方向相反,大小与空气运动的速度和摩擦系数成正比,其公式为

$$R = -kV \tag{6.14}$$

式中R为摩擦力,k为摩擦系数,V为空气运动速度。内摩擦力与外摩擦力的矢量和称

摩擦力。摩擦力的大小在大气中的不同高度上是不同的,以近地面层(地面至30~50m)最为显著,高度愈高,作用愈弱,到1~2km以上,摩擦力的影响可以忽略不计。所以,把此高度以下的气层称为摩擦层(或行星边界层),此层以上称为自由大气层。

上述四个力都是在水平方向上作用于空气的力,它们对空气运动的影响是不一样的。一般来说,气压梯度力是使空气产生运动的直接动力,是最基本的力。其它力是在空气开始运动后才开始起作用的,而且所起的作用视具体情况而有不同。地转偏向力对高纬地区或大尺度的空气运动影响较大,而对低纬地区特别是赤道附近的空气运动影响甚小。惯性离心力是在空气作曲线运动时起作用,而在空气运动近于直线时,可以忽略不计。摩擦力在摩擦层中起作用,而对自由大气中的空气运动可不予考虑。地转偏向力、惯性离心力和摩擦力虽然不能使空气由静止状态转变为运动状态,但却能影响空气运动的方向和速度。气压梯度力和重力既可改变空气运动状态,又可使空气由静止状态转变为运动状态。

6.3.1.5* 大气运动方程

大气运动方程是描述作用于空气微团上的力与其所产生的加速度之间关系的方程。根据牛顿第二定律,物体所受的力等于质量和加速度的乘积,即 $F=ma$,F 为物体所受的力,是各个作用力的总和。单位质量空气运动方程的一般形式为

$$\frac{\mathrm{d}\vec{V}}{\mathrm{d}t} = \vec{G} + \vec{A} + \vec{R} + \vec{g} \tag{6.15}$$

式中 $\vec{G}$ 为气压梯度力,$\vec{A}$ 为地转偏向力,$\vec{R}$ 为摩擦力,$\vec{g}$ 为重力。如果以 F_x, F_y, F_z 分别表示作用力在标准坐标系 x, y, z 三个方向(x 指向东、y 指向北、z 指向天顶)上的投影,则

$$F_x = \frac{\mathrm{d}u}{\mathrm{d}t} \qquad F_y = \frac{\mathrm{d}v}{\mathrm{d}t} \qquad F_z = \frac{\mathrm{d}\omega}{\mathrm{d}t}$$

式中 u, v, ω 分别为空气运动速度在 x, y, z 三个方向上的分量。

将 $\vec{G}, \vec{A}, \vec{R}, \vec{g}$ 值代入上式,简化后的 x, y, z 方向运动方程为

$$\begin{aligned}
\frac{\mathrm{d}u}{\mathrm{d}t} &= \frac{1}{\rho}\frac{\partial p}{\partial x} + 2v\omega\sin\varphi + R_x \\
\frac{\mathrm{d}v}{\mathrm{d}t} &= \frac{1}{\rho}\frac{\partial p}{\partial y} - 2u\omega\sin\varphi + R_y \\
\frac{\mathrm{d}\omega}{\mathrm{d}t} &= \frac{1}{\rho}\frac{\partial p}{\partial z} - g + R_z
\end{aligned} \tag{6.16}$$

在空气作大规模水平运动中,大气近似于静力平衡,因而上式中的垂直运动项可以略去。在自由大气中,R 也可略去。上式可写成

$$\begin{aligned}
\frac{\mathrm{d}u}{\mathrm{d}t} &= -\frac{1}{\rho}\frac{\partial p}{\partial x} + 2v\omega\sin\varphi \\
\frac{\mathrm{d}v}{\mathrm{d}t} &= -\frac{1}{\rho}\frac{\partial p}{\partial y} - 2u\omega\sin\varphi \\
0 &= -\frac{1}{\rho}\frac{\partial p}{\partial z} - g
\end{aligned} \tag{6.17}$$

这是研究自由大气运动时广泛应用的运动方程。方程中第三式是静力平衡方程。

6.3.2 自由大气中的空气水平运动

观测表明,自由大气中大尺度空气水平运动近似于稳定的水平运动。表明空气运动是在气压梯度力和地转偏向力(曲线运动时,还有惯性离心力)作用下运动着。

6.3.2.1 地转风

地转风是气压梯度力和地转偏向力相平衡时,空气的等速直线水平运动,其表示式为

$$\vec{G} = \vec{A}$$

如图 6.18 所示,在平直等压线的气压场中,由于气压梯度力的作用,空气开始沿气压梯度力的方向运动,但只要空气一开始运动,就会受到地转偏向力的作用,在北半球使之向右偏离。随着气压梯度力的作用,风速不断增大,地转偏向力也不断增大,风就

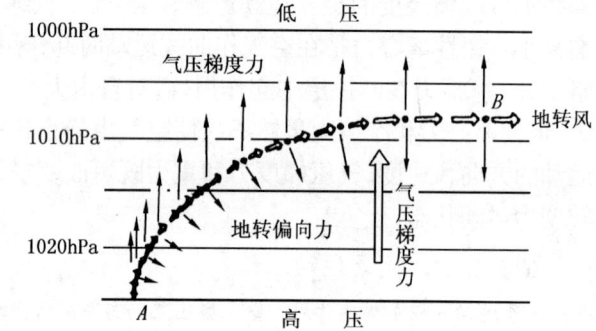

图 6.18 地转风形成示意图(北半球)

越来越偏离气压梯度力的方向。当最后气压梯度力与地转偏向力达到大小相等、方向相反时,则进入相对平衡状态,此时的风即为地转风。<u>地转风方向与水平气压梯度力的方向垂直</u>,即平行于等压线,若背风而立,则在北半球高压在其右方,在南半球,高压在其左方,此称<u>风压定律</u>。

由于地转风是水平气压梯度力和地转偏向力相平衡的风,则其水平运动方程为:

$$-\frac{1}{\rho}\frac{\Delta p}{\Delta n} = 2V_g \omega \sin\varphi$$

于是

$$V_g = -\frac{1}{2\rho\omega\sin\varphi}\frac{\Delta p}{\Delta n} \tag{6.18}$$

上式即地转风 V_g 的公式。式中的 $-\dfrac{\Delta p}{\Delta n}$ 是等高面上的水平气压梯度。(6.18)式是等高面上地转风公式。由于 ρ 随高度有很大变化,因而在比较某地不同高度上的地转风时,不仅要比较上、下层气压梯度的大小,同时还要知道 ρ 值随高度的变化,这给实际工作带来极大不便。在实际工作中,应用等压面图来代替等高面图,用位势梯度代替气压梯度得到地转风公式,即

$$V_g = -\frac{9.8}{2\omega\sin\varphi}\frac{\Delta H}{\Delta n} \tag{6.19}$$

(6.19)式中已经不出现 ρ,地转风直接与等压面上的位势梯度成正比,与纬度的正弦成反比。对于一地来说,纬度相同,只要比较各层等压面图上的等高线疏密程度,就可确定

各层风速的大小。由(6.19)式可知,地转风风速随纬度增高而减小。但实际观测到的却是高纬度地区的地转风速大于低纬度地区。这是由于高纬度的气压梯度值远远大于低纬度的缘故。

实际大气中,严格的理论上的地转风是很少存在的。但中高纬度自由大气中的实际风与地转风十分相近,水平运动基本上是地转的。在实际工作中,可以应用地转风原理,由已知的气压形势推知相应的风向风速,或者由已探测到的风向风速,推断气压场的形势。但在低纬度地转偏向力很小,地转风的概念已不适用。在近地面附近,地转风速因受摩擦作用而使风速比地转风小,方向也不与等压线平行。

6.3.2.2 梯度风

当空气质点作曲线运动时,除受气压梯度力和地转偏向力作用外,还受惯性离心力的作用,当这三个力达到平衡时的风,称为**梯度风**。

由于气压系统有高、低压之分,而且在高压和低压系统中,力的平衡状况不同,其梯度风也各不相同。<u>在北半球,低压中的梯度风必然平行于等位势高度线,绕低压中心作逆时针旋转;高压中梯度风平行于等位势高度线绕高压中心作顺时针旋转。南半球则相反。</u>

如图 6.19 所示,在低压内气压梯度力指向中心,地转偏向力和惯性离心力指向外,达到平衡状态时的梯度风为

$$G = A + C \tag{6.20}$$

高压内气压梯度力 G 和惯性离心力 C 指向外,而地转偏向力 A 指向内,三个力达到平衡时的梯度风,即

$$G + C = A \tag{6.21}$$

将 G,A,C 的表达式代入(6.20)和(6.21)式,得低压梯度风风速 V_c,为

$$V_c = -r\Omega\sin\varphi + \sqrt{(r\Omega\sin\varphi)^2 - \frac{r}{\rho}\frac{\partial p}{\partial n}} \tag{6.22}$$

高压梯度风风速 V_{ac},即

$$V_{ac} = r\Omega\sin\varphi - \sqrt{(r\Omega\sin\varphi)^2 + \frac{r}{\rho}\frac{\partial p}{\partial n}} \tag{6.23}$$

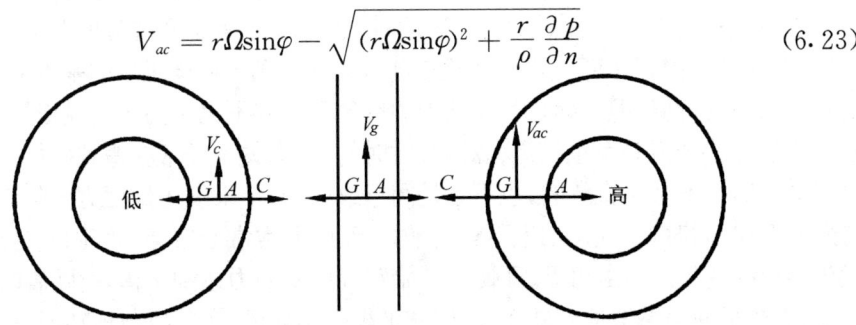

图 6.19 高压、低压中梯度风与地转风的比较

不同条件下的梯度风风速如表 6.2 和表 6.3 所示。

表 6.2　在标准空气密度下,纬度 50°处的梯度风风速(m/s)

$-\dfrac{\partial p}{\partial n}$ (hPa/赤道度)	低压					平直等压线	高压			
	r (km)						r (km)			
	100	200	500	1000	2000		-2000	-1000	-500	-250
1	4.5	5.1	5.7	5.9	6.1	6.2	6.4	6.6	7.2	9.4
2	7.5	8.9	10.5	11.3	11.8	12.5	13.3	14.3	18.7	不存在
3	9.9	12.1	14.8	16.3	17.3	18.7	20.7	23.8	不存在	

表 6.3　梯度风风速(m/s)和地转风风速(m/s)随纬度(φ)的变化

纬度	30°	60°	90°
低压梯度风	8.1	5.2	4.6
地转风	9.6	5.5	4.8
高压梯度风	14.3	6.0	5.1

在一定纬度带,当 G 相等时,低压梯度风风速小于地转风速,高压梯度风风速大于地转风速。即 $V_{ac} > V_g > V_c$。

(6.23)式也表明,高压中心的气压梯度值一定会低于某个极限值,这个极限值由方根号内二项之和为零所决定,即

$$\frac{r}{\rho}\frac{\partial p}{\partial n} + (r\omega\sin\varphi)^2 \geqslant 0$$

$$-\frac{r}{\rho}\frac{\partial p}{\partial n} \leqslant r\omega^2\sin^2\varphi$$

因此,高压中心的气压梯度力不可能很大。在实际气压系统中,在高压中心风速均较小。而在高压的边缘,由于 r 较大,气压梯度也较大,因此风速较大。在低压中心,气压梯度值和风速值在理论上是没有限制的,如台风中心可以出现 12 级以上的大风。

梯度风与地转风既有共同点,又有相异处,两者都是作用于空气质点的力达到平衡时的风。梯度风考虑了空气运动路径的曲率影响,它比地转风更接近于实际风。

在研究自由大气中大尺度空气运动时,地转风或梯度风这两种平衡关系基本上是适应的,尤其在中高纬度。它们概括了自由大气中风场和气压场的基本关系,在气象上有很大的使用价值。但实际自由大气中的空气运动并不完全与地转风或梯度风相吻合,各个作用力的平衡关系也只是相对的、暂时的,平衡关系经常会遭到破坏。这是因为空气运动的路径不会是直线的,也不会是圆形或曲线,结果气压梯度力便随着时间和空间在发生变化。同时,空气运动也不总是平行于纬圈,常常会有穿越纬圈的运动,其风速也发生相应的变化。由上可见,即使一开始空气所受的力达到平衡,而随着时间和空间的变化,力的平衡关系会遭到破坏,出现非平衡的实际风。实际风与地转风、梯度风之间便出现偏差,形成所谓的偏差风。正是由于偏差风的出现,促使风场与气压场相互调整,建

立新的平衡关系,新的平衡又在新的风压条件下遭到破坏。空气运动就是从不平衡到平衡,又从平衡到不平衡的过程。地转风和梯度风只不过是与实际风相近似的一种暂时达到平衡状态的应具有的风。

6.3.2.3 自由大气中风随高度的变化

(1)**热成风**:不同高度上的风向、风速是不一致的,风随高度有明显的变化。自由大气中风随高度变化同气压场随高度变化密切相关,而气压随高度递减的快慢又与大气中的平均温度有关。水平气温梯度会引起风随高度的变化,可用单位气压高度差来说明。

如图 6.20 所示,设在自由大气 z_1 高度上各处气压相当,等压面 p_1 与等高面 z_1 重合,此时在 z_1 高度上没有水平气压梯度,于是也没有风。若 A 点上空的空气柱比 B 点上空的空气柱暖,水平温度梯度由 A 点指向 B 点,则由于 A 点上空的单位气压高度差比 B 点大,等压面 p_2, p_3 就不再是水平的,而是倾斜的,它们同等高面 z_2 相交。此时,z_2 上的气压已经不相等了,暖区的气压高于冷区,即产生了由暖区指向冷区的气压梯度力。有了气压梯度力,就有相应的风。根据风压定律,可知 z_2 高度上的风如图中 V 所示。

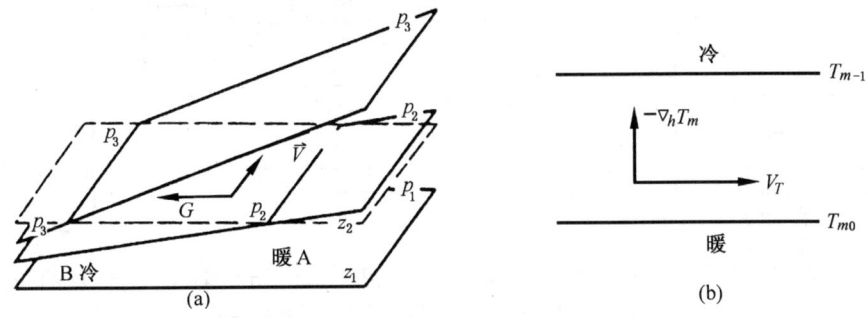

图 6.20 热成风的形成(a)及热成风的方向(b)

下层没有风,上层有风,说明风随高度发生了变化。这个由水平气温梯度而引起的风是上下层风的矢量差。水平气温梯度越大时,等压面 p_2, p_3 倾斜越大,由暖区指向冷区的气压梯度力也越大,高层出现的风也愈大。

这种由于水平温度梯度的存在而产生的地转风在铅直方向上的速度矢量差,称为**热成风** $(\vec{V}_T)$,即

$$\vec{V}_T = \vec{V}_2 - \vec{V}_1 \tag{6.24}$$

$\vec{V}_2, \vec{V}_1$ 分别是高层与低层的地转风。如果低层等压面是水平的,则 $\vec{V}_1 = 0, \vec{V}_2 = \vec{V}_T$。

热成风的风向与平均等温线相平行,在北半球背热成风而立,高温在右,低温在左,南半球则相反。热成风的大小与气层内平均温度梯度以及气层的厚度成正比,与科氏参数 ($f = 2\omega\sin\varphi$) 成反比。

热成风风速大小的表达式为

$$V_T = \frac{g(z_2 - z_1)}{fT_m}\frac{\partial T_m}{\partial n} \tag{6.25}$$

式中 T_m 为气层平均温度，f 为地转参数，g 为重力加速度，z_2，z_1 为上、下层的高度，如图 6.20 所示。

（2）**自由大气中风随高度的变化**：在平衡条件下，自由大气中风随高度的变化主要与气层中的温度场有关。根据气层中水平温度场与气压场间的不同配置情况，风随高度的变化会有下列几种基本形式：

①等温线与等压线平行。出现于温压场对称系统。根据风随高度变化状况可分为两类：一类是高压区与高温区相对应的系统，其低层方向与热成风风向一致，因而其风速随高度逐渐增大，风向不改变，如图 6.21(a)所示。另一类是高压区与低温区相重合的系统。由于高压区对应着冷区，低层风向与热成风方向相反。因而低层风速随高度逐渐减小，风向不变，到某一高度风速减小到零。再向高空，风速随高度增大，而风向则与低层相反，即发生 180°的转变，同热成风风向一致，如图 6.21(b)所示。

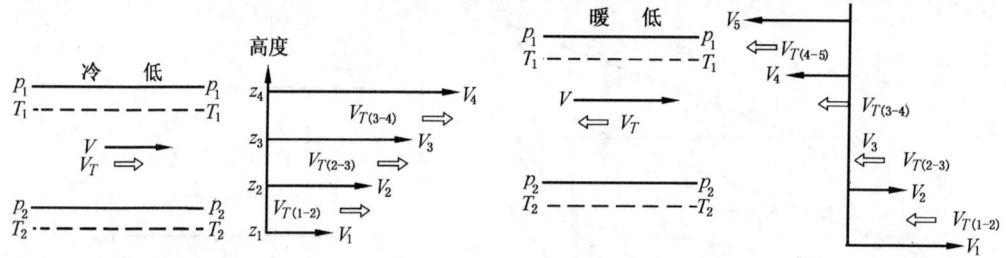

(a)暖区与下层高压区重合,冷区与下层低压区重合　　(b)暖区与下层低压区重合,冷区与下层高压区重合

图 6.21　两种不同重合情况下风随高度的变化

②等压线与等温线相交。出现于温压场不对称系统。在这种系统中风随高度的变化状况也分为两类：一类是等压线与等温线相交而有冷平流，如图 6.22(a)所示，低层风由冷区吹向暖区。由于 $\vec{V}_1 + \vec{V}_T = \vec{V}_2$，所以，在北半球风向随高度逐渐向左转，而且愈到高层，风向与热成风风向愈接近；另一类是等压线与等温线相交而有暖平流，如图 6.22(b)所示，低层风从暖区吹向冷区，由于 $\vec{V}_1 + \vec{V}_T = \vec{V}_2$，所以风向随高度逐渐向右转，愈到高层风向与热成风愈接近。当等温线与下层等压线成任意交角时，那么，风随高度的变化便是以上两种情形的合成结果。

在自由大气中，随着高度的增高，不论风向如何变化，高层风总是愈来愈趋向于热成风。这个结论与实际情况是相符的。比如北半球的对流层中，温度分布大致是南暖北冷，并且在纬度 30°附近温度梯度最大，因而在对流层上层总是以西风为主(热成风是西风)，并在纬度 30°附近上空出现最大的西风风速区，称为西风急流。

热成风 $\vec{V}_T$ 并不是实际上的空气水平运动，而是风随高度的改变量，是上层地转风与下层地转风的矢量差。

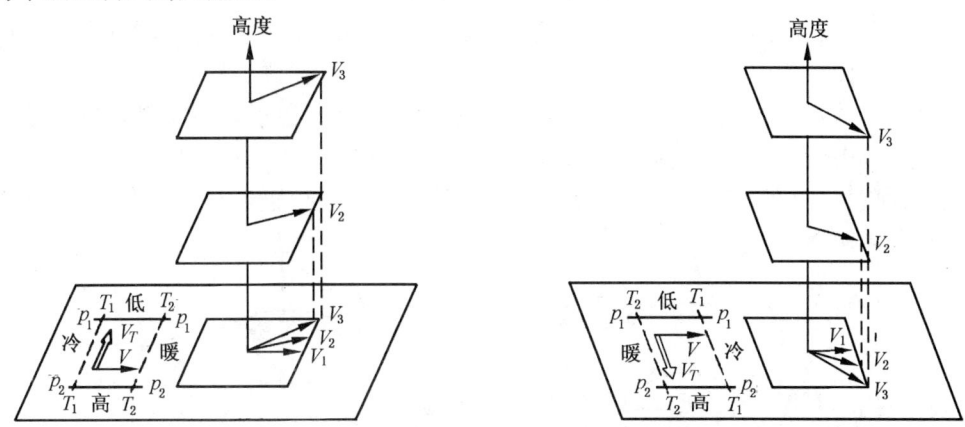

(a) 下层有冷平流　　　　　　(b) 下层有暖平流

图 6.22　两种不同平流情况下风随高度的变化

地转风是作用力平衡情况下的风,所以热成风也是平衡状态下的风。研究和了解热成风有助于揭示自由大气中风随高度变化的基本规律,以及大气平衡条件下的气压场、风场、温度场间的相互关系。

6.3.3　摩擦层中空气的水平运动

在摩擦层中,空气的水平运动因受摩擦力的作用,不仅风速减慢,风向受到干扰,而且破坏了气压梯度力与地转偏向力之间的平衡关系,表现为气流有斜穿等压线,从高压吹向低压的特征。

6.3.3.1　地面摩擦力对风的影响

当地面层等压线为平行直线时,空气质点受到气压梯度力(G)、地转偏向力(A)和地面摩擦力(R)的共同作用。当三个力达到平衡时,便出现了稳定的地面平衡风,如图 6.23 所示。由于摩擦力(主要是外摩擦力)对风的阻滞作用,使平衡风的风速比相应的地转风的风速要减小,进而使地转偏向力也相应减小。结果减小后的地转偏向力和摩擦力的合力与气压梯度力相平衡时的风,斜穿等压线,由高压吹向低压。其风速大小与气压梯度力成正比,而与地面摩擦系数成反比。

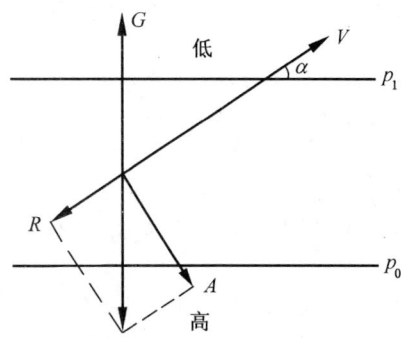

图 6.23　三个力平衡时的风

摩擦层中风场与气压场的关系为:在北半球背风而立,高压在右后方,低压在左前方。至于风向偏离等压线的角度(α)和风速减小的程度,取决于摩擦力的大小。

摩擦力愈大,交角愈大,风速减小得愈多。据统计,在中高纬地区,陆上的地面风速(10m 高度上的风速)约为该气压场所应有地转风速的 35%~45%,在海洋上约为 60%~70%。风向与等压线的交角,在陆地上约为 25°~35°,在海洋上约为 10°~20°。

在等压线弯曲的气压场中,例如闭合的高压和低压中,由于地面摩擦力的作用,风速比气压场中所应有的梯度风风速要小,风斜穿等压线吹向低压区。所以,低压中的空气是一面旋转,一面向低压中心辐合。高压中空气则是一面旋转,一面从高压中心向外辐散(图 6.24)。

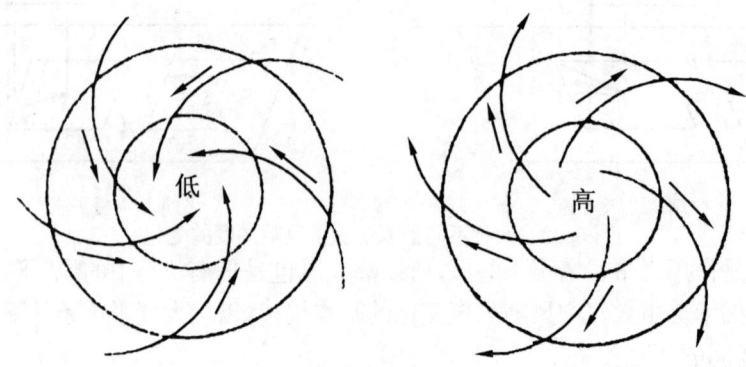

图 6.24 摩擦层中低压和高压的气流

6.3.3.2* 摩擦层中风随高度的变化

在摩擦层中风随高度的变化既受摩擦力随高度变化的影响,又受气压梯度力随高度变化的影响。

假若各高度上的气压梯度力都相同,由于摩擦力随高度不断减小,其风速将随高度增高而逐渐增大,风向随高度增高不断向右偏转(北半球),到摩擦层顶部接近于地转风,风向与等压线相平行。根据理论计算和实测资料,可以得到北半球摩擦层中在不考虑气压梯度力随高度改变时,风随高度变化的图像,如图 6.25 所示。

图中 V_1, V_2, V_3 代表自地面起各高度的风向、风速矢量,连接各风矢量终点的平滑曲线,称为埃克曼螺线,是风速矢端迹图。实际上,气压梯度力随高度也在改变,因而摩擦层中风的变化并不完全符合上述规律,需要根据热成风原理,用矢量合成方法进行修正。

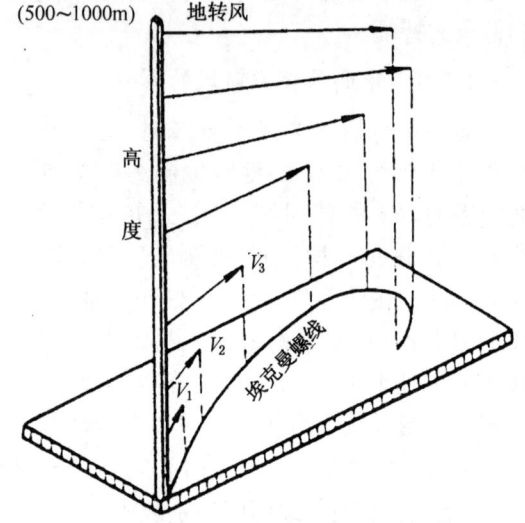

图 6.25 北半球风随高度分布的埃克曼螺线

§6.4 空气的垂直运动

大气运动是准水平的,因而空气的垂直运动速度很小,一般仅为水平风速的百分之一,甚至千分之一或更小。但是垂直运动却与云雨的形成及天气变化有密切关系。空气的垂直运动有对流和系统性垂直运动。

6.4.1 对流运动

对流运动是由于某空气团温度与周围空气温度不同引起的。当某空气团的温度高于四周空气温度时,气团获得向上浮力产生上升运动,升至上层向外辐散,而低层四周空气便随之辐合以补充上升气流,这样便形成了空气的对流运动。对流运动的高度、范围和强度同上升气团所处的气层稳定度有关。

大气中这种热力对流的水平尺度多在0.1~50km,是温暖的低、中纬度地区和温暖季节经常发生的空气运动现象。它的规模较小,维持时间短暂,但对大气中热量、水分、固体杂质的垂直输送和云雨形成、天气发展演变具有重要作用。

6.4.2 系统性垂直运动

系统性垂直运动是指由于水平气流的辐合、辐散、暖气流沿锋面滑升以及气流受山脉的阻滞等动力作用所引起的大范围、较规则的上升或下降运动。这种运动垂直速度很小,但范围很广,并能维持较长时间,对天气的形成和演变有着重大影响。

大气是连续性流体,当空气发生水平辐合运动时,位于辐合气流中的空气必然受到侧向的挤压,便从上侧面或下侧面产生上升或下降气流。同理,当空气向四周辐散时,在垂直方向上也会产生下沉或上升气流以补偿气流的辐散。

在系统性的垂直运动中,上升区或下降区的水平范围可达几百至几千千米,而升降速度却只有1~10cm/s。

然而,这样的升降速度在持续较长的时间里(例如一昼夜),空气在垂直方向上可以移动数百米至数千米,对天气的形成和变化有很大影响。

系统性垂直运动的发生往往同天气系统相联系,例如与高压、低压、槽、脊以及锋面等有密切关系。

总结与提要

大气的水平运动——风,产生的直接原因是同一水平面上气压分布不匀,气压分布不匀的初始原因是由于下垫面热力差异形成的。可见大气的热力过程是空气运动过程的基础。

(1)在垂直方向上,气压随高度递减,如

$$\mathrm{d}p = -\rho g \mathrm{d}z$$

由此静力学方程可以看出,气压递减的快慢主要取决于空气的密度。故暖的地方由于空气密度小,气压随高度降低慢;相反,冷的地方空气密度大,气压随高度降低快。在气象上,通常用单位气压高度差表示气压每改变一个单位的高度变化值。气温高的,单位气压高度差大。

静力学方程只能用微薄层。对于有限气层,常分层用等温大气的压高方程计算实际大气的厚度和高度。

(2)气压变化的原因除热力因素外,还有动力因素。动力因素如气流的辐合、冷平流造成气压升高,反之,气流的辐散、暖平流造成气压下降。

热力因素是气压周期性变化的原因,动力因素导致了气压的非周期变化。

(3)气压系统是三维系统。气压的水平分布形势常用等压线或等压面上的等位势高度线来表示。海平面气压场常用海平面上的等压线分布来表示。高空气压场分布通常用等压面上的等位势高度线来表示。位势高度高的地方对应于同一水平面上的气压高;位势高度低的地方对应于同一水平面上的气压低。水平气压场的基本格式有高压、低压、高压脊、低压槽、鞍形气压场。

暖高压和冷低压是深厚系统,冷高压和暖低压是浅薄系统。温压场不对称的气压系统,高压轴线向暖区一侧倾斜,低压轴线向冷区一侧倾斜。

(4)空气水平运动的原动力是水平气压梯度力(G_n),它使空气产生垂直于等压线从高压到低压运动的趋势。空气有了初始运动后,就会产生其它的水平作用力,如在非赤道地区,产生地转偏向力(A),地转偏向力的作用使空气运动向右偏(北半球),最终使空气沿等压线运动。在等压线非直线时产生惯性离心力(C)。在摩擦层运动时产生与运动方向相反的摩擦力(R),R一方面使运动速度变慢,另一方面使运动方向左偏(北半球),故摩擦力使空气运动出现从高压向低压的趋势,空气运动斜穿等压线。

四个作用力中,只有G_n,R可以影响运动速度,A,C由于垂直于运动方向,因而只改变运动方向。

(5)自由大气中,摩擦力可忽略不计。G_n,A,C的共同作用形成梯度风(或地转风),

风压定律为:在北半球,风沿等压线方向吹,背风而立,高压在右,低压在左。

摩擦层中的风压定律为:在北半球,空气斜穿等压线运动,背风而立,高压在右后方,低压在左前方。斜穿的角度与摩擦力大小有关,摩擦力越大,斜穿角度越大。

(6)风向和风速随高度有明显的变化。变化原因之一是由于水平温度不匀导致的气压场随高度发生变化,这种由水平温度梯度引起的风随高度的改变量,叫热成风。热成风并不是实际上的空气水平运动。

热成风风向的判断可根据这样的定律:风顺着等温线方向,在北半球,背风而立,高温在右,低温在左。

在摩擦层中,风随高度变化的原因除气压梯度力随高度的变化外,还有摩擦力随高度的减小。在气压梯度力不变的情况下,摩擦力随高度减小使风速随高度增大,风向右偏(北半球),其矢端投影形成埃克曼螺线。

复习思考题

1. 写出静力学方程的表达式,并说明其物理意义。
2. 写出等温大气的压高方程的表达式。举例说明其应用的方面。
3. 什么是位势高度?它和几何高度有何关系?
4. 气压系统主要有哪几种基本形式?
5. 等压面为什么不是一个水平面?如何根据等压面的形状判断气压的空间变化?
6. 什么是深厚系统和浅薄系统?怎样的温压配置有利于上述系统的形成?
7. 什么是气压梯度?气压梯度力?写出其数学表达式。
8. 地转偏向力有哪些特点?写出其数学表达式。
9. 作用于空气质点上的力有哪几种?它们对空气运动分别产生怎样的影响?
10. 什么叫地转风?梯度风?其风速大小与哪些因子有关?风向与气压场的关系如何?
11. 什么是热成风?热成风与温度场关系如何?
12. 根据受力分析,比较同一纬度相同气压梯度,相同曲率半径条件下,地转风、高压中梯度风和低压中梯度风的大小。
13. 简述气压随时间变化的原因。
14. 埃克曼螺线所表示的风向、风速随高度的变化有何规律?这些变化是由什么原因引起的?
15. 下图实线为低层等压面的等高线,虚线为气层的平均等温线,标出 A,B 点(北半球)低层地转风方向,气层热成风方向,并讨论 A 点上空自由大气中风随高度变化的特点 ($H_1 < H_2, T_1 < T_2$)。

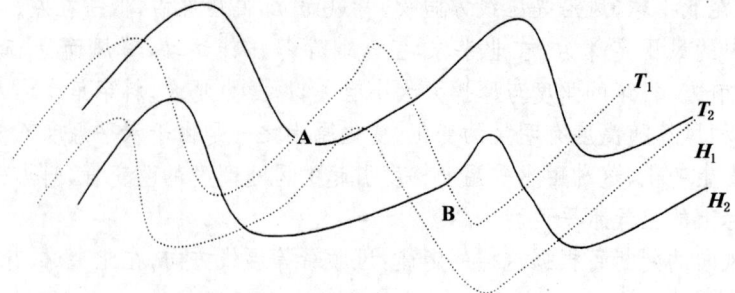

15题图　$H_1 < H_2, T_1 < T_2$

第七章 大气环流

大气中各种气流的综合,称为**大气环流**。环流是大气的基本特征。大气环流按其空间尺度可分为三级:一级环流、二级环流和三级环流。一级环流的水平尺度达几千千米,垂直尺度在 10km 以上,如行星风带。二级环流是那些生命期较短的天气学环流,其中有一些外形的变化比其位置变化要大,但它们对全球平均环流的贡献是巨大的,如季风、气旋、反气旋等。三级环流是由于风速、风向受局地影响而产生的一些小尺度的环流,它们大都与下垫面状况、地形起伏、水陆分布和城市结构有关。如海陆风、山谷风等。

本章主要讨论一级大气环流及其形成机制。所谓一级大气环流是指平均状况下地球大气在全球范围内的一般流动状况。它反映了大气运动的基本状态,并孕育和制约着较小规模的气流运动,是各种不同尺度的天气系统发生、发展和移动的背景条件。大气中动量、热量和水分等物理量的输送和平衡也都与大气环流有关。

大气环流是气候形成的基本因子之一。全球的或区域性的气候形成与气候变化的动力学和热力学过程都离不开大气环流。

§7.1 大气环流形成的基本因子

7.1.1 太阳辐射因子

大气环流形成与维持的基本能源来自太阳辐射的转化。大气吸收太阳辐射、地面辐射和地球给予大气的其它能量,同时大气也向外辐射能量。但大气吸收和向外辐射的能量的差额的分布与纬度有关。就地气系统而言,在 35°S~35°N 之间吸收辐射大于射出辐射,有辐射剩余,在大于 35°的高纬地区则为辐射净亏损区。就地表辐射收支而言,南北半球 40°纬度之间是辐射净收入区,在 40°以外的高纬地区为辐射净支出区。因此,赤道和低纬地区是辐射源,高纬和极地是辐射汇。低纬地区的辐射过剩和高纬地区的辐射不足,导致低纬地区不断加热,高纬地区不断冷却,从而产生由赤道向极地的温度梯度。结果低纬地区因不断加热而产生上升气流,极地因辐射冷却而产生下沉气流。在这种温度梯度下,对流层高层就产生了由赤道指向极地的气压梯度,同时在低层出现指向赤道的气压梯度。假定在地球表面性质均一且无自转的情况下,在对流层上层气压梯度力的作用下促使空气由赤道流向极地,下层则由极地流向赤道。因此,在赤道和极地间构成一个巨大的理想的直接热力环流圈(图 7.1)。

环流使高、低纬间不同温度的空气得以交换，并把低纬度的热量向高纬度输送，以补充高纬热量的净支出，维持各纬度间的能量平衡。因此，太阳辐射分布不均匀是大气产生大规模运动的根本原因，大气在高低纬度间热量收支不平衡的产生是维持大气环流的直接原动力。

7.1.2 地球自转的作用

因为地球不停地自西向东绕着地轴自转，因此，大规模的空气运动必然受到地转偏向力的作用。

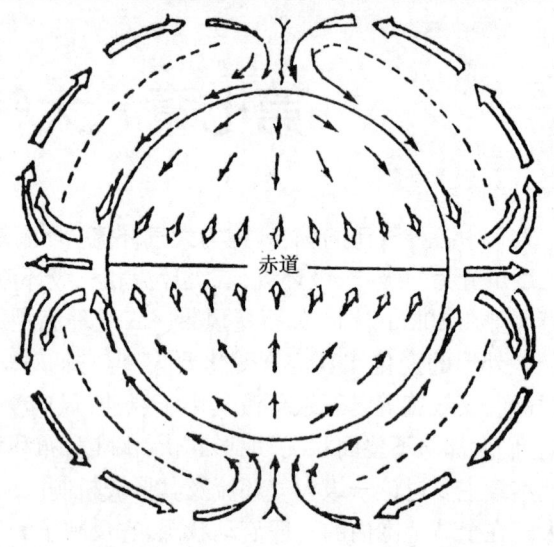

图 7.1 在不自转的地表性质均一的地球上的大气环流

地转偏向力迫使空气运动的方向偏离气压梯度力的方向，从而单圈环流不能维持。

假定地表性质均匀，无摩擦力，起始时刻气压梯度力的方向由赤道指向极地。在指向极地的气压梯度力的作用下，空气开始由赤道上空向极地流动，起初因受地转偏向力的作用很小，气流基本上是沿着气压梯度力的方向。以后，地转偏向力随纬度的增加而增大，气流逐渐向东偏转，到了纬度 20°～30°处，由于地转偏向力已经增大到同气压梯度力相等的程度，这时气压梯度力与地转偏向力大小相等而方向相反，空气处于地转平衡的状态下，对流层中、上层空气的运行方式就已经是沿着纬圈方向的西风了。

当气流在纬度 20°～30°处上空转向为纬向气流后，从赤道上空仍源源不断地有空气流来，空气质量积聚，大气低层气压升高，从而形成一个高压带，称为**副热带高压**。在副热带高压的南北两侧约纬度 30°～40°之间，空气向赤道和两极方向流去，其中流向赤道一侧的气流在地转偏向力的作用下逐渐向西偏转，在北半球形成东北风，在南半球形成东南风，分别称为**东北信风**和**东南信风**。这两支信风在赤道附近会合，补偿由赤道上空向两极方向流失的空气质量，因此在低纬和赤道间构成一个闭合的环流圈，称为**低纬环流圈**或**哈得来环流圈**（如图 7.2 所示）。在地面附近由副热带

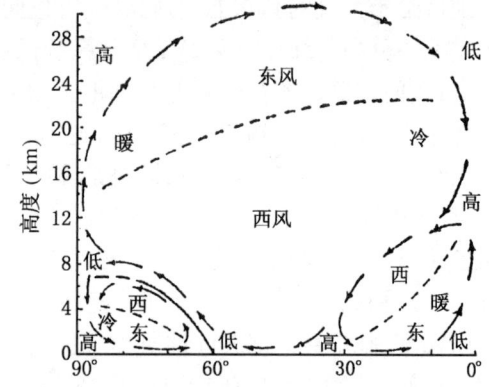

图 7.2 在均匀的自转地球上的大气环流

高压带向极地方向流去的一支气流,在地转偏向力的作用下逐渐向东偏转,形成中纬度地区的偏西风。这支向极地流去的暖气流与从极地附近地面高压带中流出的冷气流相遇时,在纬度60°附近的低压区内形成了极锋。暖空气沿极锋向极地方向上滑,在地转偏向力的作用下变成偏西气流,然后冷却下沉,补偿极地地面流失的空气质量。因此,在纬度60°附近和极地之间又形成了第二个闭合的环流圈,称为**高纬环流圈**或**极地环流圈**。

中纬度地区对流层上、下层都盛行偏西风,而在地面附近具有指向高纬的风速分量,上层具有指向低纬的风速分量,所以在中纬度形成一个经向闭合的环流圈,其方向与信风环流圈和极地环流圈相反,称为**中纬度环流圈**或**费雷尔环流圈**。

因此,在地表性质均匀和自转的地球上,在地转偏向力的作用下形成的大气环流模式可归结为具有三个闭合环流圈的所谓的三圈大气环流模式。

由以上分析可知,在地转偏向力的作用下,形成了几乎遍及全球(赤道地区除外)的纬向环流(图7.3)。在近地面形成三个风带,即低纬信风带、盛行西风带和极地东风带,这些风带常常称为**行星风带**。纬向风带的出现,阻挡着经向气流的逾越,引起某些地方空气质量的辐合和另一些地区的空气质量的辐散,使一些地区的高压带和另一些地区的低压带得以维持。结果,全球海平面气压分布在热力和动力因子的作用下呈现出规则

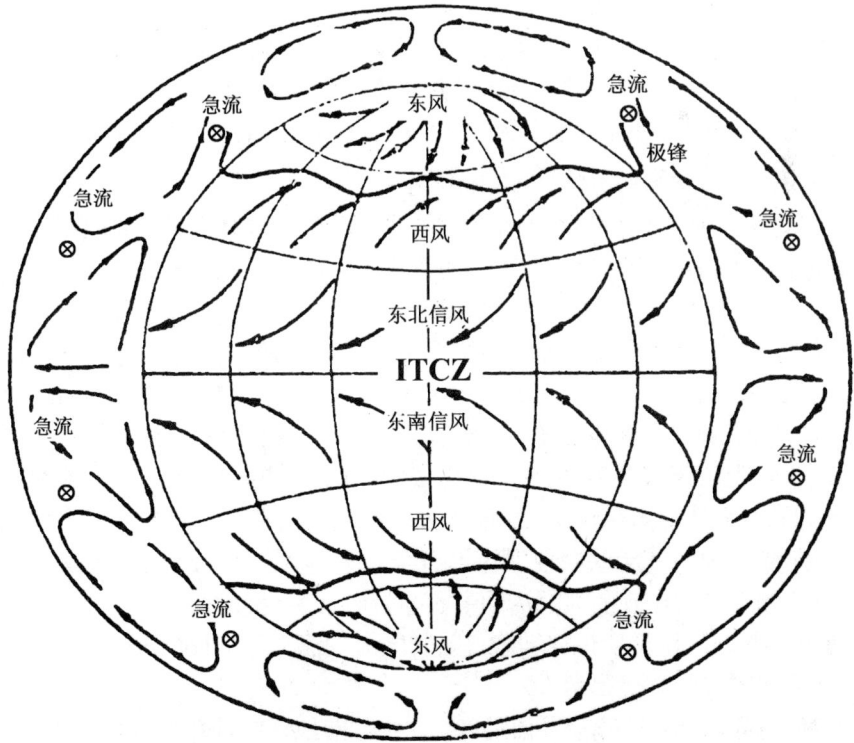

图7.3 在地表性质均匀的自转达地球上形成的三圈大气环流模型(引自 Miller 等,1982)

的高、低气压带交互排列的纬向气压带(图 7.4)。这些呈纬向排列的气压带是:赤道低气压带、副热带高气压带、副极地低气压带、极地高气压带,这些气压带称为**行星气压带**。而气压带的形成和维持又是经圈环流形成的必需条件。由此可见,<u>地球自转是全球大气环流形成和维持的重要条件</u>。

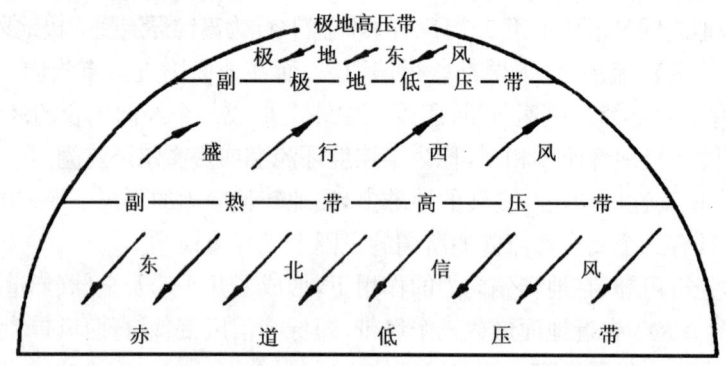

图 7.4 北半球近地层风带气压带示意图

7.1.3 地表性质的作用

在地表均匀的假定下,全球平均纬向环流都具有环绕纬圈的带状分布特征。实际上,地表性质的不均匀会使沿纬圈环流的带状特征受到很大的破坏,从而导致全球大气环流更为复杂。对大气环流影响最大的是海陆间的热力差异和高大地形的作用。

7.1.3.1 海陆分布的影响

海洋和陆地的热力性质差异很大。夏季,陆地上形成相对热源,海洋成为相对冷源;冬季,陆地上形成相对冷源,海洋上形成相对热源。这种冷热源分布直接影响海陆间的气压分布。

(1)**海陆分布与大气活动中心**:海陆间的热力差异使完整的纬向气压带分裂成一个个闭合的高压和低压。冬季,大陆表面空气温度低于海洋表面,因此在寒冷的大陆上形成高压中心,同时在较暖的大洋上形成势力较大的低压中心。夏季的气压分布与冬季正好相反,大陆上出现低压中心,大洋上形成强大的高压中心,这是因为夏季大陆表面的气温比相邻的大洋上高得多。随着季节的转换,在大陆和海洋上分布形成的高压中心或低压中心,统称为**大气活动中心**。那些终年维持着的大气活动中心称为**永久性活动中心**,仅在某个季节经常出现的大气活动中心称为**半永久性活动中心**。同时,冬夏海陆间的热力差异引起的气压梯度也驱动着海陆间的大气流动,这种随季节而转换的环流是夏季风、冬季风形成的重要因素。

(2)**海陆分布与西风带高空环流形势**:北半球陆地辽阔,海陆东西相间分布。在冬季,大陆是冷源,纬向西风气流流经大陆时,气流的温度逐渐降低,直到大陆东岸降到最低;气流东流入海后,因海洋是热源,气温不断升高,直到海洋的东岸温度升到最高,这样便形成了如图 7.5(a)所示的温度场。即大陆东岸成为温度槽,大陆西岸形成温度脊。夏季时,温度场相反,大陆东岸为温度脊,大陆西岸为温度槽。根据热成风原理,与温度场相适应的高空气压场则是,冬季大陆东岸出现低压槽,西岸出现高压脊,如图 7.5(b)所示,夏季时相反。可见,海陆东西相间分布对高空环流形势的建立和变化有明显影响。

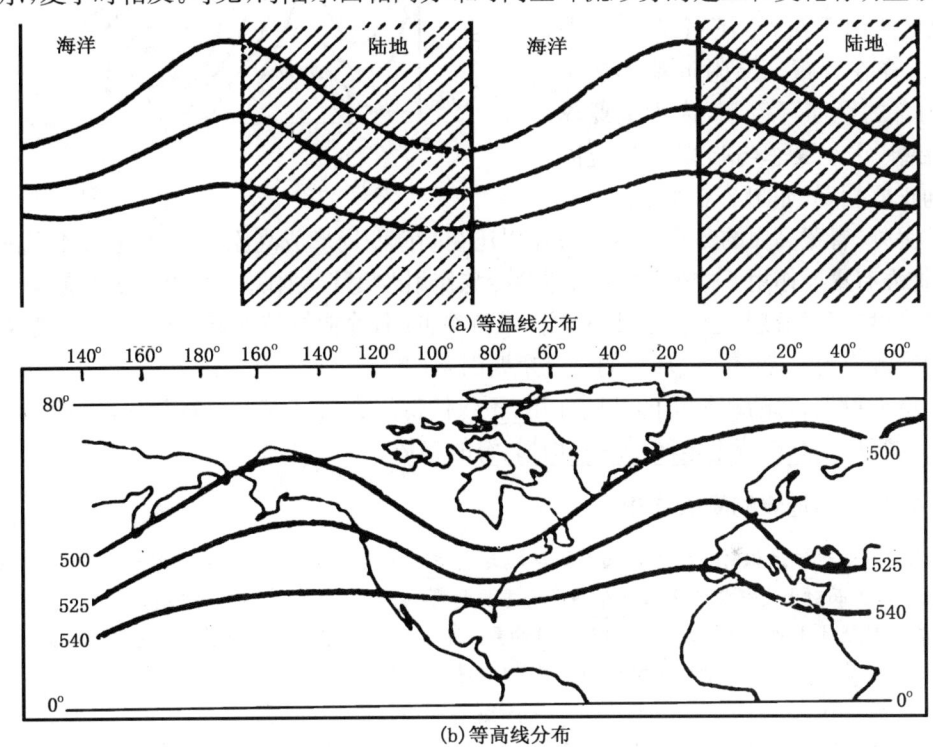

图 7.5 冬季由海陆分布的影响引起的等温线分布和 500hPa 的等高线分布

7.1.3.2 地形因子的影响

地形起伏对大气环流的影响是相当显著的,尤其是高大山脉和大范围的高原的影响更为明显。地形因子对大气环流的作用包括动力作用和热力作用。

(1)动力作用:动力作用使气流到达大范围的高原或山脉时产生绕行、分支或爬越,同时使气流的速度发生变化,在迎风坡和背风坡形成弱风区。绕行的西风气流在大地形的北部形成地形高压脊;在大地形的南部形成地形低压槽。如青藏高原北部出现高脊(**新疆脊**),南部出现明显的**孟加拉湾低槽**,这种北脊南槽的现象是西风绕行高原的结果。

另外,较高层的气流爬越高原或山脉时,爬越的气流在迎风坡一侧利于反气旋的加强,背风坡一侧则利于气旋加深。**东亚大槽**和**北美大槽**不仅冬季位于东岸,夏季也位于东岸,只是位置比冬季偏东,这与大地形有关。

(2) 热力作用：大地形对大气环流有明显的热力作用。例如,青藏高原夏季对大气有强的加热作用,是个热源。由于加热作用使近地层形成热低压,产生较强的上升气流,从而使对流层上部形成暖高压,此高压称为**青藏高压**。这样就造成向南的气压梯度,使高空气流自高纬流向赤道,至低纬下沉,下沉气流又流向高原,这样在青藏高原附近就形成了一个闭合的经向环流圈,称为**南亚季风环流圈**,它在夏季与哈得来环流圈的方向正好相反,如图 7.6 所示。

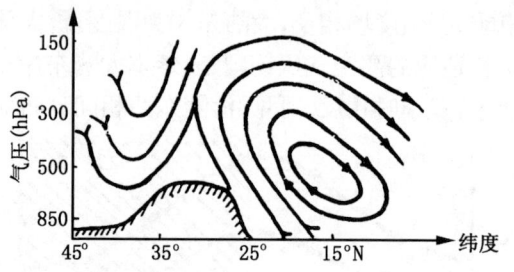

图 7.6 1958 年 7 月沿 75°～100°E 经圈环流

另外,青藏高原的冬夏季冷热源作用还在高原四周形成高原季风,对东亚季风的形成、加强有重要作用。此外,夏季极冰的冷源作用改变了太阳总辐射所形成的夏季经向辐射梯度,使对流层大气的夏季热源仍维持在低纬,冷源维持在高纬极区,这种夏季极冰的冷源作用是影响大气环流的又一重要因素。

由上可见,海陆和地形的共同作用,不仅使低层大气环流变得复杂化,而且也使中高层大气环流有在特定地区出现平均槽、脊的趋势。

7.1.4* 地表的摩擦作用

在旋转的地球上相对于地球表面而运动的大气,由于地表的摩擦作用,动能不断减少,大气运动受到阻碍,因而对大气环流的形成和维持具有重要的影响。

在旋转地球上的物体绕地轴转动产生角动量。角动量是空气质点旋转速度与它到旋转轴距离的乘积。单位质量空气相对于地轴运动的角动量(即绝对角动量)公式为:

$$M = \omega R^2 \cos^2\varphi + uR\cos\varphi$$

式中,ω 为地球自转角速度,R 为地球半径,u 为大气纬向风速,φ 为纬度。式中的第一项表示当空气和地球一起以 ω 角速度旋转时所具有的角动量,又称为 ω 角动量。第二项为大气相对于地球运动的角动量,又称为 u 角动量。

按照角动量守恒原理,物体在没有外力矩作用下的整个运动过程中,绝对角动量保持不变。

在旋转地球上,由于地转偏向力的作用,在中高纬产生一个西风带,在低纬产生一个东风带。在西风带里,由于摩擦作用有使西风减慢的趋势,即地球通过摩擦作用对大气产生向西的转动力矩,大气本身也就损耗了西风角动量,或者说大气通过摩擦作用向地球传递角动量。相反,在东风带里,由于摩擦作用有使东风加速的趋势,即地球通过摩擦作用对大气产生向东的转动力矩,地球向大气传递角动量。地球自转角速度基本上维持不变这一事实表明,地球的平均角动量是守恒的,长期以来东风带并没有因为获得来自地球的西风角动量而有所变化,西风带也没有因为失去西风角动量而减弱。大气角动量的守恒必然是通过角动量的水平输送和垂直输送保持平衡。在东风带内,大气将在摩擦作用下从地球获得的西风角动量输送到西风带内,同时又通过摩擦作用回输给地球,使地球和大气的角动量保持收支平衡,从而使大气环流三圈模式中出现的东风带和西风带能够长期维持下去。

综上所述,太阳辐射是大气环流的能源。由于辐射南北分布不均匀,使气流自赤道附近上升并在高层向南、北流动,流动的空气在地转偏向力的作用下产生偏转,从而形成三圈环流和近地层的"三风四带"。由于海陆的热力差异和大地形的共同作用,使大气环流趋于复杂,近地层气压场分裂为一个个闭合的高、低压中心,促成了季风环流;对流层中上层的西风带气流呈现平均槽脊位置的准稳定性。地面摩擦作用是大气环流中纬向环流与经圈环流维持的重要因素。还应指出:大气运动的尺度和大气本身的流动性和连续性,也都是影响大气环流不可忽视的物理因子。

§7.2 大气环流的平均特征

大气的运动是复杂的、多变的,而且几乎是每时每刻地、不停地变化着。如果将这些随时间和空间不断变化的运动状态对时间和空间进行平均,就可以发现大气运动具有明显的规律性。例如,就相当长时间(1个月或1个季节等)进行时间平均,进而再求出多年的平均值,其空间分布特征就具有十分清晰的规律,显现出大气环流的基本特征。

7.2.1 平均纬向环流

大气环流最基本的状态是盛行着以极地为中心旋转的纬向环流,也就是东、西风带。图7.7是纬向平均风速的经圈剖面图。由图7.7可以看出(图中正值为偏西风,负值为偏东风),在对流层的中上层,除赤道地区为东风外,各纬度几乎均为西风,这是由于南北气温梯度所决定的。

纬向环流的分布有以下几个特征:

(1) **高纬度的极地东风带**:高纬地区冬夏都是一层很浅薄的东风带,称为**极地东风带**。主要分布在北大西洋低压和北太平洋低压向极地的一侧。其厚度、强度都是冬季大于夏季。

(2) **中纬度的盛行西风带**:无论冬夏,中纬度地区从地面向上都是西风,称为**盛行西风带**。西风带跨越的纬度随高度而增大。西风风速自地面到对流层顶(高度约12km,200hPa等压面)都是增加的。在中纬度对流层顶附近形成一个强西风中心。中纬度上空盛行西风带具有全球性质,从与热成风的关系来看表明在南北方向上存在着较大的平均温度梯度。每个半球西风风速极大值都位于纬度30°附近,夏半球西风风速极大值向高纬方向偏移至纬度45°~50°之间,而且南北半球的这种偏移趋势几乎是相同的。冬季的西风比夏季要强。

北半球盛行西风的季节变化比南半球更大些。北半球夏季的西风较弱,西风气流在近地层往往变得不十分清楚;而南半球的西风风速比北半球要强。且风向也更为稳定。这与南北半球陆地面积和地形分布的差异有关。

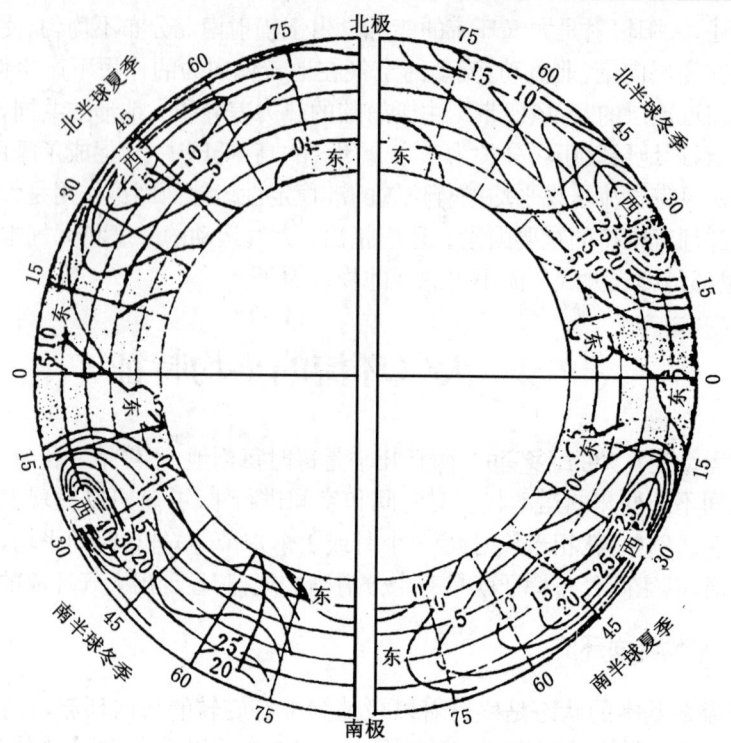

图 7.7 平均纬向风速(m/s)的经圈剖面图(转引自 Lydolph,1985)

(3)低纬度的信风带(热带东风带)：低纬地区自地面到高空是深厚的东风带，称为**低纬信风带**或**热带东风带**。它是纬向风带中风向最为稳定、风速较大(平均 4～8m/s)、活动范围广阔(几乎占全球的一半)的风带。夏季，东风带向高纬方向偏移，范围有所扩大，强度明显增强；冬季，东风带向赤道方向偏移，范围缩小，强度削弱。

此外，在北半球的夏季，由于太阳直射点的北移，加上海陆热力作用的差异等原因，南半球的东南信风越过赤道，受地转偏向力的作用，逐渐变为西南风。因此，在南亚和非洲低纬地区出现西风系统，其厚度从 2～3km(非洲)到 5～6km(印度洋)。南半球夏季时，南半球的低纬地区也会出现类似的西风系统(西北风)。低纬地区的这种西风系统称为**赤道西风带**。

7.2.2 平均经圈环流

经圈环流是指沿经圈和垂直方向上，由风速的平均南北分量和垂直分量构成的平均环流圈。由图 7.2 可知，在南北半球上各有三个经向环流圈，即：

①低纬环流圈，是一个直接热力环流圈(正环流圈)，是哈得来(G. Hadley)最先提出的，故又称**哈得来环流圈**；

②中纬环流圈,是间接环流圈(逆环流圈),是费雷尔(W. Ferrel)最先提出的,故又称**费雷尔环流圈**;

③高纬环流圈,又称**极地环流圈**,也是一个直接热环流圈(正环流圈)。

在这三个环流圈中,以低纬环流圈最强,冬半年尤为明显,高纬环流圈最弱。经向环流圈都有季节性移动,夏季向高纬移动,冬季向低纬移动。环流强度也有变化,冬季增强,夏季减弱。除低纬度外,风速的南北分量和垂直分量都很小,因而经圈环流比纬圈环流要弱得多,这是由于大气大尺度运动满足静力平衡和准地转平衡的缘故。图7.8是北半球冬夏两季纬圈平均的经向风速分布图,图中正值为南风,负值为北风。比较图7.7和图7.8可以看出平均纬向风速要比经向风速大得多,说明大气运动基本上是以东西向的纬向运动为主。但是,由于经向风分量的存在,空气得以南北交换。

瞬时经圈环流与平均环流是有差别的。如在中国青藏高原所在的经度范围内,夏季其南侧是一个季风环流圈(图7.6),与哈得来环流圈是相反的。这是因为青藏高原夏季是热源,因而上升运动出现在青藏高原上空,而赤道附近反而是下沉气流。与此季风环流相对应,该区域低空盛行西南季风,而高空则是东偏北风。

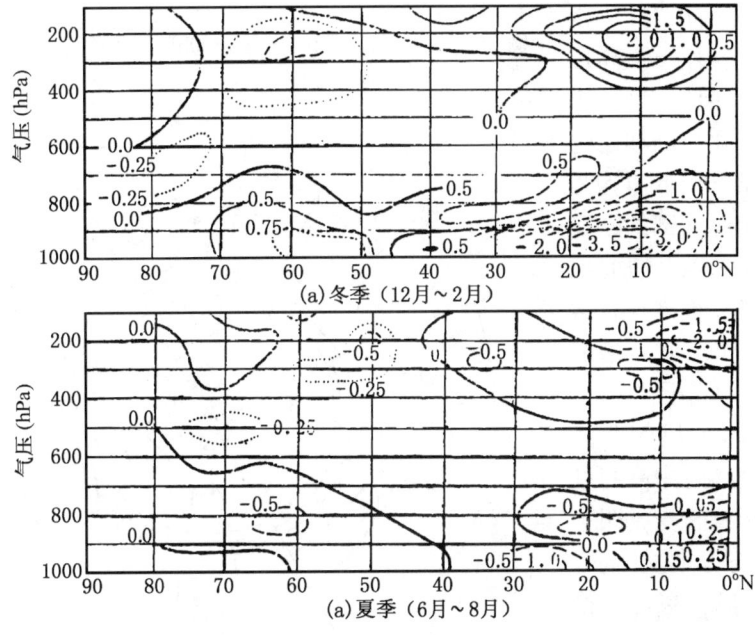

图7.8　北半球冬夏两季平均经向风分量(m/s)(引自Palmen和Newton,1978)

7.2.3　平均水平环流

水平环流是指纬向气流受到扰动后发展起来的槽脊和高、低压环流,纬向气流的扰动主要是受地球表面海陆分布、大地形的作用以及地面摩擦作用引起的。

(1) 对流层中、上层平均水平环流：北半球对流层中、上层平均水平环流见图 7.9 和图 7.10（图中资料是 1951～1980 年的 30 年月平均值）。其主要特征是：西风带上存在着大尺度的平均槽、脊。冬季在北半球的亚洲东部、北美洲东部和欧洲东部上空，有三个明显的低压槽。一个向西伯利亚和鄂霍茨克海伸展，称为东亚大槽；一个向北美洲巴芬岛和拉布拉多半岛伸展，称为北美大槽，它们中间是两个高压脊，从南向北伸展，其中有一个高压脊向阿拉斯加伸展，另一个向斯堪的那维亚半岛和巴伦支海伸展。第三个低压槽是位于乌拉尔山脉西部的欧亚浅槽，它从北冰洋上的北地岛经过前苏联欧洲部分直达地中海，在它和东亚大槽的中间有一个小的高压脊。

到了夏季，西风带明显北移，等高线变稀。中高纬度西风带由三个槽转变成四个槽，其强度比冬季明显减弱。与冬季比较可见，东亚大槽已从大陆东移入海，北美大槽的位置少动，欧洲浅槽已完全消失，但同时在欧洲西岸和贝加尔湖上空各出现一个浅槽。因此，对流层中、上层的高压脊位置也发生了相应的改变。

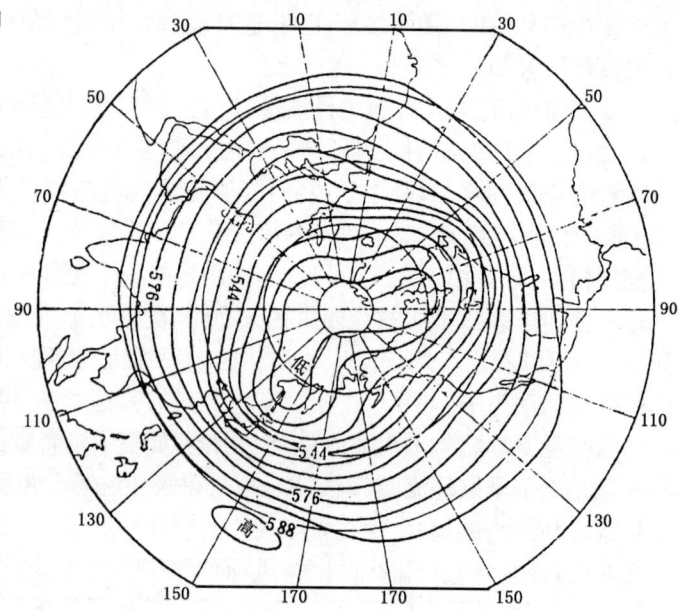

图 7.9 北半球 1 月份（冬季）500hPa 平均等压面形势图（引自中央气象台，1982）

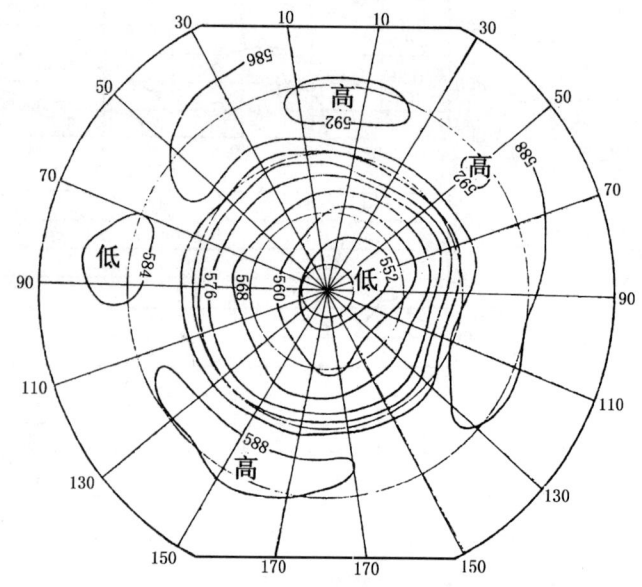

图 7.10 北半球 7 月份（夏季）500hPa 平均等压面形势图（引自中央气象台，1982）

由图可见,对流层中、上层的气压梯度以冬季为最强,所以1月份的主要大槽里的平均风速可达20~25m/s;夏季气压梯度最小,但在主要的低槽里气压梯度仍旧很大,风速达10~14m/s。由于低压槽的存在,空中气流产生经向分速,槽前有暖空气北上,槽后有冷空气南下,在低压槽的下方则有锋面和气旋的活动。由图还可看出,极地上空全年都为低压所占据,低纬地区上空全年都有高压存在。冬季,环绕极地的涡旋相应扩大了范围,强度增强。夏季,低纬的副热带高压向北伸展,范围扩大,强度增强。

(2) **对流层低层**:在对流层低层,由于海陆热力差异和地表起伏不平所引起的热力、动力变化使环流沿纬向的不均匀性更加显著,在月平均海平面气压分布图上表现为一个个巨大的高、低压系统,如图7.11和图7.12所示,图中资料为1951~1980年月平均值。

北半球1月份存在两个高压中心和两个低压中心。冷高压中心有:欧亚大陆的西伯利亚高压(或称蒙古高压)和北美大陆的**北美高压**(或称**加拿大高压**);低压中心有:北大西洋的**冰岛低压**和北太平洋的**阿留申低压**。副热带高压有两个主要中心,一个在太平洋,称**北太平洋高压**(或称**夏威夷高压**),另一个在大西洋,称**北大西洋高压**(或称**亚速尔高压**)。冬季副热带高压范围较小,强度较弱。

7月份与1月份最突出的差别是:冬季大陆上的两个冷高压变成了两个热低压:**南亚低压**(**印度低压**)和**北美低压**。阿留申低压和冰岛低压在夏季虽然仍存在,但比冬季弱得多。副热带高压夏季显著北移,海上的两个高压,即北太平洋高压和北大西洋高压强度增强,范围扩大,位置北移。

由于南半球海洋面积辽阔,因此其气压分布带状特征相对比较明显,在没有陆地或陆地很少的30°S以南直到环绕极地的低压槽之间的纬度带内,全年盛行自西向东的西风。南半球的中低纬度,由于澳大利亚、南非、南美洲大陆的存在,1月份(南半球夏季),在澳大利亚、南美洲和南部非洲大陆上分别形成范围较小的低压区,南太平洋和南印度洋的副热带高压向南偏移,并被大陆热低压切断。分裂成三个高压中心,分别位于南太平洋、印度洋和南大西洋上。7月份(南半球冬季),大陆上的高压与海洋上的副热带高压基本连接成一个高压带。

以上冬、夏季在平均气压图上出现的大型高、低压系统,称为**大气活动中心**。活动中心的位置和强弱反映了广大地区大气环流运行的特点,其活动和变化对其附近乃至全球的大气环流、高低纬间和海陆间热量、水分交换有重要影响,从而对天气、气候的形成和演变有重要影响。

7.2.4* 急流

在对流层中、上层等压面上,经常有弯弯曲曲环绕着半球,宽度几千米,水平温度梯度最大(等温线最密集)的带状区域,这就是高空锋区,也称**行星锋区**。根据热成风原理,水平温度梯度大的区域热成风也大。因此在它的上空必然有一个强风带存在。当风速达到或超过30m/s时,即为**急流**。观测表明,中纬地区对流层经常出现对流层锋区,水平梯度分量由南指向北,故西风风速随高度迅速增加,因

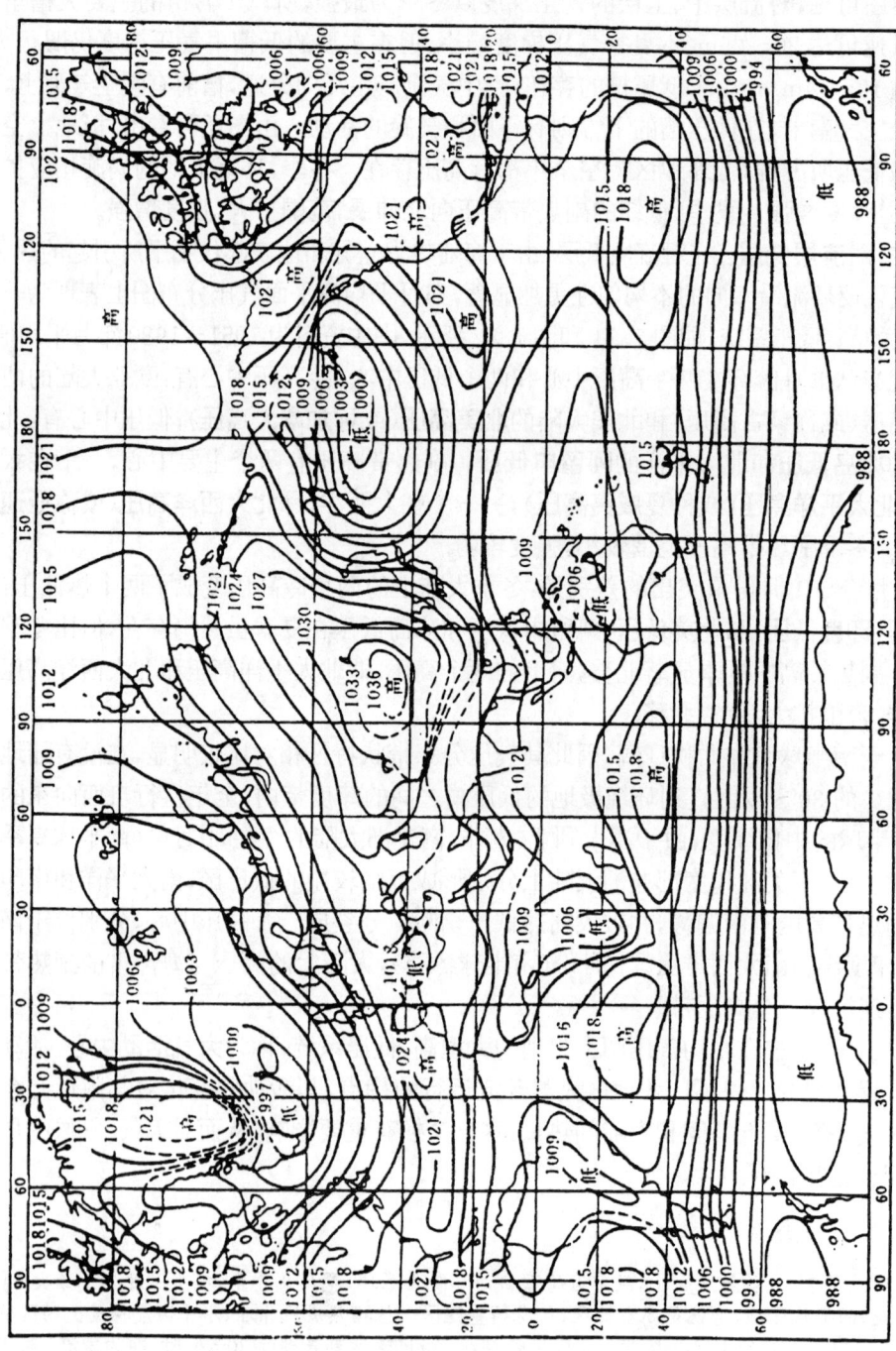

图7.11 全球1月份海平面平均气压分布图(引自中央气象台,1982)

第七章 大气环流

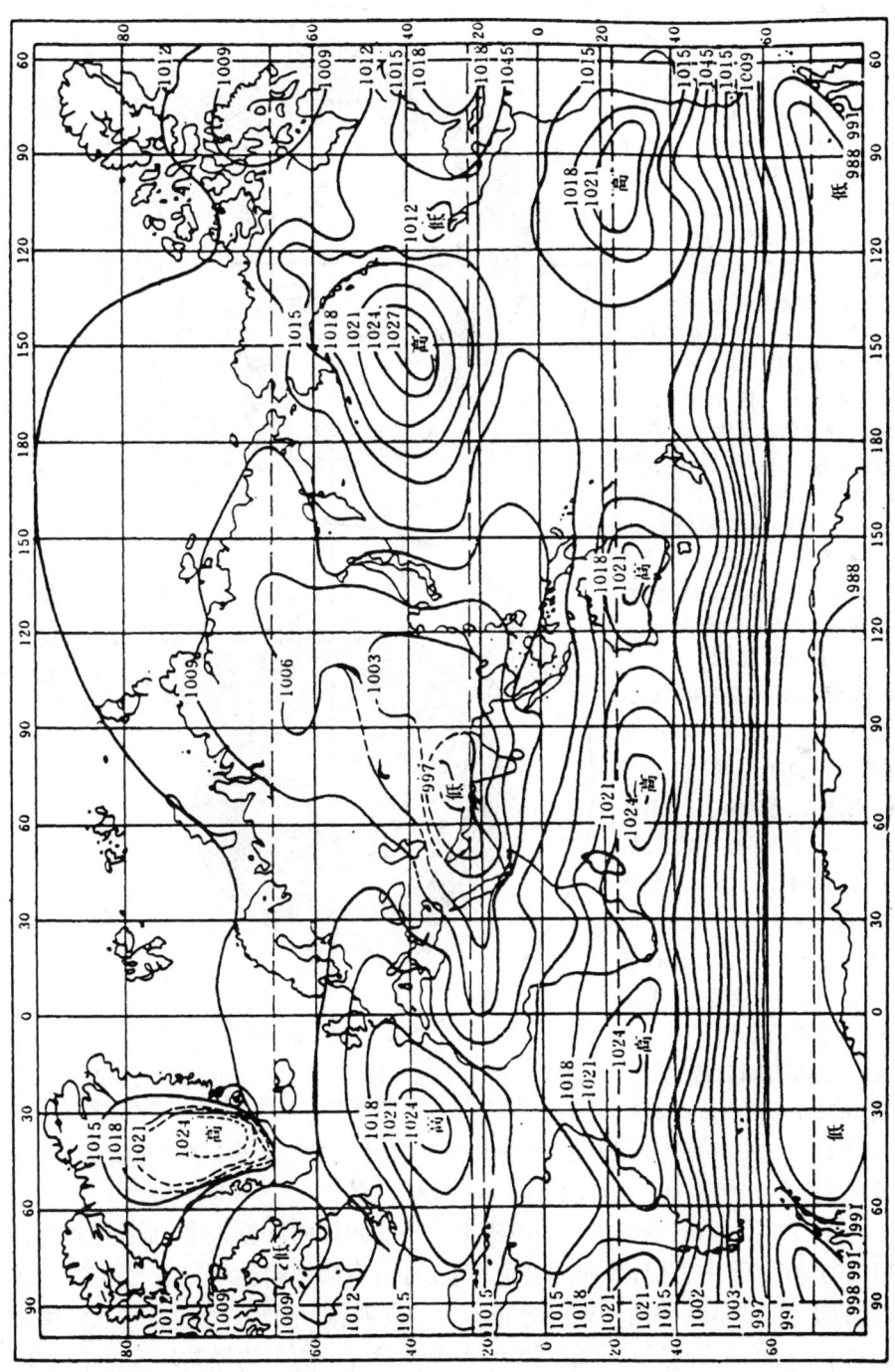

图7.12 全球7月份海平面平均气压分布图（引自中央气象台，1982）

此在其上空经常出现西风急流。急流常与高空锋区联系在一起，因此也可把急流看作锋区在高空风场上的表现形式。在急流的下方，常有气旋及云雨天气发生，降水较多。北半球上空的急流，按其所在的位置和经常出现的高度，可分为温带急流、副热带急流和热带东风急流。

7.2.4.1 温带急流

温带急流又称**极锋急流**，位于南北半球中高纬度地区上空，是与极锋相联系的西风急流。急流的平均高度冬季约8～10km，夏季约9～11km，平均厚度约3～10km。急流的位置经常在变动，冬季平均位于40°～60°N间，甚至伸展到更低纬度。夏季平均位置北移到70°N附近（图7.13）。温带急流的中心最大风速一般为45～55m/s，甚至达105m/s。急流一般是冬季强、夏季弱。急流轴有明显的分支和汇合现象。

7.2.4.2 副热带急流

副热带急流又称**南支西风急流**，位于200hPa上空副热带高压的北缘，同副热带锋区相联系，是一支相当强大而稳定的急流。急流轴位于25°～32°N的11～13km的高空，位置比较稳定，夏季向高纬推移10～15个纬距。冬季中心最大风速约50～60m/s，强中心风速可增至100～150m/s，甚至可达200m/s。夏季风速减半。其分支、汇合现象以东亚最清楚。

7.2.4.3 热带东风急流

热带东风急流是主要出现在夏季北半球亚洲、非洲副热带对流层顶附近（100～150hPa）处的一支急流，盛夏其平均位置在北纬10°～20°间，最大风速平均30～40m/s，个别达50m/s，风向稳定，强中心在阿拉伯海上空。

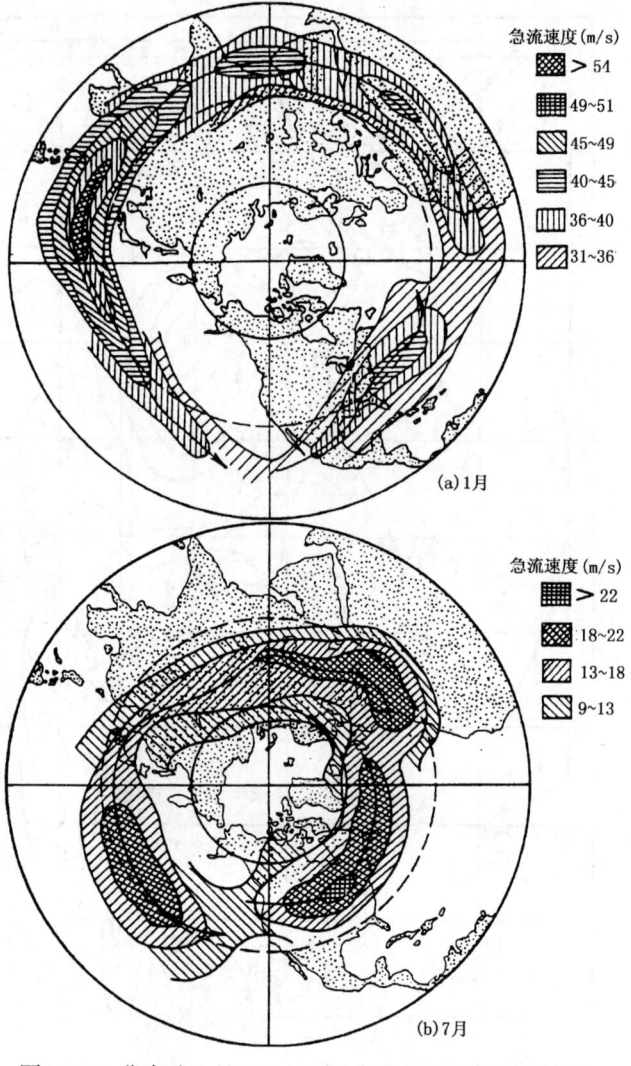

图7.13 北半球1月和7月西风急流的平均位置和速度
（据R.G.巴里，R.J.乔里，《大气、天气和气候》）

综上所述，大气运动的基本状态是以极地为中心的纬向环流为主，而且这种纬向运动是不均匀的。在对流中上层，纬向运动存在着急流，表明纬向运动的南北不匀；而大型长波槽、脊的扰动，则是纬向运动东西分布不匀的反映；近地面层气压带中永久性或半永久性活动中心，也是纬向运动分布不匀的表现。大气中的平均经圈环流是很微弱的，仅低纬度的信风环流比较显著，但它对空气的南北交换是很重要的。

§7.3 大气环流的变化

大气环流在演变过程中既有形态的变化,也有强度、位置的变化。这些变化集中表现为随季节交替的年变化和与大型环流调整相联系的中短期变化。

7.3.1 大气环流的年变化

大气环流的基本状态决定于地表热力分布的特征,而地表热力状况在一年中具有明显的季节性变化,进而引起大气环流的季节交替。大气环流的年变化在对流层的中上层和近地面层都有明显的表现。

7.3.1.1 对流层中上层大气环流的年变化

在中高纬度,一年中环流状态的季节转换,一般是以西风带的槽脊数量、结构形式和西风的强弱表现出来。从北半球 500hPa 多年平均流场来分析,11~4 月(冬季)中高纬度西风带上有三个槽、三个脊,而且槽脊的位置和强度基本稳定,6~8 月(夏季)西风带上原有的三个槽已变为四个比较浅的槽,因此冬季和夏季的环流形势比较稳定,且占全年比较长的时间,成为中高纬度高层大气环流的基本形态,并在一年内交替出现。环流在从冬季形态转变为夏季形态中,只通过短暂的春季环流(5 月)过渡阶段。同样,从夏季环流形态转变为冬季环流形态时,也只经过秋季(9~10 月)短促的过渡阶段。这种以一年为周期的环流形态的变化如图 7.14 所示。

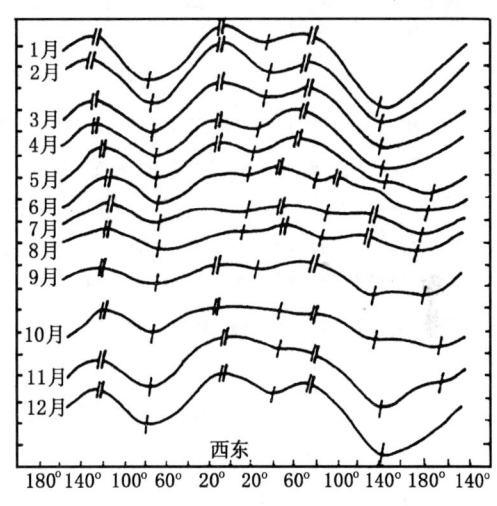

图 7.14 沿 50°N 的 500hPa 平均槽脊位置和强度的年变化

在对流层上层(200hPa)的纬向环流形势也有季节性转换,主要表现在高空急流的转换上,冬季时位于北纬 30°附近的副热带急流非常明显,4 月份开始减弱,5 月份突然消失,同时在 40°N 以北出现中纬度急流;9~10 月中纬度急流又突然消失,副热带急流又迅速建立。

7.3.1.2 对流层低层大气环流的年变化

在对流层低层,大气环流的年变化主要表现在行星风带和行星气压带随季节的移动和大气活动中心的季节性转换上。北半球的行星风带和行星气压带冬季向南移动,夏季向北移动。冬季,北半球海洋上低压加深发展,大陆上的冷高压不断增强;夏季北半球海洋上低压缩小、削弱或以至不明显,大陆上的冷高压北移,势力大大减弱,与此同时,副热带高压不仅在海洋上增强并且西伸北进,侵入到大陆。

7.3.2* 大气环流的中、短期变化

大气环流的中、短期变化是不同尺度的高空和低空天气系统的发生、发展和消亡过程所引起的。这种变化主要表现在西风带纬向环流和经向环流的相互转换上。**纬向环流型**,即500hPa上,环流比较平直,并在平直的西风带上多小槽、小脊。**经向环流型**,即500hPa西风带上发展出深槽大脊,能引起强烈冷、暖空气活动。纬向型和经向型环流经常交替出现,其交替周期大约2~6周。这种交替演变规律一般用**纬向环流指数**来表示。

纬向环流指数又称西风指数,表示平均地转风速中西风分量的一个指标。可以定量地表述纬向环流的强弱,它是在所取位置(一般取35°~55°或45°~65°为南北范围,经度范围根据需要而定,可取自然天气区,也可取东半球或西半球,但范围不宜过大)各点上地转西风分量的总平均值。一般在500hPa等压面图上计算西风指数,我国经常使用亚洲地区的西风指数,所选范围是45°~65°N,60°~150°E,其计算公式为

$$I_z = \frac{1}{\Delta\varphi \cdot n} \sum_1^n (\varPhi_{45} - \varPhi_{65})$$

式中 $\varPhi$ 为位势高度,n 为计算范围内所取点的数目,φ 为纬度。计算西风指数的时间单位可以是季节,也可以是月、候。西风指数的高低和演变特征,基本上能反映出环流形势的特征及其转换趋势。根据西风指数的大小,可以将大气环流过程概括为高、低指数环流两种类型。高指数环流的基本特征是两纬圈之间等高线密集而平直,槽脊振幅小,西风分量大,而南、北风分量小,高低纬度间的经向交换受到抑制;低指数环流的基本特征是两纬圈之间等高线稀疏,槽脊振幅大,西风分量小,而南、北风分量大,有利于热量、水分的南北输送。

§7.4 环流在气候形成中的作用

7.4.1 环流与热量输送

环流包括大气环流和洋流,它们对气候系统中热量的重新分配起着重要的作用。它们一方面将低纬度的热量传输到高纬度,调节了赤道与两极间的温带差异,另一方面又因大气环流的方向有由海向陆与由陆向海的差异和洋流冷暖的不同,使同一纬度带大陆东西岸气温产生明显的差异。

7.4.1.1 赤道与极地间的热量输送

由前所述,约在南北纬35°间,地-气系统的辐射热量有盈余,在高纬则相反。但根据多年观测的温度记录,却未见低纬度逐年增热,也未见高纬度逐年变冷,这必然存在着热量由低纬度向高纬度的传输,这种传输是大气环流和洋流来进行的。图7.15是通过理论计算所得的全球由低纬到高纬通过大气环流输送的显热、潜热及洋流输热的年平均值。

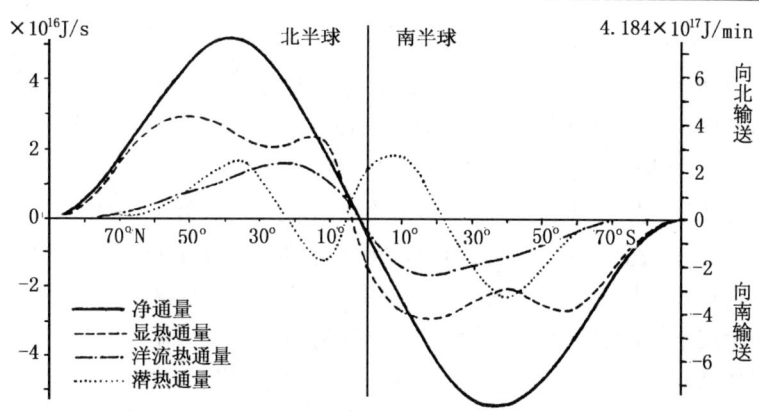

图 7.15　地气系统中热量的平均经向输送(引自 Sellers,1965)

由赤道到极地的热量传输随纬度和季节而异。就年平均而论,热带赤道约在 5°N 左右,其中显热的传输即从此热带赤道分别向北、南输送。潜热约在回归线附近分别向高、低纬输送。洋流热通量约自 2°N 左右的洋面分别向南北输送,在 20°附近达最高峰。综合以上各种热通量的输送,从年平均来讲,以纬度 40°附近为最大。从季节来讲冬季高低纬度间温度差异最大,环流亦最强,由低纬向高纬输送的热量亦最大。夏季南北温差小,热量的传送也较小。

大气环流对热量输送的形式有平均经圈环流和大型涡旋输送(气旋和反气旋)两种。在显热输送上,两者具同一量级。在 30°～70°N 地带,潜热的经向输送以大型涡旋输送为主,平均经圈环流次之,但在低纬度则基本上由信风和反信风的定常输送来完成。

据估计在环流的经向热量输送中,洋流的作用占 30%,大气环流的作用占 67%。在赤道至纬度 30°(低纬度地带)洋流的输送超过大气环流的输送。在 30°以北,大气环流的输送超过了洋流的输送。这种海洋～大气"接力式"的经向热量输送是维持高低纬度能量平衡的主要机制。由于环流的作用调节了高低纬度间的温度。表 7.1 列出了各纬圈上辐射差额温度与实际温度的比较。由表可见,由于环流经向输送热量的结果,低纬度降低了 2～13℃,中高纬度却升高了 6～23℃。据最新资料,赤道实测温度比辐射差额温度降低了 14℃,而极地则提高了 25℃,因此大气环流和洋流在缓和赤道与极地间南北温差上,确实起了巨大的作用。

表 7.1　各纬度上辐射差额温度与实际温度的比较(单位:℃)

温度平均值	纬 度									
	0°	10°	20°	30°	40°	50°	60°	70°	80°	90°
辐射差额温度(对于不流动大气的计算)	39	36	32	22	8	−6	−20	−32	−41	−44
观测温度(流动大气)	26	27	25	20	14	6	−1	−9	−18	−22
温度差数	−13	−9	−7	−2	+6	+12	+19	+23	+23	+22

7.4.1.2 海陆间的热量传输

大气环流和洋流对海陆间的热量传输有明显作用。冬季海洋是热源,大陆是冷源,在中高纬度盛行西风,大陆西岸是迎风海岸,又有暖洋流经过,故环流由海洋向大陆输送的热量甚多,提高了大陆西岸的气温。北大西洋和北太平洋东岸(大陆西岸)暖洋流水温正距平在5℃以上,特别是北大西洋暖流势力最强,又由于北大西洋洋盆的有利形状,使得这支暖洋流经冰岛、挪威的北角,一部分能远达巴伦支海,在盛行西到西南风的作用下,使西北欧气温特别暖和。从1月海平面等温线图上可以明显看出,这里的等温线向极地凸出,并几乎与海岸线平行,愈靠近大西洋海岸气温越暖;向内陆,气温乃逐渐变低,到了东西伯利亚维尔霍扬斯克附近,1月平均气温降到−50℃,成为世界(北半球)的"寒极";鄂霍次克海海面因位于亚欧大陆东侧,受西来大陆冷空气的影响,温度甚低,成为世界的"冰窖"。北美大陆也有类似的西岸暖、东岸冷的现象,但海陆温差不像亚欧大陆那样突出。

在夏季,大陆是热源,海洋是冷源,这时大陆上热气团在大陆气流作用下向海洋输送热量。从7月海平面等温线图上可见,在热带、副热带大陆上气温最高,在大陆风影响下,红海海面气温显得特别高(大于32℃)。这时大陆通过大气环流向海洋输送热量,但输送量远比冬季海洋向大陆的输送量小。夏季在迎风海岸气温比较低,在冷洋流海岸因系离岸风,仅贴近海边处,受海洋上翻水温的影响,气温比大陆内部要低的多。这种海陆间的热量交换是造成同一纬度带上,大陆东西两岸内部气温有显著差异的重要原因。

7.4.2 大气环流与水分循环

水分循环的过程是通过蒸发、大气中的水分输送、降水和径流(含地下径流和地表径流)四者来实现的,如图7.16所示。由于太阳能的输入,从海洋表面蒸发到空中的水汽,被气流输送到大陆上空,通过一定的过程凝结成云而降雨。地面上的雨水又通过地表江河和渗透到地下的水流,再回到海洋,这称为水分的外循环(又称大循环),也就是海陆之间的水分交换。水分从海洋表面蒸发,被气流带至空中凝结,然后以降水的形式落回海中,以及水分从陆地表面的水体、湿土蒸发及植物蒸腾到空中凝结,再降落到陆地表面,这就是水分内循环(又称小循环)。无论是水分外循环或是水分内循环,大气环流都起着重要的作用。水分循环中的三个分量蒸发、

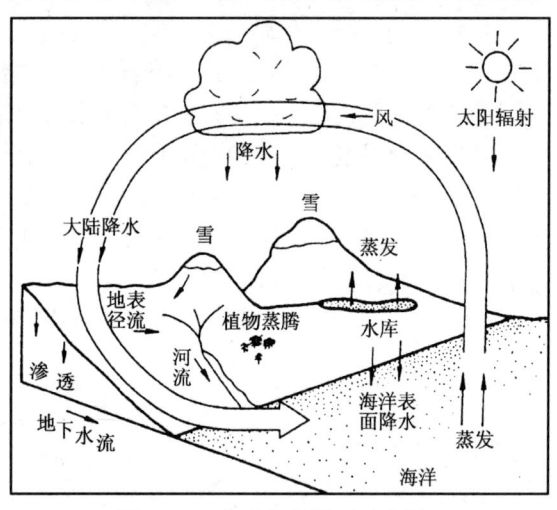

图7.16 全球水分循环示意图

降水和大气中的水分输送(水汽径流)的平均经向分布如图 7.17 所示。

大气环流与它们的关系:首先在蒸发过程中,在水源充足的条件下(如海洋),蒸发的快慢和蒸发量的多寡要受下垫面温度和环流方向、速度的影响。海洋上年平均蒸发量最高峰出现在北纬 15°～20°和南纬 10°～20°之间的信风带,这是风向和风速都很稳定的地带。信风又来自副热带高压,最有利海水的蒸发,而赤道低压带因风速小,云量也较多,海面蒸发量反而相形见绌。世界降水的纬度带分布有两个高峰,一个在赤道低压带,这里有辐合上升气流,产生大量的对流雨;一个在中纬度西风带,在冷暖气团的交绥区的锋带上,气旋活动频繁,降水量因之亦较多,是次于赤道的第二个多雨带。在这两个高峰之间,是副热带高压带,盛行下沉气流,因此即使在海洋表面,降水也甚稀少。在 13°～37°N 及 7°～40°S 蒸发量大于降水量,水汽有盈余;在赤道和中、高纬度降水量大于蒸发量,水汽有亏损;要达到水分平衡,则需大气径流将水汽从盈余的地区输送到亏损的地区。以副热带高压为中心,通过信风和盛行西南风(北半球)将水汽分别向南和向北作经向的输送(图

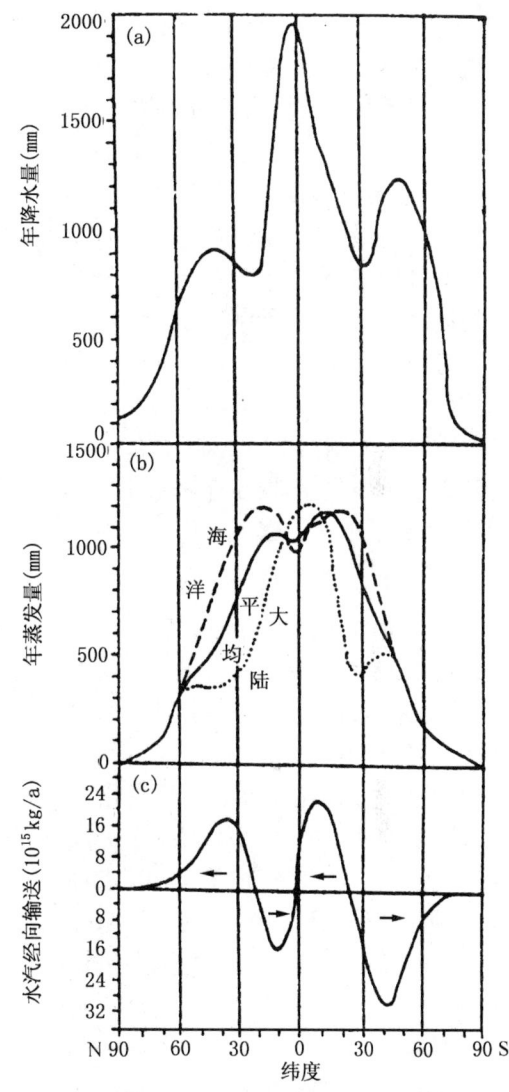

图 7.17 年平均降水量、年蒸发量和水汽的经向输送随纬度的分布

7.16 中箭头方向)。全球的水分输送,在低纬度哈得来环流起的作用甚大,在中、高纬度主要通过大型涡旋运动进行水汽输送。

7.4.3 行星风系与气候

在不考虑海陆分布和地形影响的条件下,地球表面不同纬带间的盛行风带称为**行星风系**。在三圈大气环流模式中,地球表面从北极到南极共有 7 个气压带,除赤道低压

带外,南、北半球各有一个副热带高压带,副极地低压带和极地高压带。每两个气压带间形成一个盛行风带,即低纬度信风带、中纬度盛行西风带和极地东风带。

行星风带和行星气压带的位置及其季节移动使地球上不同的纬度形成独特的气候带。在单一气流常年控制的地区,各形成一个独特的气候带:赤道辐合带(赤道气候带);信风带(热带气候带);西风带(温带气候带);极地东风带(寒带气候带)。

由于行星风带和气压带随季节南北位移,由两种风带交替控制的地带,就形成一个独特的气候带:赤道辐合带与信风带交替控制带(热带干湿气候带);信风带与西风带交替控制地带(副热带干湿气候带);西风带与极地东风带交替控制地带(寒温带气候带)。

考虑到海陆分布及洋流等因子的作用,那么,能体现上述各气候带的地区,应是大洋西岸。至于大陆中部和东部,则成为各气候带中不同的气候类型。例如,在西风带和信风带交替控制的地带,大陆西岸表现为副热带夏干冬湿的地中海式的气候;大陆中部为副热带干燥气候,而东岸除亚洲外,皆为副热带东岸湿润气候,亚洲在季风环流的作用下,形成了独特的季风气候。

7.4.3.1 低纬度环流与气候

低纬度的主要环流系统包括赤道西风、赤道辐合带、副高南侧的信风带和副热带高压。图7.18是1月和7月低纬度地面平均流场和气压场。从图中可见,大约自赤道向南、北延伸到纬度5°~10°的范围内,终年受赤道西风和赤道辐合带的影响,全年高温多雨,无干季,天气变化单调。在南、北纬10°~25°为信风带,大陆西岸(大洋东侧)是背风海岸,降水稀少,贴近海岸亦可出现沙漠;大陆东岸(大洋西岸)或大洋中的岛屿是迎风海岸,降水充沛,如有地形抬升作用,则降水更多。

副高平均位置在纬度30°左右,夏季可移到35°,冬季在20°左右。在副高中心的控制下,盛行下沉气流。太阳高度较高的夏季赤道辐合带两侧,受来自海洋赤道西风的影响,形成多雨的湿季;在太阳高度较低的冬季受信风控制,特别是大陆西岸,形成少雨的干季。这就是热带干湿季气候。

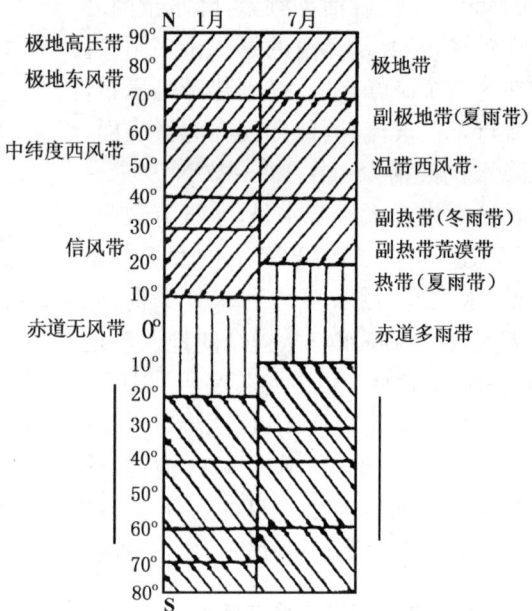

图7.18 大陆西岸冬夏风带移动示意图

7.4.3.2 中纬度环流与气候

中纬度环流圈自副高脊线向高纬延伸至副极地的极锋附近,包括副热带和温带。环流系统包括副高以及中纬度西风带。西风带高空有两支急流,即南支西风急流和北支西风急流。西风带中、高空盛行各种大中型波动,地面盛行移动性的低压和高压。

大约在南北纬 25°~35°范围内,因受副热带高压的影响,全年经常干燥,冬季有时受西风带影响,有短暂的降水,属副热带干燥气候。实际上这一地带是热带干燥气候向高纬度的延伸,因为它们都是由副高控制造成的。

大约在南、北纬 35°~60°间均受中纬度西风带控制。如果处在大陆中部,夏季受大陆热低压影响,冬季受大陆冷高压控制,全年经常干燥,只有夏季有不多的降水,形成温带干燥气候。如果处在大陆的西岸,夏季高空受西风影响,地面多温带气旋活动;冬季高空受北支西风急流影响,地面气旋活动也频繁。因此,全年各地都有降水,尤其冬季,形成温带海洋性气候。如果处在大陆东部,夏季高空受西风影响,地面多气旋活动;冬季高空受北支西风影响,地面受冷高压控制。因此,夏季炎热多雨,冬季寒冷少雨,形成温带季风气候。

在副高与中纬西风带之间的地区,由于环流系统作季节性移动,形成冬夏气候不同的特点。如冬雨夏干的地中海式气候和夏雨冬干的副热带季风性气候。

7.4.3.3 高纬度环流与气候

极地冷高压是高纬地面环流系统,极涡是高纬高空主要环流系统。在它们的控制下形成寒冷少雨天气。只有在副极地地区,夏季因环流系统季节性向高纬移动,可受中纬度西风带影响,在迎风海岸降水较多。各地的降水量大小与环流系统有着密切的关系。如果影响的环流系统相同,其降水特点就基本相似;如果影响某个地区的环流系统发生变化,该地区的降水特点也随之改变。

> **大气环流与气候**
>
> 大气环流是气候形成的重要因子,当环流形势长期处于平均状态时,各地的气候通常也处于正常状态;当环流形势在个别年份或季节偏离平均状态而出现异常时,也就会使该时期内的天气、气候出现异常,导致某些地区过寒或过暖、干旱或雨涝。大气环流异常与大范围下垫面变化有关。例如,东赤道太平洋海温异常增暖(厄尔尼诺现象),全球冰雪覆盖面积的年际变化等都会导致大气环流的异常变化。

总结与提要

本章所讲述的大气环流主要指具有全球规模和大区域范围的大气流场。最基本的模式是三圈环流,其主要表现形式有全球规模纬向分布的行星风系、定常分布的平均槽脊和高空急流,以及近地面层海陆上的大型涡旋。大气环流的存在使得不同地区间的大气动量、热量和水分得以相互交换,制约着天气的发展变化,并对全球气候的形成起到重要作用。

(1)三圈模式大气环流形成的基础是太阳辐射纬度分布的不匀和地球的自转,太阳辐射纬度分布的不均衡将导致大气从热的赤道上升,在冷的极地下沉,形成单圈环流,而由于地转偏向力的作用使从赤道上升气流不能径直流往极地,而是发生偏转,形成三圈环流。它们自赤道向极地分别是:哈得来环流圈、中纬度环流圈(费雷尔环流圈)、高纬度环流圈(极地环流圈)。

(2)三圈环流形成的同时,在近地面形成"三风四带",即:信风带、盛行西风带和极地东风带;赤道低压带、副热带高压带、副极地低压带和极地高压带。

(3)由于地球表面海陆的相间分布使大气环流的纬向均一性被破坏,近地面除赤道附近和南半球中高纬度外,纬向气压带分裂为一个个闭合的高压中心和低压中心。相应地,气流也形成与高低压相符合的大型涡旋风系,如东亚季风等;高空纬向气压带和风带继续维持,但气压带呈槽脊相间分布,气流也呈现出具有南北分量的大气长波。

(4)地形的起伏对区域性大气环流产生影响,如青藏高原的存在不仅使东亚大槽位置稳定,而且形成了高原季风。

(5)盛行西风带之所以盛行范围大,在中纬度对流层顶形成强西风中心,主要是由于热成风的影响。冬夏南北温差的不同使冬季西风比夏季强。

(6)大气环流的年变化主要表现在:低层海陆高低压性质的转换或位置的移动(前者为半永久性活动中心,后者为永久性活动中心);行星风带气压带的南北位移;高空槽脊个数发生变化,定常位置有所移动。

(7)大气环流促进高低纬度间和海陆之间发生热量和水分交换,使各地气候不仅受本地的太阳辐射和地理条件的作用,而且还受相邻区域气候的影响;在不同纬度、经度位置的环流形势,是不同气候类型的形成基础。

复习思考题

1. 画图并说明经向三圈环流及与其相对应的近地层行星风系、纬圈气压带的形成和分布。
2. 说明海陆分布如何改变低空和高空气压场的纬向带状结构。
3. 以青藏高原为例说明大地形对大气环流的影响。
4. 冬夏季大气环流有哪些显著差异?
5. 举例说明环流异常对我国气候的影响。
6. 解释名词:大气环流、急流、环流指数。

第八章　天气系统

天气是一定区域短时段内的大气状态(如冷暖、风雨、干湿、阴晴等)及其变化的总称。**天气系统**通常是指引起天气变化和分布的高压、低压和高压脊、低压槽等具有典型特征的大气运动系统。各种天气系统都具有一定的空间尺度(表8.1)和时间尺度，而且各种尺度系统间相互交织、相互作用。许多天气系统的组合，构成大范围的天气形势，构成半球甚至全球的大气环流。表8.1列出了常见的各种尺度的天气系统。

表8.1　常见的各种尺度的天气系统

地带＼尺度	大尺度 (>2000km)	中间(天气)尺度 (2000～200km)	中尺度 (200～2km)	小尺度 (<2km)
温带	超长波、长波	气旋、锋	背风波	雷暴
副热带	副热带高压	副热带低压、切变线	飑线、暴雨	龙卷风
热带	赤道辐合带、季风	台风、云团	热带风暴对流群	对流单体

天气系统总是处在不断发生、发展和消亡的过程中，在不同的发展阶段有其相对应的天气现象。因而一个地区的天气和天气变化是同天气系统及其发展阶段相联系的，是大气的动力过程和热力过程的综合作用的结果。

各类天气系统都是在一定的大气环流和地理环境中形成、发展和演变着，都反映着一定地区的环境特性，天气系统的形成反过来又给地理环境的结构和演变以深刻的影响。

§8.1　气团和锋

8.1.1　气团

8.1.1.1　气团的概念

气团是指气象要素(主要指温度、湿度和大气稳定度)水平分布比较均匀、垂直分布相似的大范围的空气团。其水平范围从几百千米到几千千米，垂直范围可达几千米到十几千米。同一气团内的水平温度梯度一般小于 $1\sim2℃/100km$，垂直稳定度及天气现象也都变化不大。

8.1.1.2　气团形成和变化的物理过程

气团形成的源地需要两个条件：<u>一是范围广阔、地表性质比较均匀的下垫面</u>。空气中的热量、水分主要来自下垫面，因而下垫面性质决定着气团的属性。在冰雪覆盖的地区往往形成冷而干的气团。在水汽充沛的热带海洋上，常常形成暖而湿的气团。所以，大范围性质比较均匀的下垫面，可成为气团形成的源地。二是有一个能使空气物理属性在水平方向均匀化的环流场。比如运动速度较慢的高压(反气旋)系统,在其控制下不仅能使空气有充足的时间同下垫面进行热量交换和水分交换,以获得下垫面属性,而且高压中的低空辐散流场有利于减小空气温度和湿度的水平梯度,使之趋于均匀化,成为有利于气团形成的环流条件。

气团的形成在具备了上述两个条件下,主要通过大气中各种尺度的湍流、大范围系统性垂直运动以及蒸发、凝结和辐射等动力、热力过程与地表间进行水分和热量交换,经过足够长的时间来获得下垫面的属性。

气团形成后,随着环流条件的变化,由源地移行到另一新的地区,由于下垫面性质以及物理过程的改变,气团的属性也随之发生相应的变化,这种气团原有的物理属性的改变过程称为气团变性。气团的变性过程同气团的形成过程一样,也是通过湍流、大范围垂直运动和蒸发、凝结、辐射等物理过程来实现的。

气团总是随着大气的运动而不停地移动着,停滞或缓行的状态只是暂时的,相对的。因而气团的变性是经常的,绝对的。而气团的形成只是不断变性过程中的一个相对稳定的阶段。日常所见到的气团大多是已经离开源地而有不同程度变性的气团。

8.1.1.3 气团的分类

为了分析气团的特性、分布、移动规律、常常对地球上的气团进行分类。分类的方法大多采用地理分类法和热力分类法。

(1)**地理分类法**：地理分类法是根据气团源地的地理位置和下垫面性质进行分类。首先按源地的纬度位置把北(南)半球的气团分为四个基本类型,即冰洋(北极和南极)气团、极地气团、热带气团和赤道气团。再根据源地的海陆位置,把前三种基本类型分为海洋型和大陆型。赤道气团源地主要是海洋,就不再区分海洋型和大陆型。这样,每个半球划分出7种气团,如表8.2所示。各种气团在地球上的分布见图8.1。

(2)**热力分类法**：是根据气团与流经地区下垫面间或气团与气团之间的热力对比进行的分类。凡是气团温度高于流经地区下垫面温度的,称**暖气团**。相反,气团温度低于流经地区下垫面温度的,称**冷气团**。冷、暖气团是相对比较而言,两者之间并无绝对温度数量界线。实际工作中还常根据相邻气团间的温度对比划分冷、暖气团,温度相对高的称暖气团,温度相对低的称冷气团。

暖气团一般含有丰富的水汽,容易形成云雨天气。但是,当其移向冷区(高纬度)时,不仅会引起流经地区地面增温,而且气团低层不断失热而逐渐变冷,气团温度直减率减小,气团趋于稳定,有时甚至可能发展成逆温层,以致暖气团中热力对流不易发展,往往呈现出稳定性天气。如果暖气团中湍流作用较强,也可能形成层云、层积云,甚至毛毛雨、小雨等天气。

第八章 天气系统

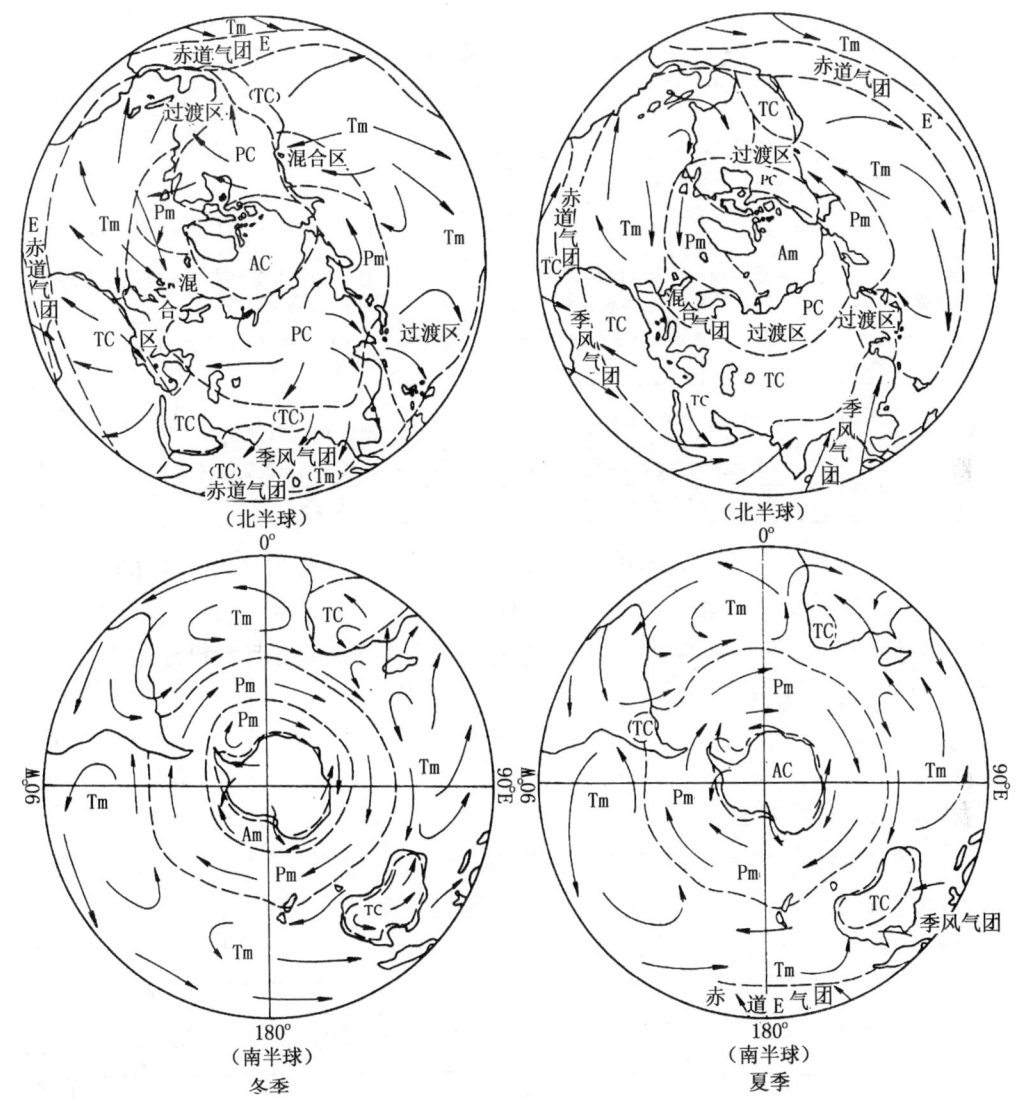

图 8.1 气团的源地分布

冷气团一般形成于干冷天气。如果从源地移向暖区(低纬度)时,气团低层因不断吸热而增温,气团温度直减率趋向增大,层结稳定度减小,对流运动容易发展,可能发展成不稳定天气。如果冷气团来自海洋,水汽较多,可能出现积状云,产生阵性降水天气。

冷暖气团的天气特征在不同季节、不同下垫面可能有所差别。例如夏季的暖气团,水汽含量丰富,如被地形或外力抬升时,可以出现不稳定天气。冬季的冷气团不仅水汽含量少而且气层非常稳定,一般为稳定性天气。同时,冷暖气团在不同纬度所形成的天气也不完全一样。

表 8.2 气团的地理分类

名 称	符号	主要天气特征	主要分布地区
冰洋大陆气团（北极、南极）	Ac	气温低，水汽少，气层非常稳定，冬季入侵大陆时会带来暴风雪天气	南极大陆、65°N 以北冰雪覆盖的北极地区
冰洋海洋气团（北极、南极）	Am	性质与 Ac 相近，夏季从海洋获得热量和水汽	北极圈内海洋上、南极大陆周围海洋
极地大陆气团（中纬度或温带）	Pc	低温、干燥，天气晴朗，气团低层有逆温层，气层稳定，冬季多霜、雾	北半球中纬度大陆上的西伯利亚、蒙古、加拿大、阿拉斯加一带
极地海洋气团（中纬度或温带）	Pm	夏季同 Pc 相近，冬季比 Pc 气温高，湿度大，可能出现云和降水	主要在南半球中纬度海洋上，以及北太平洋、北大西洋中纬度洋面上
热带大陆气团	Tc	高温、干燥、晴朗少云，低层不稳定	北非、西南亚、澳大利亚和南美一部分的副热带沙漠区
热带海洋气团	Tm	低层温暖、潮湿，且不稳定，中层常有逆温层	副热带高压控制的洋面上
赤道气团	E	湿热不稳定，天气闷热，多雷暴	在南北纬 10°之间

我国的大部分地区处于中纬度，冷、暖气流交绥频繁，缺少气团形成的环流条件。同时，地表性质复杂，没有大范围均匀的下垫面作为气团源地。因而，活动在我国境内的气团，大多是从其它地区移来的变性气团。东部季风区冬季主要是变性极地大陆气团，夏季主要是变性热带海洋气团。

8.1.2 锋

8.1.2.1 锋的概念

大气中冷暖气团相遇后，其间有一个界面，由于湍流、辐射等作用，不同性质气团之间的界面实际上是一个过渡层，这个过渡层就称之为**锋**。

锋具有一定厚度并在空间呈倾斜状态，随高度它总是向冷空气一侧倾斜，锋的下方为冷气团，上方为暖气团。靠近冷空气一侧的界面叫**下界**，靠近暖空气的一侧叫**上界**，如图 8.2 所示。锋与空间某一平面或某一垂直面相交的区域称为**锋区**。

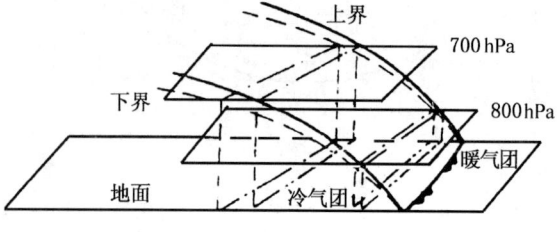

图 8.2 锋面的空间结构

锋区的水平宽度在近地面层约几十千米，在高空可达 200～400km，甚至更宽一些。锋的长度可延伸数百千米至数千千米。锋的宽度和长度相比是很小的，因此锋可近似的认为是一个几何面，称为**锋面**。锋面和地面的交线称为**锋线**。锋面和锋线通称为**锋**。锋向空间伸展的高度视气团的高度而有不同，凡伸展到对流层中上层者，称为**对流层锋**；仅限于对流层低层(1.5km 以下)者，称**近地面锋**。

8.1.2.2 锋面坡度

锋在空间呈倾斜状态是锋的一个重要特征。锋面倾斜的程度,称**锋面坡度**。锋面坡度的形成和维持是地球自转偏向力作用的结果,见图8.3。锋的一侧是冷气团,另一侧是暖气团,由于冷暖气团密度不同,在两气团间便产生了一个由冷气团指向暖气团的水平气压梯度力(G),这个力迫使冷气团呈锲形伸向暖气团下方,并力图把暖

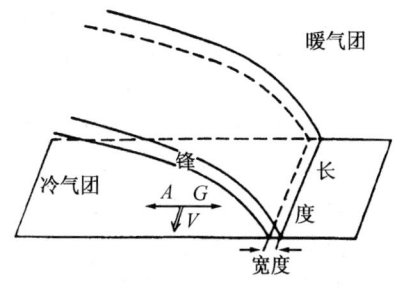

图 8.3 锋面坡度

气团抬挤到它的上方,使两者分界面趋于水平。然而,当水平气压梯度力开始作用时,地转偏向力(A)就随之起作用,并不断地改变着冷空气的运动方向,使其逐渐与锋线趋于平行,当地转偏向力和气压梯度力达到平衡时,气流即平行于锋面作地转运动,这时,冷暖气团的分界面就不再向水平方向过渡而呈现为倾斜状态。当锋面保持稳定时,锋面与地平面的交角称锋面倾斜角,其简化的表达式为

$$\mathrm{tg}\alpha = \frac{f}{g}T_m \frac{\Delta V_g}{\Delta T} \tag{8.1}$$

式中 f 为地转参数($f = 2\omega\sin\varphi$),g 为重力加速度,$\Delta T = T_2 - T_1$,T_1 和 T_2 分别是冷暖气团的气温,$T_m = \dfrac{T_1 + T_2}{2}$,$\Delta V_g = V_{g_1} - V_{g_2}$,$V_{g_1}$ 和 V_{g_2} 分别为冷暖气团平行于锋线的风速分量。式(8.1)说明:

①如果其它因子不变,锋面坡度随纬度增高而增大。在赤道上 $\varphi = 0$,$\mathrm{tg}\alpha = 0$,故没有锋面存在的可能;

②锋面坡度与锋两侧温度差成反比。当温度差 $\Delta T = 0$ 时,$\mathrm{tg}\alpha = \infty$,锋面不存在;

③当锋面两侧平行于锋面的地转风速差 $\Delta V_g = 0$ 时,锋面不存在;

④锋面坡度与两气团的风速差成正比而与温度差成反比,实际上当锋面两侧气团的温差增大时,风速差也往往增大,两者作用相互抵消。因此,总的来说锋面坡度的改变就不十分明显。

8.1.2.3* 锋面附近气象要素场的特征

锋面的空间状态是向冷空气一侧倾斜的,它是锋面的重要特征。锋面附近的各种气象要素、锋面云系和天气现象的分布都与锋面这个特征密切相联系的。

(1)温度场特征:

①水平温度梯度大。锋的最重要特征之一是锋区内的水平温度梯度比气团内部的水平温度梯度大得多。在气团内部温度分布比较均匀,通常100km内温差只有1℃左右;但在锋区内100km温差可达10℃。因此,在地面图上,温度差异特别大的地区就是地面锋线位置所在。在各层等压面图上,锋区内等温线相对密集,等温线越密,锋区越强,等温线的走向与锋区的走向近于平行,如图8.4所示。但是,锋

区的狭窄程度,各高度常有不同,一般地面锋很窄,向上变宽。由于锋在空间是向冷空气一侧倾斜的,所以等温线的密集带也随高度向冷空气一侧偏移。

②锋区内温度垂直梯度特别小,常出现锋面逆温。对某个测站来讲,如果它的上空有锋面,则因锋的下方是冷气团,上面是暖气团,可以观测到温度随高度增高而升高,这种现象称为**锋面逆温**。这里应该指出,当冷、暖气团温差较小时,这种锋面逆温也可以变为等温或气温直减率很小,如图8.5所示。图8.6所示为剖面图上锋面的温度场特征。锋面的不同温度层结反映锋前的强度,逆温情况锋面最强。在逆温情况下,逆温层顶相当于锋的上界,逆温层底对应于锋的下界,锋区厚度一般可达数百米。

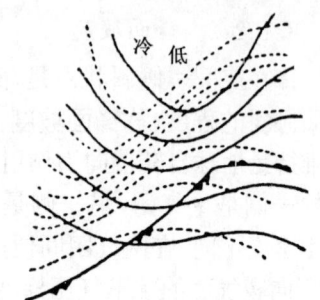

图8.4 地面锋线与高空锋区的相对位置

(2)**气压场特征**:在地面图上,锋位于低压槽中,如等压线通过锋面时呈气旋式弯折,且折角指向高压。下面以图8.7加以说明。x轴由暖气团指向冷气团,y轴平行于锋线,如沿x轴方向来观察气压的变化,在暖气团一侧由于空气密度均匀,沿x轴方向气压没有变化,等压线平行于x轴,与锋线(y轴)垂直。当等压线通过锋线进入到锋面下方的冷空气团时,则由于锋下密度较大的冷空气柱逐渐增长,沿x轴方向气压必然会逐渐升高(例如a点由1000hPa升至1002.5hPa;b点由1000hPa升至1005hPa),冷区中的等压线必然为虚线所示。所以在冷气团一侧的等压线不再如暖区那样平行于x轴,而是在锋线处出现折角,折角指向高压,即锋线处于低压槽中。图8.8为地面锋线附近常见的几种气压场。

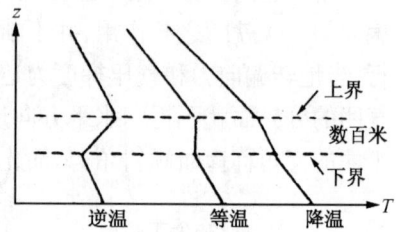

图8.5 锋面逆温

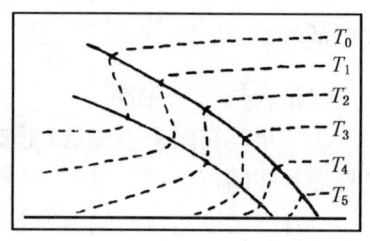

图8.6 剖面图上锋区附近的等温线

(3)**锋附近的风场**:

①锋附近风的水平分布。由于地面锋线处于低压槽中,所以地面锋线附近的风场具有气旋式切变。这种现象在有磨擦存在的近地面层更为显著。这种风场的气旋式切变包括风向切变和风速切变。

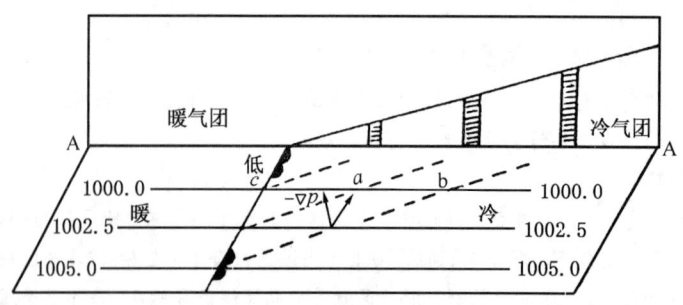

图8.7 锋附近的气压场

有的情况下,只有一种情况出现,如风速切变明显,而风向差异不大,这就是所谓锋面处于隐槽中。有的情况下是风向、风速切变兼有之,例如地面冷锋呈东北—西南走向时,锋前多为偏南风,而锋后则为西北风,且风速一般锋前较锋后大。锋附近常见的气压场的水平分布有如图8.8所示的6种。由于地面摩擦的影响,风和等压线成一交角而吹向低压,所以,地面锋线也通常是气流的辐合线。

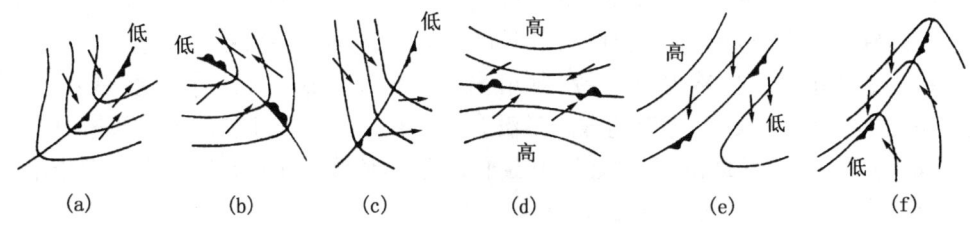

图8.8 地面锋线附近常见的几种气压场与风场配置的型式

②风的垂直切变。风随高度的变化称为锋的垂直切变。在锋附近风随高度的变化是因锋的不同而有差异的。对冷锋而言,由于锋附近是冷平流,所以自上而下穿越锋面时,风向作逆时针旋转,又因为通过锋区时热成风很大,因此风向的切变是很迅速的。暖锋的情况和冷锋正相反,由于暖锋附近是暖平流,所以自上而下穿越锋面时,风向作顺时针旋转,见图8.9所示。关于风速随高度的变化,根据热成风原理可知,在水平温度梯度最大之处,风速增大亦最快,因此锋区的上空对应有风速最大的区域,可以出现急流。

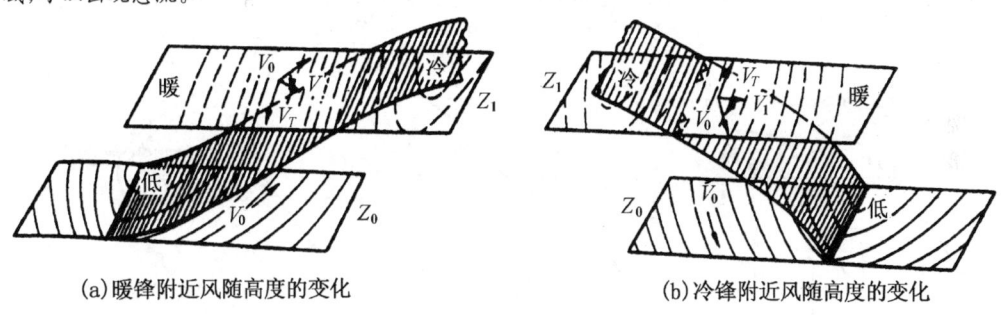

(a)暖锋附近风随高度的变化　　(b)冷锋附近风随高度的变化

图8.9 锋附近风随高度的变化

8.1.2.4 锋的分类

为了了解各种锋的共同特征和天气变化规律,将锋进行分类。由于着眼点不同,有不同的分类方法。

根据锋在移动过程中冷暖气团所占的主次地位可将锋分为:**冷锋、暖锋、准静止锋和锢囚锋**四种。

根据不同地理位置气团的交汇角逐,又可将锋分为:**冰洋锋、极锋和赤道锋(热带锋)**三种。

这一部分主要介绍根据锋两侧冷暖气团的移动方向进行锋的分类。

(1)**冷锋**:锋面在移动过程中,冷气团起主导作用,推动锋面向暖气团一侧移动,这种锋面称为**冷锋**。冷锋过境后,冷气团占据了原来暖气团所在的位置,如图 8.10(a)所示。冷锋在中国一年四季都有,尤其在冬半年更为常见。

(2)**暖锋**:锋面在移动过程中,若暖气团起主导作用,推动锋面向冷空气团一侧移动,这种锋面称为**暖锋**。暖锋过境后,暖气团就占据了原来冷气团的位置,如图 8.10(b)所示。暖锋多在中国东北地区和长江中下游活动,大多与冷锋联系在一起。

(3)**准静止锋**:当冷暖气团势力相当,锋面移动很慢时,称为**准静止锋**,如图 8.10(c)所示。事实上,绝对的静止是没有的。在这期间,冷暖气团同样是互相斗争着,有时冷气团占主导地位,有时暖气团占主导地位,使锋面来回摆动。在中国华南、天山和云贵高原等地区常见准静止锋。

(4)**锢囚锋**:暖气团、较冷气团和更冷气团(三种性质不同的气团)相遇时先构成两个锋面,然后其中一个锋面追上另一个锋面,即形成**锢囚锋**。它们迫使冷锋前的暖空气抬离地面,锢囚到高空。将冷锋后部冷气团与锋面前面冷气团的交界面,称为锢囚锋。锢囚锋又可分为三类:如果锋前的冷气团比锋后的冷气团更冷,其间的锢囚锋称为暖式锢囚锋,如图 8.10(d)所示;如果锋后的冷气团比锋前的冷气团更冷,其间的锢囚锋称为冷式锢囚锋,如图 8.10(f)所示;如果锋前后的冷气团无大差别,则其间的锢囚锋称为中性锢囚锋,如图 8.10(e)所示。空间剖面图上原来两条锋面的交接点称为锢囚点。

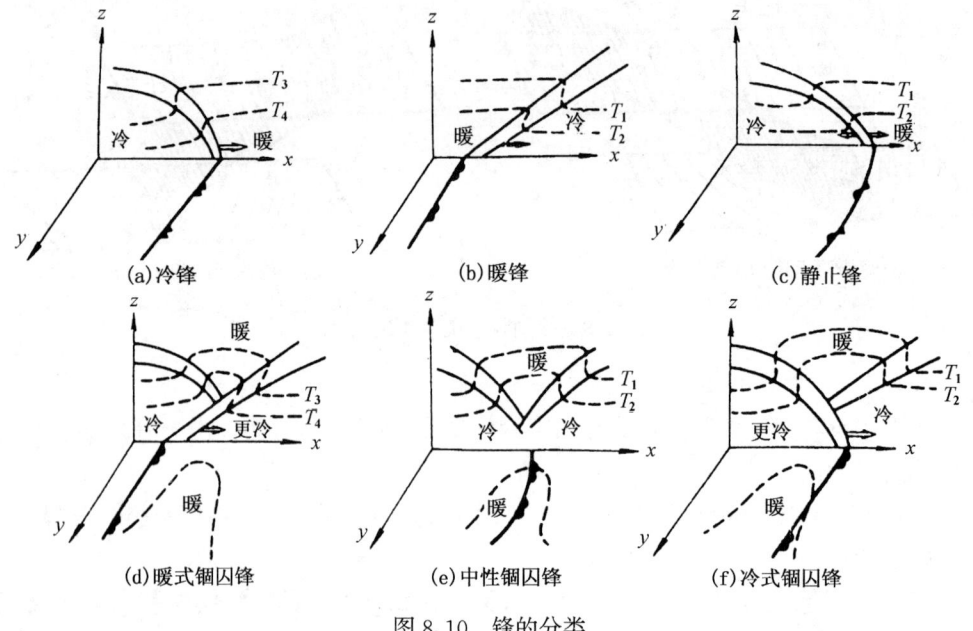

图 8.10 锋的分类

8.1.2.5 锋面天气

在锋面附近存在着大片云系和降水现象。同时在各种类型的锋面附近,云、雨现象也有明显差别。这里主要介绍影响锋面云系和降水的主要因素和几种类型锋面的典型天气模式。

(1) **影响锋面天气的主要因素**：锋面天气，主要指锋附近云和降水的分布，影响锋面云系和降水的主要因素有：垂直运动、大气中的水汽条件和大气稳定度。由于这些因素随时间、地点而变化，所以锋面云系和降水千变万化。

①锋附近的垂直运动。锋附近出现广阔的云雨天气表明，锋附近常存在着大规模系统性的垂直运动。造成这种垂直运动的因素有以下几个方面：

- **磨擦辐合作用**：地面锋线常处在低压槽中，因此，由于磨擦辐合作用使地面锋线附近的空气产生上升运动。槽越深，下垫面越粗糙，则上升运动越强；
- **锋面抬升作用**：这是造成锋面附近大规模系统性垂直运动的主要因素之一。当水平方向上垂直于锋线的水平风速与锋面的水平移动速度不相等时，空气将沿着锋面作上升或下沉运动。锋面坡度越大，垂直运动越强；反之，锋面坡度越小，则垂直运动越弱；
- **冷暖平流的作用**：一般来说，暖平流伴有上升运动，冷平流伴有下沉运动。在暖锋锋区附近常有暖平流，故有上升运动；在冷锋锋区附近常有冷平流，故有下沉运动。

②水汽和层结稳定度。一般而言，暖空气来自南方海洋上，因此具有气温高、湿度大、露点温度高等特点，所以暖空气中水汽含量较多。而冷空气来自北方内陆地区，因气温低、湿度小，所以冷空气中水汽含量较少。锋面云系和降水的形成，主要是暖气团沿着冷气团斜坡爬升时，由于绝热冷却作用使水汽发生凝结的结果。因而锋面附近出现什么样的天气，主要决定于暖气团的水汽含量和层结稳定度。一般层结稳定和水汽含量高的暖空气沿锋面爬升时，形成层状云和连续性降水，但若暖空气水汽含量大和层结不稳定，则可形成对流性云和阵性降水。

锋面附近形成的云系和天气，除主要受上述条件影响外，还受地理条件的影响。

(2) **锋面天气**：尽管锋面天气因时间、地点而变化多端，但还是能找到一些共性的东西，现分述如下：

①暖锋天气。暖锋是向冷气团方向运动的。在它移动过程中，暖空气一方面向冷空气移动，另一方面又沿着锋面向上滑升。典型的暖锋天气如图8.11所示。如果暖空气的层结是稳定的，在地面锋线的最前缘是卷云，以后依次是卷层云、高层云、雨层云。这个云系沿着整个锋面可绵延数百千米，离地面锋线越近，云层越低且厚度越大，云顶可达6000m以上。降水发生于雨层云内，一般多属连续性降水，降水宽度约为300~400km，降水区一般位于锋前。

由于从锋面上降落的雨滴蒸发使空气饱和，加上低层辐合、湍流混合等作用，在锋下靠近锋线的冷空气里，常产生层云、碎层云、碎积云。当空气中的饱和层到达地面时，可形成锋面雾。

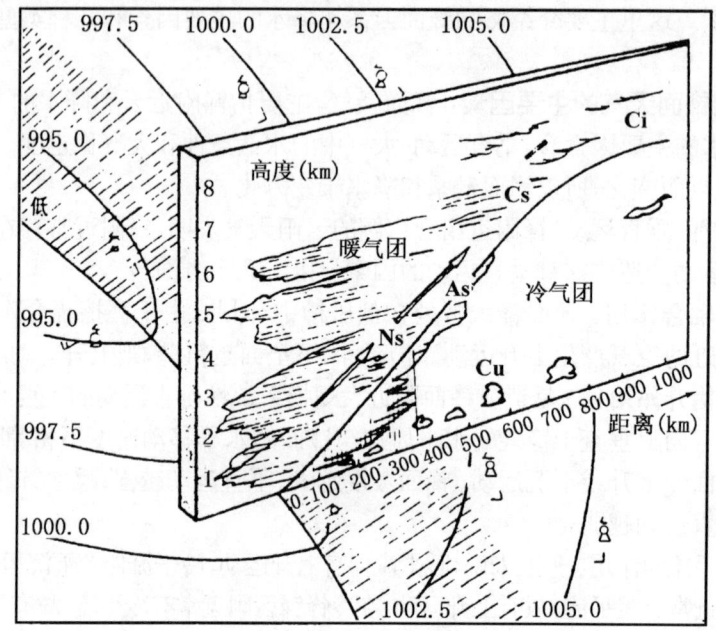

图 8.11 暖锋天气模式

由于暖空气湿度和垂直运动分布不均匀,因而实际上出现的暖锋云系比上述模式要复杂得多。在锋面云系中有些部分比较浓密,有些部分比较稀疏,甚至会出现无云的空隙,把云分为两层或多层。

夏季,当暖空气层结不稳定且湿度很大时,在暖锋上可产生积云或积雨云,常伴有雷阵雨天气。这种积雨云往往隐藏在浓厚的雨层云之中,对云中飞行威胁很大。当暖空气干燥,水汽含量很少时,锋上只出现一些中、高云,甚至无云。

在我国单独的暖锋出现得很少,大多伴随着气旋出现。春、秋季一般出现在江淮流域和东北地区,夏季多出现在黄河流域。

②冷锋天气。冷锋是中国各地最常见的一种锋面,一年四季都可能出现。根据冷锋和高空槽的配置、移动速度和锋上垂直运动等特点,可将冷锋分为第一型冷锋和第二型冷锋,这两种冷锋在天气上也有明显差异。

- **第一型冷锋天气**:第一型冷锋的地面锋线位于高空槽前部,锋面坡度不大,约为 1/100,移动速度较慢(与第二型冷锋相比)。主要云系和降水与暖锋大体相似,只是云雨区出现地面锋线后面,且云系排列次序与暖锋相反。由于此型冷锋坡度通常比暖锋大,所以云区和降水区比暖锋窄。

此型冷锋的天气特征是:地面锋线过后开始降水,风速突然增大,天气恶劣,待高空槽过后,降水逐渐停止,天气开始转晴,如图 8.12 所示。这种冷锋在中国冬半年比较常见。但若暖空气比较干燥,锋上云系中就可能不出现雨层云或高层云。如中国东北和西北高纬地区,锋上仅有卷层云,但常有降雪现象。当暖空气处于对流性不稳定时,在锋线附近可有浓积云和积雨云发展,出现雷阵雨天气,这种情况在中国夏季比较常见。

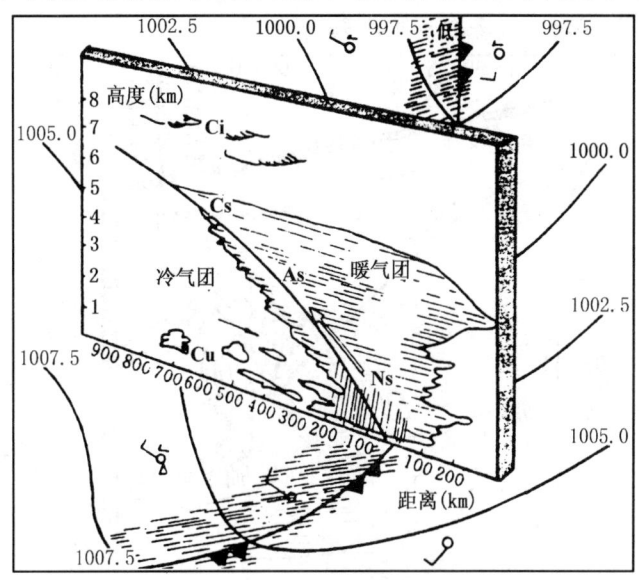

图 8.12　第一型冷锋天气

- **第二型冷锋天气**:这类冷锋的地面锋线一般位于高空槽线附近或槽后,其坡度大,约为 1/70,移动较快,其低层锋面坡度特别陡峭,有时甚至向前突出成一个冷空气"鼻子",使前方的暖空气产生强烈的上升运动。在高空,冷锋往往处于西风带低槽后,冷平流较强,暖空气沿锋面下滑,出现下沉气流。因而云系及降水区分布于地面锋线附近,云雨区比较狭窄,一般约为 10~100km。

这种冷锋的天气特征是:如果暖空气比较潮湿且不稳定,在地面锋线移近时,由于冷空气的冲击,往往形成强烈发展的积雨云,沿着锋线排列成一条狭窄的积雨云带,顶部常可达 10km 以上,而宽度则仅仅有数十千米。这种积雨云带之间一般多有空隙。当第二型冷锋来临时,常常是狂风暴雨,乌云满天,且有雷电现象。待锋面过后不久,天气即转晴朗,如图 8.13 所示。这种冷锋天气在中国夏半年比较常见。

如果暖空气比较稳定,第二型冷锋的云系和暖锋相似,为层状云系。当锋面来临时,也是先见卷云、卷层云,以后云层逐渐增厚变低,在邻近锋线时有时有降水。待锋线一过,雨消云散,但风速突然增大,有大风出现。这种冷锋天气多出现在中国冬半年。

如果暖空气比较干燥,第二型冷锋也可能只出现少量高云和中云,而无降水现象,在锋后常出现大风和风沙现象,这种冷锋常称为"干冷锋",多出现于中国北方的春季。

- **准静止锋天气**:中国的准静止锋一般是由冷锋演变而成的,它的坡度一般很小

(约为 1/250)。准静止锋的天气,类似于第一型冷锋,但由于准静止锋的坡度较第一型冷锋为小,因此云雨区比冷锋宽广。在冬半年,当准静止锋的坡度特别小时,由于暖空气滑升到离地面锋线一定距离之外才能凝结成云雨,故云雨区不紧靠锋线,而是离锋线有一定距离。

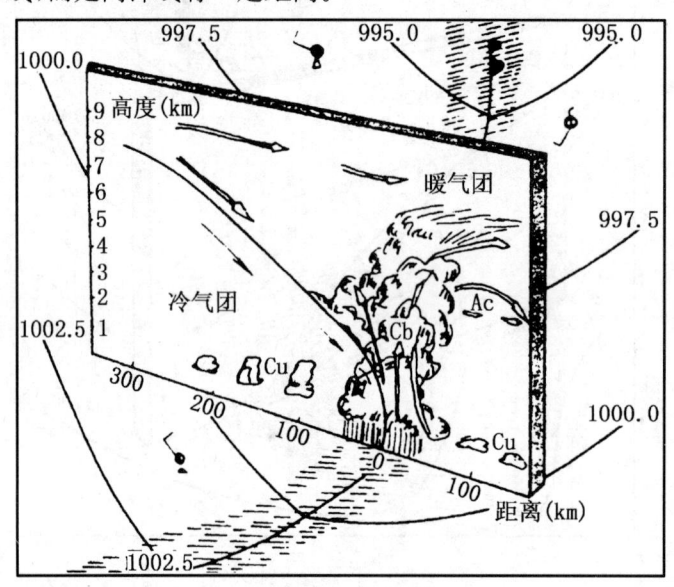

图 8.13 第二型冷锋云系示意图

由于准静止锋运动缓慢,并常常来回摆动,使阴雨天气持续长达 10 天至半个月,甚至一个月以上,"清明时节雨纷纷"就是江南地区这种天气的写照。初夏时,如果暖气团湿度增大,低层升温,气层可能呈现不稳定状态,锋上也可能形成积雨云和雷阵雨天气。若在低空有切变线或低涡相配合,多有显著的降水现象,有时甚至可产生暴雨。梅雨时期江淮流域的准静止锋常出现这种天气。

- **锢囚锋天气**:锢囚锋是由两条移动着的锋合成而成。所以它的天气仍保留着原来两条锋的天气特征,见图 8.14。如果锢囚锋是由两条具有层状云系的冷、暖锋合并而成,则锢囚锋的云系也呈现层状,并近似对称的分布在锢囚点两侧。当这种锋过境时,云层先由薄到厚,再由厚到薄。如果两锋锢囚时,一条锋是积状云,另一条是层状云,那末锋锢囚后积状云和层状云相连。锢囚锋降水不但保留着原来锋面降水的特点,而且由于锢囚作用促使上升运动发展,暖空气被抬升到锢囚点以上,利于云层变厚、降水增强、降雨区扩大。在锢囚点以下的锋段,根据锋是暖式或冷式而出现相应的云系。由上可知,锢囚锋过境时,出现与原来锋面相联系而更加复杂的天气。在中国,锢囚锋主要出现在东北和华北地区,在一年当中以春季为最多。

以上介绍了各种锋面的天气模式,即各种锋面天气的一般情况。但实际出现的每一锋面天气不一定与上面介绍的完全相同,即使是同一条锋面,天气也会随时间和地点的变化而变化。例如冬季冷锋云雨区常出现在地面锋线前面或锋线附近,但当它移到黄河流域以南后,由于暖湿空气加强,锋面坡度变小,云雨区就移到地面锋线后面,且范围扩大。

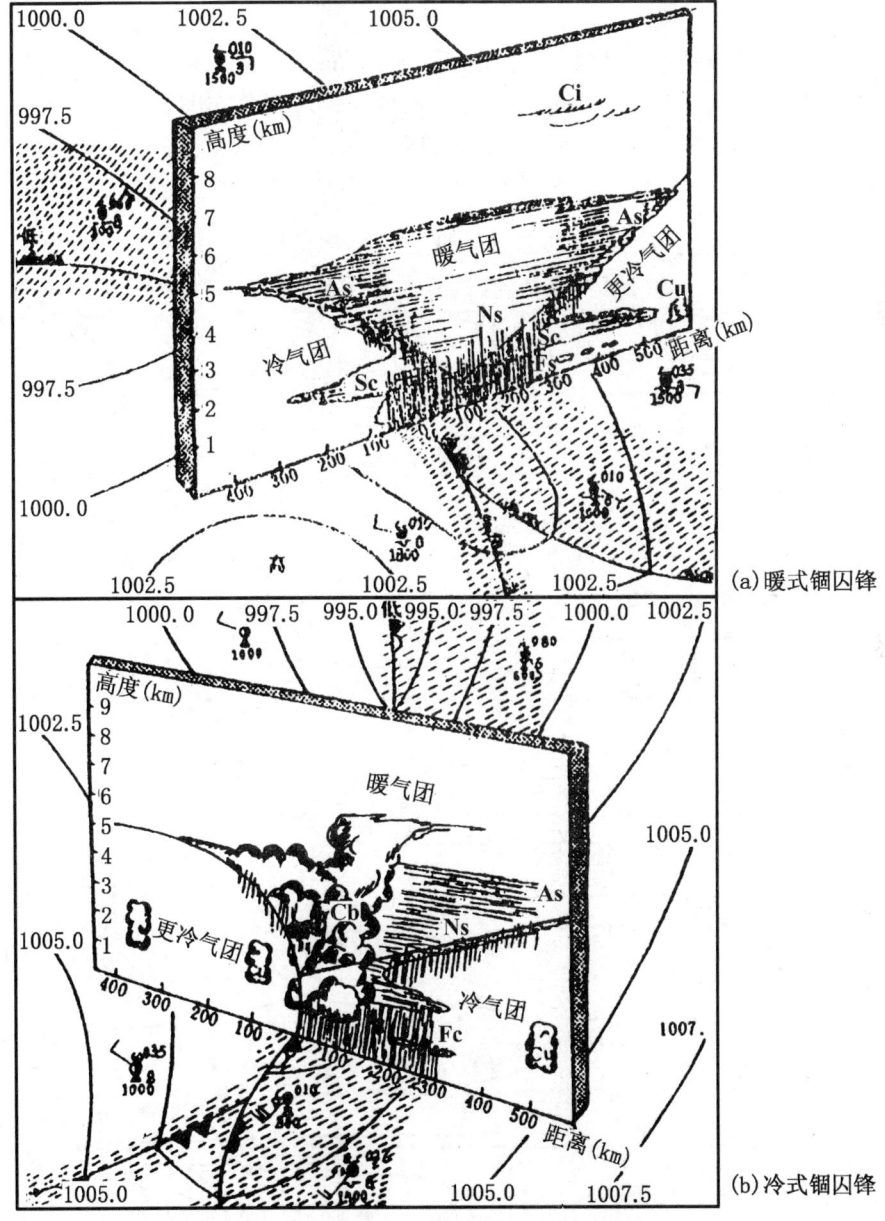

图 8.14　锢囚锋天气模式

(3) 气候锋：所谓**气候锋**是指具有不同性质的主要气团经常相互作用的最为频繁的过渡带。在这些带里，实际的锋（即天气图上的锋）常常得以加强，并且伴有强烈的气旋活动。换言之，气候锋是经常在地球上一些特定的区域形成，并引起一系列气旋发展的锋。因此，气候锋的位置也就是锋经常出现的那些区域的平均位置，故气候锋又可称为平均锋。

地面上的气候锋在每个半球上有三种：热带锋、极锋（温带锋）、北极锋或南极锋。图8.15分别是1月份和7月份地面上气候锋的平均位置分布图。在这些锋中，北半球的极锋是倍受重视的一种锋，因为它形成并活动于中纬度地区，对这一地区的气候、生态环境和人类的生产生活产生强烈的影响。

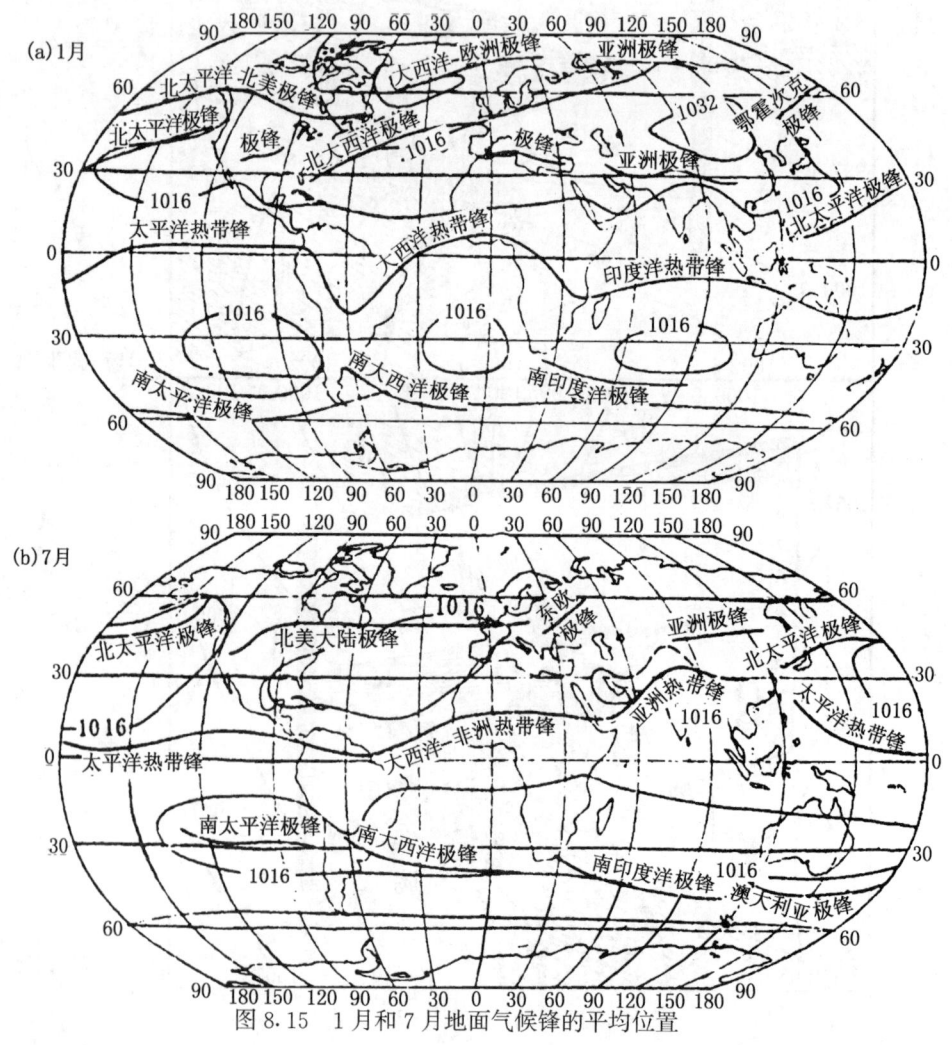

图8.15　1月和7月地面气候锋的平均位置

气候锋大致可分为两类:对流层锋和地面锋。对流层中的气候锋或称对流层气候锋,可以根据对流层平均温度场和压力场的分布来确定。地面上的气候锋或称地面气候锋,与地面上具有最大温度梯度的区域相符合,可以根据温度场和风场的位置来确定。

§8.2 中高纬度天气系统

8.2.1 中高纬度高空主要环流系统

北半球中高纬对流层的中上层,基本上为沿着纬圈方向的西风气流,西风气流在运动过程中,会形成许多大小不同的波,这种现象称为西风带波动。这种波动在对流层的中、上层表现为槽、脊的变化,而低层则主要表现为闭合的高压和低压。

8.2.1.1 大气长波和短波

西风带的波动大体上分为两类:一是波长较长、振幅较大、移动较慢、维持时间较长的长波;二是波长较短、振幅较小、移动较快、维持时间较短、叠加在长波上的短波。在长波、短波发展演变过程中,有时形成闭合的高压和低压。这些长波、短波和闭合高压、低压系统不仅相互联系,而且可以相互转化,共同构成了中高纬度高空的主要天气系统。

(1)**大气长波**:大气长波是指波长较长、振幅较大、移动较慢、维持时间较长的波动。其波长一般在5000~12000km或50~100个经距,因而围绕着中高纬的纬圈可出现3~6个长波,冬半年常维持着4~5个长波。长波振幅大多在10~20个纬距以上。长波自西向东移动,移速较慢,通常1天不超过10个经度,有时呈静止状态,也有时表现出不连续的向后"倒退"现象。长波维持的时间一般在3~5天以上。

长波在高空图上同等高线的波型相对应,等温线也呈波形,一般情况下等温线的位相稍稍落后于等高线,具有冷槽、暖脊的温压结构。槽前是暖平流,槽后是冷平流。高空槽前对应着地面低压(锋面气旋),槽后对应高压。近代研究还发现,由于地形和海陆分布的强迫作用而形成的波长为几万千米的波动,称为超长波,是准静止的。中高纬绕地球一周可有1~3个超长波,其生命期约为10天左右。

长波槽和脊的活动不仅是维持大气环流的一种重要机制,而且是中高纬度小尺度天气系统产生和发展的背景条件。因而长波的稳定和调整往往引起与其联系的天气系统的变化,甚至造成环流形势的转换。

(2)**短波槽(高空低压槽)**:高空低压槽又称高空槽,是活动在对流层中层西风带上的**短波槽**。一年四季都可出现,以春季最为频繁,高空的波长大约超过1000km,自西向东移动。槽前盛行暖湿的西南气流,常成云致雨。槽后盛行干冷的西北气流,多阴冷天气。一次高空槽活动反映了不同纬度间冷、暖空气的一次交换过程,给中高纬地区造成阴雨和大风天气。活动于我国的高空槽有**西北槽**、**青藏槽**和**印缅槽**,它们大多从上游来,很少产生于我国。

西北槽是经青藏高原的北面向中国东部移动的高空槽;从西藏高原的东面向中国移动的高空槽称为青藏槽或高原槽;从高原南面经印度、缅甸东移影响我国的槽称为印缅槽。

短波出现在平直西风气流上,随着平直西风气流自西向东移动。短波的槽前是上升气流,常出现云雨天气,尤以槽线附近为甚,槽后为下沉气流,多晴好天气。短波叠加在长波之中,并在长波中穿行。当温度场与气压场配置适当时(槽后有冷平流,脊后有暖平流),短波可以逐渐发展成长波,反之,长波也可减弱并分裂成短波。

8.2.1.2 阻塞高压和切断低压

阻塞高压和切断低压是大气长波在发展过程中槽脊加强、振幅加大演变而成的闭合系统,是中高纬度高空的重要环流系统。

(1)**阻塞高压**:西风带长波脊加强时,往往表现为向北伸展,并在脊中出现闭合的等高线,形成暖高压中心,即**阻塞高压**,简称**阻高**,如图8.16所示。阻塞高压的中心位于50°N以北(以56°~58°最多);持续的时间至少不少于5天,有时可达到20天以上;阻塞高压存在时,在地面图上和500hPa等压面图上同时出现闭合等值线,而且在500hPa上,阻塞高压将西风急流分为南北两支;阻塞高压沿纬度每天不超过7~8个经度,常呈准静止状态,有时甚至向西倒退。

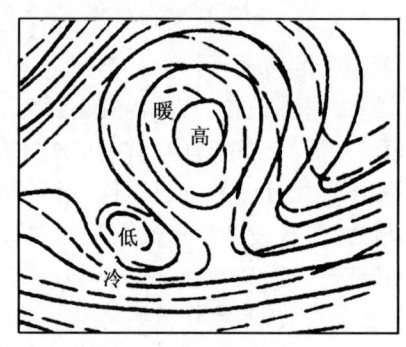

图8.16 阻塞高压与切断低压

阻塞高压发生在暖空气活跃,冷空气也较强的地区和季节,因而有明显的地区性和季节性。最常出现在北大西洋东北部和北太平洋东部阿拉斯加地区,以春秋最多。在乌拉尔山和鄂霍次克海地区也常有阻塞高压,其强度不大,但对中国的影响很大。阻高控制下的天气一般是晴朗的,但阻高的不同部位由于运行气流属性的差异,形成的天气有所不同。高压东部盛行偏北气流,有冷平流和下沉运动,天气以冷晴为主。西部盛行偏南气流,有暖平流和上升运动,天气较暖且多云雨。南北两侧多稳定的西风气流,并常伴有短波运动,天气时阴、时晴。

阻塞形势是整个大气环流演变的一个过渡阶段,它的建立、维持和崩溃对其控制区域以及上下游广大地区的环流和天气都产生巨大影响。阻高维持时间过长或过短都可造成大范围天气反常现象。

①冬季乌拉尔地区阻高的影响。冬季在乌拉尔地区有阻塞高压的存在时,其下游的环流形势是稳定的,整个东亚处于宽广的大低压槽内,有时有短波槽不断向东南侵袭,

中国北部受其影响。在这期间,除中国北部地区外,气温一般偏高。但当乌拉尔阻高崩溃时会引起东亚的环流调整,原堆积于乌拉尔阻高东部的冷空气随着东亚大槽后的西北气流大举南下给中国带来一次寒潮天气过程。

②夏季鄂霍次克海或雅库克地区阻塞高压的影响。每年6、7月份,鄂霍次克海或雅库克地区上空经常出现阻塞高压,使东亚地区上空的西风急流分为两支:一支绕阻塞高压的北部东移,另一支沿青藏高原北缘的河西走廊到达江淮流域转向日本。在这支强西风气流上,不断有短波槽东移,槽后偏北气流引导冷空气南下,与西太平洋副热带高压西缘的西南气流汇合于江淮流域,造成江淮流域持续性的梅雨天气。

(2) **切断低压**:**切断低压**是出现于对流层中上层的温压场结构比较对称的冷性气压系统,在高空等压面上表现为与北方冷空气主体割裂的孤立冷空气。切断低压的出现形式大致有两种:一种是闭合低压单独出现,在它的两侧或两边有明显的高压脊或高压。另一种是与阻塞高压同时出现,切断低压位于阻高的东南或西南侧,与阻高共同构成了大气环流的阻塞形势,见图8.16。切断低压形成后,能维持2~3天或更长的时间,它往往由于无冷空气继续补充而逐渐填塞、消失。切断低压大多发生在冷暖空气都比较活跃的季节和地区,以春、秋较多,北美、西欧地区较多,北太平洋、北大西洋以及亚洲大陆上空也有形成。我国东北地区春末夏初出现的切断低压,称**东北冷涡**。

在夏季,东北冷涡出现时,常使中国的东北、华北地区发生连续数日的雷雨天气。一般切断低压的云雨天气多出现在西南部或南部。

8.2.1.3* 切变线

切变线是指风向或风速分布的不连续线,是发生在850hPa或700hPa等压面上的天气系统。切变线两侧风向构成气旋式切变,但两侧的温度梯度却很小,这是切变线与锋的主要区别。根据切变线附近的风场形式一般划分为三种类型,如图8.17所示。图(a)为冷锋式切变线,图(b)为暖锋式切变线,图(c)为准静止锋式切变线。三者随着切变线两侧气流的强弱变化可以相互转化。切变线上的气流呈气旋式环流,水平气流辐合明显,有利于上升气流发展,产生云雨天气。一般而言,冷锋式切变线以偏北风为主,水汽含量少,移动速度快,降水时间不长,降水量不大。暖锋式切变线上气旋性环流强,偏南风含有水汽多,云层厚,降水时间较长,降水量较多,有时还形成雷阵雨和阵性大风。准静止锋式切变线上虽然风向切变很强,但气流辐合较弱,云层相对较薄,降水时间较长,但降水量不大。

切变线在一年内各个季节都可能出现,但以冷、暖空气频繁活动的晚春、初夏为多。根据切变线出现地区的不同,中国东部地区主要有三种切变线:华南切变线的活动与华南春季的低温阴雨天气有一定的联系,6~7月份的江淮切变线的活动与长江中下游的梅雨关系密切,华北切变线是华北和东北南部地区7~8月份雨季的一种重要天气系统。

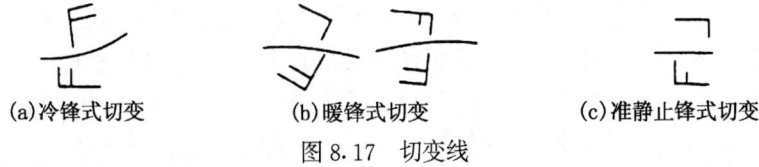

图8.17 切变线

8.2.1.4* 低涡

又称**冷涡**,是出现在中纬度地区对流层中层的一种强度较弱、范围较小的冷性低压。它在700hPa图上比较明显,有时在500hPa图上也有反映,常常只能画出一条,甚至画不出闭合的等高线,只有风场上的气旋式环流。低涡范围较小,一般只有几百千米。它存在和发展时,在地面上可诱导出低压或使锋面气旋发展加强。低涡中有较强的辐合上升气流,可产生云雨天气,尤其东部和东南部上升气流最强,云雨天气更为严重。低涡经常出现在我国西北和西南地区,分别称为西北涡和西南涡,前者以下半年多见,后者一年四季都可出现。

西南涡在源地时,可产生一些降水,降水主要分布在低涡的中心区及东南侧。当西南涡发展东移时,雨区也随之东移扩大,降水强度增大,可出现暴雨天气。

西南涡向东北方向移动时,常诱导地面气旋的发生发展,给黄河中下游地区带来大范围降水,夏半年可出现雷阵雨和暴雨。当低涡向偏东方向移动时,当经过两湖盆地后,常可诱生出气旋波,会出现暴雨和特大暴雨。低涡向东南方向移动时,可造成华南的阴雨天气。

8.2.1.5 极地涡旋

简称**极涡**,是极地高空大型冷性涡旋系统,是极地大气环流的组成部分。其位置、强度以及移动不仅对极区,而且对高纬地区的天气都有明显影响。

极地是地球的冷极,也是大气的冷源,因而在极地地面虽然是高压带,但在其上空形成冷性低压。1月北半球500hPa等压面图上,极涡断裂为两个闭合中心,一个在格陵兰至加拿大之间,另一个在亚洲东北部,极地是一个槽区。7月北半球500hPa等压面图上的极涡强度明显减弱,中心退至极点附近。极涡的位置和活动的范围时有变化,尤其冬半年活动演变比较复杂。极涡闭合中心有时分裂为2个或3个,甚至3个以上,当偏离极地向南移动时,常导致锋区位置比平均情况偏南,寒潮活动增多、增强。

8.2.2 温带气旋和反气旋

气旋和反气旋是大气中占有三度空间的水平涡旋,是重要的天气系统。气旋和反气旋的发生、发展和移动,对大范围地区的天气有很大影响。

8.2.2.1 温带气旋与反气旋的特征和分类

(1)**气旋和反气旋的一般特征**:**气旋**是指在同一高度上中心气压比四周气压低的水平涡旋。在北半球,空气作逆时针旋转;南半球则相反。**反气旋**是指在同一高度上中心气压比四周气压高的水平涡旋。在北半球,空气作顺时针方向旋转;南半球则相反。

在气压场上,气旋又称低气压(简称低压);反气旋又称高气压(简称高压)。所以,气旋(反气旋)与低压(高压)只不过是同一系统的两个名称。前者是从流场的角度出发的,后者是从气压场角度出发的,实际上,两者是互相通用的。气旋和反气旋的水平尺度(范围)是以最外一条等压线的直径长度来表示的。气旋的直径平均为1000km左右,大的可达3000km,小的只有200km或更小些。反气旋的水平尺度比气旋要大得多,大的反气旋可以和最大的大陆或海洋相比拟,如冬季亚洲大陆的反气旋往往占据整个亚洲大陆的四分之三。小的反气旋其直径也可达数百千米。

气旋和反气旋的强度一般用其中心气压值来表示。气旋中心气压值越低,气旋越强;反之,气旋越弱。反气旋中心气压值越高,反气旋越强;反之,反气旋越弱。

地面气旋的中心气压值一般在 970~1010hPa 之间。发展十分强大的气旋,中心气压值可达 935hPa。强台风中心气压值可低至 870hPa。地面反气旋中心气压值一般在 1020~1030hPa。冬季,东亚大陆上的反气旋中心气压值可达 1040hPa,最高曾达到 1083.8hPa。平均而言,温带气旋和反气旋的强度,冬季都比夏季强;海上的温带气旋要比陆地上的强,而温带反气旋在海上则比陆地上要弱。

另外,气旋和反气旋的强度也有用其最大风速来表示的。在强的气旋中,中心附近的最大风速可达 30m/s 以上,强台风中心最大风速可达 110m/s。在强的反气旋边缘,地面最大风速可达 20~30m/s。

气旋和反气旋的强度是不断变化的,常用下列术语来表示这种变化:<u>当气旋中心气压随时间降低时,称气旋加深或发展;当气旋中心气压随时间升高时,称气旋填塞或减弱。当反气旋中心气压随时间升高时,称反气旋加强或发展;当反气旋中心气压随时间降低时,称反气旋减弱。</u>

(2)气旋和反气旋的分类:气旋和反气旋的分类方法很多,有按其形成和活动的主要地理区域来分类的,也有按其温压场结构来分类的。根据温压场结构的不同,温带气旋可分为锋面气旋和无锋面气旋两类;温带反气旋可分为冷性反气旋(冷高压)与暖性反气旋(暖高压)两类:

锋 面 气 旋——气旋中有锋面,温度分布很不对称,一般移动性较大。

无锋面气旋——气旋中无锋面,一般分为暖性气旋(热低压)和冷性气旋(冷涡)。

冷性反气旋——主要由冷空气组成的反气旋,习惯上称为冷高压。

暖性反气旋——指中心暖于四周的反气旋,习惯上称为暖高压。

不同类型的气旋或反气旋在一定的条件下可以互相转化。如锋面气旋当其处在消亡阶段时,就转化为无锋面气旋(冷性低压);无锋面气旋如有冷锋进入时,可转化为锋面气旋;冷性反气旋当其南下变性到一定程度时就转化为暖性反气旋。

8.2.2.2 气旋和反气旋发展的条件

气旋和反气旋一方面处在不断的移动过程中,另一方面在移动过程中又经历着发生、发展和消亡的过程。天气学中常常采用"发展"的概念,对于气旋和反气旋,从气压场来说,是指中心的气压发生变化。导致地面系统中心气压发生变化的因素主要有水平气流的辐合、辐散以及冷暖平流的作用。

(1)水平气流的辐合和辐散:在地面气旋中,低层有水平气流的辐合,高层有水平气流的辐散。当整层水平气流的辐散大于辐合时,气旋加深或发展;当高空辐散不能超过低空辐合时,地面气旋就开始填塞减弱。

在地面反气旋中,低层有气流辐散,要使反气旋得到发展,高空必需有强烈辐合且超过低层辐散。

通常,初生或发展中的气旋多位于高空槽线的前方。若高空槽前脊后的强烈辐散超过低层辐合作用,地面气旋发展;而在高空槽后脊前的辐合超过低层的辐散,地面反气旋发展,如图8.18所示。

(2)温度平流的作用:暖平流引起地面气压降低,有利于气旋的发展;冷平流引起地面加压,有利反气旋的发展。当高空温度槽落后

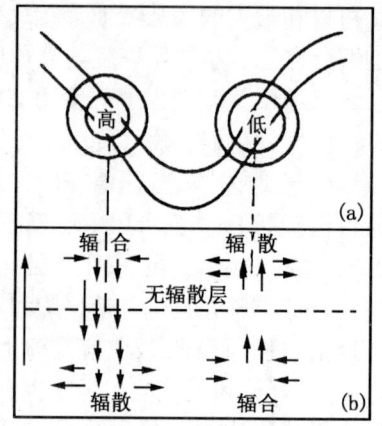

图8.18 气旋与反气旋上空的辐散分布

于高空槽时,高空槽前为暖平流,槽后为冷平流。若地面气旋中心位于槽前暖平流区,则温压场的配置有利地面气旋的发展。

此外,地面气旋和反气旋中心气压值的变化还与空气的绝热、非绝热变化有关。

综上所述,气旋发展的高空温压场理想模式是:高空温度槽落后高空槽,气旋始终处于高空槽的前方。前者导致高空槽前出现暖平流,槽后出现冷平流,后者引起高空槽前气流辐散,槽后气流辐合。暖平流会引起地面系统热力减压,冷平流引起热力加压。气流辐散会造成地面系统动力减压,气流辐合会造成动力加压。因而高空槽前的下方既是热力减压区又是动力减压区,有利于地面气旋发生、发展的区域。而高空槽后下方是热力和动力的加压区,有利于地面反气旋的发生、发展。

8.2.2.3 温带气旋

(1)发展成熟的锋面气旋的结构模式:**锋面气旋**是温带地区产生大范围云雨天气的主要天气系统。所谓锋面气旋结构一般是指天气系统中温度场与气压场的垂直分布,也就是系统的高空与地面配合问题。

锋面气旋的发生、发展和演变过程,因所处条件不同而有所差别,一般将其分为初生阶段、成熟阶段、锢囚阶段和消亡阶段。

锋面气旋的结构因形成条件和发展阶段的不同,有很大差异,但是发展成熟的锋面气旋的温压场、流场和天气现象又具有一些共同特征。从上面看,锋面气旋是一个逆时针旋转的涡旋,中心气压最低,自中心向前方伸展一条暖锋,向后方伸展一条冷锋,冷、暖锋之间是暖空气,冷、暖锋以北是冷空气,锋面上的暖空气呈螺旋上升,锋面下的冷空气呈扇形扩散下沉,如图8.19所示。图中上部和下部分别表示气旋中心以北和以南(穿过暖区)垂直剖面上的云系和空气运动状况,剖面的取向与气旋运动方向一致。从垂直方向看,地面气旋的上空是高空槽前气流辐散区,低层是气流辐合区。在气旋前部和中

心区有上升气流,气旋后部有下沉气流。由于气旋从低层到高层是一个一半冷、一半暖的温度不对称系统,因而其低压中心轴线自下而上向冷区偏斜。

(2) **锋面气旋的天气模式**：锋面气旋的天气与锋面紧密相连,而且在气旋的不同发展阶段,其天气也是不同的。这里仅介绍成熟阶段锋面气旋的天气模式。

成熟阶段锋面气旋云和降水的分布模式如图 8.19 所示。上图为沿气旋北部的东西剖面图,下图为沿气旋南部的剖面图。中图为气旋中的天气模式,图中的阴影区为降水区。气旋的前方是宽阔的暖锋云系和连续

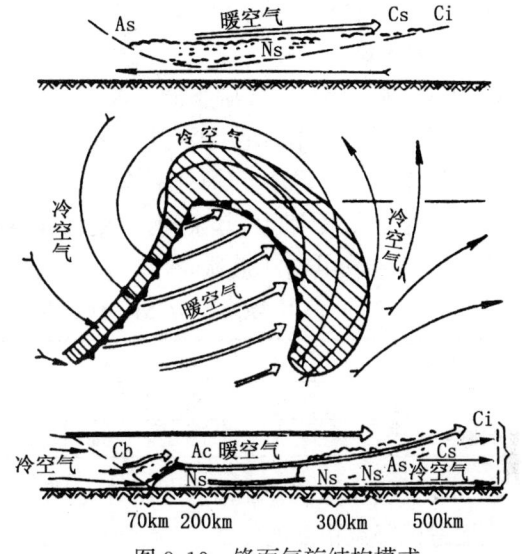

图 8.19　锋面气旋结构模式
图中：—·—表示气旋运动方向;⇒表示暖空气的流线;
——→表示冷空气内的流线

性降水天气;气旋后方是比较狭窄的冷锋云系和降水天气;在暖锋天气的前方和冷锋天气的后方是冷气团天气;气旋中部为暖气团所控制,如果水汽充足,大气层结不稳定,可出现层云和层积云,并有毛毛雨等现象,有时还出现雾。如果气团干燥,只能形成一些薄云而无降水。

8.2.2.4　温带反气旋

温带反气旋是指活动在中、高纬度地区的反气旋。一般分为两类：一类是相对稳定的冷性反气旋；另一类是与锋面气旋相伴移动的反气旋,称移动性反气旋。冷性反气旋对大范围天气影响尤大。

冷性反气旋发生于寒冷的中纬度和高纬度地区,如北半球的格陵兰、加拿大、北极、西伯利亚和蒙古等地,以冬季最多见。

冷性反气旋出现在近地面层里,中心气压值达 1030～1040hPa,强时达 1080hPa。冷高压是一种浅薄天气系统,平均厚度不到 3～4km,700hPa 以上就踪迹不清,500hPa 以上就完全不存在了。冷性反气旋的水平范围很大,直径达几千千米,几乎可以和整个大陆、海洋的面积相比拟。

亚洲大陆面积广大,北部地区冬半年气温很低,南部又有青藏高原和东西走向的高大山脉阻挡冷空气南下,因而成为北半球冷性反气旋活动最为频繁,发展最为强大的地区。冷性反气旋在其发展、增强时期常常静止少动,但当高空形势改变时,会受高空气流引导而移动。当其南移时,就造成一次冷空气袭击,如果冷空气十分强大,如同寒冷潮流

滚滚而来，给流经地区造成强烈降温、霜冻、大风等灾害性天气，这种大范围的强烈冷空气移动，称为**寒潮**。

中国气象局规定：长江中下游及其以北地区48h内降温10℃以上，长江中下游最低气温小于等于4℃（春季改为江淮地区最低气温小于等于4℃），陆上3个大行政区有5级以上大风，渤海、黄海、东海先后有7级以上大风，作为寒潮警报标准。如果上述地区48h内降温达14℃以上，其余同上，则为**强寒潮**警报标准。根据以上标准统计，我国1951～1976年寒潮共有138次，平均每年5次左右，各月份分配见表8.3。

表8.3　1951～1976年寒潮次数和百分率

月　份	10	11	12	1	2	3	4	5	年
次　数	3	29	16	17	22	27	20	1	135
百分比(%)	2.2	21.5	11.9	12.6	16.2	20.0	14.8	0.7	100

表8.3说明寒潮主要出现在11～4月间，秋末、春初较多，隆冬反而较少，这是寒潮定义主要考虑降温幅度的缘故。春、秋季正是大气平均环流调整时期，冷暖空气更替频繁，因而冷空气活动次数较多。而冬季冷空气在我国大部分地区居于绝对优势地位，天气形势稳定。夏季冷空气退居高纬度，我国很少受其侵害。寒潮各年出现的次数不等，以我国为例，1965～1966年、1968～1969年均各10次，而1974～1975年则仅有1次，1970～1971年、1972～1973年也只有两次，相差很多。

寒潮入侵时地面和500hPa等压面天气形势如图8.20所示。

寒潮过境所产生的天气情况，因冷空气强度、季节、地区及当时锋前暖气团的性质而异。一般说来，冬半年进入中国的寒潮，最突出的表现是大风和温度剧降，其它如沙尘暴、降水等则视地区及外界条件而异。寒潮南下侵入我国时，其前缘有一条冷锋作为前导，锋后气压梯度很大，造成大风天气，伴随着大风而来的是温度的剧降，常达10℃以上，降温还可引起霜冻、结冰。

冬季寒潮南下后，在西北和内蒙古有风沙现象，其它地区较为少见。淮河以北少雨，偶有降雪。寒潮冷锋过淮河后，降水机会增多。

春、秋两季的寒潮除大风和降水外，北方常有浮尘、沙尘暴现象，尤其以春季最为严重。华北、长江流域可有零星短暂少量降雨，长江以南常在寒潮南侵时产生降水，但不致引起长时间的云雨天气。当寒潮到了华南，特别是当冷锋转为准静止锋时，常引起大范围且持续时间很长的云雨天气。

夏季，冷空气的活动不可能达到寒潮标准，但是24h内气温下降10℃的冷空气活动还是有的。夏季由于下垫面温度高，冷气团变性快，因此强烈冷空气活动只在西部地区造成剧烈降温。但夏季冷空气对我国东部的降水是很重要的。除台风等热带天气系统外，夏季的暴雨总是与冷空气活动有联系的，西北地区关系尤为密切。

第八章 天气系统

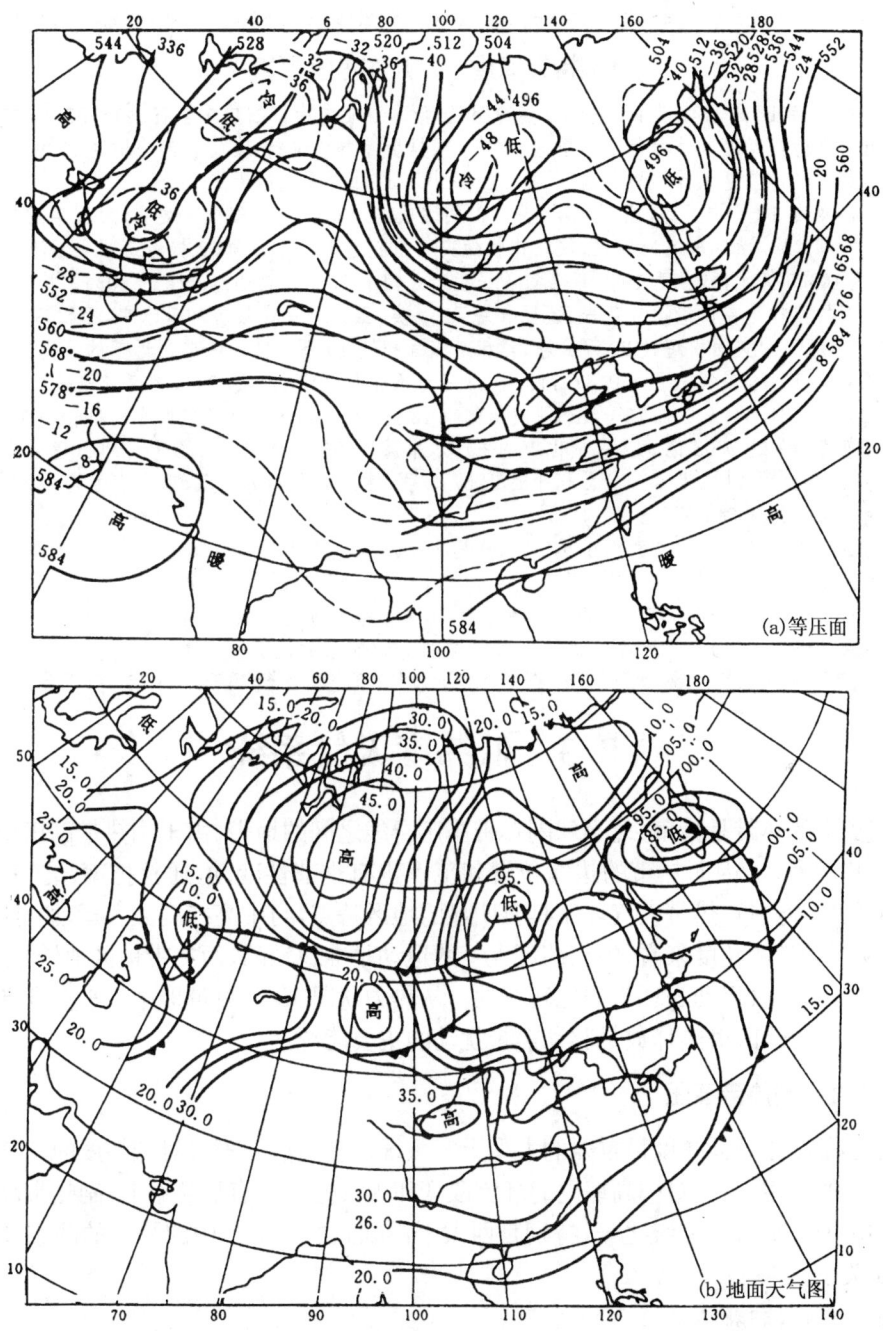

图 8.20 1971年12月16日08时的500hPa等压面(a)和地面天气图(b)

> **寒潮持续肆虐　　广东冻害严重**
>
> 　　1999年12月17日夜间起,北方强冷空气南移,自北向南横扫广东全省。21~27日,广东普遍出现持续低温以及大范围的霜冻、冰冻。根据历年气候资料,全省大部分地区1999年12月下旬旬平均温度比历年同期偏低2~3℃,月极端最低气温也达历史之最。
>
> 　　1999年12月中下旬,温度之低、持续时间之长、范围之广、灾害损失之重,为历年同期罕见。寒潮肆虐,使广东灾情惨重,仅农作物受灾面积就达100万公顷,直接经济损失创历史纪录,达108.5亿元,相当于1999年全省国民生产总值的1.3%,农业总产值的10%。其中,严重受灾的作物是香蕉、荔枝、芒果、菠萝和蔬菜、薯类、玉米。受灾最重的是水果,面积超过34万公顷,蔬菜受灾面积超过20万公顷,旱粮受灾面积达19万公顷……广州近郊的从化市,此次寒潮天气过程最低气温—0.8℃,12月23日地面最低温度为—3.9℃,温度日较差则相当大,26日达21.3℃。这样的气象条件使从化市12月21~27日出现不同程度的霜(冰)冻,全市因冻害损失达7.03亿元。仅从化市的主产水果荔枝受灾面积就达1.33万公顷,完全枯死的达2000公顷,其它果木受灾面积也达1267公顷,枯死的有467公顷,据市农办资料统计,果树受灾损失达6.5亿元。
>
> 　　肇庆市受冻害作物总面积5万公顷,冻死2万公顷,直接经济损失6.5亿元。潮州市受灾水果面积达1.2933万公顷,其中香蕉受灾面积1200公顷,直接经济损失约5.8亿元。
>
> 　　一串串数字,一项项事例,足可说明寒潮、冷害带来的损失之大,一点也不逊于洪水和台风带来的灾害。因此,必须对寒潮、冷害的严重性予以充分的认识和高度的重视。

§8.3　低纬度天气系统

　　气象上的热带是指南、北半球副热带高压脊线之间的地带。由于副热带高压脊线随季节有南北移动,因而热带的边缘位置和范围也有季节性变动,通常把南、北纬30°以内的地区称为热带。热带大气环流具有明显的地区特点,与中高纬度大气运动有明显的区别。从运动学的角度来看,中高纬度大气的运动是准地转的,而热带地区地转参数小,甚至趋于零,大气运动表现为非地转特性。从热力状况来看,热带地区水平温度梯度很小,同时水汽充沛,潜热释放是驱动热带扰动的主要能源。

8.3.1　副热带高压

　　副热带高压是低纬度最重要的大型天气系统。它的活动不仅对低纬度的天气变化起着极大的作用,而且对中高纬度的环流改变和天气变化亦有显著影响。副热带高压是影响中国的主要天气系统之一,特别是西太平洋副高的进退与中国夏季的降水及旱涝有密切关系。

8.3.1.1　副热带高压

　　在南、北半球副热带地区,经常维持着沿经圈分布的高压带,称**副热带高压带**。副热带高压带受海陆沿纬圈分布的影响,常断裂成若干个高压单体,称副热带高压,简称**副高**。

副高是由于对流层中上层气流辐合、聚积形成。副高呈椭圆形,长轴大致同纬圈平行,是暖性高压系统。这些系统主要位于大洋上,长年存在。在北半球主要分布在北太平洋西部、北大西洋东部、北大西洋中部、北大西洋西部、墨西哥湾和北非等地。南半球分布在南太平洋、南大西洋和南印度洋等。此外,夏季大陆高原上空出现的青藏高压和墨西哥高压,也属副热带高压。这些高压并不是都同时很明显,而是有强、有弱、有分合。

副热带高压是长年存在的永久性高压系统,不过其强度和位置冬夏不同。平均而言,北半球副高的强度在暖季比冷季强大得多,盛夏时增至最强,范围几乎占北半球的 1/5~1/4。冬季时,北半球副高强度减弱,范围缩小,位置南移、东退。南半球副高的季节变化状况正好相反,副热带高压的强度在暖季反较冷季为弱,暖季的位置偏于高纬。

平均而言,副热带高压是稳定少变的深厚系统,但实际上即使在同一季节、同一月份中,副高的范围、强度也是不断变化着的。

副高区内的温度水平梯度比较小,而高压边缘由于与周围天气系统相交绥,水平温度梯度明显增大,尤其北部和西北部更大。这种温度梯度分布特点造成了副高脊线附近气压梯度小、水平风速小,而南北两侧气压梯度大、水平风速增大的现象。

副高范围内盛行下沉气流,因而在低层普遍形成逆温层,尤其高压东部逆温层较厚、较低。副高内的天气,由于盛行下沉气流,以晴朗、少云、微风、炎热为主。高压的北、西北部边缘因与西风带天气系统(锋面、气旋、低槽)相交绥,气流上升运动强烈,水汽比较丰富,因而多云雨天气。高压南侧是东风气流,晴朗少云,低层潮湿、闷热,但当热带气旋、东风波等热带天气系统活动时,也可能产生大范围暴雨和中小尺度雷阵雨及大风天气。高压东部受北来冷气流的影响,形成较厚逆温层,产生少云、干燥、多雾天气,长期受其控制的地区,久旱无雨,出现干旱,甚至变成沙漠气候。

8.3.1.2 西太平洋副高的活动及其对我国天气的影响

(1)西太平洋副高的活动规律:北太平洋副高多呈东西扁长形状,中心有时只有一个,有时有数个。夏季时一般分裂为东、西两个大单体,位于西太平洋的称西太平洋副高,位于东太平洋的称东太平洋副高。西太平洋副高除在盛夏时偶成南北狭长形状外,一般呈东西向的椭圆形。

西太平洋副高的季节性活动具有明显的规律性。冬季位置最南,夏季最北,从冬到夏向北偏西移动,强度增强。图 8.21 给出了 500hPa 等压面上西太平洋副高脊线多年平均位置。冬季,副高脊线位于 15°N 附近,位置偏东,很少伸入东亚近海地区。夏半年,西太平洋副高的变化呈现突变性的增强和减弱。4~5 月,西太平洋副高缓慢北移,呈现相对静止的状态。大约到 6 月中旬,脊线出现第一次北跳过程,越过北纬 20°N,在 20~25°N 之间徘徊。7 月中旬出现第二次北跳,脊线迅速越过 25°N,以后摆动于 25~30°N 之间,约在 7 月底至 8 月初,脊线跨过 30°N 达到最北位置。9 月以后随着西太平洋副高势力的减弱,脊线开始自北向南迅速撤退,9 月上旬脊线第一次回跳到 25°N 附近,

10月上旬再次跳到20°N以南地区,从而结束了一年为周期的季节性南北移动。副高的季节性南北移动并不是匀速进行的,而是表现出稳定少动、缓慢移动和跳跃三种形式,而且在北进过程中有少量南退,在南退过程中有短暂北进的南北震荡现象。同时,北进过程持续时间较久、移动速度较缓,而南退过程经历时间较短、移动速度较快。上述西太平洋副高的季节性变动的一般规律,在个别年份可能有明显出入,而且这种移动特征在其它副高也同样存在,表明是全球性现象,是太阳辐射季节变化和副高强度的纬向不均

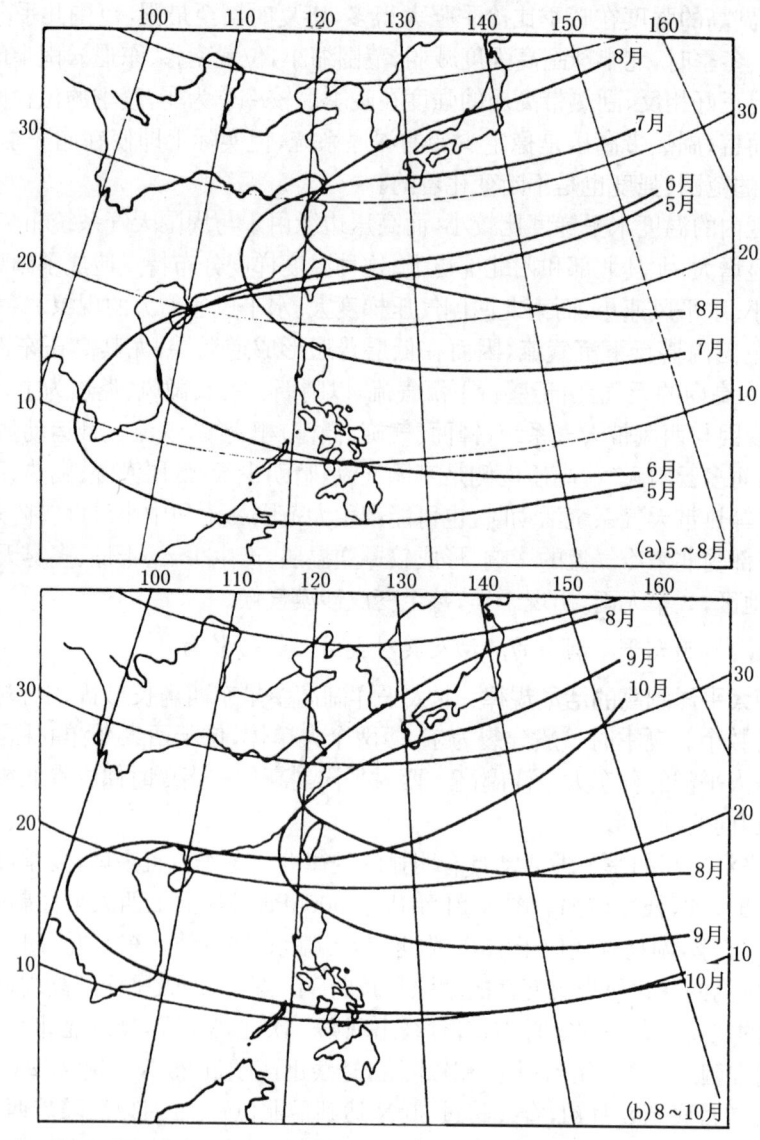

图 8.21　西太平洋副热带高压脊 500hPa 平均位置

匀分布以及随时间非匀速变化的反映。

西太平洋副高还有非季节性的中短期变动,主要表现为半个月左右的副高偏强或偏弱趋势及一周左右的副高西伸东退、北进南缩的周期变化。非季节性中、短期变动大多是受副高周围天气系统影响而引起的,例如夏季青藏高压、华北高压东移并入西太平洋副高时,副高产生西伸,甚至北跳,而当热带气旋或台风移至西太平洋副高的西南边缘时,副高随之东退,热带气旋沿副高西缘北移时,副高继续东退,当气旋越过高压脊线进入西风带时,副高又开始西伸。此外,西风带的小槽小脊、长波槽、脊都对副高变动有不同程度的影响,同时副高又对周围天气系统有明显影响,彼此相互联系、相互制约。

(2) **西太平洋副高的季节变化对我国天气的影响**:西太平洋副高是对我国夏季天气影响最大的一个天气系统。在它控制下将产生干旱、炎热、无风天气。它还通过与周围天气系统相互作用形成其它类型天气。因而,西太平洋副高的位置、强度的变化对我国东部的雨季、旱涝以及台风路径等产生重大影响。

西太平洋副高是向我国输送水汽的重要天气系统。我国夏季降水的水汽来源,虽然主要是依靠西南气流从孟加拉湾、印度洋输送来,但西太平洋副高的位置和强度关系着东南季风从太平洋向大陆输送水汽的路径和数量,而且还影响着西南气流输送水汽的状况。同时,西太平洋副高北侧是北上暖湿气流与中纬度南下冷气流相交绥的地带,气旋和锋面系统活动频繁,常常形成大范围阴雨和暴雨天气,成为我国东部地区的重要降水带。通常该降水带位于西太平洋副高脊线以北5～8个纬距,并随副高季节性移动。平均而言,每年2～5月,主要雨带位于华南,称江南雨带。6月份,当副高脊线徘徊在20～25°N时,雨带位于长江中下游和淮河流域,使江淮一带进入梅雨期。7月中旬,副高脊线越过25°N,稳定于25～30°N时雨带北推到黄河流域,称黄淮雨季;而长江流域此时处于副高控制下,进入伏旱期,天气酷热、少雨;如果副高强大,持续时间长,将造成严重干旱。副高南侧为东风带,常有东风波、热带气旋甚至台风活动,产生大量降水,因此7月中旬以后,华南又出现一次雨期。从7月下旬到8月初,主要雨带移至华北、东北地区。从9月上旬起副高脊线开始南撤,副高脊线又回到30°N以南,这时雨区也退到黄淮流域,而长江流域及江南一带出现秋高气爽的天气。华西则开始了有名的秋雨。10月以后,副高脊线撤到20°N南,中国开始出现冬季天气形势。

(3) **西太平洋副高活动的年际变化对我国旱涝的影响**:上述情况仅仅是西太平洋副高活动对我国东部地区天气影响的一般规律。由于西太平洋副高的强弱、大小和西进北上的时间、活动范围有较大的年际变化,北方来的冷空气强弱程度各年也不一样,导致我国每年降水不均,常发生洪涝灾害。发生旱涝的区域有较大差异:

① 有的年份,西太平洋副高脊线和北界位置偏南,冷暖气团在华南或江南南部交绥,形成华南或江南多雨带,多雨带中心地区有洪涝发生。缺乏水汽来源的华北地区和长江中下游地区是少雨干旱区。

②有的年份,西太平洋副高控制了华南和江南南部,冷暖气团在江淮流域相遇,形成多雨中心地带,并有洪涝发生。被副高控制的华南和江南南部多为干燥炎热天气。北方大部分地区则因缺乏水汽来源而为少雨干旱天气。

③有的年份,副高控制了整个江南和长江中下游地区,西南部的印缅低槽较深,孟加拉湾的水汽通过西南气流得以与东南海上的水汽流汇合成一条水汽充足的强大的偏南气流,从西南向东北方向输送。在这类年份中,从西南地区到汉渭流域有一条东北西南向的多雨带,并在其中部分地区造成洪涝。在副高控制下的大部分地区和缺乏水汽来源的华北及西北东部地区为少雨区。

④有的年份,副高呈块状向北伸展,控制了江淮流域的大部分地区,我国东部形成两条雨带,而中部江淮流域为少雨干旱区。

⑤有的年份,西太平洋副高偏东偏弱,我国大部分地区缺乏水汽来源而为少雨天气,或主要靠印缅低槽从孟加拉湾带来的水汽与西路径来的冷空气的相互作用,在我国西部形成多雨区;而在我国东部因副高偏东缺乏水汽而为少雨干旱区。这样,就形成了东旱西涝的形势。

梅雨和异常梅雨

梅雨是初夏季节长江中下游特有的天气气候现象,它是我国东部地区主要雨带北移过程中在长江流域停滞的结果。梅雨结束,盛夏随之到来。这种季节的转变以及雨带随季节的移动,年年大致如此,已形成一定的气候规律性。但是,每年的梅雨并不完全一致,存在很大的年际变化。

在气象上,把梅雨开始和结束的时间,分别称为"入梅"(或"立梅")和"出梅"(或"断梅")。我国长江中下游地区,平均每年6月中旬入梅,7月上旬出梅,历时20多天。但是,对各具体年份来说,梅雨开始和结束的早晚、梅雨的强弱等,存在着很大差异。因而使得有的年份梅雨明显,有的年份不明显,甚至产生空梅现象。如1954年梅雨季节异常持久,长达两个多月,使长江中下游地区出现了历史上罕见的涝年;而1958年梅雨期只有两三天,出现了历史上少有的旱年。

(1)正常梅雨:长江中下游地区正常的梅雨约在6月中旬开始,7月中旬结束,也就是出现在"芒种"和"夏至"两个节气间。梅雨期长约20~30天,雨量在200~400mm之间。"小暑"前后起,主要降雨带就北移到黄(河)、淮(河)流域,进而移到山东和华北一带。长江流域由阴雨绵绵、高温高湿的天气开始转为晴朗炎热的盛夏。据统计,这种正常梅雨,大约占总数的一半左右。

(2)早梅雨:有的年份,梅雨开始的很早,在5月底6月初就会突然到来。在气象上,通常把"芒种"以前开始的梅雨,统称为"早梅雨"。早梅雨会带来一些反常的现象。例如,由于在梅雨刚刚开始的一段时间内,靠近地面的大气层里,从北方南下的冷空气还是很频繁的,因此,梅雨开始之后,气温还比较低,甚至有冷飕飕的感觉,农谚说:"吃了端午粽,还要冻三冻"就是这个意思,同时也没有明显的潮湿现象。长江中下游部分地区的农民,把这一段温度比较低的黄梅雨称为"冷水黄梅"。以后,随着梅雨维持时间的延长、暖湿空气加强,温度会逐渐上升,湿度不断增大,梅雨固有的特征也就越来越明显了。早梅雨的出现机会,大致上是十年一遇。这种早梅雨往往呈现两种情形。一种是开始早,结束迟,甚至拖到7月下旬才结束,雨期长达四、五十天,个别年份长达两个月。另一种是开始早,结束也早,到6月下旬,长江中下游地区就进入了盛夏,由于盛夏提前到来,常常造成长江中下游地区不同程度的伏旱。

(3)迟梅雨：同早梅雨相反的是姗姗来迟的梅雨，在气象上通常把6月下旬以后开始的梅雨称为迟梅雨。迟梅雨的出现机会也比早梅雨多。由于迟梅雨开始时节气已经比较晚，暖湿空气一旦北上，其势力很强，同时，太阳辐射也比较强，空气受热后，容易出现强烈的对流，因而迟梅雨常常多雷阵雨天气。人们也把这种梅雨称为"阵头黄梅"。迟梅雨的持续时间一般不长，平均只有半个月左右。不过，这种梅雨的降雨量有时却相当集中。

(4)特长梅雨：1954年我国江淮流域出现了百年一遇的特大洪水，这次大水，就是由持续时间特别长的梅雨造成的。这一年，长江中下游的梅雨开始之前的5月下半月春雨已经很多，梅雨又来得很早，6月初就开始了。天气一直阴雨连绵，并且不时有大雨、暴雨出现，维持的时间特别长，直到八月初才"出梅"。当阴雨结束转入盛夏天气时，已经临近"立秋"了。这一年整个梅雨期长达两个月，连同五月份的春雨，则达到两个半月以上。进入"小暑"、"大暑"以后，长江中下游本来应该是晴朗炎热的"伏天"了，却一直是阴云密布难见太阳，瓢泼大雨不时倾泻到地面上来，不少地区洪水滚滚，"寒气"袭人。这一年长江中下游地区5～7月的雨量，一般都达到800～1000mm，接近该地区正常年份全年的雨量；部分地区雨量多达1500～2000mm，相当于同一地区一年半的雨量，导致洪水泛滥成灾。我国地域辽阔，局部洪涝经常发生。有的可能是由于台风雨引起的，有的可能是别的天气系统接连而带来的几次暴雨造成的，但它们的持续时间不长，洪水退去比较快，影响范围也比较小。像1954年这样，阴雨时间长达两个多月之久，造成长江流域全流域性洪水的现象，是极为罕见的。这种罕见的大水，常常是与异常梅雨联系在一起的。像1990年、1998年的大水，也是特别长的梅雨所造成的。

(5)"短梅"和"空梅"：同特别长的梅雨完全相反的是，有些年份梅雨非常不明显，它像来去匆匆的过客，在长江中下游地区停留十来天以后，就急急忙忙地向北去了。而且这段时间里雨量也不大，难得有一、二次大雨。这种情况称为"短梅"。更有甚者，有些年份从初夏开始，长江流域一直没有出现连续的阴雨天气。多数日子是白天晴朗暖和，早晚非常凉爽，出现了"黄梅时节燥松松"的天气。本来在梅雨时节经常要出现的衣服发霉现象，也几乎没有发生。这段凉爽的天气一过，接着就转入了盛夏。这样的年份称为"空梅"。"短梅"和"空梅"的出现机会，平均为10年中1～2次。"短梅"和"空梅"的年份，常常有伏旱发生，有些年份还可以造成大旱。

(6)倒黄梅：有些年份，长江中下游地区黄梅天似乎已经过去，天气转晴，温度升高，出现盛夏的特征。可是几天以后，又重新出现闷热潮湿的雷雨、阵雨天气，并且维持相当一段时期。这种情况就好象黄梅天在走回头路，重返长江中下游，所以称为"倒黄梅"。"小暑一声雷，黄梅倒转来"，这是该地区广为流传的一句天气谚语。它的意思是说，在梅雨过去以后，如果"小暑"出现打雷，则梅雨又会倒转过来。这是有一定道理的。因为梅雨结束之后，长江中下游地区的天气通常越来越稳定，而雷雨却是天气不稳定的象征。况且时至"小暑"，通常冷空气已不再影响长江流域，而雷雨的出现常常和北方小股冷空气南下有关，这种冷空气的南下，有利于雨带在长江中下游重新建立。当然，"倒黄梅"并不一定在小暑日打雷以后出现。一般说来，"倒黄梅"维持的时间不长，短则一周左右，长则十天半月。但是在"倒黄梅"期间，由于多雷雨、阵雨，雨量往往相当集中。由于"倒黄梅"属于梅雨的一种，它在结束之后，通常都转为晴热的天气。

从上面所介绍的各种梅雨可以看到，通常被人们视为大同小异的黄梅雨，实际上是多种多样的，它们之间的差别有时还相当悬殊。以"入梅"来说，最早的在5月26日，最迟的在7月9日；"出梅"最早的在6月16日，最迟的在8月2日，相差可达到一个半月。梅雨最长的年份持续两个多月，可以引起罕见的大水，而短的年份仅仅几天，还有的甚至出现"空梅"，造成严重干旱。可见，梅雨是一种复杂的天气气候现象，它远不是象农历上所定的"入梅"、"出梅"那样简单。相对正常梅雨而言，"早梅"、"迟梅"、"长梅"、"空梅"及严重的"倒黄梅"，都属于异常梅雨。

8.3.1.3 青藏高压

青藏高压又称**南亚高压**或**亚洲季风高压**。它是夏季出现在青藏高原及其邻近地区上空的行星尺度的大型天气系统,是北半球夏季对流层上部最强大、最稳定的大气活动中心。

青藏高压是一个暖高压,它的形成与青藏高原的加热作用有关。青藏高原是世界上最高、最大的高原。东西长约3200km,南北宽约1500km,平均高度达4000~5000m。在夏季,有强烈的太阳辐射,使得它的温度比同高度的空气温度高,相对于周围大气而言,高原是一个"热岛"。其热量不断以显热和潜热的形式向上输送,使高原上空的大气温度高于周围的大气温度。青藏高压在500hPa以下是热低压,在500hPa以上的高空才表现为高压,而且越向高空高压强度越大,到200~100hPa高度强度最大,成为北半球上空强大的高压体。其中心区有上升气流,多对流活动,是我国夏季雷暴发生最多的地区。青藏高压的水平尺度达10^4km以上,属超长波系统。高压的位置和强度都有明显变化。100hPa上高压的平均脊线位置4月位于15°N附近,5月跳至23°N附近,8月到最北位置(33°N),9月南撤,退至28°N附近。青藏高压的位置不仅有明显的纬度变化,而且高压中心常作东西向摆动,当其向东摆动并与西太平洋副热带高压脊叠加时,可使西太平洋副高加强,导致其西伸或北跳。中国雨带的中期变化还与青藏高压主要中心位置有关,它对长江中下游的梅雨异常也有影响。

青藏高压与高原雨季密切相关,该高压进入高原到退出高原的时期,正是高原的雨季。

8.3.2 赤道辐合带

赤道辐合带是南、北半球信风气流汇合形成的狭窄气流辐合带,又称**热带辐合带**。赤道辐合带环绕地球呈不连续带状分布,是热带地区重要的大型环流系统之一,其生、消、强、弱、移动和变化,对热带地区长、中、短期天气变化影响极大。

从气压场来看,赤道辐合带处于南北两个半球副热带高压之间的宽广低压槽内,这个低压也称为**赤道槽**。按其类型赤道辐合带可分为两种类型:一种是在北半球夏季,由东北信风与赤道西风相遇形成的气流辐合带,因为这种辐合带活动于季风区,称**季风辐合带**;另一种是南、北半球信风直接交汇形成的辐合带,称**信风辐合带**,见图8.22。

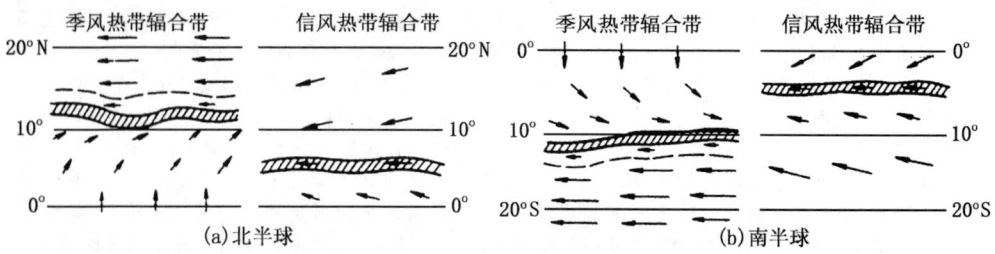

图8.22 典型的赤道辐合带模式图

赤道辐合带的位置随季节变化而有南北移动。平均而言,1月位于5°S左右,7月约在12°S~15°N之间。但在各地区移动的幅度并不相等。主要活动于东太平洋、大西洋和西非的信风辐合带,移动幅度较小,而且一年中大部分时间位于北半球;而活动在东非、亚洲、澳大利亚的季风辐合带,季节位移较大,冬季位于南半球,而且有的年份10月份南北半球各出现一个季风辐合带(双重热带辐合带),这种季节变化是同活动地区的海陆分布和地形特征密切相关的。

赤道辐合带,特别是季风辐合带是低纬度地区水汽、热量最集中的区域。由于气流辐合,加上空气是暖湿对流不稳定的,上升运动造成的低云、降水、雷阵雨等天气。特别在它上面有低涡或台风发展时,更可带来狂风暴雨。严重的天气现象集中在沿辐合带的狭长带内。辐合带带来的降水区范围通常200~800km。在赤道辐合带上,当气流辐合很强时,容易形成热带气旋,并逐渐发展成台风。

8.3.3* 东风波

副高南侧(北半球)深厚东风气流受扰动而产生的波动称为**东风波**。东风波的波长一般为1000~1500km,长者达4000~5000km,伸展的高度一般为6~7km,有的达到对流层顶。最大强度出现在700~500hPa之间。周期为3~7天。移速约20~25km/h。

东风波一般表现为东北风与东南风间的切变。其结构随地区不同而不同。在西大西洋加勒比海地区,东风波呈倒V形模式,波轴随高度向东倾斜,槽前吹东北风,槽后吹东南风,槽前为辐散下沉气流区,湿层较薄,只生成一些小块积云或晴朗无云;槽后为上升辐合气流区,有大量的水汽向上输送,湿层较厚,形成云雨。其形成原因是这里对流层中低层的偏东风风速是随高度减小的。

西太平洋地区东风波大多产生于西太平洋东部地区,平均波长约2000km,移速约25~30km/h。由于西太平洋东部地区的低空为东风,高空常为西风,以致东风波波轴向东倾斜,云雨天气发生在槽后气流辐合上升区。当东风波移到西太平洋西部和南海地区时,因为低层经常有赤道西风,5km以上才是东风,因而东风波向上可伸展到对流层中上层,在400~200hPa间最清楚,而且东风波风速随高度增加,其波轴逐渐变为向西倾斜,结果槽前气流辐合上升,湿层厚,多云雨天气,槽后气流辐散下沉,湿层浅,多晴好天气。

每年夏秋季节,当副热带高压位置偏北并稳定成带状时,在其南侧较深厚的东风气流中,常有东风波西传,影响中国华南、长江中下游等沿海地区。少数东风波甚至可深入到高原以东的内陆地区。影响中国的东风波,除少数是在中国近海地区生成外,大部分来自西太平洋上,东风波往往带来大雨和大风天气。东风波在适当的条件下还可以发展成热带气旋,东风波发展成热带气旋的可能性占1/4左右。

8.3.4 热带气旋

8.3.4.1 热带气旋的分类

热带气旋是形成于海洋上的一种热带风暴,它常常带来狂风、暴雨和暴潮,对人民生命财产和生产活动危害极大,是一种严重的灾害性天气系统。据统计,全球由于热带气旋的影响,平均每年造成2万人死亡和60~70亿美元的经济损失。中国是世界上受热带气旋影响最严重的国家之一,从华南到东北漫长的沿海地区都有可能受到它的威胁。

热带气旋也有有益的一面,它是低纬度降水的主要来源之一,如中国华南夏、秋季节即以热带气旋降水为主,有利于缓和和解除干旱。

热带气旋的强度有很大差异。据此,国际规定热带气旋名称和等级标准为:

热带低压:地面中心附近最大风速 10.8~17.1m/s(风力 6~7 级)。

热带风暴:地面中心附近最大风速 17.2~32.6m/s(即风力 8~11 级)。其中地面中心附近最大风速 24.5~32.6m/s(风力 10~11 级)者,称强热带风暴。

台风:地面中心附近最大风速大于等于 32.6m/s(即风力 12 级以上)。

为了更好的识别和追踪风力强大的热带风暴和台风,常对其进行命名和编号。我国气象部门规定,凡出现在 150°E 以西,赤道以北的热带风暴和台风,按每年出现顺序进行编号。例如,9306 号热带风暴表示 1993 年出现在 150°E 以西的第六号热带风暴,9304 强热带风暴表示 1993 年出现在 150°E 以西的第四号强热带风暴,9302 台风表示 1993 年出现在 150°E 以西的第二号台风。从 2000 年起,还同时给热带风暴按特定名字命名,如 2000 年 12 号台风名为"派比安",14 号台风名为"桑美"。

如何给热带气旋命名?

为了区分热带气旋,有必要给它们单独取个名字。最早是根据热带气旋的位置(主要是热带气旋中心所处的经纬度)来区分热带气旋,这种办法相当麻烦,往往难如人意。直到 19 世纪初叶,一些讲西班牙语的加勒比海岛屿根据飓风登陆的圣历时间命名飓风。例如,侵袭波多黎各的三个飓风:1825 年 7 月 26 日的圣大安娜,1876 年和 1928 年 9 月 13 日的圣费里佩。据报道,19 世纪末,澳大利亚预报员克里门·兰格用他讨厌的政客的名字为热带气旋命名。后来,军事部门根据英文单词的首字母顺序(ABLE,BAKER,CHARLIE 等)来命名热带气旋。第二次世界大战时期,美国人用女性的名字给热带气旋命名。20 世纪 70 年代末,应美国女权运动组织的要求,扩充了命名表,改用男性和女性的名字命名。在口语和书面交流中,特别在警报中,人们逐渐接受了使用命名表的优点。名字应当简短、通俗、易记,便于向热带气旋威胁区的千百万群众传递信息,以避免同一地区同时面临一个以上热带气旋影响时出现混乱状况。这种做法不久便在西半球被广泛采用。20 世纪 70 年代,所有热带气旋易发区都已使用命名系统。70 年代末以后,在世界气象组织各区域热带气旋委员会协调下,热带气旋的命名走向国际化。在大多数区域,热带气旋命名表(通常是交替使用男性和女性的名字)由该区域的热带气旋委员会制定,热带气旋委员会更重要的任务是促进和协调本地区的热带气旋减灾行动。各区域的具体做法不尽相同。通常由指定的气象中心负责按字母顺序依次为热带气旋命名。

有的地区命名表循环使用,有的地区时常制定新的命名表,还有的地区命名表用完后再从头开始使用。如果某个热带气旋声名狼藉,比如造成了严重伤亡或带来巨大财产损失,则将该热带气旋的名字从命名表中剔除,代之以同性别的另一个名字,并且第一个字母要相同。有的区域用 4 位数字来命名热带气旋,前 2 位数字为年份,后 2 位数字为热带气旋在当年的顺序号,有的还加上地理指示码,例如:1991 年孟加拉湾的第 9 个热带风暴命名为 BOB 9109(BOB 为英语孟加拉湾的缩写,Bay of Bengal)。而 1990 年的第 25 个台风则命名为 9025。

有些国家制定了供本国使用的命名表,比如:美国制定了西北太平洋和中北太平洋命名表,菲律宾也制定了西北太平洋台风命名表。关岛联合台风警报中心使用的西北太平洋台风命名也常被该区域其它国家采纳。

西北太平洋和南海热带气旋命名

1997年11月25日至12月1日在中国香港举行的台风委员会第30届会议决定就西北太平洋和南海热带气旋采用具有亚洲风格名字的建议展开研究,并指派台风研究协调小组(TRCG)研究执行的细节。经过一年的努力,TRCG提出了关于西北太平洋和南海热带气旋命名的建议。1998年12月1～7日在菲律宾马尼拉举行的台风委员会第31届会议经过热烈讨论,同意TRCG提出的西北太平洋和南海热带气旋命名方案,决定新的热带气旋命名方法从2000年1月1日开始执行。

台风委员会命名表共有140个名字,分别由亚太地区的柬埔寨、中国、朝鲜、中国香港、中国澳门、日本、老挝、马来西亚、密克罗尼西亚联邦、菲律宾、韩国、泰国、美国和越南提供。

为避免一名多译造成的不必要的混乱,中国中央气象台和香港天文台、中国澳门地球物理暨气象台经过协商,确定了一套统一的中文译名。从2000年1月1日起,中央气象台发布热带气旋警报时,除继续使用热带气旋编号外,还将使用热带气旋名字。2000年的第1号热带气旋名字为"达维",由柬埔寨提供。

台风委员会西北太平洋和南海热带气旋命名表注释

第1列（2000年）			
英文名	中文名	名字来源	意　义
Damrey	达维	柬埔寨	大象
Longwang	龙王	中国	神话传说中的司雨之神
Kirogi	鸿雁	朝鲜	一种候鸟,在朝鲜秋来春去,和台风的活动很相似
Kai-tak	启德	中国香港	香港旧机场名
Tembin	天秤	日本	天秤星座
Bolaven	布拉万	老挝	高地
Chanchu	珍珠	中国澳门	珍珠
Jelawat	杰拉华	马来西亚	一种淡水鱼
Ewiniar	艾云尼	密克罗尼西亚	传统的风暴神(Chuuk语)
Bilis	碧利斯	菲律宾	速度
Kaemi	格美	韩国	蚂蚁
Prapiroon	派比安	泰国	雨神
Maria	玛莉亚	美国	女士名(Chamarro语)
Saomai	桑美	越南	金星
Bopha	宝霞	柬埔寨	花儿名
Wukong	悟空	中国	孙悟空
Sonamu	清松	朝鲜	一种松树,能扎根石崖,四季常绿
Shanshan	珊珊	中国香港	女孩儿名
Yagi	摩羯	日本	摩羯星座
Xangsane	象神	老挝	大象
Bebinca	贝碧嘉	澳门	澳门牛奶布丁
Rumbia	温比亚	马来西亚	棕榈树
Soulik	苏力	密克罗尼西亚	传统的Pohnpei酋长头衔
Cimaron	西马仑	菲律宾	菲律宾野牛
Chebi	飞燕	韩国	燕子
Durian	榴莲	泰国	泰国人喜爱的水果
Utor	尤特	美国	飑线(Marshalese语)
Trami	潭美	越南	一种花

8.3.4.2 台风

(1)台风概述：发展强盛的热带气旋称为台风,在印度洋地区称为**热带风暴**,在大西洋地区和东太平洋地区称为**飓风**。

台风的范围通常以其最外围闭合等压线的直径或六级风的范围度量,大多数台风范围在 500~1000km,最大的达 2000km,最小的仅 100km 左右。台风环流伸展的高度可达 12~16km。台风的时间尺度即台风的生命史平均约 1 周,短的只有 2~3 天,最长可达 1 个月左右。台风的强度以台风中心地面最大平均风速和台风中心海平面最低气压值来确定。大多数台风的风速在 32~50m/s,大者达 110m/s,甚至更大。台风的中心气压值一般为 950hPa,低者达 920hPa,有的仅 870hPa。

台风大多数发生在南、北纬 5°~20°的海面温度较高的洋面上,每年发生的台风(包括热带风暴)总数约 80 次,北半球占总数的 73%,南半球仅占 27%。主要发生在 8 个海区(图 8.23),即北半球的北太平洋西部(37%)和东部(17%)、北大西洋西部(12%)、孟加拉湾(15%)和阿拉伯海(1%)5 个海区,南半球的南太平洋西部(8%)、南印度洋西部(10%)和东部(9%)3 个海区。

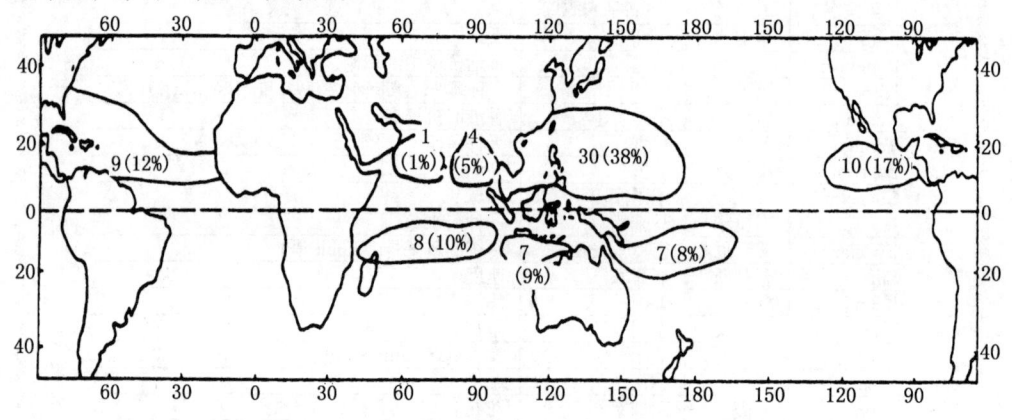

图 8.23 全球台风发生区域分布

北半球台风(除孟加拉湾和阿拉伯海以外)主要发生在海温比较高的 7~10 月,南半球发生在高温的 1~3 月,其它季节明显减少。

(2)台风的结构：台风是一个强大而深厚的气旋性涡旋。发展成熟的台风,按低层流场的水平分布可分为三个区域:

外圈,又称大风区,自台风边缘到涡旋区外缘,半径约 200~300km,其主要特点是风速向中心急增,但风力在 8 级以下。

中圈,又称最大风速区,围绕眼壁分布着一条最大风速带,出现在距中心 10~100km 的地方,这是台风中最具破坏力的强风地区,降水强度可达 500mm/d 以上。最大风速的分布也是不对称的,台风的右前方风速更为强烈。

内圈,即台风眼区,这是台风的中心部分,半径约 5～30km。多呈圆形,风小、干暖、少云。台风流场的垂直分布,大致分三层(图 8.24):

①低层流入区,从地面到 3km 左右,气流强烈向中心辐合,最强的流入层出现在 1km 以下的行星边界层内。由于地转偏向力作用,内流气流呈气旋式旋转,而且在向内流入过程中愈接近台风中心,旋转半径愈短,等压线曲率愈大,惯性离心力也相应增大。结果在地转偏向力和惯性离心力作用下,内流气流并不能到达台风中心,而在台风眼壁附近强烈螺旋上升。

②上升气流层,从 3km 到 10km 左右,气流主要沿切线方向环绕台风眼壁上升,上升速度在 700～300hPa 之间达到最大。

③高空流出层,大约从 10km 到对流层顶(12～16km),气流在上升过程中释放大量潜热,致使台风中部气温高于周围,台风中的水平气压梯度力便随着高度增加而逐渐减小,当达到某一高度(约 10～12km),水平气压梯度力小于惯性离心力和水平地转偏向力的合力时,便出现向四周辐散的气流。空气的外流量同低层的流入量大体相当,否则台风就会加强或减弱。

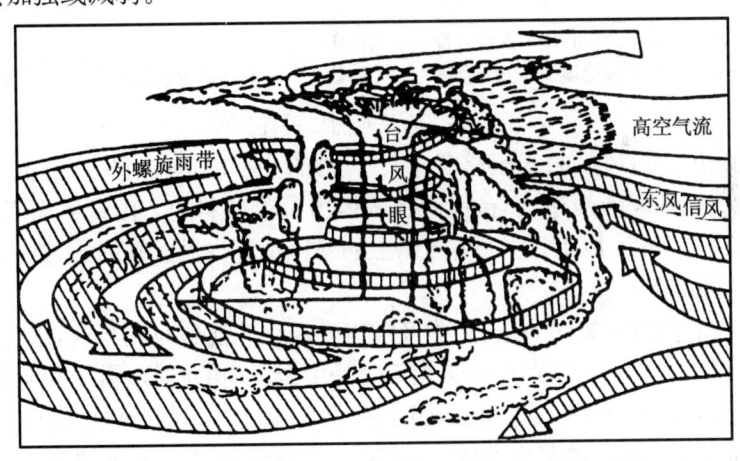

图 8.24　台风的三度空间流场及云系分布

台风各个等压面上的温度场是近于圆形的暖中心结构。台风低层温度水平分布是自外围向眼区逐渐增高的,但温度梯度很小(图 8.25)。这种水平温度场结构随着高度增加逐渐明显,这是眼壁外侧雨区释放潜热和眼区空气下沉增温的共同结果。

(3)台风的天气:台风是强烈旋转的涡旋,它带来的天气主要是狂风暴雨,台风引起的风暴潮也是造成破坏的主要原因之一。

①台风暴雨。台风来临时,其降水强度之大是相当惊人的。一次台风过境,往往可造成几百至上千毫米的降水。如 1967 年 10 月 17 日在台风影响下,中国台湾新寮日降

水量达1672mm,两天总降水量达2259mm。位于中国内陆的河南省1975年8月的特大暴雨,三天降水量达1600mm以上,总雨量相当于该地区平均年雨量的2倍以上,也是在7503号台风的参与下造成的。台风暴雨的分布一般是不对称的,暴雨中心常位于台风路径的右前方。在台风区内,暴雨常呈带状分布,有一条或几条螺旋性雨带,最强烈的暴雨集中在台风眼壁附近的云墙。

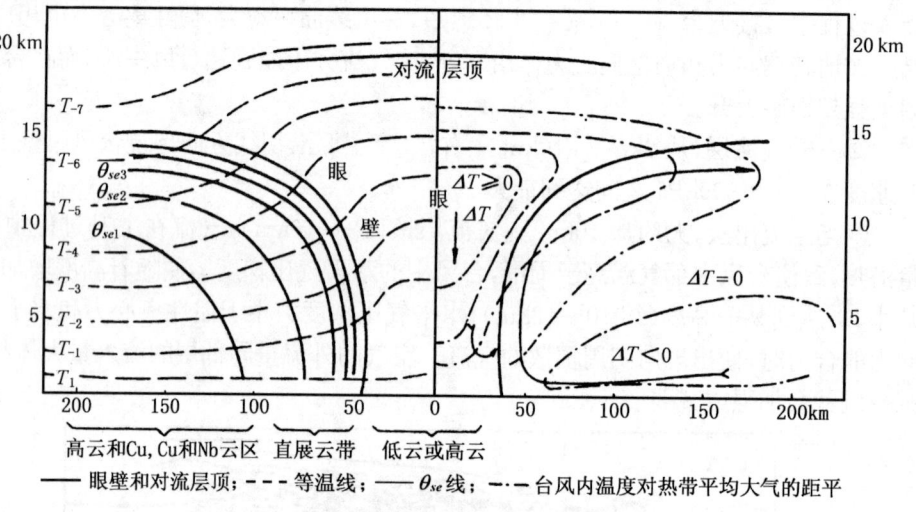

图8.25 台风热力场垂直分布

②台风大风。台风区的气压梯度愈大,风力的分布也是愈近中心愈强,最大风力分布在近中心周围的环形地带,而台风眼区的风力是很微弱的。由台风引起的大风相当强,风速一般在25m/s以上,达50m/s以上的暴风也不少见。在海上,强大台风的风速可达100~120m/s。

③台风中的强对流系统。在台风中经常出现局地性强烈对流天气,它给小范围地区带来狂风骤雨,酿成灾害。这种局地强烈天气是由台风内的飑线、雷暴和龙卷等造成的。它们的范围最大不超过200~300km,最小的在100m以内,是台风中的中小尺度系统。

(4)台风生成和消亡的基本条件:比较公认的台风形成必要条件有四个:

①广阔的高温洋面:台风是一种十分强烈的天气系统,具有相当大的能量,这些能量主要由大量水汽凝结释放的潜热转化而来,而潜热释放又是大气层结不稳定发展的结果。所以大气层结不稳定就成为台风形成、发展的重要前提条件。而对流层低层大气层结不稳定程度主要取决于大气层中温度、湿度的垂直分布。大气低层温度愈高、湿度愈大,大气层结不稳定程度愈强。因而广阔的高温洋面就成为台风形成、发展的必要条件。据统计,海温低于26.5℃的洋面,一般不会有台风发生,而海温高于29~30℃的洋面则极易发生台风。北太平洋西部的低纬洋面暖季(7~10月)海温可达30℃以上,水汽又充沛,成为全球台风发生最多的区域。

②合适的地转参数值:热带初始扰动的发展、壮大,需要依靠一定的地转偏向力的作用,才能不断地使辐合气流逐渐变为气旋性旋转的水平涡旋,使气旋性环流加强。若无地转偏向力或地转偏向力过小,水平辐合气流可径直到达低压中心,发生空气堆积,中心填塞,致使气旋性涡旋减弱或不能形成。据计算,只有在距赤道5个纬距以外的地区,地转偏向力才能达到一定数值,利于台风形成。事实上,大多数台风发生在纬度5～20度之间。

③气流铅直切变要小:为使潜热聚积在气柱中而不被扩散出去,气流的铅直切变要小。否则高、低空风速相差过大或风向相反,潜热会迅速平流出去,而不利于暖心形成和维持,因而也不利于发展成台风。据统计,台风多形成于200hPa和850hPa等压面间风速差小于10m/s的地区。西太平洋风速垂直切变全年都很小,夏季更小,因而台风发生多。印度洋北部的孟加拉湾和阿拉伯海地区,盛夏时低层是西南季风,高层是青藏高压南侧的强东风急流,铅直风速切变很大,台风发生的可能性很小。而春、秋季时铅直风速切变变小,台风发生很多。

④合适的流场:大气中积蓄的大量不稳定能量能否释放出来转化为台风的动能,同有利流场的扰动和诱导关系甚大。台风发生之前都有一个扰动系统存在,并由扰动发展、演变成台风。在西太平洋和南海地区,台风主要起源于赤道辐合带和东风波的初始扰动。

台风的消亡条件主要是高温、高湿空气不能继续供给,低空辐合、高空辐散流场不能维持以及风速铅直切变增大等。造成台风消亡的途径一般有两个:一是台风登陆后,高温、高湿空气得不到源源补充,失去了维持强烈对流所需的能源。同时低层摩擦加强,内流气流加强,台风中心被逐渐填塞、减弱以至消失。二是台风移到温带后,有冷空气侵入,破坏了台风的暖心结构,变性为温带气旋。

(5)*台风的移动路径:台风移动的方向和速度取决于作用于台风的动力。动力分内力和外力两种。内力是台风范围内南北纬度差造成的地转偏向力引起的向北和向西的合力,台风范围越大,风速越强,内力越大。外力是台风外围环境流场对台风涡旋的作用力,即北半球副热带高压南侧东风带基本气流的引导力。内力主要在台风初生成时起作用,外力则是台风移动的主导作用力,因而台风基本上自东向西移动。由于副高的形状、位置、强度变化以及其它因素影响,导致台风移动路径并非规律一致而变得多种多样。以北太平洋西部地区台风移动路径为例,其移动路径大体有三条(图8.26)。

①西移路径:当北太平洋高压脊呈东西走向,而且强大、稳定时,或北太平洋副高不断增强西伸时,台风从菲律宾以东洋面向西移动,经过南海在我

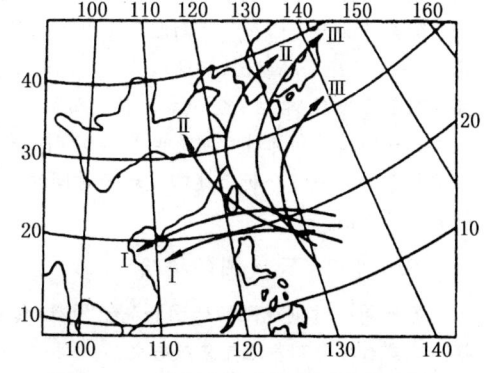

图8.26 北太平洋西部台风移动路径

国海南岛或越南一带登陆。

②西北路径:当北太平洋高压脊线呈西北—东南走向时,台风从菲律宾以东洋面向西北方向移动,穿过琉球群岛,在我国浙江或横穿台湾海峡在浙、闽一带登陆。这条路径常常侵入中国大陆,对我国影响范围较大,尤其华东地区。

③转向路径:北太平洋副高东退海上时,台风从菲律宾以东海面向西北方向移动,然后转向东北方向,路径呈抛物线形。对我国东部沿海地区影响较大。

此外,有的台风在移动过程中有左右摆动或打转等特殊路径。显然这同当时的环流形势有关。

台风移动的速度平均为 20~30km/h。当发生转向时速度有所减慢,转向以后又有所增快。

§8.4* 天气预报简介

8.4.1 天气图的一般知识

天气图是目前我国气象台进行天气预报的主要工具之一。通过分析天气图,确定天气系统,探讨天气系统的发生和演变规律,从而预测未来的天气。

8.4.1.1 天气图的种类

为了了解发生在广阔天空的天气状况,必须收集广阔地区的气象资料,并将其填在标有气象观测区号、站号、站圈的空白地图上进行分析,这种空白地图就是天气图底图。目前我国气象台站使用的天气图有北半球天气图、亚欧天气图、亚洲天气图、东亚天气图和区域天气图。

因为天气分布是三维空间的,为了比较全面地揭示三维空间的天气状况,在气象预报中,通常绘制三种天气图,即地面天气图、高空天气图和辅助图。

地面天气图是根据地面观测资料绘制的,它是一种综合性天气图,是天气分析和预报中最基本的天气图。高空天气图就是等压面上的形势图,它是根据高空观测资料绘制的。在气象台短期预报中,一般分析 850hPa、700hPa、500hPa 三个等压面形势图。850hPa 的高度大约1500m,相当于摩擦层的上界,代表了高空大气低层的状况。700hPa 等压面高度大约3000m,反映了对流层中下层情况。500hPa 等压面高度大约5500m,相当于对流层的中层,反映对流层中高层大气的状况。此外,根据实际需要有些气象台也分析 400hPa、300hPa、200hPa、100hPa 甚至更高的等压面形势图。

配合地面天气图和等压面图而使用的辅助图,种类很多,随不同分析预报的需要而异。大体分为两类:一类是地面辅助图,如区域天气实况演变图、变温图、区域降水分布图。另一类是高空辅助图,如温度对数压力图、单站高空风的垂直剖面图等。

天气图填写的资料时间是世界时 00 时、06 时、12 时、18 时(即北京时 08 时、14 时、20 时、02 时)。我国气象台站一般分析上述四个规定时间的地面天气图和北京时 08 时、20 时(世界时 00 时、12 时)的高空天气图。

8.4.1.2 天气图的填绘

各地同一时刻观测的地面和高空资料,传递到各通信中心,然后再由通信中心向各地气象台传播。气象台接受到各地气象报告之后,便按一定的格式,将电码译成规定的符号和数字填在一张规定的地图上,经过天气分析后便成为天气图。地面图和高空图的填写格式如图8.27所示。图中各符号的意义如表8.4所示。过去手工绘制并分析天气图,20世纪中期以后逐步实现了计算机自动填图和进行天气图分析。

表8.4 填图符号及代表意义

填图符号	代表意义	填图符号	代表意义
N	总云量	dd	风向
$f_m f_m$	风速	ppp	海平面气压
pp	三小时变压	a	过去三小时气压倾向
TT	气温	$T_d T_d$	露点温度
VV	水平能见度	WW	现在天气现象
W	过去天气现象	RR	过去六小时降水量
C_H	高云状	C_M	中云状
C_L	低云状	N_h	云底低于2500m的低云或中云的云量
h	云底低于2500m的云底高度		

在举例中,气温为19℃,现在天气为连续性中雨,水平能见度1.4km,露点19℃,中云状为蔽光高层云或雨层云,总云量为10,吹东北风,风速9~10m/s(一个短线表示1~2m/s,一个长线表示每秒3~4m/s),低云状为恶劣天气下的碎层云或碎积云,200m高的云量

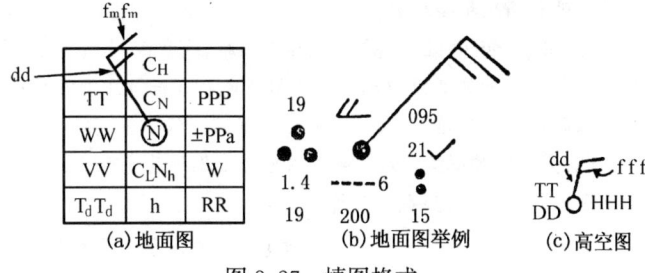

图8.27 填图格式

为6,最低云高为200m,海平面气压为1009.5hPa,3h 以来气压倾向为下降后上升,此次与前次观测间为降水天气,观测前6h内降水量15mm。

高空天气图根据高空测风和探空资料填绘,填图模式如图8.27所示。其中HHH为位势高度,TT为气温,DD为温度露点差,dd为风向,fff为风速。

8.4.1.3 地面天气图分析

通过地面天气图的分析,可以了解地面天气系统和天气现象的分布状况,进而判断天气演变趋势。地面天气图的分析项目,通常包括海平面气压场,三小时变压场,天气现象和锋等。

(1) **海平面气压场分析**:分析海平面气压场,就是在地面图上绘制等压线,从而分析气压系统在海平面上的分布情况。

① 等压线分析的基本原则。等压线是等值线的一种,具有各种等值线分析的共同规律。分析等压线的原则如下:

- 在同一要素的同一条等值线上,其值处处相等。因此等压线不能相交,不能分支,不能在图中中断;
- 等压线一侧的数值必须高于另一侧的数值,即等压线应在一个高于等压线数值和低于等压线数值的测站之间通过;
- 在两高值或两低值之间,必须有两条相邻的等压线,其数值相等,并且这两条等压线的数值在两个高值区之间是最低值,在两个低值区之间是最高值;
- 等压线应为圆滑曲线,不能画成折线。

此外,还要遵循风压定律。在北半球背风而立,高压在右后侧。等压线愈密集的地方,风速愈大(图 8.28)。

②等压线分析的技术规定:
- 等压线用黑色铅笔实线绘制。在地面天气图上,等压线规定每隔 2.5hPa 画一条。其具体数值为:1000.0hPa、1002.5hPa、1005.0hPa 等,其余类推;
- 不闭合的等压线应画到图边,终止在某一经线或纬线上,两端应注百帕数值。标注的数值应与纬圈平行;
- 低压中心应用红笔标注"D",高压中心用蓝色铅笔标注"G",在台风中心用红色铅笔标注;
- 等压线穿过锋线时,应有明显的折角或气旋性曲率的突然增加,且折角的尖端指向高压一侧。

等压线分析应尽量平滑一些,避免不必要的小弯曲和突然曲折。两条数值相等的等压线,避免互相平行过长而又相距很远。

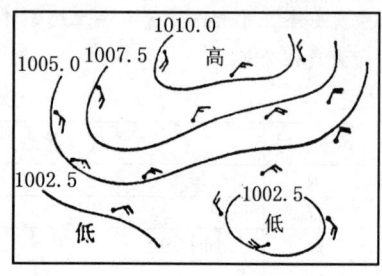

图 8.28 等压线与风的关系

(2)**等 3h 变压线的分析**:等 3h 变压线,通常以 1hPa 为间隔,变压梯度大的可取 2hPa 为间隔,用蓝色铅笔或黑色铅笔画成细折线。用蓝色铅笔标注正变压中心的最大变压值,用红色铅笔标注负变压中心的最大变压值,标注的变压值精确到一位小数,并在数值前加注正号和负号。

(3)**天气区的描绘**:为了便于明显看出各种天气现象,地面天气图上需用各种彩色铅笔绘出各种天气区,其表示方法如表 8.5 所示。

表 8.5 主要天气区的表示方法

天气现象	成片的	零星的	说明
连续性降水	绿色	绿色	除雨以外,其它性质的降水均应标注符号
间歇性降水	绿色	绿色	同上
阵性降水	绿色	绿色	过去天气和现在天气的阵性降水均应标注
雷暴	红色	红色	过去天气和现在天气的雷暴均应标注
雾	黄色	黄色	
沙(尘)暴	棕色	棕色	
吹雪	绿色	绿色	
大风	棕色	棕色	凡地面图上填写的风速在 12m/s(即 6 级)以上,其方向与实际风向相同

(4) **锋面分析**：锋面分析就是确定锋的存在和它的位置、性质、强度及其变化情况等。确定锋的主要依据有：

①温度：锋面两侧明显的温差是锋面的主要特征。以冷锋为例，锋前较暖、锋后较冷。但利用温度的不连续性来定锋时，要注意温度的代表性，即需考虑大范围的温差。

②露点：一般来说，暖气团比较潮湿，冷气团比较干燥。因此，锋面两侧的露点差经常很大，而地面锋线又常常在露点差别最大的地区。用露点定锋比温度优越，但当冷锋后有降水产生，蒸发使露点升高时，用露点定锋的代表性就较差。

③气压：锋线一般处于低压槽内，但气压只能指示那些地区可能有锋面存在，并不是所有低压槽中都有锋面。

④风：锋位于风的气旋性切变最大处。在低压或低压槽中，锋多表现为风向作气旋性切变，但在南下冷高压前缘的锋，风场上多为风速切变。

⑤3h 变压：3h 变压和冷暖平流的关系密切，通常在暖锋前有明显的负变压区，在冷锋后有明显的正变压区。

⑥云和降水：云和降水多数是和锋面活动有直接联系的。但云和降水在锋区两侧没有明显的界限，必须结合其它要素全面考虑。

用气象要素定锋，必须全面综合考虑，切忌片面性。此外，等压面图也有助于定锋。如在 850hPa 等压面图上等温线密集的地区往往对应地面附近有锋区存在。

锋面分析常用的颜色和符号如表 8.6 所示。

表 8.6　锋的符号

锋　　面	在分析图上的有色符号	在单色铅印图上的符号
暖　　锋	——————红色	
冷　　锋	——————蓝色	
准 静 止 锋	——————蓝色 ——————红色	
暖性锢囚锋	——————紫色	
冷性锢囚锋	——————紫色	
切　变　线	——————棕色	

8.4.1.4　等压面图分析

分析高空等压面图，可以了解高空气压场、温度场和湿度场的空间分布及其相互联系。等压面图的分析项目包括各等压面的位势高度场、风场、温度场及温度露点差、槽线、切变线等。

(1) **等高线分析**：等高线用黑色铅笔以圆滑实线绘制。绘制时除遵守一般等值线分析原则外，还须注意等压面上风和等高线的关系，必须符合地转风原则。等高线的走向和风向平行，在北半球，背风而立，高值区在右，低值区在左。等高线的疏密分布和风速大小也一致。各等压面上的等高线每隔 40gpm（位势米）画一条，在每一条等高线上必须注明 gpm 的千、百、十位数，并规定：

850hPa 气压形势图上画：144，148，152，…等；
700hPa 气压形势图上画：296，300，304，…等；

500hPa 气压形势图上画：196，500，504，…等。

在图上高压中心用蓝色标注 G，低压中心用红色标注 D。

(2) **槽线、切变线分析**：槽线和切变线均用棕色铅笔绘制。这是等压面图分析的重要项目之一。槽线是低压槽中等高线曲率最大点的连线，而切变线则是风场的不连续线。在槽线和切变线两侧，风向都具有明显的气旋性切变，然而在低压槽中的气旋性风向切变分析为槽线，在两个高压之间的风场切变分析为切变线。槽线和切变线附近都有气流辐合上升运动，是天气变化剧烈的区域。在水平风向上，槽前多偏西南气流，槽后多偏西北气流。当槽较浅时，槽前槽后的西风分量较大；当槽较深时，槽前的南风分量和槽后的北风分量都较大，因而，深槽前后的冷暖空气南北交换较多，天气变化也较剧烈。

(3) **等温线分析**：等温线用红色铅笔绘制，每隔 4℃ 画一条，如画 -4，0，4，8，…等。温度场中的冷中心用蓝色铅笔标注 L，暖中心用红色铅笔标注 N。

分析等温线时，除依据等压面上的温度记录外，还应参考等高线形势。温压场是相互联系、相互对应的，如 500hPa、700hPa 上的高温区往往是高度值大的区域，低温区是高度值较小的区域，见图 8.29。

等温度露点差线用紫色铅笔画实线，它反映湿度分布情况，温度露点差值大的区域湿度小，温度露点差小的区域湿度大。

日常工作中不分析等温度露点差线，只标注温度露点差值小的区域，并用绿色铅笔绘出范围。由于标准因地区、季节和等压面而不同，所取温度露点差值的大小也有不同。北京把夏季 500hPa 等压面图上温度露点差值 5℃ 或小于 5℃ 的区域，作为湿度大的区域。

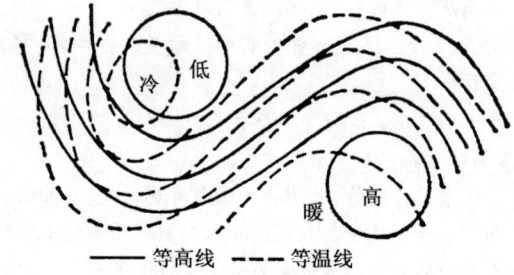

图 8.29 高空图上等高线与等温线常见的配合情况

(4) **温度平流**：冷暖空气水平运动引起某些地区变冷或增暖的现象称为温度平流。根据等温线和等高线配置可以分析温度平流。温度平流的判断方法为：如冷空气从冷区流向暖区，则为冷平流；如暖空气从暖区流向冷区，则为暖平流（图 8.30）。温度平流的大小取决于等温线和等高线疏密程度和夹角大小。等温线与等高线愈密，两者的夹角愈接近 90℃，则温度平流愈大。如等温线与等高线平行，则无平流。

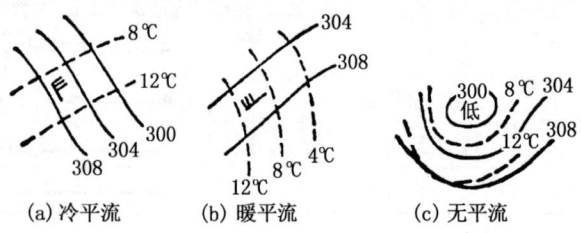

图 8.30 等压面上的温度平流

8.4.2 天气预报的基本知识

8.4.2.1 天气预报的内容和时效

目前天气预报包括天气形势预报和气象要素预报两部分，前者是对天气系统（高压、低压、槽脊、锋面等）的移动、强度变化和生成、消亡的预报；后者是对气温、气压、湿度、能见度、风、云、降水等等气象要素和天气现象的预报。两者密切相关,天气形势是预报气象要素变化的基本依据。

预报时效包括短时预报、短期预报、中期预报和长期预报。通常称时效在几个小时内的预报为短时预报,时效1～3天的预报为短期预报,时效为3～10天的预报为中期预报,时效10天以上的月、季、年预报为长期预报,也有人把一年以上的预报称为超长期预报。时效越短的预报,要求预报得越准确。

8.4.2.2 天气预报方法

目前气象台站使用的天气预报方法,大体分为三类,即天气图法、数值预报法和数理统计法等。天气图法和数值预报法主要用于短期预报,近年来也在向中期预报方向延伸。数理统计预报法主要用于长期预报,近年来也向短期预报方面发展。在实际预报工作中三种方法是相互结合、相互补充使用的。

(1)天气图预报法:天气图预报法是出现最早的一种天气预报方法,目前仍然是大多数气象台站采用的主要方法。天气图法是以天气图为基本工具的预报方法。它从同一时刻的各层天气图上分析出天气系统及其结构和天气状况,又从前后连贯的几个时刻天气图上判断出这些天气系统的生成、移动、发展、消亡等等变化,以及各个天气系统之间的相互关系。根据这些分析,应用天气动力学原理来预测各个天气系统的未来演变,作出天气形势预报。再依据天气形势的可能演变趋势作出温度、气压、风、云、降水等气象要素和天气现象的预报。

在天气预报过程中除了遵循天气学的分析原则以外,还与预报员的实践经验有很大关系。因而天气图预报法带有一定的主观成分,预报的精确度受到一定的限制,它属于半经验性预报。在实际工作中经常使用的方法,一般是经验方法,如外推法、引导气流法及历史资料的应用等。

①外推法。天气形势的发展一般都在一定时间内具有一定的持续性。因此,可以把天气系统如锋面、气旋、反气旋和高空槽脊等的过去演变趋势外延至以后一段时间,以推测天气形势的未来变化。这种方法,叫外推法。天气系统的移动和强度变化均可用外推法。但外推法只有在引起天气系统变化的因子作用较小的情况下,预报效果才比较好。实际上,天气形势往往会发生较大的变化,特别是当天气系统消失或新生时,使用外推法进行预报就会遭到失败,因而外推法也不能做出较长时间的预报。

②引导气流的应用。地面上的浅薄系统(如冷高压、成熟时期的气旋等)的移动方向与高空某一高度上的气流方向一致。移动速度与该高度上的风速成一定的比例。这个高度上的气流,称为引导气流。地面系统移速与其上空引导气流速度的比值,称为引导系数。引导气流层的高度一般在700～500hPa之间,在我国以用500hPa为好。在一般情况下,地面系统中心移速为500hPa地转风速的0.5～0.7倍。引导气流方法对浅薄系统移动的预报效果比较好,对地面系统加深后预报效果就比较差,这时应该使用其他方法进行预报。另外,在使用这种方法时,必须注意山岭对地面系统移动的阻挡和动力作用,同时,也应注意引导气流本身也是在变化着的。

③历史资料的应用。在应用历史资料时,一般应采用下列三种方法:

- 相似形势法:如果前几天的天气图与天气形势变化同历史上某次天气形势演变大致相似,就可以依照历史上天气形势的变化规律来预报未来的天气形势的变化,这种方法称为相似形势法。但在实际的天气形势变化过程中,没有完全相同的变化,因此不但要找出相似的情况,还要找出其不相似之处,找出各自的特殊情况,分析其内因和外因,结合起来对预报进行订正。
- 模式法:将历史上许多相似的天气加以综合分析,归纳出若干典型的天气模式。在预报时,将当时的天气形势同天气模式进行比较,找出某一相似模式,依照该模式的变化规律来预报未来天气形势的变化。

- 统计法:将大量的历史气象资料,运用统计方法,统计出各种天气系统的移动路径、速度、中心强度等数据,以便预报时参考。目前统计预报方法在气象台天气预报中广泛应用。

④卫星云图的应用。

(2) **数值预报法**:数值预报法是以大气运动的动力学和热力学为基础,应用计算机进行数值计算的一种预报方法。数值预报法目前主要用于天气形势预报。它应用动力学和热力学的基本原理来描述大气运动状态,把影响大气变化的各种物理过程,特别是主要过程列出一组控制方程,然后把各地区各层次上的初始观测数据和分析结果输入计算机,对方程组按时间步长进行反复求解,进而得出未来时刻各个地点、各个层次上的等压面高度、温度、湿度和风速矢量的三个分量$U、V、W$的预报值,并自动填绘在图上,成为一张未来24h或48h后的天气形势预报图。数值预报法的最大优点是客观化和定量化,但是大气运动异常复杂,在目前计算机容量和速度有限的情况下,需要对预报方程组适当简化,而简化方程组的预报结果与实际情况往往出现一些差距,不可能预报得十分精确,而且只能反映大尺度系统的主要活动和演变,对中小尺度系统的活动和一些次要的过程预报不出来。数值预报的时间不能外延太长,延续时间越长,预报的结果与实际出入就越大。

(3) **数理统计预报法**:数理统计预报,简称统计预报,是通过对历史资料进行统计分析,找出预报量与已知量间的关系,进而归纳出预报模式而作出定量或定性预报方法。统计预报把概率论作为理论基础,把预报对象看成随机现象。因而统计预报的结论只是概率上达到某种可以置信的程度,而并不保证任何时候都一定这样。它属于非确定性预报,与数值预报法有本质区别。

统计预报成败的关键在于预报因子的选择。一般来说,好的预报因子不但与预报量在统计上有较高的相关关系,而且从天气学理论上说,与预报量之间也应有比较明确的物理关系。统计预报除了将预报量资料与预报因子资料作相关关系统计外,对预报资料还要进行一系列气候统计,包括预报对象在历史上的平均值、极大值、极小值,在某一时期内出现的频数、频率,最大可能出现的时间等等,从而了解该预报对象出现的一般可能性。近年来,把统计预报法与数值预报法相结合,作出气象要素预报,取得较好效果。这种方法称为模式输出统计预报,简称MOS法。

我国数值天气预报系统的发展

国家气象中心自20世纪80年代初创建短期数值预报业务系统,经过不断的科研攻关及技术开发,数值预报业务水平有了明显的提高。20世纪90年代初投入业务运行的第一代中期数值预报系统(T42L9)及有限区分析预报系统(LAFS),于1995年汛期前后分别为第二代中期数值预报系统(T63L16)及较高分辨率的有限区暴雨预报系统(HLAFS,区域资料同化系统提供其初值)所代替。1996年5月,台风路径数值预报系统正式投入业务运行。1997年6月,T63L16中期数值预报系统进一步升级为T106L19。1998年6月,HLAFS模式分辨率进一步提高到水平方向0.5度及垂直方向20层。1999年2月,建立了城市空气污染气象指数预报业务。1999年4月,T63集合预报系统及全国火险气象条件等级预报系统投入准业务运行。这些系统的运行为各级气象台站提供了丰富的数值预报指导产品。

中期数值天气预报系统

中期数值天气预报系统主要由以全球三维统计插值分析方法为核心的间隙资料同化方案、非绝热非线性正规初始化方案、原始方程谱模式及模式预报后处理等部分组成。T106L19模式每日12点(世界时)制作240h预报。

第八章 天气系统

总结与提要

不同尺度天气系统的变化和移动造就了千变万化的天气。各类天气系统都是在一定大气环流和地理环境中形成、发展和演变着,反过来又通过影响气候来影响地理环境。

(1)气团是在水平方向上物理属性相对均匀的大范围空气团。气团内部天气稳定,不同气团交界处,由于受不同气团的影响、控制,天气变化较为丰富。

(2)两种不同气团的交界面(过渡带)称为锋面。锋面附近气压、温度、风等气象要素表现出突变性,天气现象较为剧烈,常出现不同程度的降水、大风天气。气候锋是经常出现某一稳定区域的锋;如热带气团和温带气团交界产生的极锋,对气候和天气的影响很大。

(3)温带天气系统在近地面主要为大大小小的气旋和反气旋。中纬度的气旋由于南北方温差较大,故多为锋面气旋。温带反气旋是活动于中高纬度的反气旋,对我国冬季天气产生重要影响,它在高空气流引导下一次次发展南移,造成我国大范围冷空气活动甚至寒潮。

(4)中高纬度的高空为西风波,当高压脊和低压槽发展,振幅加大到一定程度便形成了阻塞高压和切断低压。高空天气系统的发展变化直接引导着地面天气系统的发生和发展。

(5)副热带高压属暖高压(动力高压),为深厚系统,它是制约低纬度和中纬度大气环流的重要系统。副高常所控制地区为下沉气流,干旱炎热,形成热带沙漠气候。西太平洋副高是影响我国天气气候的重要天气系统。其影响主要是夏半年,在副高控制下是炎热干燥的天气,副高控制时间长,容易造成干旱灾害。同时,副高一方面为我国输送丰富的水汽;另一方面其西伸的高压脊北侧的暖空气与北方南下冷空气交汇,形成我国东部夏季雨带。它的南北位移造成我国东部雨带的南北移动,它的强度和移速的变化决定了各地雨量的大小,造成降水不稳定性。每年6月中下旬副高脊线在20~25°N间徘徊时间较长,形成了江淮流域的梅雨。青藏高压是副高的组成部分,夏季由于热力原因形成于青藏高原上空(500hPa 以上)。

(6)热带风暴是在东风波或赤道辐合带扰动基础上发展,形成于海洋上的一种热带气旋。根据热带气旋中心的气压和风力不同划分为三个等级:热带低压、热带风暴和台风。台风经过时会带来狂风暴雨,酿成灾害,但同时对某些地区起到缓解旱情的作用。它的形成需要:高温洋面、合适的地转参数、较小的铅直风切变和一定的初始扰动。当台风登陆后,随着其生成条件的丧失,逐渐减弱消亡。

复习思考题

1. 什么是气团？其形成条件是什么？分为几类？冬夏半年影响我国的气团有哪几种？
2. 什么是锋？锋分类的依据是什么？锋可分为哪些类型？锋附近气象要素有哪些突变表现？
3. 比较冷锋（第一型）和暖锋过境时天气有何不同？
4. 试从形成条件和天气特征比较气旋和反气旋的不同点。
5. 冷空气活动和寒潮是否是一回事？寒潮经过地区出现哪些天气现象？淮河以北和以南寒潮天气有何不同？
6. 台风形成的必要条件是什么？说明台风的结构和天气特征。
7. 西太平洋副热带高压季节性活动有何规律？它对我国天气气候变化有何影响？
8. 试比较台风和温带气旋、冷高压与副热带高压的异同点。
9. 在气象台的天气预报业务中，通常使用哪几种天气图？
10. 天气预报的方法主要分哪几种？
11. 解释名词：天气系统、天气过程、锋面气旋、阻塞高压（切断低压）、极锋、台风。

第九章 下垫面对气候的影响

下垫面是大气的主要热源和水源,又是低层空气运动的边界面,对气候的影响十分显著。下垫面因素包括海陆间的差异,海洋中冷、暖洋流的分布和强度,陆地上地形和地表性质的差别,冰雪覆盖的影响等。

§9.1 海陆差异对气候的影响

就下垫面差异的规模及其对气候形成作用来说,海陆间的差异是最基本的。海陆差异和海陆分布对气温、降水和大气环流都有影响。

9.1.1 海洋性气候与大陆性气候

9.1.1.1 海陆增温和冷却的差异

海陆表面热力状况的差异主要表现在:

①在同样的太阳辐射强度下,海洋所吸收的太阳能多于陆地所吸收的太阳能,这是因为陆面对太阳光的反射率大于水面。就平均状况而言,陆面和水面的反射率之差约为10%~20%。

②陆地所吸收的太阳能分布在很薄的地表面上,而海水所吸收的太阳能分布在较厚的水层中。这是因为陆地表面的岩石和土壤对于各种波长的太阳辐射都是不透明的,而水除了对红色光和红外线不透明外,对于紫外线和波长较短的可见光是相当透明的。同时,陆地所获得的太阳能主要依靠传导向地下传播,而水还有更有效的方式,如波浪、洋流和对流作用。这些作用使得水的热能相对容易发生垂直和水平的交换。因此,陆地所得到的太阳辐射集中于表面一薄层,以至地表急剧增温,这也就加强了陆面和大气之间的显热交换;反之,水面所得的太阳辐射分布在较厚的层次,以至水温不易增高,也就相对地减弱了水面和大气之间的显热交换。据测定,陆面所得的太阳辐射传给大气的约占半数,而水体所得的太阳辐射传给空气的不过 0.5%。

③岩石和土壤的比热小于水的比热。一般常见的岩石比热大约是 0.8374J/(g·K),而水的比热是 4.1868J/(g·K)。因此接受等量的热能,如果使一定体积的水的温度发生 1℃的变化,那么该热能可使同体积岩石发生 2℃以上变化。

④海面有充分的水源供应,以至蒸发量较大,失热较多,这也使得水温不容易升高。而且,海面上的空气因水分蒸发而含有较多的水汽,以致空气本身有较大的吸收热量的

能力,也就使得气温不易降低。陆地上的情况正好相反。

由于上述差异,海陆热力过程的特点是互不相同的。大陆受热快,冷却也快,温度升降变化大。而海洋上则温度变化慢。如大洋中,年最高及最低气温的出现要比大陆延迟一两个月。

9.1.1.2 海洋性气候和大陆性气候的特征

海洋和大陆在辐射性质、热容量和传热方面有很大差异,在海洋和大陆的影响下分别形成海洋性气候和大陆性气候。某一地区的气候受海洋影响较深,且能反映出海洋影响的气候特征的,称为**海洋性气候**,反之,受大陆影响较大,且能反映出大陆影响的气候特征的,则称为**大陆性气候**。

海洋性气候与大陆性气候的特征通常表现在气温日较差、年较差、年温相时、春秋温对比和降水特点等方面。

(1) **气温日较差**:由于海洋热容量大,其水平运动和垂直运动能对热量进行调节,所以海洋性气候的气温日较差很小。据估计,全世界海洋气温平均日较差约为 0.3℃。陆地热容量小,传热慢,热量集中于地表层,易于受热也易于冷却,所以大陆性气候的气温日较差比海洋性气候大得多。离海岸愈远,日较差愈大。居于内陆的热带沙漠,气温日较差通常可达 40~50℃,在极端情况下可超过 60℃。

(2) **气温年较差**:与气温日变化的原因相似,陆地气温在一年内变化剧烈,年较差(最高与最低月平均气温的差值)大;海洋性气候气温变化和缓,年较差小。以中纬度西风带的欧亚大陆为例(表 9.1),沿 52°N,从西向东,年较差逐渐增大。凡伦西亚岛在爱尔兰西岸,有大西洋暖流经过,属典型的海洋性气候,而到了伊尔库次克,大陆性气候特点十分明显,其气温年较差最大,达到 38.7℃,相当于凡伦西亚的 4~5 倍。

(3) **年温相时**:就北半球来说,大陆性气候最高气温出现在最高太阳高度以后约一个月(7 月)(大陆性季风气候最高气温出现在雨季以前,属于例外);最低气温出现在最低太阳高度以后约一个月(1 月)。海洋性气候气温最高值和最低值出现的时间比大陆落后,最高气温一般出现在 8 月,最低气温出现在 2 月或 3 月。表 9.1 所列的柏林、华沙、伊尔库次克三地皆是 1 月份最冷,7 月份最热,只有凡伦西亚因受海洋影响大,其最冷与最热出现的时间比上述三地落后一个月。

(4) **春温与秋温**:海洋性气候气温变化和缓,春温上升速度慢于秋温下降速度,春温低于秋温;大陆性气候气温变化急剧,春温上升速度快于秋温下降速度,春温高于秋温。例如,表 9.1 中的凡伦西亚春温上升速度(3 月到 4 月气温仅上升 1.5℃)慢于秋温下降速度(9 月到 10 月气温下降 2.5℃),导致 4 月气温(9.1℃)比 10 月气温(11.2℃)低 2.1℃,具有海洋性气候特征。而伊尔库次克春温上升速度(3 月到 4 月气温上升 10.7℃)快于秋温下降速度(9 月到 10 月气温下降 8.4℃),致使 4 月气温(1.4℃)比 10 月气温(0.3℃)高 1.1℃,具有大陆性气候特点。

(5) **降水特点**：在海洋性气候条件下，盛行来自海洋的气流，空气潮湿，年降水量较多，降水的季节分配比较均匀，而且降水变率很小。在大陆性气候条件下，降水多由暖季的热对流所引起，年降水量少而集中，降水的变率很大。如表9.1所示，凡伦西亚降水量达1436mm，最多月雨量（12月为164mm）与最少雨月雨量（5月为82mm）之比为2：1；而伊尔库次克年降水量仅458mm，最多月雨量（7月为102mm）与最少月雨量（2月为8mm）之比为12.8：1。前者降水多而均匀，为海洋性气候；后者降水少而集中，为大陆性气候。

表 9.1 亚欧大陆沿 52°N 的平均气温（℃）和降水（mm）

月 份		1	2	3	4	5	6	7	8	9	10	11	12	全年	年较差	大陆度(%)
凡伦西亚 51°56′N 10°15′W	气温	7.2	7.2	7.6	9.1	11.4	13.8	14.9	15.1	13.7	11.2	8.8	7.7	10.6	7.9	1.22
	降水	165	123	104	89	82	85	102	120	114	144	144	164	1436		
柏 林 52°30′N 13°20′E	气温	-0.1	0.8	3.9	8.6	13.7	17.3	19.0	18.1	14.6	9.4	4.1	1.0	9.2	19.1	22.61
	降水	34	37	38	40	48	60	76	61	44	46	44	46	583		
华 沙 52°13′N 21°01′E	气温	-3.3	-2.3	-1.4	7.5	13.6	17.3	18.8	17.7	13.6	8.0	-2.3	-1.7	7.7	22.1	28.47
	降水	32	29	33	39	51	65	80	73	45	42	39	36	564		
伊尔库次克 52°16′N 140°19′E	气温	-20.7	-17.5	-9.3	1.4	8.6	14.9	18.0	15.5	8.7	0.3	-10.7	-17.8	-0.7	38.7	60.33
	降水	12	8	9	15	30	83	102	99	49	20	17	15	458		

9.1.1.3 分布

海洋性气候与大陆性气候的分布，决定于距海远近、大气环流条件和洋流状况。在大陆上，愈是靠近海洋，气候的海洋性愈强；愈是深入内陆，气候的大陆性愈显著。这种情况在中纬度地区表现尤为突出。从中纬度西海岸往东到内陆，冬温越来越低，夏温越来越高，年较差越来越大，降水量和降水日数一般是减少的。大气环流特点和洋流情况也影响大陆性气候和海洋性气候的分布。在信风带的大陆西岸，风从大陆吹向海洋，并有冷洋流经过，即使沿岸地区也受不到海风影响，故干燥少雨，呈现大陆性气候特征。大陆东岸，风从海洋吹向大陆，并有暖洋流经过，因而潮湿多雨，气候的海洋性显著。在欧亚大陆的温带，大陆西岸吹向岸风，气流经过暖洋面，具有典型的海洋性气候特征。向东到大陆内部受不到海洋影响，终年降水少，气温年较差大，具有典型的大陆性气候特征。大陆东岸，具有典型的季风气候特征，但由于受大陆影响较大，致使当地气候的大陆性比海洋性要强一些。由上可知，典型的海洋性气候出现在海洋气流经常活动的地区，而典型的大陆性气候则出现在受不到海洋影响的大陆内部。在季风气候区，海、陆对气候的影响程度具有显著的季节性变化，冬季盛行大陆气团，干燥寒冷，大陆性气候明显；夏季盛行海洋气团，炎热多雨，具有海洋性气候特色。

9.1.1.4* 气候大陆度

海陆对气候的影响程度可用大陆度来表示。气候大陆度是表示该地受大陆影响、反映大陆气候程度的指标,其中使用最广的是气温年较差法。这是因为气温年较差最能反映海陆分布的影响。由于气温年较差随纬度增加而变大,为了消除纬度的影响,Zenker(W. 郑克尔)采用气温相对年较差(S),表达式为

$$S = \frac{T_M - T_m}{\sin\varphi} = \frac{A}{\sin\varphi} \tag{9.1}$$

式中 A 为年较差,等于最热月平均气温(T_M)与最冷月平均气温(T_m)之差;φ 为地理纬度。(9.1)式最大缺陷是当纬度很低时,$\sin\varphi$ 较小,S 值不准确,而且不能用于赤道地区。Gorczyski(W. 焦金斯基)提出下述大陆度公式:

$$K = \frac{1.7A}{\sin\varphi} - 20.4 \tag{9.2}$$

上式仍然存在 Zenker 公式中的问题。1946 年 Conrad(康拉得)把 Gorczyski 公式修正为

$$K = \frac{1.7A}{\sin(\varphi + 10°)} - 14 \tag{9.3}$$

这个公式可以计算中低纬度的大陆度,但不能计算高纬度的大陆度。为此,他用下式计算纬度高于 80°时的大陆度:

$$K = \frac{1.7A}{\sin 80°} - 14 \tag{9.3a}$$

式中 K 值越小,海洋性气候越强。

张家诚等指出,上述公式仅适于全年盛行一种气流的地区(如西欧),而不适用于季风显著的中国,并对中国气候大陆度的计算作如下改进:

① 继续使用 Gorczyski 大陆度指标,以 50 为分界,小于 50 为海洋性气候特征,否则为大陆性气候;

② 补充使用年、月平均的气温日较差指标,以 10℃ 为分界,小于 10℃ 为海洋性气候,否则为大陆性气候。

以上指标因其同时考虑气温年较差和气温日较差对气候大陆度的影响,比较适合中国的实际。

9.1.2* 洋流对气候的影响

9.1.2.1* 大洋表层洋流概况

海洋中海水从一个海区水平地或垂直地流向另一个海区的大规模的非周期性的运动,称为洋流。按洋流本身与周围海水运动的差异可分为暖洋流和冷洋流。暖洋流是其本身水温较周围海水温度高(如由低纬流向高纬的洋流),冷洋流则相反(如由高纬流向低纬的洋流)。

世界大洋表层环流概况(图 9.1)分述如下:

(1)以南、北副热带高压为中心的反气旋大洋环流:在副热带高压的东缘,即大陆西海岸附近,有与气流方向大致相同的洋流把海水由高纬度带到低纬的寒流。在北半球,有北美西岸的加利福尼亚寒流和非洲西岸的加那利寒流;在南半球的大陆西岸,有秘鲁寒流、本格拉寒流和西澳大利亚寒流。由于南极大陆附近洋面广阔,洋流要比北半球强得多,例如秘鲁寒流可以抵达赤道附近。在副热带反气旋的西缘,即大陆东岸附近,有把海水从低纬度带向高纬度的暖流,主要是北美东岸的墨西哥湾暖

流、南美东岸的巴西暖流、亚洲南岸的黑潮和北太平洋暖流、东澳大利亚暖流和非洲东岸的莫桑比克暖流。这些暖流受地转偏向力影响,到达纬度40°以后,离开海岸流向对面的大陆沿岸,形成西风飘流。

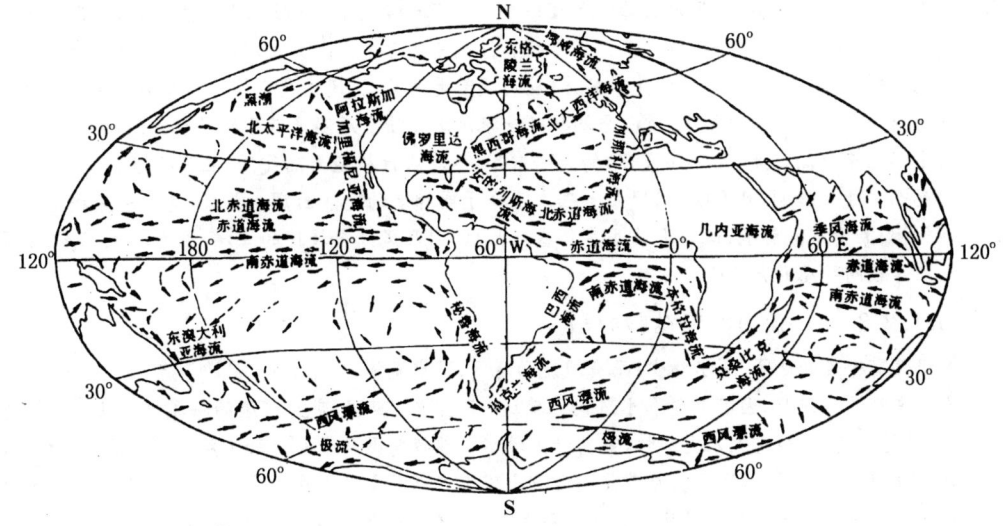

图 9.1　全球洋流的分布

(2)以北半球中高纬度低压区为中心的气旋型大洋环流：分布在45°～70°N之间,主要是北太平洋和北大西洋的气旋型环流。南半球高纬地区全为洋面,无地方性低压生成,故无明显的气旋型环流。以冰岛为中心的北大西洋低压和以阿留申群岛为中心的北太平洋低压,在大洋东侧形成暖流,大洋西侧形成寒流。主要暖流是从西风飘流分出来的,有北大西洋暖流和阿拉斯加暖流。主要寒流是在极地东风作用下形成的,有东格陵兰寒流和亲潮。它们形成逆时针式的大洋环流。

(3)北印度洋季风飘流：由于印度洋北界全部被大陆包围,它的水平环流与太平洋、大西洋不同,赤道以北和赤道以南也不一样。在赤道以北的北印度洋,由于印度洋季风盛行并受陆地影响,在冬、夏季风作用下形成季风飘流。冬季,东印度洋盛行东北季风,形成东北季风飘流；夏季,盛行西南季风,形成西南季风飘流。

(4)南半球中高纬海洋上西风飘流和绕极环流：在南太平洋的高纬海区,因水域面积大,三大洋沟通,构不成一个封闭的环流,只有一股狭长的西风飘流。南极绕极环流是世界大洋中唯一绕地球一周的表层大洋环流,它是在极地东南风作用下所形成的一个绕极西向环流,其流量相当于世界大洋中最强大的墨西哥湾流和黑潮的总和,但流速仅为后者的1/10。

9.1.2.2* 洋流对气温的影响

海洋是地球上最大的"热库",也是"调温器",对大气加热最强烈的地区是暖流作用区,尤以墨西哥湾流和黑潮最为突出。据 Бугыко M.(布德科)的计算,每年在这些强暖流区传给大气的热量为 460.5kJ/cm²。而在寒流作用区,大气从洋面得到的热量很少,甚至出现负值(大气给海洋支付热量)。可见,暖流对大气有增温作用,寒流对大气有降温作用。

在中低纬度(热带和副热带)的大陆西岸有冷流,在离岸风的作用下,冷水上翻(涌流),又有海陆风的影响,所以气温较低,特别是夏季气温比大陆东岸低得多。中低纬度大陆东岸有暖流,又是迎风海岸,暖水集聚,所以气温较高。在季风区域的大陆东岸(如东亚与北美),冬季盛行极地大陆气团,其盛行风向是从大陆吹向海洋,因此暖海流的温暖影响仅限于沿海,不能深入大陆。所以,季风区大陆东岸,冬季反较同纬度的大陆西岸为冷。夏季的盛行风是从海洋吹向大陆,暖流的热量可输送到大陆内部,但大陆这时非常热,暖流影响并不显著,反而调节大陆高温,使之稍有降低。又由于中低纬大陆西部盛行内陆来的干热东北信风,所以平均状况是季风区大陆东岸温度低于同纬度大陆西岸。

在中高纬度和高纬度(温带和寒带)的大陆东岸,冬季盛行极地大陆气团,且有冷流,而大陆西岸为暖湿的西风气流控制,且有暖流,因此大陆东岸冷于同纬度的大陆西岸。夏季,大陆东岸接受凉湿的海洋气团,且受寒流影响,此时大陆西岸仍盛行西风,因西风来自较暖的海洋,温度降低不多,故夏季大陆东岸较同纬度的大陆西岸凉爽。

9.1.2.3* 洋流对水凝结物的影响

在沿岸有冷流的地区,降水稀少;而有暖流的地区,降水充沛。

空气与暖流接触时,因有热量和水汽向上输送,下层增暖变湿,变为暖湿的海洋性气团。这种变性气团,层结不稳定,当它流入大陆时,最易产生降水。热带与副热带的大陆东岸有暖流通过,在暖流的迎风海岸,能产生丰沛的降水。热带气旋大都出现在中低纬大陆东岸的暖洋流区,热带气旋给经过的地区带来大量的降水。在高纬度的大陆西岸有暖流,并长年盛行西风,终年多雨。

空气与冷洋流接触时,因下层变冷,具有逆温现象,气团成为稳定性层结,所以近下垫面空气层虽然因冷却达露点温度而成雾,但因水汽未能向上输送,上层干燥,很难下雨。这种空气侵入大陆后,下部受热,相对湿度较低,雾散雨消。例如,低纬度大陆西岸受冷洋流和涌流的影响,大气稳定,空气湿润,雾日频繁,但降水极少,甚至数年不见滴雨,形成沙漠。

在冷、暖洋流交汇的海域,最易生成大范围海雾。因为这些地区空气可以从一个海域输送到温度显著不同的另一个海域,既可以造成浓厚的平流冷却雾,也可以在有利条件下形成蒸发雾。例如,在黑潮与亲潮交汇处的日本北海道以东的洋面上,不论是东风还是南风,都会在冷洋流上形成宽广而浓厚的雾区,是世界上著名的多雾海区。尤其是春季,冷洋流与其上的空气温差最大,不仅海雾频繁而持久,而且雾区伸展极广,经常在纵横千里的洋面上,大雾弥漫,数日不消。在大西洋北部的纽芬兰附近的海面,处于墨西哥湾暖流和拉布拉多冷流的交汇处,雾日也特别多,特别是夏季7月和8月间,每月平均雾日多达22~23天,是世界著名的多雾区。

9.1.3 海陆热力差异与周期性风系

所谓周期性风系是以一日为周期的海陆风和以一年为周期的季风。它们的形成与海陆热力差异有密切关系。

9.1.3.1 海陆风

海陆风是沿海地带昼夜热力状况的不同引起的以24小时为周期的有规律的气流。昼间陆上温度升高,空气膨胀,等压面上升,上层空气外流,空气质量减少,地面气压随之降低,于是,空气便自海洋流向大陆,形成**海风**,如图9.2(a)所示。夜间由于辐射冷却,海陆间热力状况也有所改变,陆上温度较低,空气收缩,等压面下降,上层空气从海上流向大陆,于是陆上空气质量增多,气压升高,而海上空气质量减少,气压降低,低层空气便从陆上流向海洋,形成**陆风**,如图9.2(b)所示。

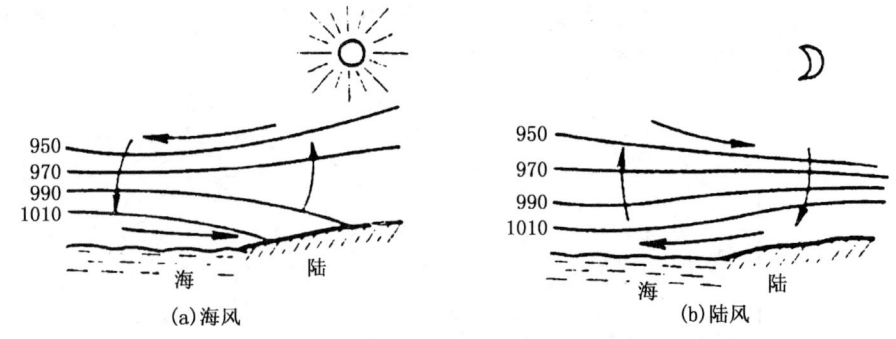

图9.2 海陆风的形成

海风和陆风的转换时间随地区和天气条件而定。一般来说,陆风在上午转为海风,13~15时海风最盛,日落以后,海风逐渐减弱并转为陆风。如果是阴天,海风要到中午才能出现。海陆风达到的范围随纬度季节等条件而不同。一般在热带,海风厚达900m,深入陆地几十千米;陆风较薄,很少达到300m厚度,水平距离和海风相差不大。海风风速比陆风大,前者能达到5~6m/s。后者一般只有1~2m/s。温带海陆风影响范围较小,风力也较弱,主要在夏季出现。在两极地区海陆风比较少见。

在滨海地区并不是每天都有海陆风的,有时还有可能吹与海陆风风向相反的风。这是因为当大范围气压场的气压梯度较大时,与这种气压场相应的风"掩盖"了海陆风。另外,海陆间水平气温梯度小,不足以形成热力环流时,也没有海陆风出现。因此,只有在大范围气压场气压梯度比较弱而气温日变化大的地区和季节,才容易出现海陆风。

吹海风时,从海洋上带来大量水汽,使陆上空气湿度增大,有时会形成低云或雾,甚至产生降水。海风还可以降低气温,使沿海地区在夏季并不十分炎热。

9.1.3.2 季风

季风是指具有以下特点的风:

- 盛行风向具有明显的季节变化,即1月与7月盛行风向的夹角大于120°,1月与7月盛行风向的平均频率超过40%;
- 这两种风的性质(主要是湿润程度)有明显差异;
- 所带来的天气现象有明显差别。

季风主要是由海陆热力状况的差异和行星风带的季节变化所引起。由海陆热力差异引起的季风,称为**热力季风**。大陆冬冷夏热,海洋冬暖夏凉。冬季陆上空气密度大,气压随之升高;海洋上情况相反,气压较低。于是在地面上大陆高压和海洋低压之间,气压梯度指向海洋,空气受气压梯度力的作用和地转偏向力的影响,由陆地流向海洋,如

图9.3(b)所示。夏季地面上的气压梯度由海洋指向大陆,气流方向和冬季相反,如图9.3(a)所示。凡是海陆间温度差异最大的地区,热力季风必然最盛。如亚洲东部、澳大利亚和北美等地,都有相当显著的季风。由于温带、副热带地区海陆热力差异最大,这种季风最显著,所以常称它为温带季风或副热带季风。

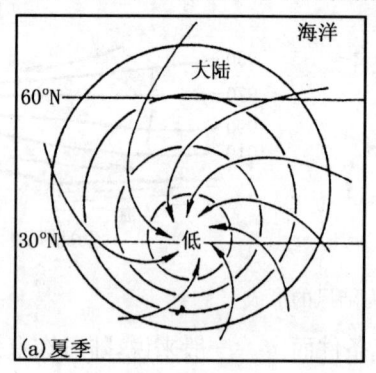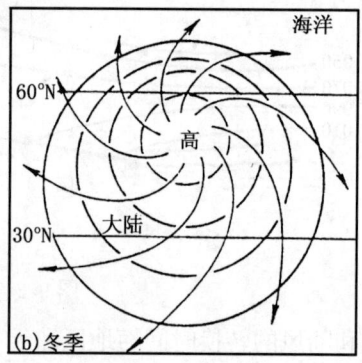

图9.3 因海陆热力差异而引起的夏季风和冬季风

在两个行星风带相接的地区,由于行星风带的位移引起不同性质风的季节性改变现象,称为**行星季风**。例如,赤道辐合带可达北回归线附近,南半球的东南信风越过赤道,到北半球受地转偏向力的影响,成了西南风;冬季赤道辐合带南移到南回归线附近,北半球低纬地区为东北风。这两种风不仅风向不同,而且性质迥异,具有季风特征。这种季风可以发生在沿海和陆地,也可以出现在大洋中央,就纬度来说,多见于赤道和热带地区,故常称其为**热带季风**或**赤道季风**。

实际上某一地区的季风是所在地区的行星因素、海陆热力因素等多种因素综合作用形成的。行星因素表现为行星温度梯度,而海陆温度梯度则反映海陆热力因素的影响,这两种温度梯度的不同配合,影响季风强度(图9.4)。

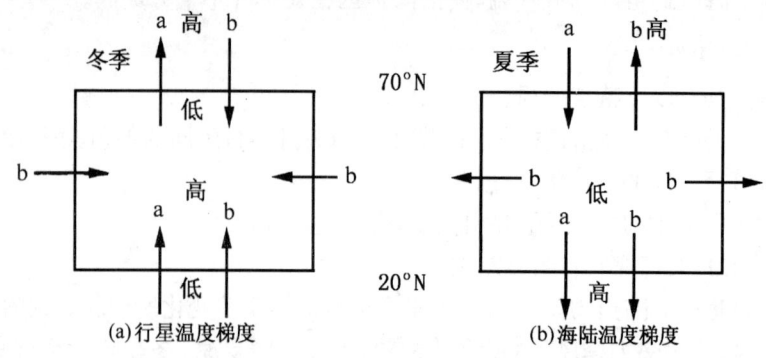

图9.4 两种温度梯度的方向示意图

在亚洲大陆南岸附近,不论冬夏,海陆温度梯度都与行星温度梯度相同,因而季风明显。在大陆北岸附近,这两种温带梯度的方向在冬夏均是相反的,故季风不明显。中高纬大陆东岸附近季风远比西岸附近明显,是由于中高纬多西风,大陆西岸受海洋影响大,因而大陆冬季的冷高压和夏季的热低压均偏向大陆东岸,使大陆东岸附近地区海陆相互影响强烈,而西岸附近有所缓和。可见只有当海陆温度梯度同行星温度梯度一致时,季风才明显;如果两种温度梯度不一致,季风现象就不明显。此外,地形常是改变季风强度和方向的不可忽视的因素,例如青藏高原就是影响南亚季风强度的重要因素。

在各地的季风中,以**东亚季风**和**南亚季风**最为强盛。东亚(我国东部、朝鲜、日本等地)濒临广阔的太平洋,居世界最大的海洋(太平洋)和最大的大陆(欧亚大陆)之间,热力差异比其它地区都大,所以季风最强盛。冬季,亚欧大陆为冷高压控制,高压前缘的偏北风,就是东亚的冬季风。各地处于高压的不同部位,其冬季风方向虽有北风、东北风、西北风之别,但带来的都是低温、干燥和少雨天气。南亚季风以印度半岛表现最为明显。冬季亚洲大陆为冷高压盘踞,高压南部的东北风就成为南亚的冬季风,带来干燥少雨天气。夏季,亚欧大陆为热低压控制,同时,北太平洋副高西伸北进,高低压之间的偏南风就成为亚洲东部的夏季风。此时,亚洲南部位于赤道低压带内,南半球东南气流越过赤道到南亚,变为西南气流,这便是南亚的夏季风。夏季风来自低纬海洋,带来潮湿多雨的天气。

9.1.4 海气相互作用及其对气候的影响

9.1.4.1 海气相互作用在气候变化中的重要性

最近20多年来,海洋与大气相互作用已被公认为气候问题的一个核心内容。大量的事实和理论研究表明,海洋几乎在所有时间尺度的气候变化中起重要作用。

(1)**海洋是大气热机运转的主要能量和水分的供应地**:占地球表面71%的海洋吸收了进入地气系统太阳辐射量的70%左右,并将其中的85%左右贮存在海洋表层。这部分能量通过长波辐射、潜热和显热交换的形式输送给大气,成为大气运动的直接能源。海洋还提供了大约86%的大气水汽来源,这些水汽被气流带到空中,随着大气环流输送到各地,或凝结成降水,或留在空中,调节气候。

(2)**海洋在经向热输送中的贡献**:为了维持地球大气系统高、低纬间的能量平衡,必须有低纬度向高纬度的热量输送。根据卫星观测和计算,全球平均而言,海洋承担了33%的经向输送任务,其余的67%为大气所承担。这种海洋和大气的经向热输送是维持高、低纬间能量平衡的主要机制。

(3)**海洋的特殊作用**:海洋具有巨大的热容量,具有惯性和"惰性":

①海洋的惯性使其具有低通滤波的作用,当快速变化的大气过程以风应力作用于海洋时,在低通滤波的作用下,可以激发出一类海气系统的低频振荡。

②由于海洋的热力和动力惯性,海洋可把前期大气环流变化所留下的信息储存起

来,即海洋具有相当强的记忆力。

③与海洋热惯性相联系,海洋具有滞后效应,例如海洋对太阳辐射季节变化的响应要比陆地落后一个月,海洋对 CO_2 含量增长的响应所产生的增温要比陆地落后 20 年。

(4)热带海洋在年际气候变化的突出贡献:与中高纬度海洋相比,热带海洋的海气相互作用强度更大,在年际气候变化中的作用更为突出,这是因为:

①热带海洋是全球大气运动的主要能源区,辐射通量为净收入的 30°N～30°S 的热带,海洋面积占了 70%以上。大气中的潜热释放也集中于热带。

②热带海洋和大气运动特征时间是匹配的。大气是气候系统中最容易变化的部分,在给定扰动的作用下(或外部热源强迫下),大气依靠热量的垂直和水平输送,可以在一个月左右的时间内调整。

因此,海洋只有具备与此相接近的特征时间,才能与大气发生耦合。研究表明:只有在热带,海洋运动才可以与以月为特征时间的大气运动发生强的耦合。

9.1.4.2 海流异常与 ENSO 事件

(1)沃克(Walker)环流:在赤道地区的东西方向上,存在着几个纬向的直接热力环流圈,称为**沃克环流**。它是由于赤道地区存在着大尺度东西向的热力不均匀分布引起的。图 9.5 所示为沃克环流图。

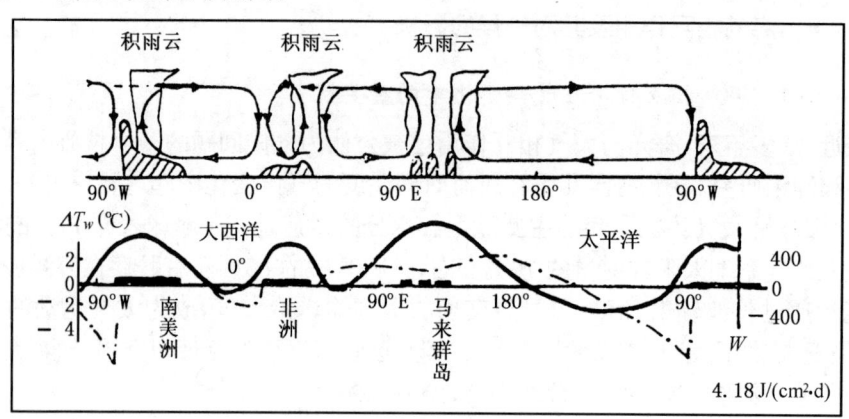

图 9.5　沃克环流

由图可见,在马来群岛、非洲和南美中部地区,由于降水丰富,积云释放大量潜热,形成热源。而非洲和南美沿海由于冷海水上翻,形成热汇。从而造成水温东西向差异,引起纬向气压差,使热源地区空气上升,流至热汇地区下沉,低空又从热汇地区流向热源地区,形成三个东西向的环流圈,其位置分别在太平洋、大西洋和南亚。太平洋和大西洋的环流圈为顺时针环流圈,而南亚地区为逆时针环流圈。这些环流圈强度都很弱,且经常有变化。

下面着重论述赤道太平洋的沃克环流。在正常条件下,赤道太平洋海区的海洋环流,西侧为暖洋流,东侧为冷洋流。沿赤道自东向西为南、北赤道洋流。在大洋西部有海水积聚,大洋东部有海水辐散,海面自亚洲海域略向东倾斜。同时,大洋东部表层海水温度比大洋西部低6~10℃。

由于赤道太平洋海区东冷西热,因此在其上空形成纬向热力环流圈。位于南太平洋副热带高压东侧的南美西海岸,强烈的下沉气流受冷海水影响降温后随偏东信风向西流去,当到达西太平洋的赤道附近因受热上升转向成为高空西风,以补充东部冷海区的下沉气流,于是在赤道太平洋上形成一种大气低层为偏东风,上层为偏西风,在太平洋东侧下沉,太平洋西侧上升的东西向闭合环流,称为**沃克环流**。由于秘鲁寒流较弱,沃克环流的下沉气流区远大于上升气流区,从南美西岸可伸展到赤道太平洋中部海域,造成南美西岸严重干旱。

(2)**厄尔尼诺**(El Nino):厄尔尼诺一词源出于西班牙文"El Nino",原意是"圣婴"。最初用来表示在有的年份圣诞节前后,沿南美秘鲁和厄瓜多尔附近太平洋海岸出现的季节性水温上升的现象,水温上升的范围小,时间短,通常于3月份,海面水温下降。

在秘鲁和厄瓜多尔沿岸的冷水带有丰富的营养盐分,使得浮游生物大量繁殖,为鱼类提供充足的饵料,水温季节性的短时间上升使当地的海洋渔业生产形成季节性的间歇,当地居民将其季节性海面水温上升现象称为厄尔尼诺现象。

但是,这种东太平洋赤道海域水温季节性上升的现象每隔几年就有一次异常发展,从南美西海岸(秘鲁和厄瓜多尔附近)延伸至赤道东太平洋向西至日界线(180°)附近,海面温度异常增暖,称此现象为**厄尔尼诺事件**。其过程大约持续一年左右甚至更长时间。

海面增温的空间范围南北约15个纬度(10°S～5°N),发展最盛时东西可控制90个经度以上(90°W～180°),最强的深度可达数百米。表层海温距平平均为1℃,个别地区个别月份可达4℃以上。确定厄尔尼诺的指标,通常是用赤道东太平洋(0°～10°S,90°W～180°)的表层海温距平。凡连续两个季以上平均海温距平≥0.5℃或海温月距平峰值达到1.0℃,可定为厄尔尼诺事件。达到上述数值的负距平时,则为反厄尔尼诺事件,或称拉尼娜事件。厄尔尼诺事件时沃克环流大大减弱甚至反向。

(3)**南方涛动**(Southern Oscillation,简称 SO):**南方涛动**是指印度洋赤道低压与南太平洋副热带高压这两大活动中心之间海平面气压变化的负相关关系。其特征是当东南太平洋的副热带高压气压比常年升高(降低)时,印度洋的赤道低压就比常年降低(升高),它们总是像跷跷板似的此起彼伏,形成两大洋上大气之间的涛动。不少学者用南太平洋塔希堤岛(143°05′W,17°53′S)的海平面气压(代表南太平洋副热带高压)与同时期澳大利亚北部的达尔文港(130°59′E,12°20′S)的海平面气压(代表印度洋赤道低压)差值,经过一定的处理计算南方涛动指数(SOI)。

近年来,在北半球又发现了北大西洋涛动和北太平洋涛动。北大西洋涛动是冰岛低压的中心气压下降(上升),亚速尔高压的中心气压上升(下降)。北太平洋涛动是阿留申低压和北太平洋副高的中心气压强度的反相振荡现象。符淙斌和叶笃正着眼于全球的振荡特征,将上述三大涛动统称为"低纬度涛动"。

(4)**厄尔尼诺/南方涛动**(ENSO):厄尔尼诺事件与南方涛动、沃克环流有密切的关系。近年来,在讨论海气相互作用时,常把南方涛动、厄尔尼诺、沃克环流综合在一起分析。因为在厄尔尼诺事件发生的同时有东南太平洋副热带气压下降,西太平洋赤道海域气压上升的南方涛动现象,即南方涛动减弱,相应的赤道地区的东西向环流也减弱,因此将其合称为**厄尔尼诺/南方涛动**(ENSO)。

厄尔尼诺/南方涛动是低纬度海气相互作用的强信号。在涛动的低指数时期,如图9.6(a),赤道低气压主体减弱,但前端向东伸展,此时南、北太平洋上副热带高压减弱,并向较高纬度移动,其结果必然导致信风减弱,赤道西风发展,在这样的大气环流条件下,有利于赤道西太平洋暖水向东扩展和输送,同时赤道东太平洋冷水上翻的现象亦相应减弱乃至停止,造成中、东太平洋海面水温升高,出现厄尔尼诺事件。在海面高水温作用下,低层大气湿度加大,湿不稳定得以稳定发展,因此沃克环流发生变化,其上升分支向东移,西太平洋对流减弱,中、东太平洋对流发展。原先的赤道东太平洋干旱带变为多雨带,印度洋和西太平洋的雨量却大为减少。

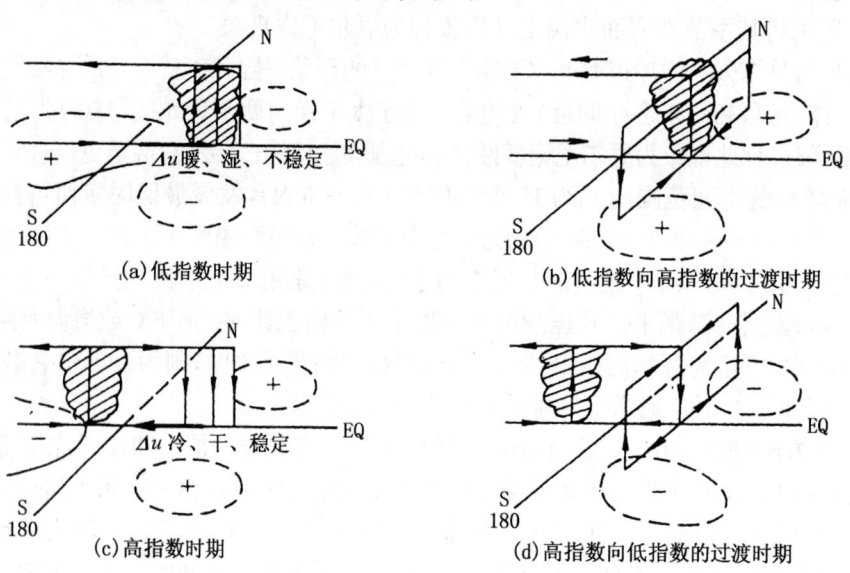

图9.6 低纬度涛动的物理图解(图中:-表示降压,+表示增压)

在低纬度涛动的高指数时期,情况完全相反,如图9.6(c)所示,南北太平洋副高加强且向赤道靠拢,赤道低压主体加强,但其东端西撤,由于经向气压梯度大,必然导致信风加强。在强离岸风作用下,赤道东太平洋海水上翻现象强烈发展,且向西平流,造成大范围海面降温,低层大气变干,层结稳定,赤道主要对流区局限在西太平洋,沃克环流上升分支西移,东太平洋又出现少雨气候。

这两种状态之间的转换主要通过副热带高压强度和位置变化这个重要环节来实现。

如图9.6(b)所示,在低纬度涛动低指数时期,在海面温度增暖作用下,副热带与赤道间海水温度的纬向差别增大,必然导致哈得来环流加强,这个加强环流的下沉分支,将使副热带高压产生由弱变强的趋势。这种过程发展到一定程度时,即出现南方涛动(低纬度涛动)由低指数向高指数转变。同样在高指数时期,低的赤道水温又使海面纬向温度梯度变小,促使哈得来环流减弱,从而使副热带高压减弱,产生由高指数向低指数的转变,如图9.6(d)所示。实现整个过程转变所需要的时间,即南方涛动(低纬度涛动)的平均周期,约为40个月左右。近百年来出现的ENSO主要振荡周期在2～7年内变化,峰值为4年左右。

厄尔尼诺/南方涛动对气候的影响以环赤道太平洋地区最为显著。在厄尔尼诺年,印度尼西亚、澳大利亚、印度次大陆和巴西东北部出现干旱,而从赤道中太平洋到南美西岸则多雨。厄尔尼诺/南方涛动不但影响低纬度的气候,还通过遥相关影响中高纬度的气候。例如,当厄尔尼诺出现时,我国东北地区和日本夏季持续低温,有的年份我国大部分地区降水偏少。

厄尔尼诺使鸣鸟没吃的

美国两所大学的科学家经过13年的研究发现,全球变暖,尤其是厄尔尼诺现象的频频发生,导致了北美森林中鸣鸟的数量急剧减少。

黑喉蓝鸣鸟属于一种"新热带候鸟",它们在北美洲繁殖后代,在南美洲和加勒比海地区过冬。最近几年,鸣鸟数量的减少引起了科学家们的关注,他们研究了影响它们生活的许多因素,结果发现气候的变化是最主要的因素。

发表在一期《科学》杂志上的一份研究报告称,在厄尔尼诺现象发生的高峰年,美国新罕布尔什州和牙买加的昆虫与毛虫的数量都大大减少,而新罕布尔什州是黑喉蓝鸣鸟的主要繁殖地,牙买加则是它们的"冬季之家"。由于缺乏食物,鸣鸟的出生率和成活率都很低。相反,在拉尼娜现象的"大年",鸣鸟就会有充足的食物,并且"人丁兴旺"。

如果厄尔尼诺现象非常强烈,可能会持续几年,这将导致鸣鸟的繁殖率和存活率连续几年非常低,可能会导致它们的灭绝。

§9.2 地形起伏对气候的影响

地形对气候的影响包含两层含义,一是起伏地形区域本身所具有的气候特点。二是起伏地形对邻近区域气候产生的影响。

世界陆地面积占全球面积的29%,不仅分布形势很不规则,而且表面起伏悬殊。根据陆地的海拔高度和起伏形势,可分为山地、高原、平原、丘陵和盆地等类型,它们以不同规模错综分布在各大洲,构成崎岖复杂的下垫面,又因沉积物、土壤、植被等的差异,具有不同的特性,使陆气相互作用的过程更为复杂。

地形对气候的影响很复杂,本节重点讨论大尺度地形如青藏高原和大山脉对气候的影响。

9.2.1 高大地形对气温的影响

气温随海拔高度的升高而降低,使得高山和高原上的气温降低。而且,绵亘的高大山系和庞大的高原是气流运行的障碍,它们对寒潮和热浪移动都有相当大的障碍作用,同时它们本身的辐射差额和热量平衡情况又具有其独特特性,因此它们对气温的影响是非常显著而广泛的。

9.2.1.1 大地形的动力作用

大地形的动力作用主要表现为对冷空气的屏障效应,气流过山的绕爬效应等。

(1)大地形对冷空气的屏障效应:北半球冬季冷空气的活动路径主要是自北向南,大尺度山脉或高原对冷空气有明显的屏障效应。现以青藏高原为例来说明。青藏高原海拔高、面积大,矗立在29°~40°N间,南北约跨纬度10°,东西约跨经度35°,有相当大的面积,海拔在5000m以上,有一系列的山峰海拔超过7000~8000m,占据对流层中低部,犹如大气海洋中的一个巨大岛屿,对于冬季层结稳定而厚度又不大的冷空气是一个较难越过的障碍。从西伯利亚西部侵入我国的寒潮一般都是通过准噶尔盆地,经河西走廊、黄土高原而直下东部平原,这就导致我国东部热带、副热带地区的冬季气温远比纬度相当的受青藏高原屏障的印度半岛北部为低。表9.2中A,C,E三站位于印度半岛北部,其冬季各月平均气温皆分别比同纬度、同高度的B,D,F三站为高,其中尤以C,D两站的差异最大。这是由于D站沉陵正位于高原以东的平原上,寒潮畅通无阻,而C站德里又位于高原以南的正中地位,屏障效应十分显著的缘故。

夏季青藏高原对南来暖湿气流的北上,也有一定的阻挡作用,不过暖湿气流一般具有不稳定层结,比冷空气易于爬越山地。从夏季月平均气温分布图上可以看出,由巴基斯坦北部和东北部阿萨姆两个地区总是有两个伸向西藏方向的暖舌,其中有一部分暖湿气流越过高原南部的山口或河谷凹地,流入高原南部,这是形成雅鲁藏布江谷地由东向西伸展的暖区的重要原因。

青藏高原阻滞作用对气温的影响,不仅出现在对流层低层,并且波及到对流层中层。根据我国衢县与同纬度德里各高度上月平均气温的比较,可以看出在500hPa及其以下各层的气温皆是衢县低于德里,尤其是冬半年的差异更大。即使不象青藏高原那样高大的山脉,对冷空气也有明显的屏障效应。如天山对冬季南下的冷空气有很明显的阻挡作用。被挡住的空气常堆积在天山北麓及其北面的洼地中,从而形成冷空气湖。

第九章 下垫面对气候的影响

表 9.2 印度半岛北部与我国同纬度地区冬半年气温(℃)的比较

地 点	北纬	高度(m)	10月	11月	12月	1月	2月	3月
A. 斯利那加	34°05′	1585	14.1	7.7	3.5	1.1	3.5	8.5
B. 兰州	36°06′	1508	10.1	1.7	−5.3	−6.5	−1.7	5.4
A−B			4.0	6.0	8.8	7.6	5.2	3.1
C. 德里	28°35′	220	25.9	20.2	15.7	14.3	17.3	22.9
D. 沅陵	28°30′	200	17.6	12.1	6.8	4.5	6.2	10.8
C−D			8.3	8.1	8.9	9.8	11.1	12.1
E. 加尔各答	22°32′	6	26.8	23.3	20.4	19.5	22.1	27.2
F. 香港	22°18′	33	24.6	20.9	17.3	15.7	15.2	17.4
E−F			2.2	2.4	3.1	3.8	6.9	9.8

(2)气流遇山绕流形成的冷暖平流：冬季西风气流遇到青藏高原的阻碍被迫分支，分别沿高原绕行，在背风面汇合。从冬季北半球700hPa与500hPa月平均气温图上可以清楚地看出，在高原北部冬季各月都是西北侧暖于东北侧；在高原南半部，则东南侧暖于西南侧，这显然是受到上述分支冷暖平流的影响所致。因西风在高原西侧发生分支，于是高原西北侧为暖平流，西南侧为冷平流，绕过高原之后，气流辐合，东北侧为冷平流，东南侧为暖平流。

9.2.1.2 热力作用

如将青藏高原地面的气温与同高度的自由大气相比，冬季高原气温偏低，是冷源，强度以12月和1月为最大；夏季青藏高原是个强大的热源，以6、7月份强度最大。就全年平均而论，青藏高原地气系统是一个热源。冬季青藏高原的冷区偏于高原的西部。夏季的暖区范围很广，整个对流层的温度都是高原比四周高，再往高层暖区扩大，到了100hPa层上，温度分布出现高纬暖、低纬冷的现象。青藏高原巨大的冷热源作用必然对高原本身及其邻近地区乃至全球的气候产生深远的影响。

9.2.1.3 山地气候中的暖带和冷湖

冷湖和暖带是垂直气候带中两个因地形作用形成的局地气候问题。就温度的垂直分布而言，由山麓向上，随着高度的升高，通常存在一个温度相对较高的地带，即暖带。所谓冷湖，是指冷空气从山地较高处向下流泄，在地势低洼处汇集而成的冷空气湖。

图9.7表示沿谷地的横剖面图。冷空气由于密度大而沉入谷

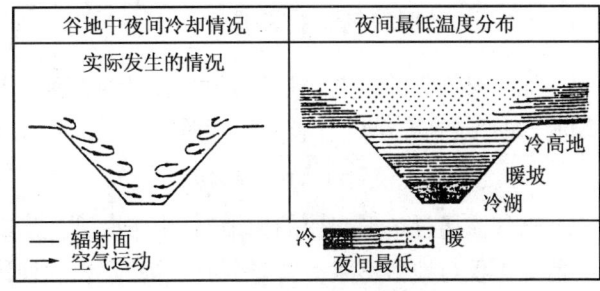

图9.7 山地的暖带和冷湖示意图

底,在冷空气沿坡下滑的同时,与之靠近的较暖空气随之流来补充,形成一个局地热力环流,而冷空气向谷底堆积,形成冷空气湖。在冷湖上面是一层相对较暖的空气,这就是山坡上的暖带。

在冷空气沿坡下滑时,动力增温效应对冷气流不会发生什么影响,这是因为山坡的地表冷却作用比绝热增温效应要强得多。从暖带向上、向下气温皆是递减的。暖带的高度因不同山地、不同坡度、不同季节和天气条件而异,如武夷山西北面,1月平均最低气温和年极端最低气温在300m高度皆出现逆温,在东南面这一现象则不明显。在太行山南侧博爱县200～300m高度上,由于暖带的存在,该处小麦多年平均收获期比平原区提早5～7天;伏牛山南坡250～400m高度处有常绿灌丛,柑橘生长良好。而在低凹地中相同品种的柑橘则受到四五级冻害的达50%～85%。

在暖带以下,特别是在冷湖中,初霜最早,终霜最晚,作物受冻害机会最多,霜冻灾害最为严重。

9.2.1.4 青藏高原的地面气温特点

从青藏高原的地面气温看来,具有如下特点:

(1)**地球的第三极地**:青藏高原由于海拔高,气温特别低,它虽位于副热带和暖温带的纬度上,但在高原主体北部祁连山以及巴颜喀拉山东部1月平均地面气温出现-16～-18℃的闭合等温线,盛夏7月尚有大片面积平均气温<8℃,冬夏皆比同纬度东部平原平均气温低18～20℃。

(2)**气温日、年较差大**:青藏高原上地面气温日较差比同纬度东部平原地区和四川盆地大,比同高度的自由大气更大,气温年较差亦比同纬度的自由大气为大,但因海拔高耸,比同纬度东部平原则稍小。

(3)**气温季节变化急,春温高于秋温**:青藏高原上春季升温强度大,特别是当积雪消融之后,雨季未到之前,高原因受强烈的日照,增温甚快,秋季降温速度亦快,春温高于秋温,例如高原上的班戈4月与10月气温差为2.8℃,而汉口同时期温差为-1.4℃。

以上这些情况都说明高原气温具有大陆性气候的特征。

9.2.2 地形对气流的影响

地形对气流的影响包括气流通过山地时流场的变化以及由于地形而产生的局地性环流,如青藏高原季风、山谷风、焚风等。

9.2.2.1 气流过山的绕爬效应

当气流通过地形起伏的山地时,由于受到地形障碍,其流场会发生很大变化。变化的情况不仅与地形形状有关,还与大气稳定度和迎风面原来的气流速度有关。对一般范围不大的山脊或孤立山峰来说,大部分气流从山的两侧绕过去,仅有一小部分从山顶翻越过去。对于高大山脉如落基山脉,大部分气流被迫从山顶越过,这时迎风面出现上升气流,背风面出现下降气流。大气越不稳定,翻越过山的气流越多。气流在迎风面受阻使风速减弱,山顶风速加强,背风面由于气流辐散,风速减小。而对于像青藏高原这样大的地形,气流经过它时以绕流为主。

气流越过高大山脉时,由于受地球曲率和地球自转的影响,在水平方向可以产生波长约为 5000km 的行星尺度的波状运动。在中纬度西风带里,高空槽位于高大山脉的下风方。例如北半球西风带内平均高空槽的位置,一个处于青藏高原下风方的 180°E 附近,一个处于落基山脉下风方的 80°W 处。在高空槽的东侧下方,如北美东部沿海和亚洲东海岸附近,低压系统往往得以发展或加强。而在条状山脉的上空,往往有高空槽形成。

西风气流绕过大地形时,通常在迎风面分支,在背风面汇合。在其南侧形成槽,在其北侧形成脊。如每年 10 月至次年 6 月,整个青藏高原在高空西风范围内,在 76°E 处由于高原的影响发生分支,即形成高原南、北两支急流。北支在高原的西北部为西南向气流,绕过新疆北部后转为西北向气流。即流线呈反气旋弯曲。南支在高原的西南部为西北向,绕过高原南侧后转为西南向气流,呈气旋式弯曲,气旋式弯曲在孟加拉湾附近曲率最大,并形成低槽,然后经我国西南地区向东,在长江流域与北支气流汇合。这种分支现象可以影响到 9km 的高度甚至更高。在青藏高原的东西两端为风速极小区,也即通常所说的"死水区"。

由以上所述可见,大地形还对锋面气旋活动产生很大的影响。

9.2.2.2 青藏高原季风

青藏高原由于它与四周大气的热力差异,冬季在高原上形成冷高压,盛行反气旋环流,夏季形成热低压,盛行气旋式环流。这样一来,高原地区的盛行风向在冬季和夏季几乎相反,该现象称为**高原季风**。高原季风的水平范围低层大,高层小,其厚度夏季比冬季大。风的季节变化,一般是高原北侧开始最早,高原上次之,高原东侧再次,高原南部最迟。

青藏高原季风对大气环流和气候影响很大。第一,它使我国冬夏对流层低层的季风厚度增大。我国西南地区冬夏季分别处在青藏冷高压和热低压的东南方向,分别盛行东北季风和西南季风,这与由海陆热力差异形成的低层季风方向完全一致。两者叠加,使我国西南地区的季风厚度特别大。第二,高原季风破坏了对流层中部的行星气压带和行星风带。由于高原冬季的冷高压和夏季的热低压都很强大,冬季厚度可达 5km,夏季厚度可达 5~7km,因此 5~7km 的高度以下,冬季空气由高原向外辐散,夏季向高原辐合,加上高原大地形的强迫作用,造成高原上深厚气层的上升和下沉运动,形成强的季风经圈环流。该季风环流圈冬季与哈得来环流圈方向相同,而夏季则与哈得来环流圈的方向恰恰相反,空气在高原上升,到了高空流向低纬,下沉,到达地面后折向较高纬度流去。该季风环流圈对南北半球间的空气质量的调整有很大的作用。

9.2.2.3 山谷风

当大范围水平气压场比较弱时,在山区白天地面风常从谷地吹向山坡,晚上地面风常从山坡吹向谷地,这就是**山谷风**。山谷风是由于山地热力因子形成的,白天因坡上的空气比同高度上的自由大气增热强烈,于是暖空气沿坡上升,成为谷风,谷地上面的自由大气,由于补偿作用,从相反的方向流向谷地,成为反谷风。夜间由于山坡上辐射冷却,使邻近坡面的空气迅速冷却,密度增大因而沿坡下滑,流入谷地,成为山风,谷底的空气因辐合而上升,并在谷地上空向山坡上空流动,成为反山风,形成与白天相反的热力环流(图9.8)。

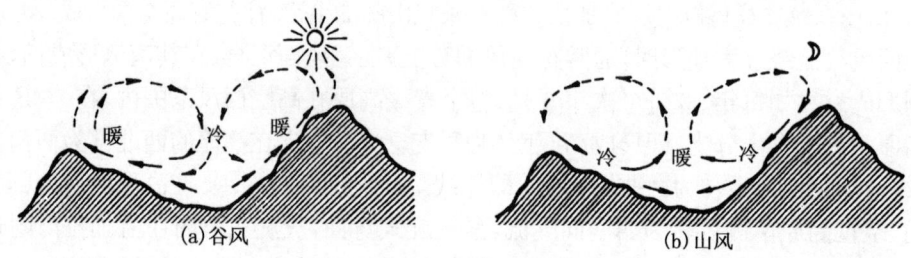

图9.8 谷风和山风

山谷风是山区经常出现的一种现象,只要气压场比较弱,这种局地热力环流就表现得十分明显。一般在早晨日出后2~3小时开始出现谷风,并随着地面增热,风速逐渐加强,午后达到最大;以后因为温度下降,风速逐渐减小,在日落前1~1.5小时谷风平息而逐渐代之以山风。山谷风还有明显的季节变化,冬季山风比谷风强,夏季则谷风比山风强。

9.2.2.4 焚风

沿着山坡向下吹的干热风叫**焚风**。当气流越过山脉时,在迎风坡上升冷却,起初是按照干绝热直减率降温,当空气湿度达到饱和时水汽凝结,气温就按湿绝热直减率降低,大部分水分在山前降落。过山顶后,空气沿坡下降,并基本上按干绝热直减率(即1℃/100m)增温,这样过山后的空气温度比山前同高度的温度要高得多,湿度也小得多。如图9.9所示,山前原来气温20℃,水汽压12.79hPa,相对湿度73%。当气流沿山上升到500m高度时,气温为15℃,达到饱和,水汽凝结,然后按湿绝热直减率平均0.5℃/100m降温,到山顶(3000m)时气温在2℃左右。过山后沿坡下降,按干绝热直减率增温,当气流到达背风坡山脚时,气温可增加到32℃,而相对湿度减小到15%。由此可见,焚风吹来时,确有干热如焚的现象。

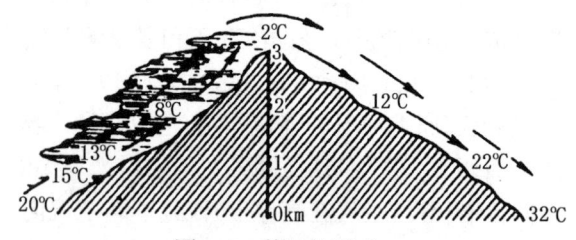

图9.9 焚风的形成

焚风是山地经常出现的一种现象,白天夜晚都可出现,例如偏西气流经过太行山下降时,位于太行山东麓的石家庄就会出现焚风。其它如亚洲的阿尔泰山、欧洲的阿尔卑斯山、北美的落基山等都是著名的焚风区。

9.2.2.5 峡谷风

当空气由开阔地区进入山地峡谷口时,气流的横截面积减小,由于空气质量不可能在这里堆积,于是气流加速前进,从而形成强风(图9.10),这种风称为**峡谷风**。在我国的台湾海峡、松辽平原等地,两侧都有山岭,地形像喇叭管。当气流直灌管口时,经常出现大风。

图 9.10　峡谷风

除此之外,气流经过不同地形尚可产生一些地方性风。

9.2.3　地形对降水分布的影响

地形对降水分布的影响十分复杂,高大地形如青藏高原对亚洲降水分布影响范围极广,据气候模式研究结果:如果没有青藏高原存在,夏季的西南季风只能到达印度的南部,我国大部分地区都是偏西风和西北风,受下沉气流控制。因此大陆将是水汽很少的干燥气候,即使印度和缅甸,也不会像现在这样雨量充沛。而青藏高原的存在,对大规模气流的影响,首先诱使热带西南季风向印度、缅甸侵袭,造成高原雨季,同时西南季风的一部分长驱深入,到达我国东部形成江南雨区。如果没有青藏高原,不仅我国西部的干旱将更严重,东部也将成为干旱气候(图9.11)。在青藏高原隆起之前大约距今几千万年以前,从我国北方到长江流域都是广阔的干旱气候带,在喜马拉雅造山运动以后,距今几百万年时,由于青藏高原抬升,才建立了亚洲的季风气候(图9.12)。

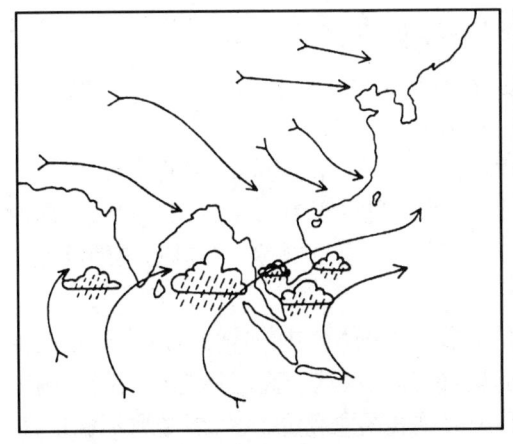

图 9.11　无青藏高原时的东亚气候

图 9.12　有青藏高原时的东亚气候

地形对降水分布的影响还与坡向与高度有密切关系。当海洋气流与山地坡向垂直或交角较大时,迎风坡多成为"雨坡",背风坡则成为"雨影区",这可以从北美洲加利福尼亚海岸的圣克鲁斯附近到内华达高原一线地形与年降雨量之间的关系看出(图9.13)。当地盛行西风,自太平洋吹来,正好与南北向的海岸山脉垂直相交,在迎风坡气流上升,至山顶降水量达第一高峰。第二最大降水出现在迪阿博罗山脉,第三个最大降水出现在内华达山脉的最高峰。在谷地中,由于空气下沉,降水显著减少。同时,当西来气流翻越内华达山脉后已变得很干燥,因此内华达高原的降水量只有170mm,比迎风坡少90%以上。再例如夏季在青藏高原南坡,正当来自印度洋西南季风的迎风坡,降水量特丰,最著名的乞拉朋齐其年平均降水量超过11000mm,最多年降水量高达26461.2mm,其中7月的降水就有9300mm。

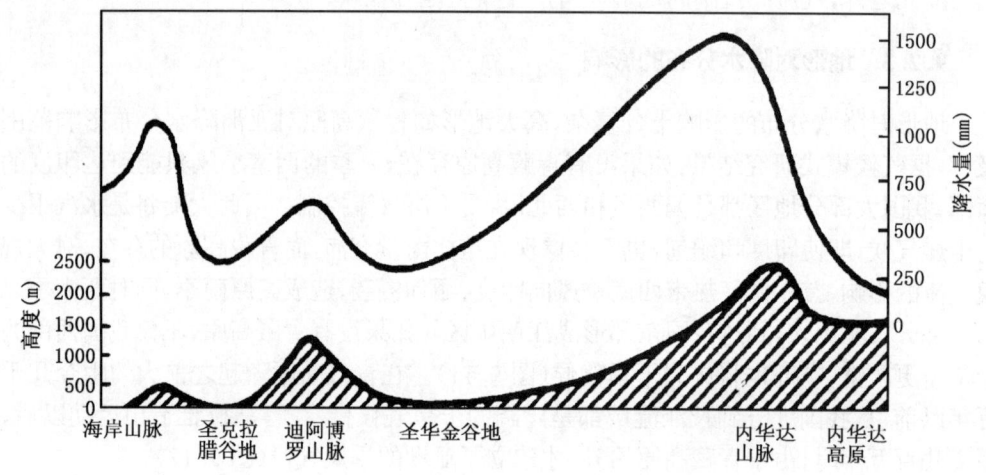

图9.13 北加利福尼亚的年平均降水量与地形间的关系

随着地形的整个抬高而形成广大高原时,在高原上降水减少。这是因为温度随高度的增加而降低,导致大气中水汽含量减少。一般说来,在广阔高原中大部分降水量较少,仅在高原的边缘地区空气才比较湿润。例如地处喜马拉雅山脉主峰北麓的定日,海拔约为4300m,年降水量仅为185mm,再跨过高原,降水量更少于100mm。位于青藏高原西北部的阿里地区降水量仅为53mm。世界上几个高大的高原如帕米尔高原,伊朗高原及北美落基山以东的大高原上,降水量都很少。

在迎风山地,由山足向上,降水量起初是随着高度的增加而递增的,达到一定高度降水量最大,过此高度后,降水量随着高度的增加而减少,这一高度称为最大降水高度(H)。H所在的高度因气候条件和地区而异,一般是气候愈潮湿,大气层结愈不稳定,H愈低。在干旱沙漠地带甚至不出现最大降水高度。例如喜马拉雅山南坡最大降水高度大约位于1000~1500m;气候干燥的新疆山区,最大降水高度则出现在2000~4000m。

又如印度西南沿海,山地空气异常潮湿,其最大降水高度一般都出现在500~700m之间。而在中亚山区,因为气候异常干燥,最大降水高度约在3000m以上。在青藏高原内部因气候干燥大部分地区高度都在5000m左右。

综上所述,高大地形不仅本身具有特别的气候特征,而且还影响邻近地区的气候。有些山脉可以阻碍或改变气流的活动情况,使北来的寒流不易南下,南来的暖流滞缓北上,又可使湿润气团的水分在迎风坡形成大量降水,背风坡则变得异常干燥。所以山脉两侧的气候可以出现极大的差异,往往成为气候区域的分界线。如秦岭山脉横亘东西,一般高度2000~3000m。秦岭以南,最冷月均温在0℃以上,年降水量在1000mm以上;而秦岭以北,最冷月均温在0℃以下,年降水量一般只有500~700mm,成为我国北副热带和南温带气候的重要分界线。又如地处西北干旱区的天山山脉大致呈东西走向,由于天山山脉对北来气流的屏障作用,使天山南北两侧的降水量发生很大差异。天山北麓的乌鲁木齐年均降水量277.5mm,天山以南大部分地区年降水量少于50mm;由于天山山脉对西伯利亚冷空气的阻挡作用,乌鲁木齐1月平均气温为-15.4℃,而南疆的喀什地区为-6.6℃。因此,天山成为南北气候的又一分界。而喜马拉雅山则是典型的热带季风气候和高寒荒漠气候的分界线。

§9.3 冰雪覆盖对气候的影响

冰雪圈是气候系统组成部分之一,包括季节性雪被、高山冰川、大陆冰盖、永冻土和海冰等。由于它们的物理性质与无冰雪覆盖的陆地和海洋不同,形成一种特殊性质的下垫面。冰雪覆盖对气候的形成和变化都有很大影响。

9.3.1* 世界冰雪覆盖概况

地球上各种水分的总量约为$1384×10^6 km^3$,其中2.15%为冰雪,冰雪占了全球总淡水量的80%。冰雪是地球上的低温圈。

冰雪主要分布在中高纬地区,大陆冰盖和山地冰川约占全球陆地面积的11%,海冰约占全球海洋面积的7%。大陆冰盖自边缘向中心隆起,规模如南极或格陵兰的冰体,又称大陆冰川。山地冰川则是发育在不同纬度山区的各种冰川的统称,又称山岳冰川或高山冰川,占的面积不大。海冰泛指海洋上一切冰,包括海水生成的咸水冰、河冰和冰山等。表9.3是全球冰雪的估计值。从表中可以看出海冰面积与陆冰面积之比大约为10:7。大陆冰盖、山地冰川和海冰的平均厚度分别为2km,0.7km和0.002km左右,由此可知海冰的面积虽然比大陆冰盖和山地冰川要大一点,但海冰的体积要小2个量级。

大陆雪盖以季节积雪为主,夏季亦有积雪,但面积大为缩小。如果积雪长期维持则会转变成为大陆冰盖或称大陆冰原。大陆冰原主要分布在南极冰原($13.6×10^6 km^2$)和格陵兰冰原($1.8×10^6 km^2$),高山冰川面积约$0.5×10^6 km^2$。永冻土(地下冰)主要分布在欧亚大陆和北美大陆的高纬地区,其最大深度在西伯利亚为1500m,在北美为600m。

在冰雪圈中海冰和季节性降雪的时间变化最大，它们有明显的季节变化、年际变化和更长周期的变化，因此它们对于从季节到100年的气候变化有很大的影响。表9.4列出了南北半球及全球海冰和大陆积雪各月平均值。北半球海冰和雪盖面积均以2月最大，8月最小。南半球海冰面积以9月最大，2月最小。南半球海冰的季节性变化比北半球大。

表9.3 地球上冰雪圈基本构成的数量特征

冰冻形式	伸展面积 ($10^6 km^2$)	占表面积的百分比(%)			存留时间 (年)
		全球	陆地	海洋	
大陆冰盖	15.4	2.0	10.3		$10^2 \sim 10^5$
海冰	24.4	4.8		6.7	$10^{-2} \sim 10^1$
高山冰川	0.5	0.1	0.3		$10^1 \sim 10^3$
地下冰(永冻层)	32.0	6.2	21.5		$10^1 \sim 10^3$
雪盖	23.7	4.7	15.9		$10^{-2} \sim 10^1$

表9.4 南北半球及全球海冰与大陆积雪覆盖面积($10^6 km^2$)

区域	项目	1	2	3	4	5	6	7	8	9	10	11	12	年
北半球	海冰	14.3	14.7	14.7	13.8	12.5	10.9	8.8	7.2	7.3	9.8	11.7	13.4	11.6
	雪盖	46.2	46.7	39.6	30.9	21.0	10.5	5.4	4.3	5.5	17.9	32.0	41.5	25.3
	冰雪	58.5	60.1	53.7	41.5	32.0	21.5	14.3	11.0	12.4	23.8	39.6	53.5	35.2
南半球	海冰	6.6	4.5	5.3	8.4	11.5	14.5	17.2	19.0	19.6	19.4	16.2	10.8	12.8
	冰雪	19.6	17.3	18.6	21.6	24.6	27.6	29.6	31.1	33.1	34.0	31.9	25.6	26.3
全球	海冰	20.9	19.2	20.0	22.2	24.0	24.4	26.0	26.2	26.9	29.2	27.9	24.2	20.4
	冰雪	78.1	77.4	72.3	63.4	56.6	49.1	44.0	42.3	46.4	57.8	71.5	79.1	61.5

海冰还有明显的年际变化。从20世纪70年代初到80年代初，南半球海冰面积平均减少了$2.4 \times 10^6 km^2$，即大约减少了20%，变化相当激烈。但20世纪80年代初又有所回升，此后一直到20世纪90年代初，比较平稳，年际变化不明显。从近20年的资料看来，南半球海冰面积的变化远大于北半球。20年中北半球变化的幅度只有$0.4 \sim 0.5 \times 10^6 km^2$，而南半球则达到$2.2 \times 10^6 km^2$以上，约为北半球的4~5倍。大陆雪盖面积的年变化亦很明显。

9.3.2 冰雪覆盖与气温

冰雪覆盖是气候系统的冷源，它不仅使冰雪覆盖地区的气温降低，而且通过大气环流的作用，可使远方的气温下降。冰雪覆盖面积的季节变化，使全球的平均气温也发生相应的季变。全球平均的1月气温远低于7月。但根据日地距离来看，1月接近近日点，1月的天文辐射量比7月约高7%。全球平均气温1月远低于7月，显然与冰雪覆盖面积有关。北半球和南半球各自的月平均气温均与冰雪覆盖面积呈反相关关系，冰雪面积大，平均气温低。

冰雪表面的致冷效应是由于下列因素造成的：

9.3.2.1 冰雪表面的辐射性质

冰雪表面对太阳辐射的反射率甚大，一般新雪或紧密而干洁的雪面反射率可达86%~95%；而有空隙、带灰色的湿雪反射率可降至45%左右。大陆冰原的反射率与雪面相似。海冰表面反射率约在40%～65%作用。由于地面有大范围的冰雪覆盖,导致地球上损失大量辐射能。这是冰雪致冷的一个重要因素。

地面对长波辐射多为灰体,而雪盖几乎与黑体相似,其长波辐射能力很强,这就使得雪盖表面的辐射亏损进一步加大,使雪面愈益变冷。

9.3.2.2 冰雪—大气间的能量交换特性

冰雪表面与大气间的能量交换能力很微弱。冰雪对太阳辐射的透射率和导热率都很小。当冰雪厚度达到50cm时,地表与大气之间的热量交换基本上被切断。北极海冰的厚度平均为3m,南极海冰的厚度为1m,大陆冰原的厚度更大,因此大气就得不到地表的热量输送。特别是海冰的隔离效应,有效地削弱海洋向大气的显热和潜热输送,这又是一个致冷因素。

冰雪表面的饱和水汽压比同温度的水面低,冰雪供给空气的水分甚少。相反冰雪表面常出现逆温现象,水汽压的铅直梯度亦往往是冰雪表面比低空空气层还低,于是空气反而向冰雪表面输送热量和水分(水汽在冰雪表面凝华)。所以冰雪覆盖不仅有使空气致冷的作用,还有致干的作用。冰雪表面上空大气逆辐射微弱,冰雪表面上辐射失热更难以得到补偿。

此外,当太阳高度角增大,太阳辐射增强时,融冰化雪还需消耗大量热能。在春季无风的天气下,融雪地区的气温往往比附近无积雪覆盖区的气温低数十度。

综合上述诸因素的作用,冰雪表面使气温降低的效应是十分显著的。而气温降低又有利于冰雪面积的扩大和持久,冰雪和气温之间有明显的正反馈关系。

9.3.3* 冰雪覆盖与大气环流和降水

冰雪覆盖形成以后,就形成气系统的冷源。以南北极冰雪为例,若两极冰雪量增加,则加强两极的冷源,使高低纬之间的温差和相应的气压梯度增大。于是气压场和大气环流随之变化,并最终导致气象要素和气候的变化。反之亦然。同时,大范围冰雪覆盖也影响大气圈和水圈之间的热交换。当存在大范围冰雪覆盖时,这种热交换显著减少,海洋中的较暖水流不能向高纬地区输送更多的热量,造成南北极地区更加冷却。最后,融冰化雪需要吸收大量热量。这些过程都会导致相应的大气环流的调整。

冰雪覆盖对大气环流和降水的影响很复杂,下面举几个例子说明:

(1)欧亚大陆雪盖对南亚季风和我国华南降水的影响:研究表明,欧亚春季雪盖面积的大小及融雪的快慢能够影响印度夏季风的活动。如欧亚春季3～5月雪盖面积较大,融雪速度慢,会增加下垫面反射率。高的反射率通常使大气温度偏低,大陆上海平面气压偏高,因而使季风环流减弱,季风进程偏长。如春季欧亚雪盖偏小,融雪较快,则地表反射率减小,大气温度增加,因而显热交换增加,夏季风强且季风进程短。由于印度大部分地区年雨量的80%左右出现在夏季风季节,因此夏季风的进程直接影响印度夏季风雨量。欧亚大陆12月至次年3月雪盖范围与印度6～9月夏季风雨量呈现明显的反相关。再例如青藏高原冬春的积雪与我国华南5～6月份的降水有很好的相关,大量统计资料表明:冬春高原多雪,则华南夏季降水偏多,冬春积雪日数与华南6月降水为正相关(图9.14)。

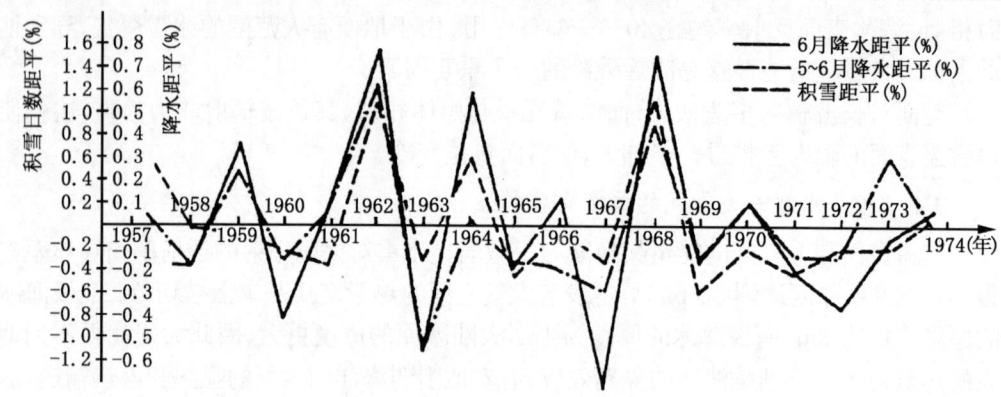

图 9.14 青藏高原冬季积雪与华南 5~6 月降水的关系

(2)南极海冰对西太平洋副高和我国梅雨的影响：冰雪覆盖面积对降水的影响还可涉及到遥远的地区。据研究，南极冰雪状况与我国梅雨亦有密切关系。从大气环流形势来看，南极海冰面积扩展的年份，其后期南极大陆极地反气旋加强，绕极低压带向低纬扩展，整个行星风带向北推进，从而使赤道辐合带北移，并导致北半球的副热带高压亦相应地北移。又由于南极海冰分布有明显的偏心现象，最冷中心偏在东半球(70°~90°E)，由此向北呈螺旋状扩展至澳大利亚，由澳大利亚以北推进的冷空气势力更强，因此对北太平洋西部环流的影响更大。以 1972 年为例，这一年南极冰雪量正距平值甚大，自南半球跨越赤道而来的西南气流势力甚强。西太平洋赤道辐合带位置偏东、偏北，副热带高压弱而偏东，东亚沿岸西风槽很不明显，而在 80°E 附近却有低槽发展，这种形势不利于冷暖空气在江淮流域交绥，因此是年梅雨季短、量少，为枯梅年。相反，1969 年南极冰雪量少，行星风带位置偏南，北半球西太平洋赤道辐合带位置比 1972 年偏南约 15 个纬距(在 160°E 以西)，副热带高压西伸，且偏南，我国大陆东部有明显的西风槽，有利于锋区在此滞留，是年梅雨期长，梅雨量高达 2800mm，约相当于 1972 年的三倍。南极海冰影响西北太平洋副高的可能途径见图 9.15。

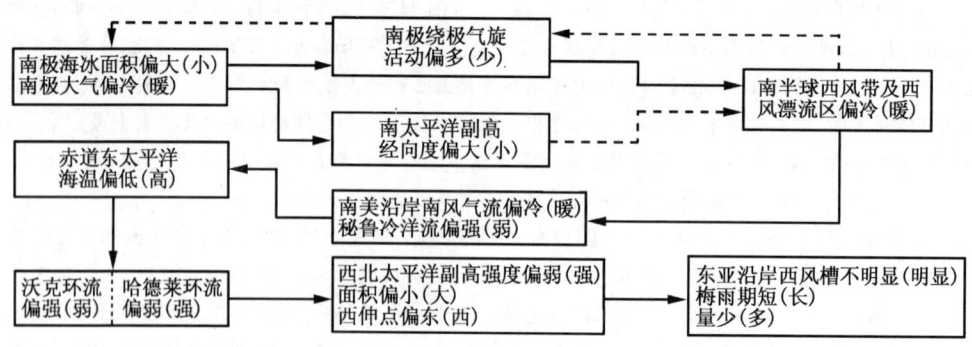

图 9.15 南极海冰影响西北太平洋副高的可能途径
(实箭头表示正反馈过程，虚线箭头表示负反馈过程)

(3)北极海冰面积变化与长江上、中游汛期水量的关系：当北极海冰面积偏大时，东半球极涡中心偏西，相应亚洲地区的经向环流偏弱，纬向环流偏强，同时又可导致北太平洋副高偏弱偏东，印缅地区位势高度偏低,长江上中游汛期水量偏枯。反之,长江上中游汛期水量偏丰,过程相反。北极海冰影响长江上中游汛期水量的过程可用如图9.16所示的框图表示。

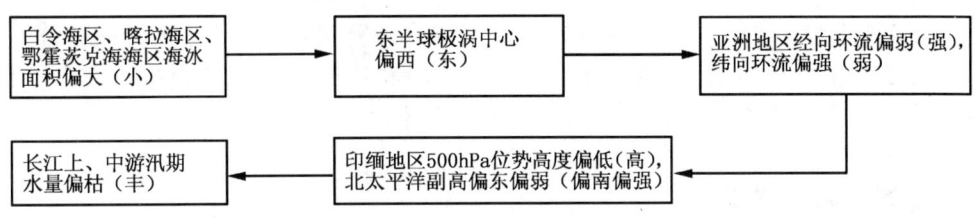

图9.16 北极海冰影响长江上中游汛期水量的可能过程

此外,冰雪覆盖面积和厚度的变化还影响海水水平面的高低。在寒冷时期,降雪多而融化少,这样水分就以冰雪形式留在大陆上,不能通过河川径流等水分外循环形式如数将海洋表面蒸发的水量还给海洋,导致海洋支出的水分多,收入的水分少,海水就会变少,海平面就会下降。相反,在温暖时期,大陆上的积雪就会融化,这时海洋收入的水分又会多于支出的水分,引起海水增多和海平面上升。据估算如果目前南极大陆冰原全部融化,则世界海洋的海平面要抬升70~80m。

总结与提要

气候形成和变化的因子主要有:太阳辐射、大气环流、下垫面性质和人类活动。太阳辐射是气候形成的基本因素,根据天文辐射的分布可把地球分成南北各七个天文气候带,形成气候分布的纬向地带性。大气环流是气候形成的另一重要因素,它促进了高低纬度间和海陆间热量和水分交换,同时与海陆下垫面因素共同造成东西方向的气候差异,形成气候变化的经向地带性,高大地形造成了气候变化的垂直地带性。

下垫面性质差异中,最显著的差异为海洋与陆地表面的差异,海陆差异的存在对气候的影响表现在:

(1)形成气温、水分特征完全不同的大陆性气候和海洋性气候。由于大气环流的影响,海洋性气候既可以存在于海洋上,也可以存在于大陆上,即海洋上的气候不一定是海洋性气候,大陆上的气候也不一定是大陆性气候。

(2)形成季节变化明显的季风气候。季风气候季节差异大。东亚季风冬季寒冷干燥,夏季炎热多雨。我国大部分区域属季风气候。

(3)海温和洋流的变化对气候产生重大影响。厄尔尼诺即是赤道东太平洋附近的海温异常现象,它通过海气相互作用首先对低纬度地区气压和环流系统造成影响,进而影响全球气候。

(4)海陆的相间分布与大气环流一起造成气候东西方向的差异,形成经向地带性。

凸起的高大地形气候在垂直方向的分异,形成气候的垂直地带性:

(1)气温随高度递减。但由于谷底冷空气湖的存在,在山地某一高度(冷湖上面)形成一个相对暖带。

(2)降水随高度先增加,到最大降水高度后递减。

(3)风随高度增强。一定规模的地形会形成局地环流,如:高原季风、山谷风等。

冰雪覆盖对局地气候的影响表现为致冷效应和致干效应,冰雪覆盖面积的变化还通过影响下垫面的热量情况,影响大范围及至全球的大气环流。

复习思考题

1. 海洋性气候和大陆性气候有何区别?
2. 什么是季风?说明东亚季风与南亚季风有何异同点。
3. 中低纬度和中高纬度大陆东、西岸气候有何差异?它是如何形成的?
4. 什么是沃克环流?什么是厄尔尼诺和南方涛动?它们有什么联系?对气候有何影响?
5. 高大山脉对气温有什么影响?
6. 山地降水量随坡向和海拔高度有何变化规律?为什么?
7. 青藏高原季风是如何形成的?它对大气环流和我国的气候有何影响?
8. 简述海陆风、山谷风、焚风是如何形成的。
9. 为什么高大山脉往往成为气候的分界线?
10. 海、陆对降水和雾有何影响?
11. 解释名词:海陆风、山谷风、焚风、ENSO。

第十章　人类活动对气候的影响

人类在谋求自身生存和发展的过程中，不断改造自然，其中也包括不同程度上的改造和影响气候。工业化前人类对气候的影响是很有限的，主要局限于小范围内。随着工业化进程的不断加速，改造自然的技术能力和物质力量日益加强，到现今为止，人类活动对气候的影响范围已经扩展到区域气候乃至全球气候了。

人类活动对气候的影响有两种：一种是无意识的影响，即在人类活动对气候产生的副作用，如温室气体的排放引起的气候变暖，毁林开荒引起的气候变化等；另一种是为了某种目的，采取一定的措施，有意识的改变气候条件，如营造防护林影响农田小气候等。在目前的条件下，人类活动影响气候的途径主要有二：一是在工农业生产中排放至大气中的温室气体和各种污染物质，改变大气的化学组成；二是在农牧业发展和其它活动中改变下垫面的性质，如城市化、破坏森林和草原植被，海洋石油污染等等。此外人为热和人为水汽的释放也会对局地小气候产生影响。

§10.1　大气成分改变对气候的影响

10.1.1　温室气体排放及其对气候的影响

10.1.1.1　大气成分对气候的影响

大气是气候系统各子系统相互间联系的纽带，是整个系统中能量、动量和物质交换的媒介。大气中有一些微量气体和痕量气体对于太阳辐射几乎不吸收，但却能强烈吸收长波辐射，它们对地面的气候能起到类似温室的作用，故称为**温室气体**。图10.1给出地气系统的长波辐射和影响气候变化的主要温室气体的吸收带，如图中列出的 CO_2，CH_4，N_2O_3 等成分是大气固有的，CFC-11 和 CFC-12 是由近代人类活动所引起的。这些成分在大气中总的含量虽很小，但它们对地气系统的辐射能收支和能量平衡却起着极重要的作用。由图可见，在波长 $9.5\mu m$ 及 $12.5\sim 17\mu m$ 有两个强的吸收带，这就是 O_3 和 CO_2 的吸收带。特别是 CO_2 的吸收带，吸收了大约 $70\%\sim 90\%$ 的红外长波辐射。地气系统向外长波辐射主要集中在 $8\sim 12\mu m$ 波长范围内，这个波段称为大气之窗。上述 CH_4，N_2O，CFCs 等气体在此大气窗内均各有其吸收带，这些温室气体在大气中的变化必然对气候系统造成明显扰动，引起全球气候变化。

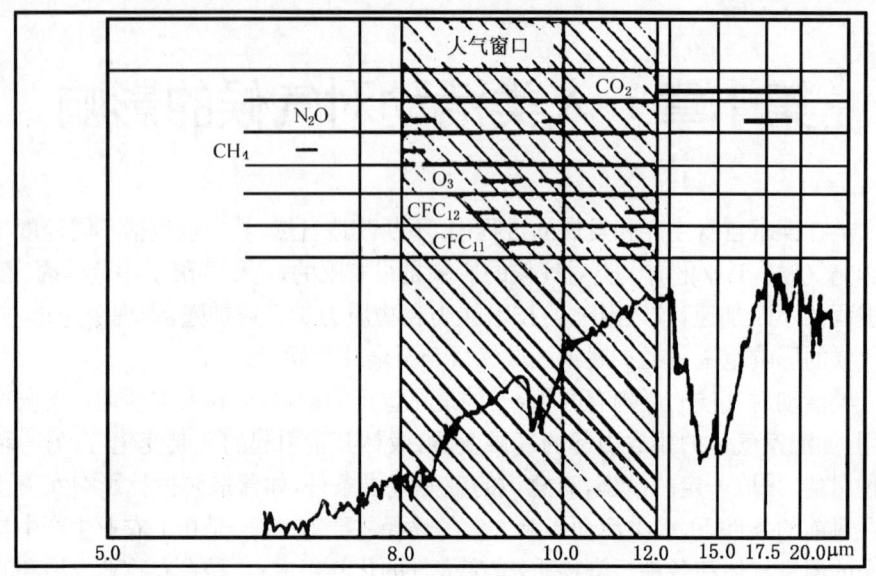

图 10.1 地气系统的长波辐射和主要温室气体的吸收带

上述大气成分的浓度一直在变化着,引起这种变化的原因有自然原因也有人类活动的影响。人类活动可能是造成气候几年到几十年时间尺度变化的主要原因。由于大气是超级流体,工业排放的气体很容易在全球范围内输送,人类活动造成的局地或区域范围的地表生态系统的变化也会改变大气的组成,因为大气的许多化学组分都来自地表生物源。

10.1.1.2 大气中温室气体浓度的增加

人类活动对大气的影响主要表现在增加大气中 CO_2、气溶胶、大气中水汽含量及其它微量气体含量。虽然人类活动对大气成分的影响早就存在,但直到近百年来,由于人口急剧增长和工业飞速发展,这种影响才在全球尺度上逐渐表现出来,引起人们的广泛关注。大量观测事实表明,大气中化学成分的变化主要是:大气中二氧化碳和甲烷浓度逐年增加;大气中臭氧总量减少;氯氟烃化合物从无到相当量级的全球平均浓度。

大气中 CO_2 浓度在工业化之前很长一段时间里大致稳定在约 $(280\pm10)\times10^{-3}$ mL/L,但在近几十年来增长速度甚快,到 1990 年已增至 345×10^{-3} mL/L(表 10.1),20 世纪 90 年代以后,增长速度更大。图 10.2 给出美国夏威夷冒纳洛亚站(Mauna Loa)1959~1993 年 CO_2 实测值的逐年变化。大气中 CO_2 浓度急剧增加的原因,主要是由于大量燃烧化石燃料和大量砍伐森林所造成的。据研究排放入大气中的 CO_2 大约有 50% 为海洋所吸收,另有一部分被森林吸收变成固态生物体,储存于自然界。但由于目前森林大量被毁,致使森林不但减少了对大气中 CO_2 的吸收,而且由于被毁森林的燃烧和腐烂,更增加大量的 CO_2 排放至大气中。目前,对未来 CO_2 的增加有多种不同的估计,如按现在 CO_2 的排放水平计算,在 2025 年大气中 CO_2 浓度为 4.25×10^{-3} mL/L,为工业化前的 1.55 倍。

甲烷(CH_4 沼气)是另一种重要的温室气体。它主要由水稻田、反刍动物、沼泽地和生物体的燃烧而排放入大气。在距今 200 万年以前到 11 万年前,CH_4 含量稳定于 $0.75\sim$

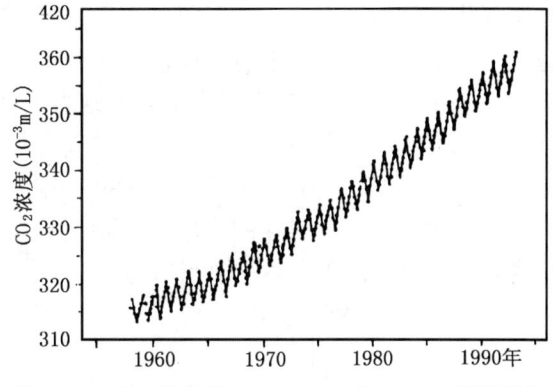

图 10.2 马纳洛亚站 1959~1993 年 CO_2 实测值的逐年变化($\times10^{-3}$ mL/L)

0.80×10^{-3} mL/L,近年来增长很快。1950 年 CH_4 含量已增加到 1.25×10^{-3} mL/L, 1990 年为 1.72×10^{-3} mL/L。Dlugokencky 等根据全球 23 个陆地定点观测站和太平洋上 14 个不同纬度的船舶观测站观测记录,估算出 1983~1993 年全球大气逐年 CH_4 混合比(M)的变化如图 10.3 所示。根据目前增长率外延,大气中 CH_4 含量将在 2030 年和 2050 年分别达 $2.34\sim2.50\times10^{-3}$ mL/L。

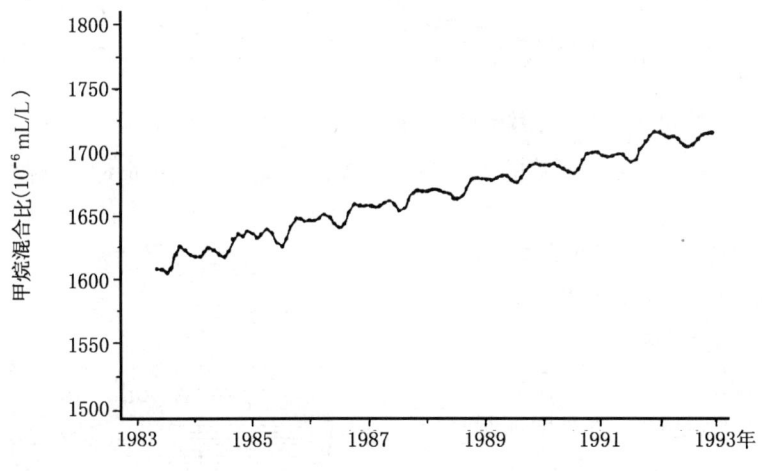

图 10.3 近十年来全球逐年 CH_4 混合比的变化

一氧化二氮(N_2O)向大气的排放量与农田面积增加和施放氮肥有关。平流层超音速飞行也可产生 N_2O。在工业化前大气中 N_2O 含量约为 2.1×10^{-4} mL/L。1985 年和 1990 年分别增加到 3.05×10^{-4} mL/L 和 3.10×10^{-4} mL/L。N_2O 除了引起全球增温外,还可通过光化学作用在平流层引起臭氧 O_3 离解,破坏臭氧层。

氟氯烃化合物(CFCs)是制冷工业(如冰箱)、喷雾剂和发泡剂中的主要原料。此族的某些化合物如氟里昂11(CCl_2F,CFC-11)和氟里昂12(CCl_2F_2,CFC-12)是具有强烈增温效应的温室气体。它还是破坏平流层臭氧的主要因子。

在制冷工业发展前,大气中本没有这种气体成分。CFC-11在1945年,CFC-12在1935年开始有工业排放。到1980年,对流层低层CFC-11含量约为$168×10^{-11}$mL/L,而CFC-12为$285×10^{-11}$mL/L,到1990年则分别增至$280×10^{-11}$mL/L和$484×10^{-11}$mL/L,其增长是十分迅速的。图10.4给出CFC-12近1938~1990年的变化趋势,其未来含量的变化取决于今后的限制情况。

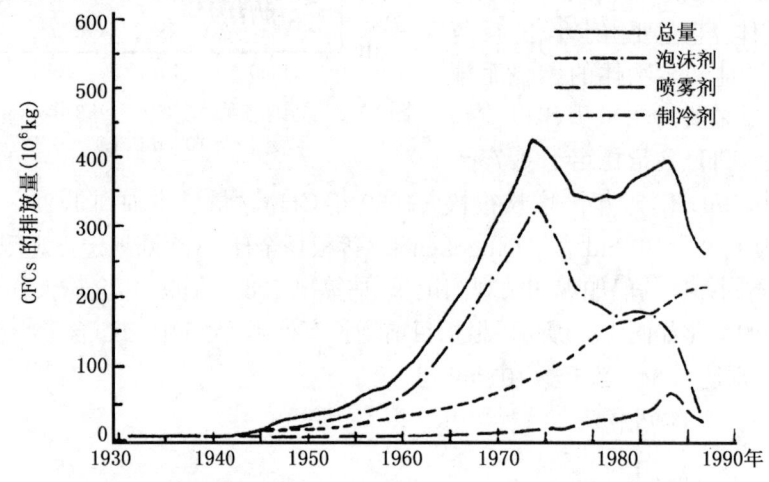

图10.4 CFCs近数十年来的排放量变化(引自CDIAC,Fall,1994)

表10.1是受人类活动影响的主要温室气体。可见自工业革命起,因燃烧矿物燃料和砍伐森林,使大气中CO_2浓度增加了26%,甲烷增加了一倍以上。这些温室气体对气候的影响差别很大。如果把其它温室气体对辐射的影响作用也用CO_2的影响来表示,那么从18世纪中叶起,现在已相当于CO_2增加了50%左右。其中26%是CO_2本身增加所致。1980~1990年每种人为的温室气体对气候影响总增加的贡献如图10.5所示,CO_2占55%,甲烷占15%,CFCs约占25%左右。因此,大气中CO_2浓度的增加对气候的影响是最重要的。

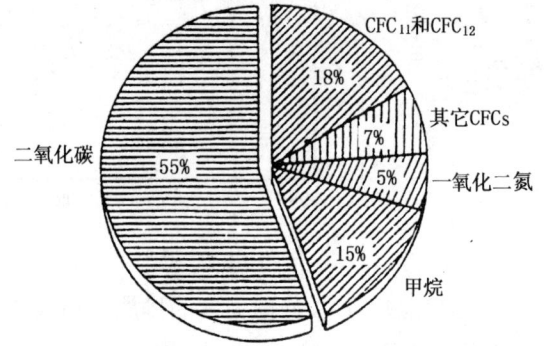

图10.5 温室气体对气候影响总增加的贡献
(引自IPCC,1990)

表 10.1 大气中的主要温室气体(IPCC,1990年)

温室气体	工业化之前浓度 (1750~1800) (mL/L)	现在浓度 (1990年) (mL/L)	年增量 (mL/L)(%)	在大气中衰变时间 (年)
CO_2	280×10^{-3}	354×10^{-3}	$1.6 \times 10^{-6}(0.5)$	50~100
CH_4	0.79×10^{-3}	1.72×10^{-3}	$0.015 \times 10^{-6}(0.9)$	10
N_2O	210×10^{-6}	310×10^{-6}	$0.8 \times 10^{-6}(0.25)$	150
CFC-11	0	280×10^{-11}	$7 \times 10^{-11}(4)$	65
CFC-12	0	484×10^{-11}	$10 \times 10^{-11}(4)$	130

CO_2 浓度增加使气候变暖这一看法,可以用近百年来全球温度变化来说明。自19世纪中叶有仪器观测温度以来,在1920年前后到1940年之间,显著变暖,全球平均增温0.4℃,自1975年以来,又一次增温0.2℃,所以近百年来全球温度平均增加了0.6℃,这与CO_2浓度在工业化以来持续增加是一致的。另外南极冰芯气泡分析显示出16万年前CO_2和甲烷浓度与局地温度的相关分析表明,地球温度与地球中CO_2和甲烷含量几乎完全对应(图10.6)。尽管我们不知道它们变化的原因和影响细节,但计算结果表明这些温室气体的变化可能是冰期和间冰期之间全球温度出现大幅度(4~5℃)跳跃的部分原因。气候公式计算结果还表明,气候增暖是极地大于赤道,冬季大于夏季。

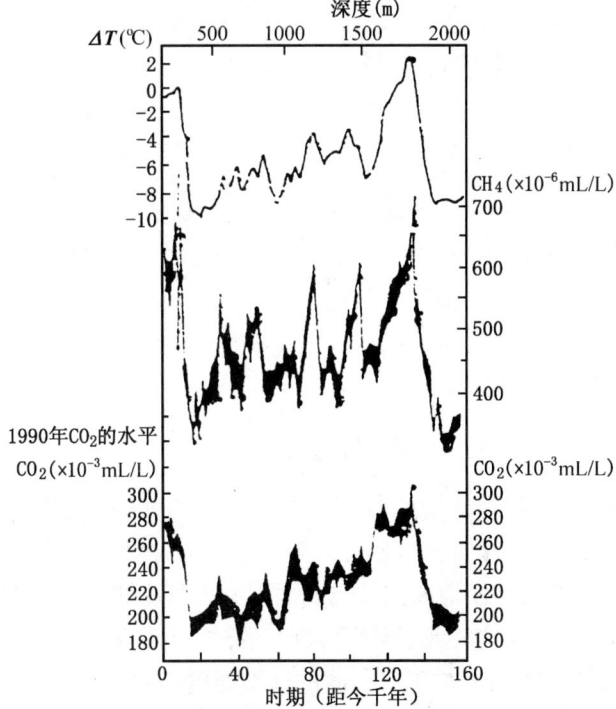

图 10.6 地球温度与地球中 CO_2 和甲烷含量的对应关系

全球变暖现状——100 年后世界气温将升高 1~5℃

由各国科学家组成的"关于气候变化的政府间讨论会"(IPCC)的第一作业分会,2001 年 1 月 22 日发表了"100 年后世界平均气温的预测报告"。该报告说,到 2100 年,世界平均气温预计要升高 1.4~5.8℃,远远超过了 1995 年报告中升高 1.0~3.5℃的预测。

报告指出,在地球变暖的进程中,人为因素的影响更为明显,各国应及早采取防治地球温室效应继续扩大的有效措施。报告预测,到 21 世纪末,造成温室效应的气体 CO_2 的浓度将由现在的 367ppm 增加到 540~970ppm。即使从现在开始不再砍伐森林,也只能减少 40~70ppm。与此相反,煤炭、石油燃料的影响是巨大的。此外,随着各国对工厂排放废烟、废气等大气污染的治理,遮挡太阳光的 SO_2 减少,反倒会加速温室效应的发生。地球变暖最显著的地区将是经济活跃的中亚、北亚和北美北部,这些地区气温上升的幅度将比全球平均值高 40%。但是,南极西部的冰床不会像 1995 年报告预测的那样融化。这次报告把地球海面上升的预测从 1995 年报告中的 13~94cm 修正到了 9~88cm。

地球从 1860 年开始变暖,到现在,全球平均气温升高了 0.4~0.8℃,比 1995 年报告预测的 0.3~0.6℃稍高,主要原因是 20 世纪 90 年代后半期连续出现高热年份。20 世纪是过去的千年中最热的世纪。与 20 世纪 60 年代相比,目前地球积雪的面积减少了 10%,北极 8 月至 9 月的冰层厚度近几十年来减少了 40%。

联合国环境规划署发布报告
全球变暖每年损失 3000 亿美元

联合国环境规划署 2001 年 2 月 3 日公布的一份报告说,如果对温室气体的排放不采取"猛砍"措施,那么从现在开始到 2050 年的 50 年里,每年将给全球造成的经济损失最多可达 3000 亿美元。这一数字将是今天全球变暖损失的 7.5 倍,将占一些沿海国家财富的 10%多。

联合国环境规划署的这份报告说,到 2050 年,全球 CO_2 的排放量将是工业时代前的两倍。报告说:"如果对 CO_2 和其它与'温室效应'有关的气体的排放不采取紧急的限制措施,那么全球变暖每年给全球造成的损失以千亿美元计算。"报告估计:"频繁的热带旋风、水平面上升造成土地减少和渔业、农业及水力资源的破坏,每年造成的损失将约达 3042 亿美元。";"到 2050 年,在诸如马尔代夫、马绍尔群岛和密克罗尼西亚联邦等沿海国家,由气候变化带来的损失可能超过国家财富或国内生产总值的 10%。

10.1.1.3 大气中 CO_2 浓度增加对气候的影响

用各种复杂程度不同的模式所做的分析表明,大气中 CO_2 浓度增加会使地面和低层大气增温。大气 CO_2 浓度增加对气候的影响中包含着复杂的反馈机制。若假定地球是一个黑体,CO_2 浓度加倍会使地面温度较高而引起大气中水汽含量增加。绝对湿度增大就增加吸收地球辐射的能力,因而增强了 CO_2 的效应(正反馈)。水汽还具有吸收太阳辐射的能力,其结果使得 CO_2 浓度加倍时的地面温度增加 2℃。

另一种反馈过程是,雪、冰的反射率的反馈,地面温度升高使冰雪覆盖面积减小,使全球地表反射率降低,从而使地表温度进一步增加。据统计,当 CO_2 浓度加倍时,增温在 1.7~4.5℃之间,很可能是 2.4℃。

1990年政府间气候变化专门委员会(IPCC)对CO_2浓度的未来趋势作出四种估计：
①采用正常排放的方案即全球继续以1990年的水平排放；
②控制在1990年排放水平的一半；
③从1990年起每年减少2%的排放量；
④从1990～2010年排放量每年增加2%,然后从2010年起每年减少2%。

据估计,如果全球继续以1990年的水平排放,则21世纪全球平均温度的平均增长率是每10年0.3℃左右(在0.2～0.5℃范围内),这将使2025年的全球平均温度较现在高1℃左右(较工业化前高2℃左右),使21世纪末的全球平均温度较现在高3℃。

由于CO_2等温室气体在大气中的长期效应,即使从现在起我们将每一种温室气体的浓度稳定在目前的水平,预报未来最初几十年里全球气温仍将以每10年上升约0.2℃的速度升高。

10.1.2 臭氧层耗竭

在20km以上大气中的臭氧(O_3)层,能够吸收太阳辐射中的紫外辐射部分,因而对地表的生物圈具有保护作用；同时臭氧层可使平流层增热,形成平流层的稳定层结。由于飞机、核爆炸、氯氟碳化合物等的增加,将减少大气中O_3含量。尤其CFCs在对流层几乎不发生化学反应,当上升到平流层时,在紫外线的辐射下分解,破坏臭氧层。由于人类活动排放了大量CFCs等污染物(CFCs的增加量见表10.1),使臭氧层中臭氧的含量减少。

图10.7是各气候带纬向平均臭氧总量距平值的年际变化(1965～1985年),由图可见,自20世纪80年代初期以后,臭氧量急剧减少。南极最低值达-15%,北极为-5%以上。从全球而言,正常情况下振荡应在2%之间,据1987年实测,这一年达-4%以上。从60°N～60°S间臭氧总量自1978年以来已由平均为300单位(多普生单位)减少到1987年的290单位以下,亦即减少了3%～4%。从垂直变化而言,以15～20km高空减少最多,对流层低层略有增加。

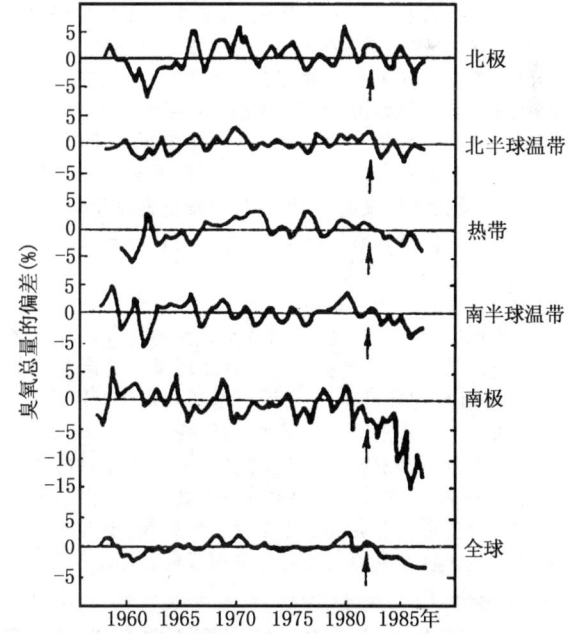

图10.7 各气候带纬向平均臭氧总量距平值的年际变化(1965～1985年)

国际保护臭氧层合作框架

大背景

　　20世纪80年代初,科学家在南极洲上空发现臭氧洞,并通过反复研究和监测发现臭氧层的破坏同人类活动使用的卤族化学物质有着非常密切的关系。由于臭氧层耗损对人类生存、地球上的生态系统将产生直接的破坏性影响,因此科学家呼吁国际社会尽快采取行动,共同保护我们共有的臭氧层。国际社会在联合国环境规划署的号召和组织下进行了有关保护臭氧层的国际公约谈判。1985年通过并签署了《保护臭氧层维也纳公约》,公约呼吁各国采取切实的行动,加强合作,保护臭氧层。

　　1987年通过了《关于消耗臭氧层物质的蒙特利尔议定书》,该议定书确定主要消耗臭氧层物质淘汰时间表,使全球保护臭氧层迈出实质性的步伐。1990年、1992年和1997年分别通过了议定书的《伦敦修正案》、《哥本哈根修正案》和《蒙特利尔修改案》,对议定书内容进行了实质性的补充,比如建立多边基金,帮助第五条国家淘汰其ODS。虽然近几年来全球的履约活动在各国的大力努力和合作下取得了较大的进展。但保护臭氧层工作仍面临着巨大的挑战,尤其是资金不足、技术转让障碍、第二条国家向第五条国家转移ODS,过分看重商业利益。

《维也纳公约》简介

　　该公约在前言中指出,臭氧层破坏给人类带来的潜在影响,并根据《联合国人类环境宣言》中的原则,呼吁各国采取预防措施,使本国内开展的活动不要对全球环境造成破坏。同时呼吁各国加强该领域的研究。这里值得一提的是,该公约的前言中指出,在保护臭氧层中应考虑发展中国家的特殊情况和要求,这实际上暗示了发达国家和发展中国家在处理全球环境问题上的合作原则,即1992年联合国环发大会所确定的"共同但有区别的责任"原则。

　　该公约在一般义务条款中,要求各国采取法律、行政、技术等方面的措施,保护人们健康和环境,减少臭氧层破坏的影响。公约中还对各国加强研究,信息交换提出要求。同时对公约通过有关议定书和修改有关附录作出了具体规定。公约还确定了缔约国大会为公约的决策机构。公约缔约国会议现在每3年召开一次,并同议定书缔约国会议一同召开。

　　该公约的通过和签署的重要意义就在于国际社会在处理大的全球环境问题上的合作迈出了重要的一步,为后来处理国际环境问题的一系列立法打下了基础。

《蒙特利尔议定书》及其有关修正案简介

　　该议定书在前言中指出,有关消耗臭氧层物质生产和使用过程中的排放对臭氧层破坏产生直接的作用,因而对人类健康和环境造成了较大的负面影响。基于预防审慎原则,国际社会应采取行动淘汰这些物质,加强研究和开发替代品。这里特别指出有关控制措施必须考虑发展中国家的特殊情况,特别是其资金和技术需求。前言中同时也强调任何措施应基于科学和研究结果,并考虑有关经济和技术因素。议定书重点规定了第二条国家和第五条国家在淘汰有关ODS的时间表。有关受控物质和淘汰时间表是在议定书及其有关修正案中规定的,只有批准加入某修正案的国家才履行受控义务。

　　这里要特别指出的是,考虑发展中国家的特殊需求,在伦敦修正案中加入了建立多边基金这一条款。中国代表团对该资金的建立作出了不可磨灭的贡献。多边基金每3年进行增资,由多边基金执委会决定各国项目资助额。议定书中同时也对有关技术转让作出了规定。要求各国迅速以优惠的条件向有关国家转让环境有益技术。

　　近年来大气臭氧浓度的持续下降趋势以南极地区最为明显,因此在大气臭氧层中出现了一种特殊现象——**南极臭氧洞**。它是指南极大陆上空春季臭氧浓度急剧下降,形成一个面积与极地涡旋相当的大气臭氧总量很低的地区。这一概念有两重含义：一是从空间分布的角度来看，随着纬度的增加，大气中臭氧总量逐渐增加，在南极涡旋外围形成臭氧含量极大值，进入环极涡旋后，臭氧含量大幅度下降，形成大气臭氧总量低值区；二是从9月到10月，南极地区的臭氧含量大幅度下降，形成季节变化中的谷。近几年来，南极臭氧洞的面积逐渐扩大，中心值也逐年降低，臭氧洞因此而变得越来越明显。

关于臭氧洞的形成和变化原因，目前尚不清楚，它可能与人类活动、太阳活动、大气环流和火山活动有关，其形成是大气光化学机制和动力学机制共同作用的结果。由于人类活动所排放的氯氟烃化物在大气中的滞留时间很长，它可通过大气运动很快向南极地区扩散。但在南极地区上空，冬季一般盛行很强的环极涡旋，高、低纬之间的空气交换很弱，从而使南极平流层极冷（−84℃以下），因而易形成平流层冰积云。据实验，在此条件下，氯原子的活动性大大增强，它对臭氧的破坏效率明显加大，这就使春季臭氧含量大幅度下降，而且强大的环极气流使低纬度地区的臭氧很难向南极扩散，并在极地涡旋外围集中，从而在极地涡旋内形成臭氧洞。我国科学家发现在青藏高原上空也存在臭氧减弱区。

臭氧层的破坏对生态和人体健康影响甚大。臭氧减少，使到达地面的太阳辐射中的紫外线辐射加强。大气中臭氧总量若减少1%，到达地面的紫外辐射会增加2%，此种紫外线辐射会破坏核糖核酸(DNA)以改变遗传信息及破坏蛋白质，能杀死10m水深内的单细胞海洋浮游生物，减低渔产，破坏森林，减低农作物产量和质量，削弱人体免疫力，损害眼睛，增加皮肤癌等疾病的发病率。

10.1.3 人为硫污染与酸雨

大气中的硫既可源于自然过程，也可源自人为过程。其自然源主要包括生物过程、海洋泡沫和火山爆发等，它们所排放的硫多为低价还原态硫，如 H_2S，在大气中可迅速氧化为 SO_2；人为源主要包括煤与石油的燃烧、冶金及硫酸工业等，它们所排放的硫多以 SO_2 的形式进入大气。大气中的 SO_2 通过复杂的化合反应，转变为固、液态硫酸和硫酸盐，然后通过干沉降和湿沉降而回到地面。

在大气硫的来源中，人为源占有很大比例，其中煤和石油燃烧是最主要的 SO_2 源。据统计，在全球排放的 SO_2 中，约60%源自煤的燃烧，30%来自石油燃烧和炼制。

大气中 SO_2 的全球本底浓度为 $0.3\sim1.0\times10^{-6}$ mL/L，但由于城区大气污染严重，许多工业城市中的 SO_2 浓度已明显超过此值，有些市区甚至几倍于此值。浓度超标的 SO_2 既可直接危害人类，又可通过硫酸烟雾危害动植物和人类，硫酸烟雾的毒性比 SO_2 高10倍，还可通过降水酸化而造成多方面的灾害。当大气未受污染时，降水的酸碱度仅受大气中的 CO_2 影响，因此把大气 CO_2 与纯水反应平衡时的溶液酸度定为天然雨水酸度的背景值。当温度为0℃时，这种溶液的pH值为5.6，把pH值小于5.6的降水定义为**酸雨**。

人类活动向大气排放的 SO_2 和 NO_2 是引起降水酸化的主要原因。这些气体物质既可以在水汽凝结过程中进入雨滴,也可被云滴吸收,还可以通过化学反应变为固态、液态酸和盐,作为水汽凝结核,此外也可通过雨水的冲并作用直接进入云滴和雨滴。在我国,含硫化合物是酸雨中的主要成分由于SO_2可在大气中停留3~5天,一般可输送到离发射源1000~2000km处,从而使酸雨成为全球性环境问题。由于工业生产的高速发展,大气污染日趋严重。目前世界各地的降水均有不同程度的酸化,其中最严重的地区有三个,它们是欧洲(西欧和北欧)酸雨区、北美酸雨区(美国和加拿大东部)和中国的酸雨区。中国的酸雨区主要分布在长江以南,以重庆、贵阳为中心的西南酸雨区,以长沙等为中心为华南酸雨区和以福州为中心的的东南酸雨区是我国最严重的三个酸雨区。近年来,我国酸雨污染程度逐年严重,污染区域逐年扩大,到1997年,酸雨区的界限已基本和400mm等降水线吻合,即东南半壁广大湿润、半湿润区均已受到酸雨的危害。酸雨会使水体酸化,土壤变得更为瘠薄,森林衰退,农作物减产,水生生态系统破坏,腐蚀建筑物和文物古迹等。

10.1.4 人为气溶胶变化及其气候效应

气溶胶是液态或固态微粒在空气中的悬浮体系。它们既可以直接来自风力扬尘、海水喷沫、火山爆发和森林燃烧等自然源,也可直接源于化石和非化石燃料的燃烧、交通运输以及各种工业排放等人为源,还可由大气中自然或人为排放的气体转化而成。据估计,目前全球气溶胶总重量约为$6×10^9$t,年产生量为$2.608×10^9$t,其中人为源约占10%。气溶胶由大气返回地面的途径有干沉降和湿沉降两种。

由于人类活动的不断强化,近几十年来的大气气溶胶有逐年增加的趋势,大气透明度随之下降。据H. Fiohn(弗骆)估算,1880~1970年,北半球人为粒子从$1.2×10^8$t增加到$4.8×10^8$t,到2000年增至$7.6×10^8$t。根据Давитая(达维塔雅)的观测结果,高加索4000m以上高山冰川的尘埃量在1930年以前非常稳定,此后逐年增加,1950年以后显著增加(图10.8)。

气溶胶对温度的影响是一个非常复杂的问题,对流层气溶胶尤其如此。它的增加一则可以增大行星反射率,减少到达地面的太阳辐射,即有"**阳伞效应**";二则可增加地气系统对太阳辐射的吸收;三则它们还是地面长波辐射的

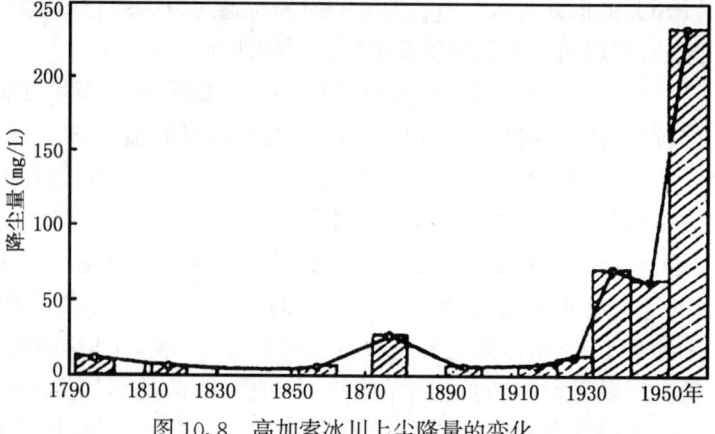

图10.8 高加索冰川上尘降量的变化

第十章 人类活动对气候的影响

强吸收体,其最大吸收带大致在 $9.2\mu m$ 附近,刚好位于 $8\sim12\mu m$ 的大气窗口,因此可减弱地面有效辐射,即有温室效应;四则也能影响云量,增加云的反射率和吸收率。根据汤懋苍等人的研究,对流层气溶胶对地气系统温度的影响取决于气溶胶的反射率(α_p)是否大于地表和云的行星反射率(α)。若 $\alpha_p>\alpha$,则气候系统热量收入减少;若 $\alpha_p<\alpha$,则总效应使气候系统增热。一般而言,气溶胶对平流层总有加热作用,对对流层总有冷却作用。

气溶胶对云雨天气的影响取决于大气中的水汽含量。若水汽充足,则云雨量增加;若水汽量较少,则气溶胶可使云层中云滴数量增加,但云滴减小,从而使降水量减少。

§10.2 下垫面的性质与局地气候的形成

人类活动还通过改变下垫面的物理属性,来影响局地或区域气候。这是人类活动对气候影响的另一种途径。人类活动改变下垫面的自然性质有多方面的表现,目前最突出的是破坏森林、坡地、干旱地的植被及海洋石油污染等。

10.2.1 改变下垫面性质的气候效应

下面举例说明改变下垫面性质对气候的影响。

10.2.1.1 地表植被变化对气候的影响

(1)森林对气候的影响:植被是地表状况的重要特征。每种植被有其本身的反射率、粗糙度、土壤湿度等,从而形成地气之间固有的辐射、热量和水分平衡关系。一旦植被发生变化,气候状况也会相应发生变化,从而形成新的平衡关系。

不同的植被反射率不同,一般有植被时的反射率比裸地小得多,吸收的太阳辐射较多,再加上植物冠层的蒸发能力强,因此改变了下垫面的潜热和显热的分配。植被的存在还增大了与大气的水、热交换。植冠和落叶层滞留和截获降水,减小地表径流,增加了向土壤中的渗透,使地表水文过程发生变化,具有明显的蓄水作用,从而可以大大减轻旱、涝灾害。在各种植被中,尤以森林对于气候的影响最大。森林是一种特殊的下垫面,它除了影响大气中的 CO_2 含量外,还能形成独具特色的森林气候,而且能够影响附近相当大范围地区的气候条件。森林林冠能大量吸收太阳入射辐射,用以促进光合作用和蒸腾作用,使其本身气温增高不多。林下地表在白天因林冠的阻挡,透入太阳辐射不多,气温不会急剧升高,夜晚因林冠的保护,有效辐射不强,所以气温不易降低。因此林内气温日(年)较差比林外裸露地区小,气温的大陆度明显减弱。

森林树冠可以截留降水,林下的疏松腐殖质及枯枝落叶层可以蓄水,减少降雨后的地表径流量,因此森林可称为"绿色水库"。雨水缓缓渗透入土壤中使土壤湿度增大,可供蒸发的水分增多,再加上森林的蒸腾作用,导致森林中的绝对湿度和相对湿度比林外裸地为大。

森林可以增加降水量。当气流流经林冠时,因受到森林的阻碍和摩擦,有强迫气流的上升作用,并导致湍流加强,加上林区空气湿度大,凝结高度低,森林地区降雨机会比空旷地多,雨量亦较大。据实测资料,森林区空气湿度可比无林区高15%~25%,年降水量可增加6%~10%。

森林有减低风速的作用,当风吹向森林时,在森林的迎风面,距森林100m左右的地方,风速就发生变化。穿入森林内,风速很快降低,如果风中携带泥沙的话,森林会使流沙下沉并逐渐固定。穿过森林后在森林的背风面一定距离内风速仍有减小的效应。在干旱地区森林可以减小干热风的袭击,防风固沙。在沿海大风地区森林可以防御海风的袭击,保护农田。森林根系的分泌物能促使微生物生长,可以改进土壤结构。森林覆盖区气候湿润,水土保持良好,生态平衡良性循环,可称为"绿色海洋"。

森林、植被遭受人类的破坏是极其严重的。森林覆盖率不断下降,特别是亚马孙河流域、东南亚和赤道非洲的热带雨林遭到了毁灭性采伐。这些地区正是大气水汽的主要源地之一。森林植被破坏后引起局地气候的显著变化,使空气干燥、对流降水减少,温度年较差增大,冷季降温,热季升温,水土流失加剧,也是沙漠化的原因之一。反过来,植树造林对于改善气候亦能起到巨大的作用。

(2)植被覆盖增加对以色列南部降水的影响:20世纪40年代末以来,以色列为了保护植被,用栅栏围地以防牲畜入内啃食。栅栏内与栅栏外形成两个不同的生态系统。除限制放牧以外,还采取造林,仅在有灌溉的条件下才实施耕作等措施,使植被覆盖增加。J. 奥特曼对这种植被覆盖增加的效应作了研究。

以色列属地中海气候,雨季从10月开始至次年3月结束,夏季受连续不断的逆温控制,基本上无降水。雨季的初期,10月降水主要在白天,属对流性降水。11月及以后,多为大尺度的系统性降水,范围大,强度小,一般降水以夜间居多。奥特曼给出了以色列南部8个站历年10月降水量随时间(1943~1984年)的变化,如图10.9所示。显然,近20多年来,10月降水量呈明显增

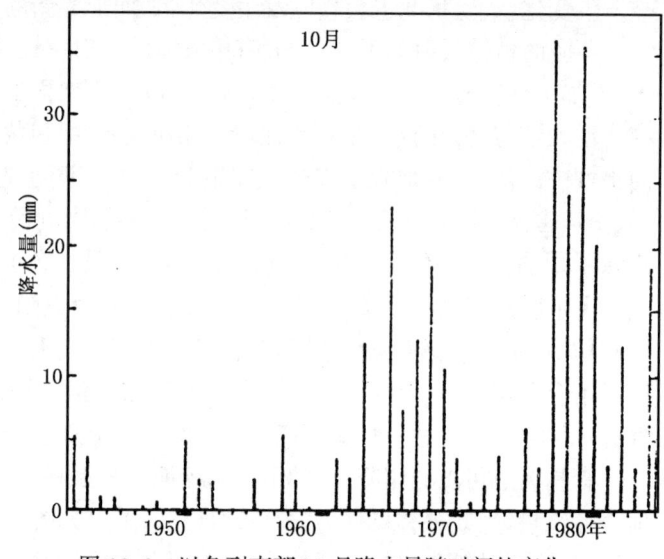

图10.9 以色列南部10月降水量随时间的变化

加的趋势。由图可见,降水增加主要从20世纪60年代开始。在采取有利于植被生长的措施与降水增加之间有一个时间滞后。这是容易理解的,因为植被生长、植被覆盖度的增加是一个渐变的过程。

图10.9显示的降水增加趋势是不是大范围气候自然变化的反应?为此,奥特曼作了两个对比:一是以色列北部与南部10月降水量的对比,结果显示,以色列北部尽管也实施保护植被的措施,但该地区土壤比南部要黑些,地表反射率本来就小,有植被与无植被区域反射率差别不大,故1943~1984年以色列北部10月降水没有增加的趋势;二是以色列南部10月和11月降水量历年变化情况的对比,结果显示,11月降水量在1943~1984年期间也没有增多的趋势。说明植被覆盖变化对造成11月降水的大尺度系统影响微小,对造成10月降水的对流性中尺度系统影响很大。

(3) **植被覆盖度减小对埃及局地气候的影响**:1969年,埃及与以色列在涅格夫－西奈地区建立了一道栅栏作为分界线,在以色列一侧,天然草场受到保护。在埃及一侧,山羊、绵羊和骆驼放牧频繁,牲畜量超出了草地的最大负载能力。牧草的生长不足以补偿牲畜的啃食,植被覆盖度逐渐减小。裸露的土地在强烈日晒下变干,加之牲畜的踩踏,土壤结构破坏,出现板结,小气候环境也慢慢改变。15年后,在1984年,涅格夫－西奈地区的卫星照片上,分界线的栅栏清晰可见。以色列一侧是深色的,绿度指数高,地面植被完好。地面植被上空经常是多云天气。埃及一侧是浅色的,植被系数低,其上空往往是晴空万里,成为人造沙漠。这种过度放牧引起草场退化,植被覆盖度减小,进而使局地气候沙漠化的现象,在其它国家也曾发生。

(4) **毁林对子午岭的影响**:子午岭位于陕西、甘肃交界之处,大致呈南北走向。子午岭林区曾经遭遇过大面积的毁林。目前,森林覆盖率仅为20%左右。20世纪50年代至70年代末子午岭林区和周围黄土高原区域的降水量都有减少的趋势。其中,降水减少最多的一个站,是子午岭林区的正宁站。设该站降水的减少量为1,区域站年降水量减少量与正宁站减少量的百分比作为这些站年降水量的相对递减率。在子午岭东侧的乔山林区,这些年来森林保护良好,没有大面积毁林的现象发生,年降水量平均递减8.5%;在子午岭周围的黄土高原,平均递减12.8%;在子午岭林区,平均递减71.0%,如表10.2所示。可见森林植被的破坏加剧了林区的气候干旱化的趋势。尽管大面积区域的降水都减少了,但毁林区降水减少的幅度最大。这个观测事实一定程度上说明了毁林对年降水量的影响。

10.2.1.2 下垫面水分状况的变化对局地气候的影响

人类影响气候的另一种途径,是与人工灌溉相联系的。在干旱草原、半荒漠和荒漠地区,灌溉可使地面辐射差额显著增大。其增大值可达到未灌溉前原有辐射差额值的百分之几十或更多。灌溉对地表热状况有着很大的影响。在干旱地区灌溉使土壤蒸发量急剧增加,蒸发耗热量也相应地显著增大,可导致地面及低层大气温度明显降低。由于在灌溉区蒸发耗热的增加量远远大于辐射差额的增加,因而在足够大面积上进行灌溉时,可导致气团变性条件的显著改变,改变了灌溉区上方大气低层的气温和湿度状况,如夏季外部流入的干热空气,在经过灌溉区时,可不断增强变冷。

表 10.2　子午岭林区及其周围年降水量相对递减率(%)

地　　区	站　　名	相对递减率(%)
子午岭毁林区域	太白 正宁县 宁县丹 志富县 五站平均	90 100 46 85 34 71
子午岭东侧乔山林区(未毁林区域)	宜君 铜川 两站平均	7 10 8.5
子午岭毁林区域周围地区	西峰 镇原 天水 延安 宜川 宝鸡 西安 七站平均	3 21 0.3 10 13 16 26 12.8

表 10.3 是灌溉对气候的影响,可见按绝对值来看,温、湿度变化在夏季最大,因为此时灌溉用水量最多。夏季由于蒸发和蒸腾增加所引起的百叶箱温度降低值约 2.0～3.0℃。而在大绿洲中央的水汽压,比之荒漠约增大 5hPa。在离地面较低的高度上,上述差值的绝对值还要增加。

表 10.3　灌溉对气候的影响

	4月	5月	6月	7月	8月	9月	10月	11月
小绿洲与荒漠的温度差(℃)	0.0	−0.5	−1.6	−2.4	−2.5	−1.7	−1.4	0.4
大绿洲与荒漠的温度差(℃)		−0.6	−1.1	−2.2	−3.1	−2.8	−2.3	−1.7	0.8
小绿洲与荒漠的水汽压差(hPa)		1.1	1.8	3.4	3.6	3.7	2.5	1.2	0.4
大绿洲与荒漠的水汽压差(hPa)		0.4	1.8	4.2	5.4	5.4	3.6	1.6	0.3

在干旱半干旱区域,大面积灌溉引起了地表物理属性的非均一性。这种非均一性在大尺度天气形势背景合适时,往往会造成灌溉区及其下风区域降水的增加。例如 20 世纪 40 年代早期,在美国大平原的半干旱区,灌溉面积急剧增加。此后,与附近未灌溉区域相比,灌溉区域暖季降水增多。降水增多的幅度,6 月为 14%～26%;7 月为 57%～91%;8 月为 15%～26%。在整个灌溉区,相当于在 $1.45 \times 10^6 km^2$ 的土地上,夏季平均增加 30mm 的降水量。降水增多的直接原因,主要是灌溉引起的大气动力过程的改变,而不是灌溉后低层空气中水汽含量的增加。

大面积灌溉能否引起区域性降水的增加,与大尺度天气形势的背景条件有关。如果灌溉区域处于大范围下沉气流的控制之中,则灌溉增雨的效应不会明显。相反,如果经常有中尺度的系统过境,灌溉增雨的效应会更明显。

第十章 人类活动对气候的影响

排干沼泽地区对气候条件的影响,通常与灌溉的气候效应相反。原因在于降低了土壤湿度,减少了蒸发,提高了土壤温度。

建立大型水库对气候的影响,其影响范围较小。在湿润地区对周围的气候影响不大,在较干旱地区,建立水库可使沿岸的气候产生很显著地改变。水库的大量蒸发使得水库沿岸暖季的温度明显低于远离水库的地区。例如我国新安江水库于1960年建成后,其附近淳安县夏季较以前凉爽,冬季比过去暖和,气温年较差变小,初霜推迟,终霜提前,无霜期平均延长20天左右。

10.2.1.3 海洋石油污染的气候效应

海洋石油污染是当今人类活动改变下垫面性质的另一个重要方面。据估计每年大约有 10^9 t 以上的石油通过海上运往消费地,由于运输不当或油轮失事等原因,每年约有 10^6 t 以上石油流入海洋,另外,还有工业过程中产生的废油排入海洋。有人估计,每年倾注到海洋的石油量达 $2\times10^6 \sim 2\times10^7$ t。

倾注到海洋的废油,有一部分形成油膜浮在海面,抑制海水的蒸发,使海上空气变得干燥。同时又减少了海面潜热的转移,导致海水温度的日变化、年变化加大,使海洋失去调节气温的作用,产生"海洋沙漠化效应"。在比较闭塞的海面,如地中海、波罗的海和日本海等海面的废油膜影响比广阔的太平洋和大西洋更为显著。

10.2.2 人类活动形成的特殊气候

人类活动会形成特殊的局地气候,如城市气候、农田气候、森林气候、防护林气候等,本节介绍其中的城市气候和防护林气候。

10.2.2.1 防护林的气候效应

防护林带可以有效地防治自然灾害,改善气候、土壤和水分条件。

(1)**防护林对风场的影响**:防护林对气流的影响主要方面是:

①改善林场附近的流场结构。气流通过林带时,流线变弯曲,空气质点不再沿平直方向运动。

②影响林带附近的风速。林带背风面风速明显减弱,个别部位也可以加强。

③改变气流的状态,使湍流加强或减弱。

林带对风速影响的大小,主要取决于三个因素:

①林带结构,包括疏透度(或透风系数)、高度、宽度、横截面形状、有否叶子等。

②天气条件,即近地面大气稳定度,风向与林带的交角、风速等。

③地面粗糙度,地形起伏状况等。

从林带的防风性和透光性看来,林带结构可分为紧密结构型、疏透结构型、透风结构型三种类型。紧密结构型林带指在有叶期枝叶密集,几乎没有透光孔隙。中等风力遇到林带时基本不能透过，大部分气流从林带上部流过，在背风林缘处形成静风或弱风区，但风速很快恢复到开阔地带的平均风速。这种结构的林带防风距离小。疏透结构型指透光性在纵剖面上从上到下分布均匀。风遇到林带时，一部分透过林带，在背风林缘处形成许多小旋涡；一部分从林带上部绕行，在背风林缘处形成弱风区，随着远离林带，风速逐渐加大。这种结构的林带防风距离大。透风结构型林带通常具有两个层次：上部为林冠层，透光性小，但分布均匀；下部为树干层，透光性好。风遇到林带时，一部分从下层穿过去，一部分在林带上层绕行。风穿过树干时，风速有所增加，到背风林缘处气流开始扩散，逐渐减弱，在较远处才出现弱风区。此后风速逐渐增大，恢复到原有风速。这种结构的林带防风距离也较远。

为使林带的防风效应达到最大，又能在下风方达到更远的防护距离，应使林带靠近地表的空隙度增加，使气流能够穿过林带，不致在林带背风方远处产生回流和涡流。按照近地层风速分布的规律，使林带的疏透度由下向上随高度而增加。这是最理想的防护林带结构配置。

林带的影响只是在林带的防护距离内才有效。为了扩大林带的防护效应，可以采用纵横交错的林带组成的林带网格。

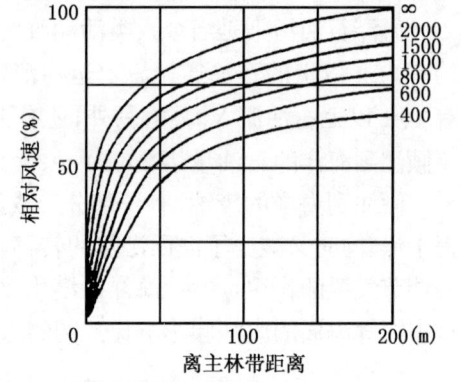

图10.10 风速随林带网格间距离的不同而变化

图10.10表示风向与主林带平行时在林网内风速的减弱情况（А. Р. Константнноb）。由图可知，假如只有主林带而没有副林带（图中以∞表示的曲线）时，沿林带吹的风在距林带50m处减弱20%，在400m×1200m林网中风速减弱33%，在400m×400m林网中风速减弱55%，在距主林带200m处，风速减弱分别为0，13%和33%。

(2) **防护林带的水分效应和温度效应**：由于林带降低风速，因而林带还可以影响土壤蒸发、作物蒸腾，进而影响空气和土壤的温度。在防护林带的保护下，防护林网格的蒸发减少。据观测，网格内平均风速降低30%时，蒸发可减少20%。近地面的绝对湿度通常比旷野高。林带对空气温度的影响与大气的湿润程度和下垫面性质有关。在较湿润的气候条件下，林带对空气湿度的提高不明显，一般只有2～5%。在比较干燥的气候条件下，林带的增湿作用非常明显，如在草原处平均增湿6%，尤其是在有干热风出现的地区，增湿效应尤其明显，通常可使相对湿度提高10%以上，林带对于防御干热风袭击的作用是很明显的。

在防护林带的保护下，温度的年变化和日变化相对空旷地都有所减小，特别是对夏日午后的高温和寒潮低温等能对农作物造成损伤的不利天气条件，在林带内都有所减少，林带还有抑制严重寒害的作用，例如，冯国骅等(1964)在宁夏贺兰山下引黄灌区观测到的旱柳林带在不同季节对温度的影响是:春季(4月)林带可使气温升高0.2℃;夏季林带具有降温效应,林网内1m高处气温比空旷地低0.4℃左右,20cm高处气温平均低2℃左右;秋季(9月)增温效应比春季更为显著,1m高处平均增温1.7℃,0.2m高处平均增温4.3℃。林带在不同季节,不同时间所表现的调节作用,为作物的生长发育创造了良好的外部条件。

10.2.2.2 城市气候

城市是人类活动的中心,城市里人口密集,下垫面变化最大。工商业密集和交通运输频繁,耗能最多,有大量温室气体、"人为热"、"人为水汽"、微尘和其它污染物排放至大气中,因此人类活动对大气的影响在城市中表现得最为突出。城市气候是在区域气候背景上,经过城市化后,在人类活动影响下而形成的一种特殊的局地气候。20世纪80年代初期,美国学者H. E. Landsberg曾将城市与郊区各气候要素的对比总结如表10.4所示。

表10.4 城市与郊区气候特征比较

要　　素	市　区　与　郊　区　比　较
大气污染物	凝结核比郊区多10倍,微粒多10倍,气体混合物多5~10倍
辐射与日照	太阳总辐射少10%~20%,紫外辐射:冬季少30%,夏季少5%,日照时数少5%~15%
云　和　雾	总云量多5%~10%,雾:冬季1倍,夏多30%
降　　水	降水总量多5%~15%,<5mm雨时数多10%,雷暴多10%~15%
降　雪　量	城区少5%~10%,城区下风方多10%℃
气　　温	年平均高0.5~3.0℃,冬季平均最低高1~2℃,夏季平均最高高1~3℃
相对湿度	年平均小6%,冬季小2%,夏季小8%
风　　速	年平均小20%~30%,大风少10%~20%,静风日数少5%~20%

注:见H. E. Landsberg, The Urban Climate, Academic Press, 1981。

从大量观测事实来看,城市气候的特征可归纳为城市五岛效应(浑浊岛、热岛、干岛、湿岛、雨岛)和风速减小,风向多变。

(1)城市浑浊岛效应:城市浑浊岛效应主要有四个方面的表现:

第一,城市大气中的污染物比郊区多。仅就凝结核一项而言,在海洋上大气平均凝结核含量为940粒/cm^3,而在大城市的空气中平均为147000粒/cm^3,为海洋上的156倍。根据上海1986~1989年监测结果,大气中SO_2和NO_2两种气体污染物城区平均浓度分别比郊区高8.7和2.4倍。

第二,城市大气中因凝结核多,低空的热力湍流和机械湍流又比较强,因此其低云量和阴天日数(低云量8的日数)远比郊区多。如上海1980~1989年城区平均低云量为4.0,郊区为2.9。城区一年中阴天(低云量8)日数为60天,而郊区平均只有31天;城区晴天为132天,而郊区平均为178天。欧美大城市如慕尼黑、布达佩斯和纽约等亦观测到类似现象。

第三,城市大气中因污染物和低云量多,使日照时数减少,太阳直接辐射(Q)大大削弱,而因散射粒子多,其太阳散射辐射(q)却比干洁空气强。如以q/Q表示大气浑浊度(又称浑浊度因子),则城区明显大于郊区。在浑浊度因子分布上,城区呈现出一个明显的浑浊岛。在国外许多大城市亦有类似现象。

第四,城市浑浊岛效应还表现在城区的能见度小于郊区。这是因为城市大气中颗粒状污染物多,它们对光线有散射和吸收作用,有减小能见度的效应。

(2)**城市热岛效应**:大量观测事实表明,城市气温经常比其四周郊区为高。特别是当天气晴朗无风时,城区气温Tu与郊区气温Tr的差值$Tu-Tr$(又称热岛强度)更大。例如上海在1984年10月22日20时,天晴,风速1.8m/s,广大郊区气温在13℃上下,一进入城区气温陡然升高(图10.11),等温线密集,气温梯度陡峻,老城区气温在17℃以上,好象一个"热岛"矗立在农村较凉的"海洋"上。城市中人口密集区和工厂区气温最高,成为热岛中的"高峰"(又称热岛中心),城中心第62中学气温高达18.6℃,比近郊川沙、嘉定高出5.6℃,比远郊松江高出6.5℃。类似此种强热岛在上海一年四季均可出现,尤以秋冬季节晴朗无风天气下出现频率最高。

世界上大大小小的城市,无论其纬度、海陆位置、地形起伏有何不同,都能观测到热岛效应。而其热岛强度又与城市规模、人口密度、能源消耗量和建筑物密度等密切相关。

城市热岛形成有多种因素。下垫面的改变、人为热、温室气体的排放对城市热岛的形成具有重要作用。城市下垫面不透水面积大,可供蒸发的水分少,因此用于蒸散的潜热比郊区少得多,而用于下垫面增温和向空气输送的显热则比郊区多;城市地面的导热率和热容量都比郊区大,使城市下垫面的储存热量远高于郊区;同时,由于城市建筑物密集,太阳辐射在墙壁与地面间、墙壁与墙壁间可发生多次反射,因此吸收的太阳辐射能多,而长波辐射的热能损失少,再加上城市风小,热量不宜外散,这些都导致其气温高于郊区。在中高纬度城市特别是

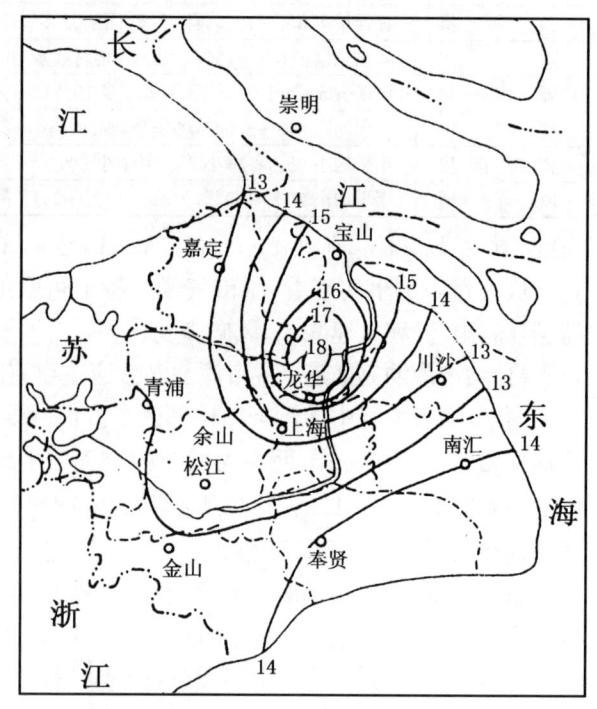

图 10.11　城市热岛(上海)
(引自周淑贞,气象学与气候学,1998)

冬季,人为热的释放也是城市热岛形成的重要因素。城市中温室气体浓度大,其增温效应也很明显。通常城市热岛强度有明显的日变化和年变化。在晴天稳定的天气条件下,多是夜晚至凌晨强,白昼午间弱;冬季强,夏季弱。城市热岛强度与天气系统也有密切关系。通常在高压系统的控制下,天气晴好,层结稳定,风力较弱或静风时,热岛强度大。

(3)**城市干岛和湿岛效应**:由表10.5可见,城市的相对湿度比郊区小,有明显的干岛效应。但当水汽凝结成露时,因城区温度高,凝露量小,故城区近地面水汽压高于郊区,出现城市湿岛,这多出现在暖季。

表 10.5 上海各月平均水汽压(hPa)和相对湿度(%)的城郊对比(1984~1990年)

项目	1	2	3	4	5	6	7	8	9	10	11	12	年
$\Delta \bar{e}_{u-r}$ (hPa)	−0.02	−0.03	−0.11	−0.17	−0.33	−0.19	−0.56	−0.55	−0.50	−0.35	−0.06	−0.03	−0.24
ΔRH_{u-r} (%)	−5.00	−4.75	−5.00	−6.00	−5.45	−4.00	−5.00	−5.50	−6.50	−6.70	−4.75	−4.25	−5.24

注:资料引自周淑贞,气象学与气候学,1998。

上述现象的形成,既与下垫面因素有关又与天气条件密切相关。在白天太阳辐射下,下垫面通过蒸散过程进入低层空气中的水汽量,城区(绿地面积少,可供蒸发的水汽量少)小于郊区。特别是在盛夏季节,郊区农作物生长茂密,城郊之间自然蒸散量的差值更大。城区由于下垫面的粗糙度大(建筑物密集、高低不齐),又有热岛效应,其机械湍流和热力湍流都比郊区强,通过湍流的垂直交换,城区低层水汽向上层空气的输送量又比郊区多,这两者都导致城区近地面的水汽压小于郊区,形成城市干岛。到了夜晚,风速减小,空气层结稳定,郊区气温下降快,饱和水汽压减低,有大量水汽在地表凝结成露水,存留于低层空气中的水汽量少,水汽压迅速降低。城区因有热岛效应,其凝露量远比郊区少,夜晚湍流弱,与上层空气间的水汽交换量小,城区近地面的水汽压乃高于郊区,出现城市湿岛。这种由于城郊凝露量不同而形成的城市湿岛,称为"凝露湿岛"。城区平均水汽压比郊区低,再加上有热岛效应,其相对湿度比郊区显得更小。以上海为例,上海1984~1990年平均相对湿度,城中心区不足74%,而郊区则在80%以上,呈现出明显的城市干岛。

(4)**城市雨岛效应**:城市对降水影响问题,存在着不少争论。但多数人认为城市有使城区及其下风方向降水增多的效应。周淑贞对上海1960~1989年汛期降水的分析表明,城区的降水量明显高于郊区,呈现出清晰的城市雨岛。在非汛期(10月至次年4月)及年平均降水量分布上则无此现象。城市雨岛形成的条件如下:

①在大气环流较弱,有利于在城区产生降水的大尺度天气条件下,由于城市热岛环流所产生的局地气流的辐合上升,有利于对流雨的发展;

②城市下垫面粗糙度大,对移动较缓的降雨系统有阻障效应,使其移速更为缓慢,延长城区降雨时间;

③城区空气中凝结核多,其化学组分不同,粒径大小不一,当有较多大核(如硝酸盐类)存在时,有促进暖云降水作用。

上述因素的影响,会"诱导"暴雨最大强度的落点位于市区及其下风方向形成雨岛。

(5) **城市平均风速小、局地差异大、有热岛环流**:城市下垫面粗糙度大,有减低平均风速的效应。如上海市1986~1990年的平均风速比1894~1900年的平均风速要小34.2%。在大范围内气压梯度极小的天气形势下,特别是晴夜,由于城市热岛的存在,在城区形成一个弱低压中心,出现上升气流。郊区近地面的空气乃从四面八方流入城市,风向热岛中心辐合。由热岛中心上升的空气在一定高度上又流向郊区,在郊区下沉,形成一个缓慢的热岛环流,又称城市风系(图10.12),这种风系有利于污染物在城区积聚形成尘盖,有利于城区的云和局部对流雨的形成。我国上海、北京等城市都曾观测到此类热岛环流的存在。

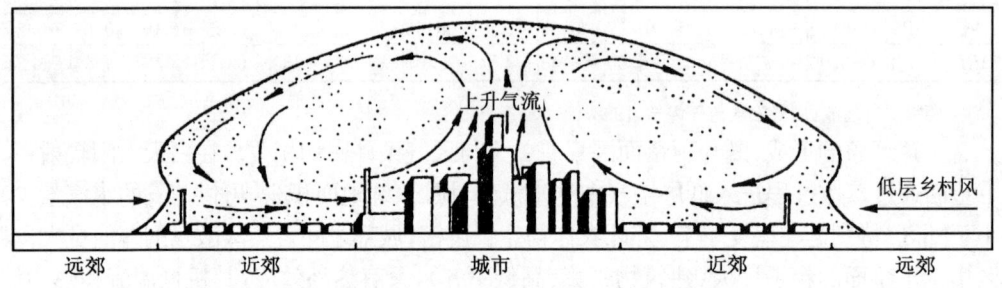

图10.12　城市热岛环流(引自周淑贞,气象学与气候学,1998)

此外,城市内部因街道走向、宽度、两侧建筑物的高度、型式和朝向不同,各地所获得的太阳辐射能有明显差异,在盛行风微弱时或无风时会产生局地热力环流。而当盛行风吹过鳞次节比、参差不齐的建筑物时,因阻障效应产生不同的升降气流、涡动和绕流等,使风的局地变化更为复杂。

10.2.3　沙尘暴

在气象观测中,通常将发生在大气中由风吹起地面沙尘,使水平能见度降低的天气现象划分为:

浮尘:悬浮在大气中的砂或土壤粒子,使水平能见度小于10km的天气现象。

扬沙:扬沙又名高吹沙(尘)。能见度在1~10km内的天气现象。中国以新疆、内蒙等干燥地区多见,并且多在春季出现,南方极少。

沙暴:强风将地面尘沙吹起,使空气变得很混浊,水平能见度小于1km的天气现象。

气溶胶粒子是指悬浮在大气中的直径10^{-3}~$10^1 \mu m$的固体、液体粒子。大气中的气溶胶粒子的自然来源主要是海洋、土壤和生物圈,以及火山等。气溶胶对气候变化,云的形成,能见度的改变,大气微量成分的循环及人类健康有着重要影响。由沙尘暴向大气输送的沙尘粒子是春季我国西北、华北直到北太平洋上空气溶胶粒子的主要组成部分。气溶胶粒子增加的直接效应是影响大气水循环和辐射平衡,这两种过程都会引起气候变化。气溶胶粒子对减弱太阳辐射的影响较大,因而气溶胶增加对气候的影响主要表现为,使地表降温。气溶胶粒子又是大气中最重要的云凝结核。气溶胶粒子增加对水循环的影响,一般也表现为使云滴数量增加,其气候效应也是使地表降温。

叹人类急功近利夺资源　大自然忍无可忍起沙暴

　　2000年春季,北京多次出现了沙尘暴天气,给人们的生产、生活带来了极大不便,造成了相当的经济损失,引起了社会各界广泛地关注。沙尘暴是一种在特定地理环境和下垫面条件下,由特定的大尺度环流背景和某种天气系统发展所诱发的灾害性天气。我国的沙尘暴多出现在西部地区并影响相邻地区,多发于春季。沙尘暴天气会造成严重的风害、沙积害、风蚀、环境污染等灾害和许多次生灾害。强风只是沙尘暴的启动力,人为破坏植被和风化的地表土层等沙源是造成沙尘暴的"罪魁祸首",沙尘暴是伴随人类活动破坏生态平衡而产生的。

　　美国由于19世纪末到20世纪初不合理地过度开发西部处女地$9 \times 10^7 hm^2$,大片焚烧草原,盲目垦荒,导致发生了1934年5月震惊世界的沙尘暴。这场沙尘暴从土地破坏严重的西部刮起来,很快就发展成一条长2400km、宽1500km、高3km的巨大黄色尘土带,连续3天,横扫了美国三分之二土地。当时大气含尘量高达$40t/km^3$,超过$3 \times 10^8 t$土壤被卷入大西洋。这一年美国毁掉耕地$3 \times 10^6 hm^2$,冬小麦减产$5.1 \times 10^9 kg$;16万农民倾家荡产,逃离了西部大平原。

　　前苏联自1954年起在哈萨克、西伯利亚、乌拉尔、伏尔加河沿岸和高加索的部分地区,盲目大量开垦荒地,到1963年10年中共垦荒$6 \times 10^7 hm^2$。由于耕作制度混乱,又缺乏防护林带,加之气候干旱,造成新垦荒地风蚀严重。每年春季疏松的表土被大风刮起,形成沙尘暴。1960年3~4月的沙尘暴席卷了俄罗斯南部大平原,使垦荒地区春季作物受灾面积达$4 \times 10^6 hm^2$。1963年的沙尘暴比1960年更为严重,在哈萨克被开垦的土地上,受灾面积达$2 \times 10^7 hm^2$,占垦区总面积的80%。在俄罗斯和乌克兰的一些地区,由于对森林的极度砍伐,更加速了沙尘暴的发生。

　　我国西部沙漠治理取得了一定成绩,但部分地区只顾眼前利益,破坏气候环境的事例仍时有发生。回顾过去的半个世纪,西北地区的沙尘暴是逐年增加的,其中1993年是沙尘暴出现次数多,强度大的一年。1993年5月5日新疆东部、甘肃河西走廊、内蒙古阿拉善盟、宁夏中北部受到的沙尘暴袭击是1927年有气象记录以来最强的一次。沙尘暴过境时形似原子弹爆炸后的蘑菇状烟云,宁夏中卫市风力达12级,能见度降至零。这次沙尘暴造成85人死亡、264人受伤、12万头(只)牲畜死亡或丢失,农作物受灾面积达$3 \times 10^6 hm^2$,直接经济损失约7.25亿元。至于沙尘暴造成的土地退化等生态和社会影响则难以评估。据统计我国北方沙尘暴天气近年来有明显加重趋势,10个世纪以前平均100年出现一次,20世纪90年代以来发展到1年1次,1993~1996年西部地区连续4年出现沙尘暴。2000年春北方地区普遍出现的沙尘暴天气更进一步给我们敲响了警钟。

　　中国科学院寒区旱区环境与工程研究所研究员杨根生经过长期考察和研究后提出,目前我国北方共有四大沙尘暴源区,其中甘肃河西走廊和内蒙古阿拉善盟地区是最强的沙尘暴源区。杨根生研究员指出的我国北方四大沙尘源区分别是:甘肃河西走廊和内蒙古阿拉善盟地区;陕、蒙、宁、晋西北长城沿线的沙地、沙荒土旱作农业区;位于北京北部、东部的浑善达克、呼伦贝尔、科尔沁沙地;新疆塔里木盆地边缘。

总结与提要

人类文明愈发展,对气候的影响力越大。近百年来,随着人类活动领域的扩大和工业化的加速,已经对气候产生了很大程度的影响。

人类影响气候的途径之一是改变大气的组成,由此对气候产生的影响主要表现在:

(1) CO_2 等温室气体的浓度增大,使全球气候趋于变暖,进而造成降水分布的变化和生态环境的改变。

(2) 与人类的致冷工业等有关的 CFCs 等气体的排放造成了臭氧层的破坏,南极臭氧洞面积日益扩大,使人类面临紫外线辐射增加的危害。

(3) 酸雨是人类大量燃烧煤和石油等化石燃料的产物,酸雨的强弱还与当地的地质土壤条件有关。我国酸雨污染程度呈逐年加重趋势。

(4) 人类的开发活动和工业化也使大气中气溶胶粒子浓度增加,从而对气温和降水产生一定影响。

人类影响气候的另一途径是改变下垫面性质。下垫面是气候系统中热量和水分的主要来源。下垫面改变对气候的影响主要表现在:

(1) 植被覆盖率减少使空气变得干燥,温差增大,降水减小,旱涝灾害加剧,沙漠面积扩大,生态环境恶化。

(2) 海洋石油污染导致了"海洋沙漠化效应"。

(3) 改变下垫面对气候的有益影响表现在灌溉设施的大量修建、防护林的建设,增加了空气的湿润度,减小了温差,减弱了风沙灾害,改善了局地气候。

(4) 城市是人类活动的密集地,人类对气候的影响最为深刻:
① 大量的热释放和下垫面辐射性质的变化形成**热岛效应**;
② 气溶胶粒子增加形成**混浊岛效应**;
③ 下垫面粗糙度增加,凝结核增多和热岛环流——**湿岛和雨岛效应**;
④ 大面积的水泥下垫面减少了下垫面向大气中水汽输送——**干岛效应**;
⑤ 由热岛效应产生热岛环流——**城市风**,它加重了城区污染。

复习思考题

1. 人类活动排放的温室气体主要有哪几种? CO_2 等温室气体的增加会对气候造成怎样的影响?
2. 人类活动对臭氧层造成了什么影响?这种影响有什么危害?
3. 何为酸雨?它是如何形成的?有哪些危害?
4. 城市化会产生哪些气候效应?为什么?
5. 人工防护林可形成哪些有益的气候效应?
6. 解释名词:温室效应、城市热岛效应。

第十一章　气候的分布和气候分类

§11.1　气温和降水的地理分布

气温和降水是表征气候特征的两个重要因素。它们随纬度、季节、天文因子表现出分布和变化的地带性和周期性。而下垫面性质、地势以及环流和天气条件均带有非地带性特征,因而引起气温和降水的分布和变化的不均匀性和非周期性。

11.1.1　海平面气温的地理分布

气温的分布通常用等温线图表示。等温线的不同排列,反映出不同的气温分布特点。如等温线稀疏,则表示各地气温相差不大,等温线密集,表示各地气温相差悬殊;等温线平直,表示影响气温分布的因素较少;等温线弯曲,表示影响气温分布的因素较多;等温线沿东西向平行排列,表示温度随纬度而不同,即以纬度为主要因素。等温线与海岸平行,表示气温因距海远近而不同,即以距海远近为主要因素等等。

影响气温分布的主要因素有纬度、海陆和高度。但是,在绘制地面等温线图时,常把温度值订正到同一高度即海平面上,以便消除高度的影响,从而把纬度、海陆及其它因素更明显地表现出来。

在一年内的不同季节,气温分布是不同的。通常以1月代表北半球的冬季和南半球的夏季,7月代表北半球的夏季和南半球的冬季。图11.1和图11.2分别为1月和7月全球海平面的等温线图。冬季和夏季地球表面平均温度分布有如下特征：

(1) **纬度的影响**：在全球平均气温分布图上,可明显地看出,随着纬度的升高,气温逐渐降低,这是一个基本特征。在北半球,等温线7月比1月稀疏,说明1月北半球南北温度差大于7月。这是因为1月太阳直射点位于南半球,北半球高纬度地区不仅正午太阳高度较低,而且白昼较短,而北半球低纬地区,不仅正午太阳高度较高,而且白昼较长,因此1月北半球南北温差较大。7月直射点位于北半球,高纬地区有较低的正午太阳高度和较长的白昼,低纬地区有较高的正午太阳高度和较短的白昼,以致7月北半球南北温差较小。

(2) **海陆和地形的影响**：冬季北半球的等温线在大陆上大致凸向赤道,在海洋上大致凸向极地,而夏季相反。这是因为在同一纬度上,冬季大陆温度比海洋温度低,夏季大陆温度比海洋温度高的缘故。南半球因陆地面积较小,海洋面积较大,因此等温线较平直,遇有陆地的地方,等温线也发生与北半球相类似的弯曲情况。海陆对气温的影响,通

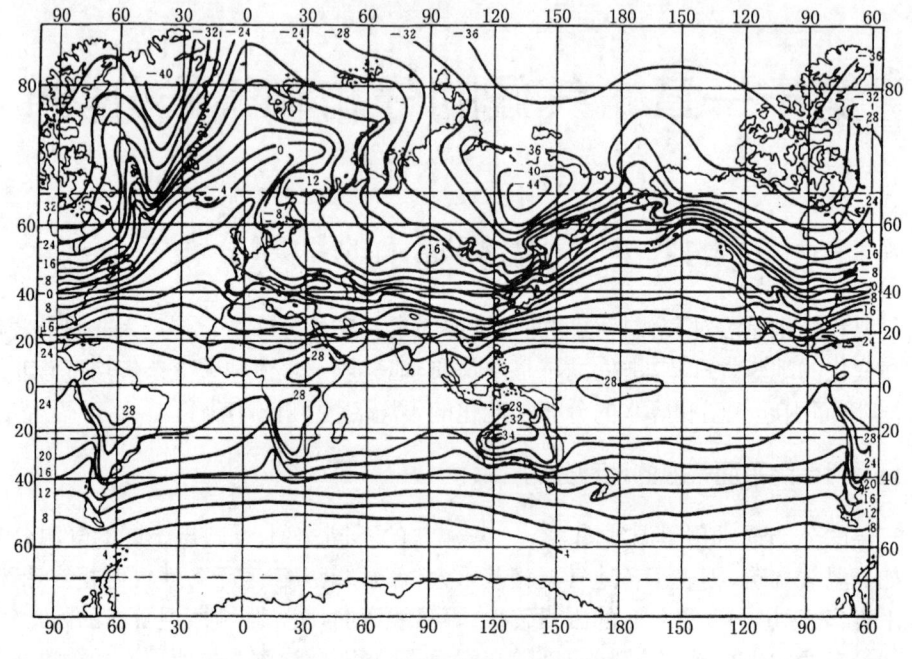

图 11.1 1月海平面气温的分布

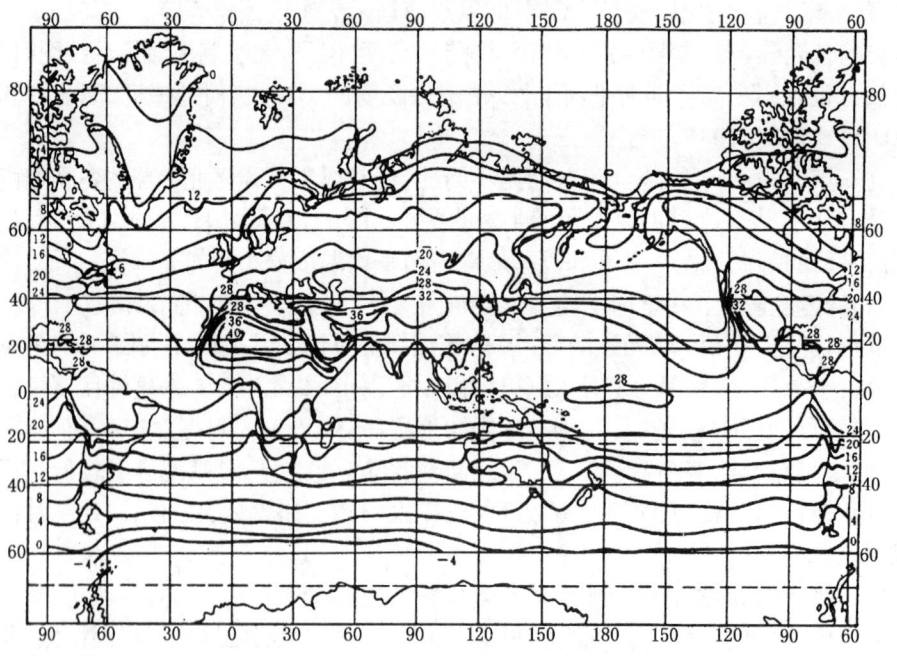

图 11.2 7月海平面气温的分布

过大规模洋流和气团的热量传输才显得更为清楚。例如最突出的暖洋流和暖气团是墨西哥暖洋流和其上面的暖气团,这使位于 60°N 以北的挪威、瑞典 1 月平均气温达 0～15℃,比同纬度的亚洲及北美洲东岸气温高 10～15℃。盛行西风的 40°N 处,在欧亚大陆靠近大西洋海岸的区域,由于海洋影响,1 月平均气温在 15℃ 以上;而在亚洲东岸受大陆上冷气团的影响,1 月平均气温在 −5℃ 以下。大陆东西岸 1 月份同纬度平均气温竟相差 20℃ 以上。在 40°N 处的北美洲西岸 1 月平均气温接近 10℃,而东面大西洋海岸仅为 0℃,相差亦达 10℃。至于冷洋流对气温分布的影响,在南美洲和非洲西岸也是明显的。

此外,高大山脉能阻止冷空气的流动,也能影响气温的分布。例如,我国的青藏高原、北美的落基山、欧洲的阿尔卑斯山均能阻止冷空气不向南而向东流动。

(3) **热赤道**:最高温度带并不位于赤道上,而是冬季在 5～10°N 处,夏季移到 20°N 左右。这一带 1 月和 7 月平均温度均高于 24℃,故称为**热赤道**。热赤道的位置从冬季到夏季有向北移的现象,因为这个时期太阳直射点的位置北移,同时北半球有广大的陆地,使气温强烈受热的缘故。

(4) **极值温度分布**:南半球不论冬夏,最低温度都出现在南极。北半球仅夏季最低温度出现在极地附近,而冬季最冷地区出现在东部西伯利亚和格陵兰地区。极端温度的度数和出现地区,往往在平均温度图上不能反映出来。根据现有记录,北半球最低气温出现在东西伯利亚的维尔霍扬斯克和奥伊米亚康,分别为 −69.8℃ 和 −73℃,南极记录到的世界最低气温为 −90℃。世界绝对最高气温出现在索马里境内,为 63℃。

在我国境内,绝对最高气温出现在新疆维吾尔自治区的吐鲁番,达到 48.9℃。绝对最低气温在黑龙江省的漠河,1968 年 2 月 13 日测得 −52.3℃。

11.1.2 降水的地理分布

降水的地理分布特征,可以用降水等值线图来表示。图 11.3 为世界年平均降水量分布图,图 11.4 和图 11.5 分别是冬季(12～2 月)和夏季(6～8 月)全球降水量的分布。降水的分布比平均温度的分布复杂得多。从总体来说,全球可分为四个降水带。

11.1.2.1 赤道多雨带

赤道及其两侧是全球降水量最多的地带,这是由于大量湿热空气剧烈上升所致,该带以对流雨为主。年降水量为 1000～2000mm,个别地区(如太平洋岛屿与大陆的高耸海岸)年降水量可超过 3000～4000mm。

11.1.2.2 南北纬 15°～35° 少雨带

南北纬 15°～30° 处于副热带高压的控制下,以下沉气流为主,是全球降水量很少的地带,尤其是在大西洋西岸及大陆内部降水更少,年降水量一般不超过 500mm。撒哈拉沙漠某些地方的年降水量仅 5mm。

应该指出,少雨带并非到处少雨。因地理位置、季风环流、地形等因素影响,本带某

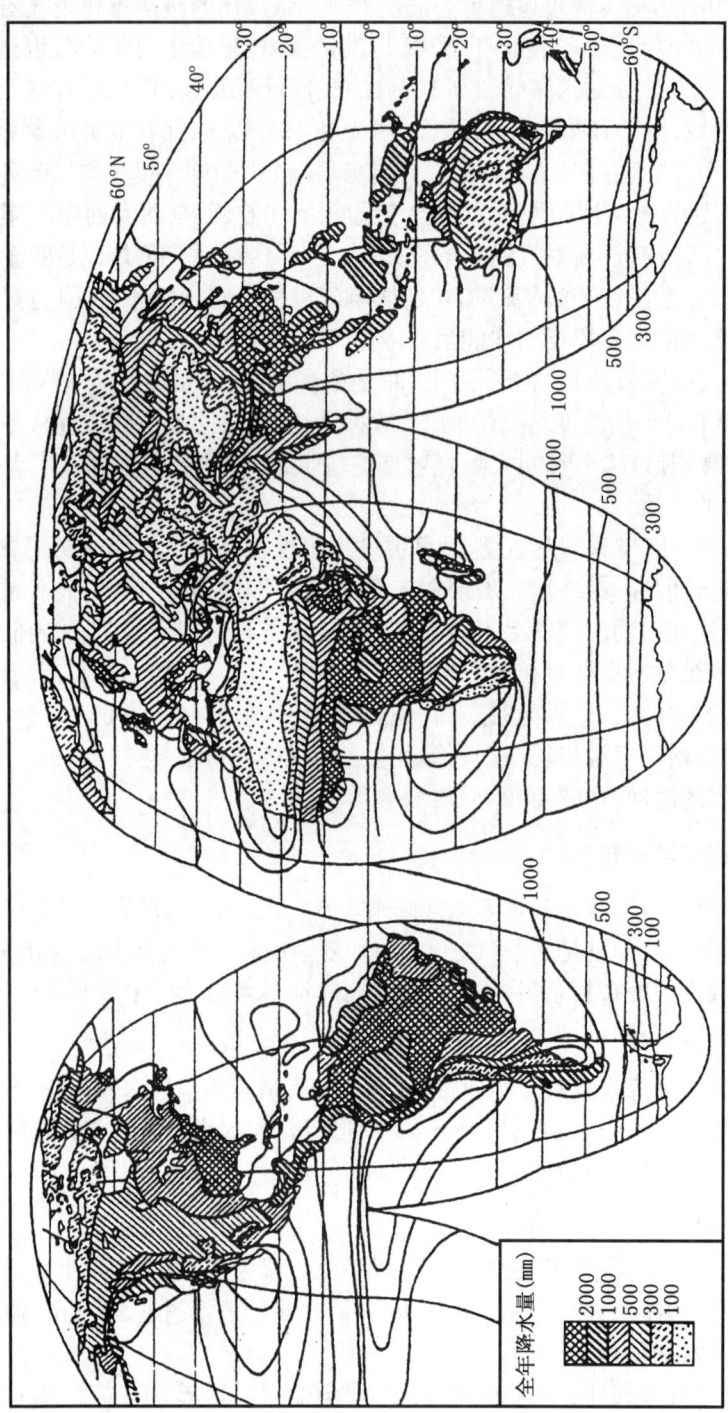

图11.3 世界年平均降水量分布图 (mm)

第十一章 气候的分布和气候分类

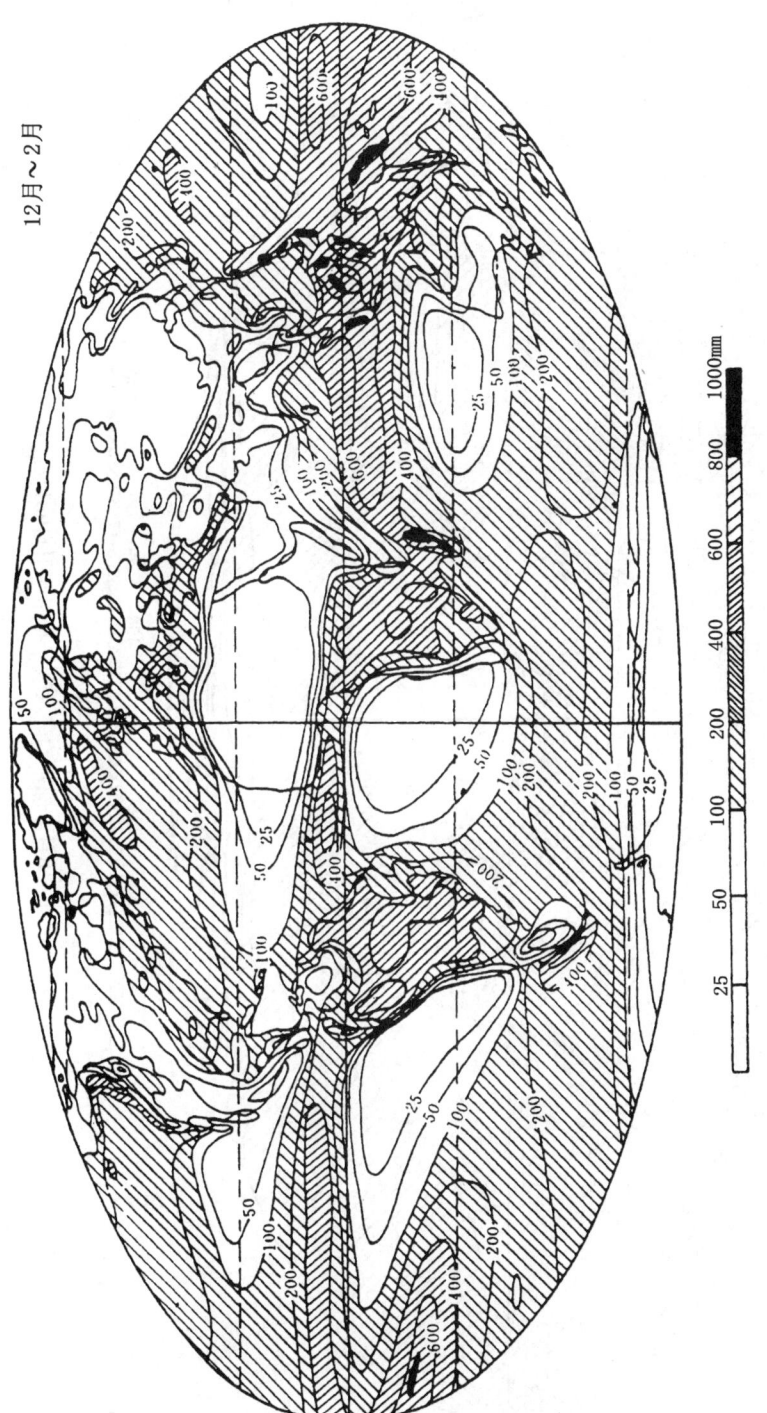

图11.4 12月~2月全球平均降水量分布图（引自Moller, 1951）

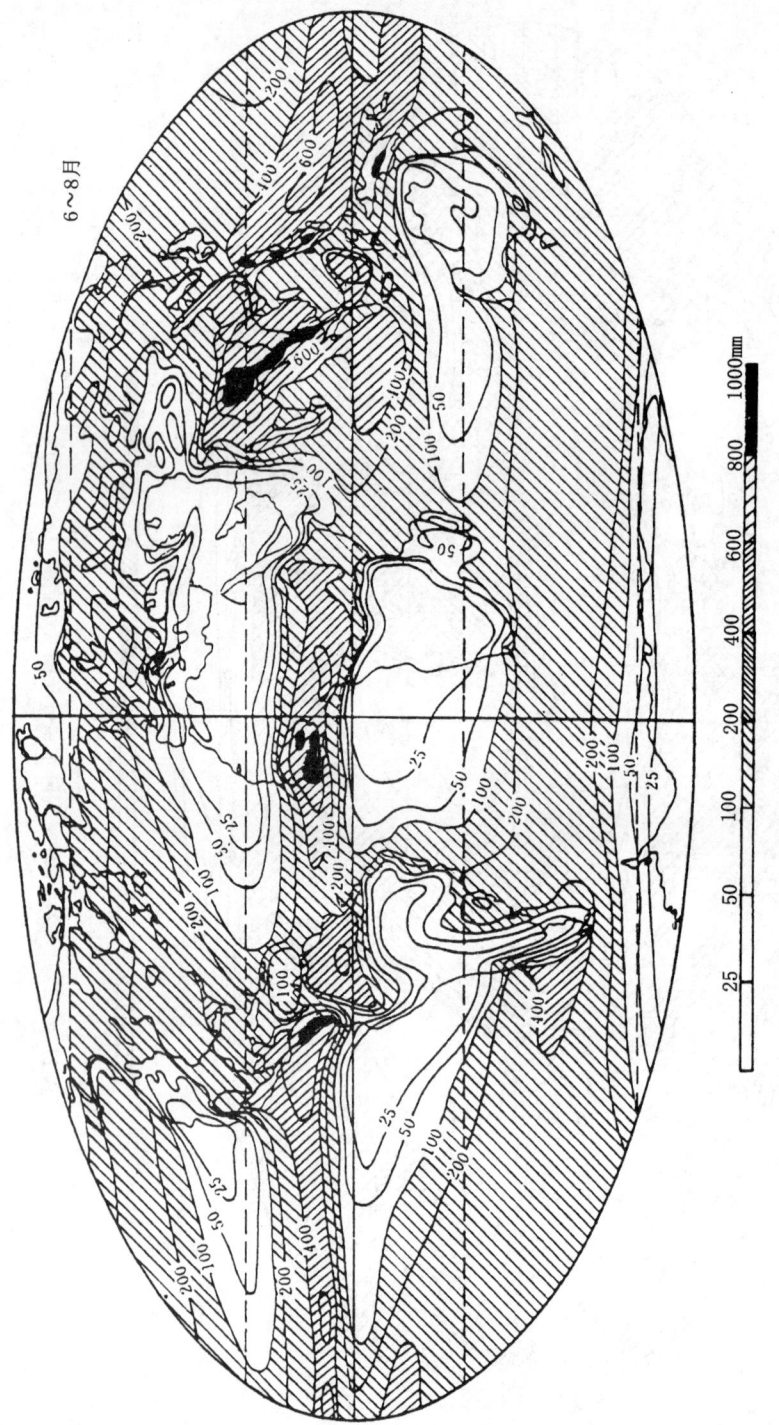

图11.5 6~8月全球平均降水量分布图（引自Moller, 1951）

些地区降水很丰富,全球年降水量最高记录即出现在本带内。如喜马拉雅山南坡印度的乞拉朋齐(25°N)年均降水量高达12665mm,绝对最高年降水量竟达26461mm;太平洋夏威夷群岛中的威阿里阿(22°N)年降水量12090mm。我国华南和长江中下游地区也位于这一纬度带,因受季风的影响,东南沿海一带的年降水量在1500mm左右。

11.1.2.3 中纬多雨带(温带多雨带)

温带的年降水量比副热带多,一般在500～1000mm。其多雨的原因,主要是该地区锋面、气旋活动频繁,因此多锋面、气旋雨。大陆东岸还受到季风影响,夏季风来自海洋,带来较多降水。本带也有局部地区降水特别丰富,例如,智利西海岸(42°～54°S)降水量为3000～4000mm。

11.1.2.4 高纬少雨带

高纬因纬度高,全年气温低,蒸发微弱,故降水量少,一般全年降水量不超过300mm。

§11.2 气候分类的基本原理

世界气候的空间分布虽然错综复杂,但具有一定的规律性。任何两个地区的气候特征和成因都具有一定的相似性和差异性,其相似程度和差异程度又有明显不同。将世界各地的气候依照一定的原则和标准分门别类的归并成若干类型,称为气候分类;为使气候分类符合于客观存在而采取的手段,称为气候分类法。

В. В. Докучаев(道库恰耶夫)在19世纪末20世纪初,发现两条最基本的自然地理规律:一是地理环境的完整性和不可分割性规律;二是地理地带性规律。前者的基础是地理环境中各地理要素之间以及整个地理环境与"外界"(首先为太阳辐射和地球内部物质)通过物质和能量交换,形成一个完整的有机整体——自然地理系统。系统中各个要素的空间分布和时间变化都受其它要素的制约,即它们在空间和时间上具有一定的对应关系。气候学家常据此参考其它地理要素的分布(如植被、土壤和水文等)进行气候分类;后者揭示了自然地理系统中最基本的地域分异规律,其中地域间水热条件的相似性和差异性是各自然要素地域分异的基础,它们与其成因共同构成了气候分类中需要考虑的基本内容,因此这条规律是气候分类最重要的理论基础。

广义的气候地带性规律包括纬度地带性、经度地带性和垂直地带性规律。

11.2.1 纬度地带性规律

气候纬度地带性规律是指气候现象和过程随纬度的变化而呈水平带状分布规律,其原因是热量条件的东西趋同和南北分异。可以此为基础,依据各种气候特征量和分异原因,把全球分为若干个气候特征和成因相似的近东西向带状分布的区域,即气候带。由于天文辐射随纬度的升高而减小,其等值线与纬线平行,这是形成纬度地带性规律的基本原因,因此许多人把太阳辐射称为地带性因子,并把全球分为一系列界线与纬线平行的天文气候。尽管大气和地面对能量的纬度地带性分布有明显的干扰作用,但纬度地带性规律在辐射平衡、地气显热交换和潜热交换分布图上均有明显反映。因此,热量的地域分异是形成纬度地带性规律的基础,据此可以把全球划分为一系列的热量带。

温度是表征气候系统内能的特征量,在全球地面温度分布图上,等值线基本上呈东西走向,温度随纬度的升高而降低,而且温度日较差随纬度的升高而减小,温度年较差则逐渐增大,因此可以把全球分为若干个东西走向的温度带。由于温度梯度由低纬指向高纬,它与地球自转相结合,使大气环流表现为三圈环流的基本形式,在地面表现为三风四带的基本格局。由于气候特征与大气环流有明显的对应关系,如赤道低压带地区为湿润气候,副热带高压带地区为干旱气候,所以我们可以根据环流特征划分气候带。

11.2.2 非地带性规律

非地带性规律是指非地带性因子对气候地带性规律的破坏作用使气候带发生变形位移,或者与气候带的斜交或垂直方向上分异的规律。非地带性因子的空间尺度差异很大,它们可以形成不同尺度的气候分异规律。

11.2.2.1 海陆差异和大地形

海陆差异和大地形对地带性规律的破坏作用取决于它们与地带性因子的关系。

首先,当它们的作用方向与地带性因子斜交或垂直时,它们可以使气候要素的带状分布形式变形,要素等值线偏离纬线方向,带状大气环流被分裂成闭合系统,气候带中的气候现象和过程发生东西方向上的分异,形成经度地带性规律。例如,在北半球中纬度地区,由于海陆相间分布,气温等值线在呈南北走向的海岸附近都有明显的转折或不连续现象,在同一气候带中的大陆东西岸和大陆中部分异出不同类型的气候。如在副热带大陆,东部为副热带湿润夏雨气候,大陆中部为副热带干旱气候,大陆西部为副热带干旱气候或冬雨气候。在温带,大陆东部为温带大陆性湿润气候,大陆中部为温带干旱气候,大陆西部为温带海洋性气候。特别是欧亚大陆的东部,由于海陆对比强烈,因而形成季风气候。气候在东西方向上的分异规律取决于与水汽源的距离和受海陆影响的程度,所以可在气候带的基础上,依据湿润程度和环流特点,在每一个气候带中划分次一级气候类型,即气候型。

其次,当海陆和大地形的作用方向与地带性因子相同或相反时,它可使地带性气候要素场中的要素梯度增强或减弱,从而引起气候带位移或中断。例如,呈东西走向的山脉不但可以阻滞高、低纬度间的冷、暖空气交换,也可使水汽输送受阻,并在迎风面形成多雨区,从而使温度梯度和降水梯度在山脉附近加大,所以这些山脉往往成为气候带的分界线。又如,在欧亚大陆的北部,夏季海陆差异所形成的温度梯度与天文辐射梯度相反,它与极冰的影响共同作用,使夏季温带梯度仍由南指向北;冬季海陆差异所形成的温度梯度仍与天文辐射相反,它使低温中心南移到大陆区。在欧亚大陆的南部,冬季海陆差异所形成的温度梯度与地带性因子相同,所以该地带气候要素梯度很大,夏季它的温度梯度与地带性因子相反,低纬度环流圈发生逆转,从而使气候带在该区中断。

11.2.2.2 海拔高度

气候垂直地带性规律是指山地气候现象和过程随高度的变化而呈垂直带状分异的规律。在山地,由于大气层中物质和能量的垂直变化和地形的影响,各气候要素随高度而有明显变化。例如,温度随高度的升高而降低;降水量随高度的升高而增加,达最大降水高度以后,又随高度而减小。因此,可依据温度、降水等气候特征量,把一个山地在垂直方向上划分为若干个垂直气候带,各带气候特征的差异性非常明显。例如,珠穆朗玛峰位于副热带,它是世界上最高的山峰,其南坡大致可分为六个垂直气候带,北坡大致可分为三个垂直气候带,各带气候特征见表 11.1。

表 11.1 珠峰地区我国境内南、北坡各垂直气候带的水、热状况

地区	垂直气候带	海拔高度 (m)	无霜期 (天)	6~9月平均气温 (℃)	最热月均温 (℃)	≥5℃积温 (℃)	最冷月均温 (℃)	年降水量 (mm)	自然带
高山峡谷区南坡湿润半湿润	山地副热带	1600~2500	>250	19.0~15.0	20.0~6.0	5400~3400	10.0~5.0	2000~3000	常绿阔叶林带
	山地暖温带	2500~3100	250~150	15.0~13.0	16.0~4.0	3400~2100	5.0~0.0	2000~2500	针阔叶混交林带
	山地寒温带	3100~3900	150~90	13.0~9.0	14.0~10.0	2100~1100	0.0~5.0	500~1500	针叶林带
	亚高山寒带	3900~4700	<90	9.0~5.0	10.0~6.0	1100~300	−5.0~10.0	350~600	灌丛草甸带
	高山寒冷带	4700~5500	——	5.0~1.0	6.0~2.0	<300	−5.0~10.0	400~700	草甸垫状植被带;冰碛地衣带
	高山冰雪带	>5500	——	<1.0	<2.0	——	<−16.0	≤700	冰雪带
高原区北坡半干旱	高原寒冷带	4000~5000	120~40	12.0~6.0	13.0~6.0	2000~400	−16.0	200~300	草原带
	高山寒冻带	5000~6000	<40	5.0~1.0		<400	−16.0~22.0	300~600	草甸垫状植被;冰碛地衣带
	高山冰雪带	>6000		<−2.0	<0.0		<−22.0	≤600	冰雪带

由于温度由山麓到山顶或由赤道到极地逐渐降低,所以气候在这两个方向上分异出的气候带和排列顺序有许多相似之处。假如在赤道附近有一座足够高的山峰,则其垂直气候带可与海平面上由赤道到极地的所有气候带一一对应,且其自然带也十分相似。图 11.6 是赤道处安第斯山由山麓到山顶的垂直气候带。从山麓到山顶大致可分出热地带、暖地带、冷地带和冻地带等几个不同的垂直气候带。

虽然垂直地带性和纬度地带性的分异有许多相似之处,但其原因不完全相同,相应气候带的特征也存在一定的差别。首先,在赤道地带山麓和山顶全年皆具有昼夜均分的特点,正午太阳高度角都很大,太阳辐射的日变化和季节变化也一致。但在不同纬度间,白昼长度、太阳高度角以及太阳辐射的年变化和季节变化均有明显差别,并且在极地地区还有极昼、极夜现象。其次,太阳辐射随高度的升高而增强,但随纬度的升高而减弱,所以温度随高度和随纬度变化的原因

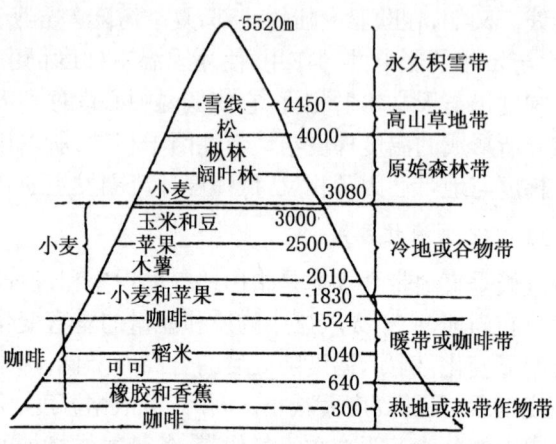

图 11.6 安第斯山(赤道区)垂直气候带

截然不同。再次,气温年较差随高度升高而减小,但随纬度升高而增大。

　　山地气候的垂直地带性与山地位置和高度有关。例如,在美国西南部大峡谷(Grand Canyon)到圣弗兰西斯科峰(San Francisco Peak)一带,由下而上可划分为五个垂直气候带:中纬度干旱气候带、中纬度半干旱气候带、副寒带针叶林带、高山苔原带和高山积雪带(图 11.7)。

　　一般来说,山体越高,所在的纬度越低,垂直气候带数越多。其中山麓气候带——基带与所在纬度的水平气候带完全一致,而且每个垂直气候带都有该纬度水平气候带的"烙印"。例如,赤道山地的各个垂直气候带都有气温和降水季节变化不明显的特征;中纬度山地的垂直气候带都有四季分明的特点;南亚、东南亚和东亚季风区的山地垂直气候带都有季风气候的特色。此外,在干湿条件不同的地区,山地气候的垂直分异原因也有很大差别。湿润区以热量条件的垂直差异为决定性因素,干旱、半干旱地区湿润条件的垂直差异非常重要,特别是在山体下部,气候的垂直分异与湿润条件密切相关。

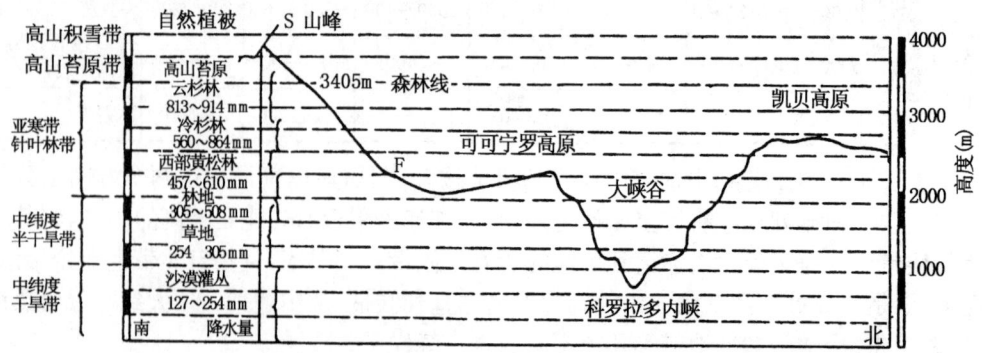

图 11.7 美国西南部大峡谷—圣弗兰西斯科峰垂直气候带和自然带

三峨之秀甲天下,何须涉海寻蓬莱

峨眉山拔地而起,垂直气候十分明显,山下金秋十月气候宜人,到处郁郁葱葱。平均气温18℃左右。然而半山已是瑟瑟秋风,云展缭绕,倍增寒意,平均气温1℃左右。峨眉山峰顶(金顶)则雪花飘飘,寒气袭人。患高血压、心脏病、严重哮喘的旅游者此时不宜上金顶,由于山上山下气温差异很大,游人应备足防寒用品。

§11.3 世界气候分类方法

气候分类是按照客观存在的自然规律,根据一定的原则和标准将世界各地的气候区分为若干具有某种共性的气候类型。由于分类的目的和需要不同,从19世纪至今已有不下数十种气候分类方法。在众多的气候分类方法中,归结起来大体上可分成三大类:实验分类法、理论分类法和成因分类法。每一类中都有一些具有代表性的、比较著名的分类方法,如柯本分类、桑斯威特分类、布德科分类和阿里索夫分类等。

11.3.1 实验分类法

实验分类法从气候特征的地域分异规律出发,着眼于气候与自然景观的关系,根据对气候最敏感的自然现象来进行气候分类,用实验方法和统计方法确定分类指标和气候类型的界线。下面以**柯本分类法**予以说明。

11.3.1.1 柯本分类法

柯本分类法强调地理环境的整体性和不可分割性,并认为水热条件的空间分布是地理环境地域分异的主导因子,因此它以气温、降水及其季节变化为分类依据,以年、月平均温度和降水量为分类指标,参考自然景观,用实验的方法确定气候类型之间的界线指标值,由此把全球分为五个气候带、十一个气候型,并给每一种气候类型赋以一定的代号。此外,柯本还用一定的代号表示一定的气候特征,以此来确定气候副型和气候变型。由于每一种气候类型都有一定的分类指标值予以界定,所以只要已知某一地区的年、月气温和降水量,就可确定该地区在气候带和气候型中的归属。

柯本分类法首先划分气候带,然后划分气候型,最后划分气候副型。在任一级气候类型的划分中,柯本都是根据自然景观的生态敏感性确定各种气候类型的划分指标。根据年平均气温和年降水量之间的实验关系,将全球气候划分为湿润气候(用字母 A,C,D 和 E 表示)和干燥气候(用字母 B 表示)两大类,并在湿润气候中按照最冷月均温和最热月均温的界限区分为四种不同的气候。这是柯本气候分类的一级划分标准。柯本分类的二级划分标准是在 A,C,D 气候中以降水的季节分配为依据,各分出 2~3 个亚类,由于不同季节分配的降水量有不同的生态意义,所以柯本把全球降水量的季节变化分为冬雨型、年雨型和夏雨型,其中冬雨型的冬半年降水量不小于年降水量的70%,夏雨型的夏半年降水量不小于年降水量的70%,冬半年和夏半年降水量与年雨量之比均小于70%的地区为年雨型。在B气候和E气候中各分出两个亚类。然后,在各个亚类中根据最热月或最冷月均温与雨季和其它气象要素的配置关系,再作更精细的分类。气候带和气候型的划分标准及气候分类的基本类型见表11.2。

表11.2 柯本气候分类的基本类型

气候带			气候型		
代号与名称		特征值	代号与名称	特征值	典型景观
林木气候	A 热带多雨气候	最冷月均温≥18℃	Af 热带雨林气候	最干月降水量≥6cm	热带雨林
			Aw 热带疏林草原气候	最干月降水量<6cm,也小于$10-r/25$cm	稀树草原
	C 温暖带多雨气候	0℃≤最冷月均温<18℃	Cf 常湿温暖气候	年雨型,干月与湿月降水量之比大于Cs和Cw	常绿阔叶林和夏绿阔叶林
			Cw 冬干温暖气候	夏雨型,夏季最湿月降水量≥10×冬季最干月降水量	
			Cs 夏干温暖气候(地中海气候)	冬雨型,冬季最湿月降水量≥3×夏季最干月降水量	常绿灌木林
	D 冷温带(雪林)气候	最冷月均温<0℃ 最暖月均温≥10℃	Dw 冬干冷温气候	夏雨型,夏季最湿月降水量≥10×冬季最干月降水量	针叶林
			Df 常湿冷温气候	年雨型,冬季最湿月降水量<10×夏季最干月降水量	
B 干带(干燥)气候		最热月均温≥10℃	Bs 草原气候	冬雨型:$t\leq r<2t$ 年雨型:$(t+7)\leq r<2(t+7)$ 夏雨型:$(t+14)\leq r<2(t-14)$	草原
			Bw 沙漠气候	冬雨型:$r<t$ 年雨型:$r<(t+7)$ 夏雨型:$r<(t+14)$	沙漠
E 极地带气候		最热月均温<10℃	ET 苔原气候	0℃≤最暖月均温<10℃	苔藓、地衣
			EF 冰原气候	最暖月均温<0℃	冰雪覆盖层

注:r为年降水量(cm),t为年均温(℃)。

为了更详细地划分空间尺度更小的气候副型,柯本还用一系列的代号表示具体的气候特征,其中比较重要的有:

  Am:热带季风气候,受季风影响,一年中有一个特别多雨雨季,最干月降水量<6cm,但大于$(10-r/25)$cm,天然植被是热带季雨林;

  a:最暖月均温在22℃以上;

  b:暖夏,最热月平均温度<22℃,但至少有4个月>10℃;

  c:凉夏,最冷月平均温度>-38℃,但至少有1~4个月>10℃;

  d:严冬,最冷月平均温度<-38℃;

  g:最高温度出现在雨季来临前;

h： 炎热,年平均温度>18℃;
k： 冬冷,年平均温度<18℃,最热月平均温度>18℃;
i： 气温年较差<5℃;
n： 多雾;
g： 山地气候,海拔至少在500m以上;
h： 高山气候,海拔至少在2500m以上。

图11.8是假设的平坦、表面性质均匀的理想大陆上,柯本气候分类法中主要气候类型的分布图。图11.9是由柯本与盖格尔联合编制的世界气候分布图。

在平坦、表面性质均匀的理想大陆上,大陆最北部为EF气候,由此向南依次为ET,D,C,B及A气候,南半球相反。

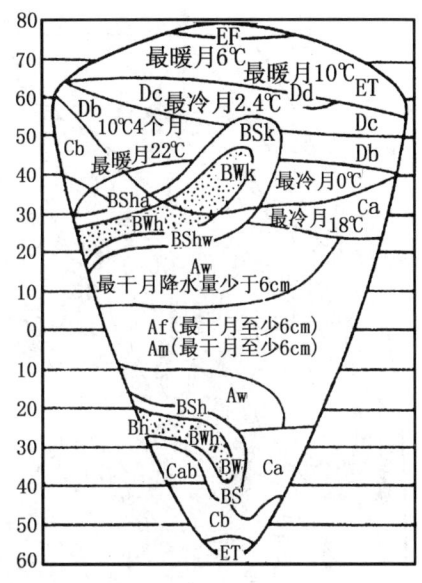

图11.8 平坦、性质均匀的理想大陆上柯本气候分类分布模型

北半球中纬度大陆西部,因受来自海洋的盛行西风影响,为Df型;大陆东部因冬季降水稀少,故为Dw型,仅在东部沿海地区为Df型。

C气候带中,大陆西岸在暖海流影响下,扩展范围很大,大陆东岸的冷海流影响仅局限在较低纬度上。大陆西岸C气候的北部为Cf型,南部为Cs型。大陆的东部为Cw型,但在东部沿海地区为Cf型。

B类气候带主要分布在低纬大陆,并由低纬大陆西海岸向极地方向伸向大陆中央。B气候内部为沙漠(Bw),外围为草原(Bs)。

赤道两侧的气候类型主要为Af型;大陆东岸因盛行偏东信风,在海洋气流影响下,不存在Aw型。如果大陆东岸受季风控制,则为Am型。

由于南半球大陆面积向南逐渐减小,B气候所占据的面积比较狭窄,且向极地方向伸展的纬度不如北半球那样高,只是在南美洲安第斯山脉的雨影区才能形成B气候。因南半球大陆向高纬方向急剧收缩,D气候在南半球完全不存在。

实际条件下的柯本气候分类图比在理想大陆上的分布模型要复杂得多。

11.3.1.2 柯本气候分类评述

柯本分类自问世以来,已经在世界各国广为传播。柯本气候分类的优点在于:

①分类系统明确,概念清楚,指标定量化,易于分辨;
②符号简单,容易记忆,现在还可借助计算机进行自动分类和检索;
③分类所依据的温度和降水资料是最基本的,不但来源广泛,而且积累时间长;
④分类结果与自然景观基本吻合。

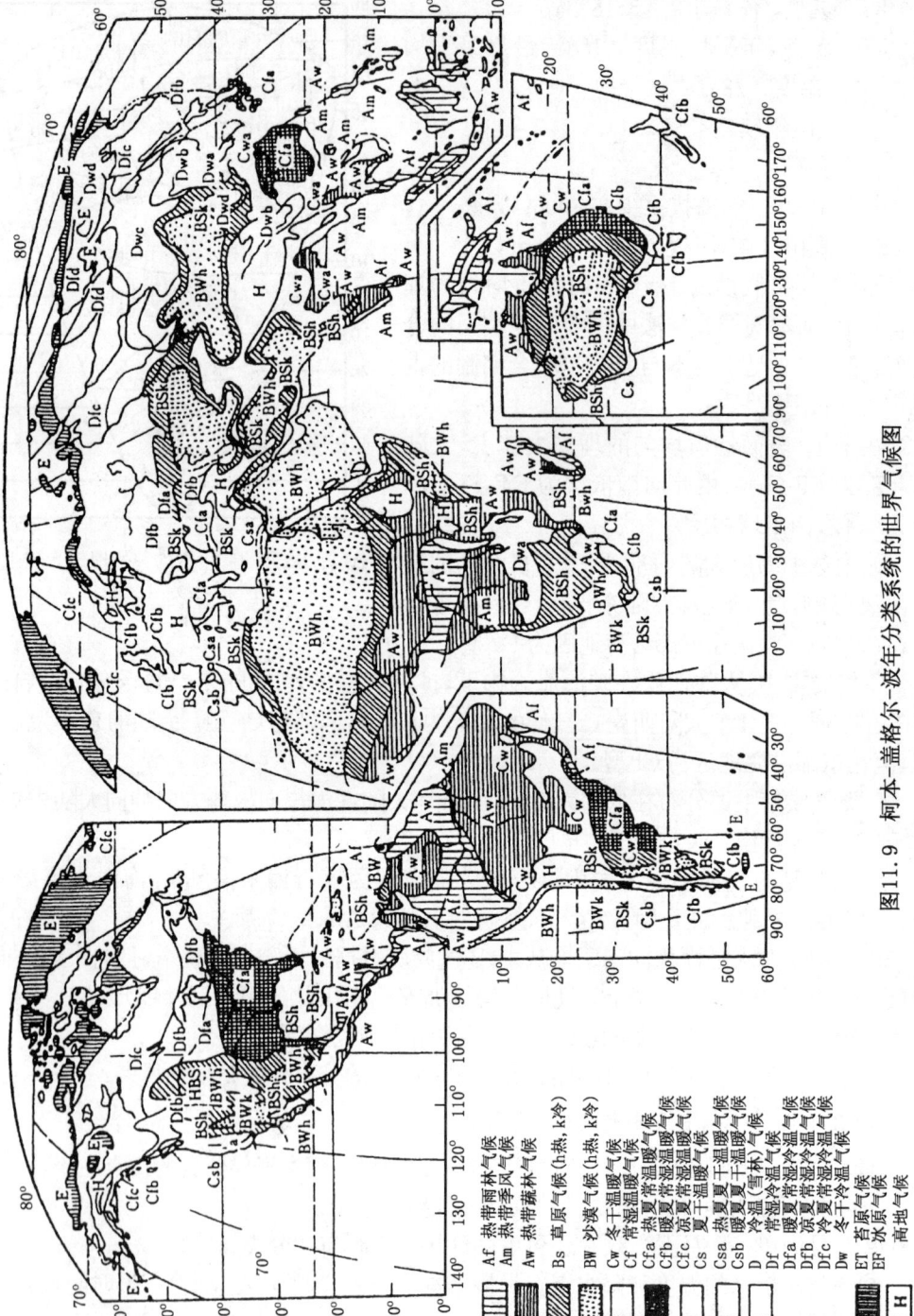

图11.9 柯本-盖格尔-波尔分类系统的世界气候图

柯本气候分类的不足之处有两点：

(1) **干燥气候的划分问题**：在柯本分类中，一般分类指标以温度为主，但干燥气候带的划分则是以降水为标准。分类标准的不一致，使气候带的带状分布同纬度带相比相去甚远。干燥可以因各种原因出现在各种不同的气候带内，它们的分布从高纬到低纬都有，可以在其它气候带内(A、C、D)中存在。这些原因主要有：

①有的是在副热带高压控制下，受下沉气流的影响（如副热带沙漠）；
②有的是因为处于信风带的背风面，受不到海风的影响（如热带沙漠）；
③有的是因处在冷洋流海岸，逆温现象严重（如热带大陆西岸沙漠）；
④有的是地处内陆，终年受大陆气团控制（如温带沙漠）。

各主要气候带内干燥气候的干燥程度可能相近，但它们所具有的天气、气候特征并不相同。因此干燥气候似应作为一个主要的气候型附加在各气候带内，而不能作为一个主要气候带与其它气候带并列。

(2) **海拔高度对气候的影响问题**：柯本气候分类对海拔高度对气候的影响考虑不够周全，主要表现在处于同一气候背景下的不同地区，仅仅由于高度的不同导致最冷月均温出现差异，就令其归属于不同的气候带，其结果是在同一气候背景下出现截然不同的气候带，这就产生了气候分布的杂乱无章。

在柯本以后，不少气候学家针对上述问题对柯本分类系统进行了改进，还有的从不同角度另辟蹊径，提出新的气候分类法。

11.3.2 成因分类法

成因分类法综合考虑了太阳辐射、下垫面性质、海陆分布、洋流、大气环流和水分输送的影响，比较全面地概括了气候形成因子的综合效应，从气候学角度来考虑，应该说是一种较为合理的分类法。在气候形成的各因子中，大气环流是气候形成因子和气候特征之间联系的纽带，其综合性很强，因此，近代各成因分类法多以气团和气候锋的位置及其季节变化为依据来界定气候类型。下面以**阿里索夫分类法**说明之。

前苏联气候学家阿里索夫(B. П. Алисов)认为各类主要气团可以反映大气环流、海陆分布、洋流与风场对气候形成的影响，他以气团的地理类型作为气候分类基础，同时也注意到高度对气候的影响，将全球气候划分为若干基本气候带和过渡带。

阿里索夫根据对流层中主要类型气团的季节分布和主要气候锋带的位置，将每个半球划分为四个基本气候带和三个过渡气候带。

基本气候带有：赤道带、热带、温带、北极和南极带。过渡气候带有：赤道季风带(副赤道带)、副热带、副极地带(副北极带和副南极带)。

每一个气候带中，根据下垫面性质的不同可分为大陆型和海洋型；根据大气环流的季节变化可分为大陆东岸型和大陆西岸型。因此，阿里索夫气候分类共有 7 个气候带和

22个气候型。图11.10为按此分类原则给出的气候带地理分布图。

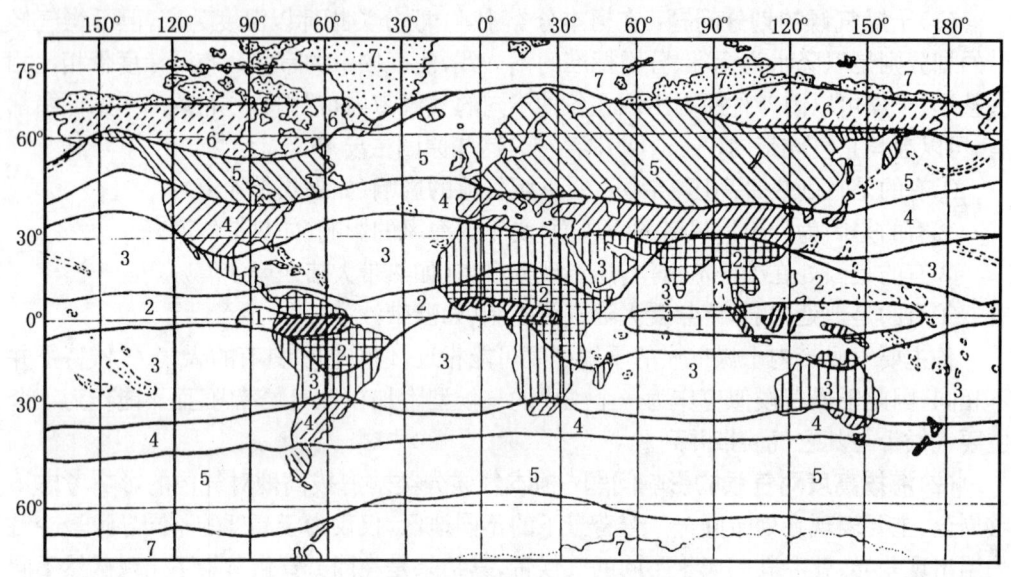

图11.10 阿里索夫世界气候带分布图
图中：1.赤道带；2.赤道季风带；3.热带；4.副热带；5.温带；6.副北(南)极带；7.北(南)极带

气候带的划分是以两种不同性质的气团相互作用地带在冬夏季的南北移动作为标准。凡是常年受单一气团控制的地区称为基本气候带；凡是由于气团的季节性移动在冬夏季受到不同性质气团控制的地区称为过渡气候带。图11.11表示南北半球气候带分布的示意图，图的上部是各种气团和气候锋在7月份的地理位置，下部是1月份的位置，根据7月和1月的位置变动即可定出基本气候带和过渡气候带。

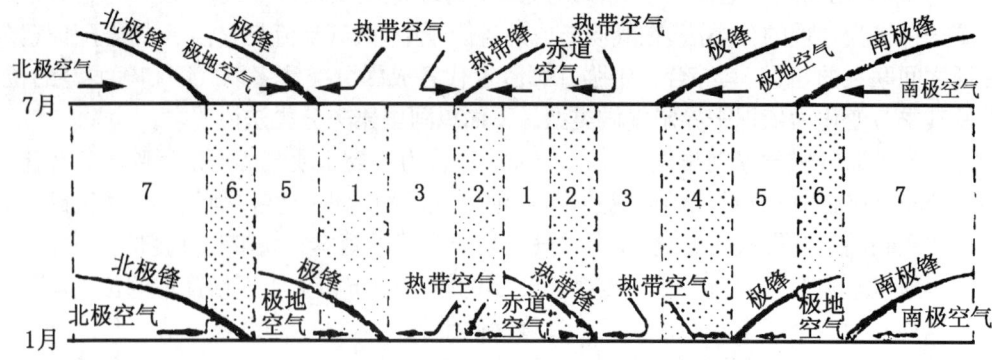

图11.11 气候带分布示意图
图中：1.赤道带；2.副赤道带；3.热带；4.副热带；5.温带；6.副极地带；7.北极带和南极带

在每个气候带内可以分出四种主要的气候型：大陆型、海洋型、西岸型和东岸型。赤道带则是个例外，因为这里大陆型和海洋型差别不大。大陆型和海洋型的区别，主要是由于下垫面的影响而形成的,东岸型和西岸型的特点,在很大程度上取决于大气环流的影响。表 11.3 给出每个气候带内基本气候型以及与之相应的自然景观。

表 11.3 阿里索夫的气候分类(1954 年)

序号	气候带		气团		气候型	自然景观
	基本带	过渡带	夏	冬		
1	赤道带		赤道气团	赤道气团	1. 赤道大陆性气候(两者差别不大) 2. 赤道海洋性气候	热带雨林
2		赤道季风带 (副赤道带)	赤道气团	热带气团	1. 大陆性季风气候 2. 海洋性季风气候 3. 西岸性季风气候 4. 东岸性季风气候	热带草原 热带雨林 热带草原 热带雨林
3	热带		热带气团	热带气团	1. 热带大陆性气候 2. 热带海洋性气候 3. 海洋性高气压的东缘气候 4. 海洋性高气压的西缘气候	热带沙漠 热带森林 湿润沙漠 热带森林
4		副热带	热带气团	极地气团	1. 副热带大陆性气候 2. 副热带海洋性气候 3. 副热带西岸气候 4. 副热带东岸气候	副热带沙漠和草原 地中海景观 副热带森林
5	温带		极地气团	极地气团	1. 中纬度大陆性气候 2. 中纬度海洋性气候 3. 中纬度西岸海洋性气候 4. 中纬度东岸季风气候	半沙漠,草原,温带森林 温带森林 草地,阔叶林 温带森林和草原
6		副极地带	极地气团	北(南) 极气团	1. 副极地大陆性气候 2. 副极地海洋性气候	森林,森林苔原 海岸苔原
7	北极带和 南极带		北(南) 极气团	北(南) 极气团	1. 北极气候 2. 南极气候	极地苔原,冰封 极地苔原,冰封

11.3.2.1 赤道带

赤道带全年盛行赤道气团。赤道带年平均气温 24～30℃,年较差很小,只有 1～6℃,气温日较差大于年较差。降水以对流雨为主,年降水量 1000～3000mm。

11.3.2.2 赤道季风带(副赤道带)

对于北半球来说,夏季太阳直射点位于北半球,大气环流系统向北推移,热带气团和赤道气团相互作用形成的热带锋,7 月份到达北半球最北位置,1 月份移至南半球最南位置。北半球热带锋南北移动的极限位置之间就是副赤道带。在副赤道带内,南北半球的夏季受赤道气团控制,冬季受热带气团控制,形成很大的季节性差异,所以又称为赤道季风带。

赤道以北的副赤道带,在北半球夏季,由广阔的大洋上源源不断地向北输送温暖湿润的海洋气流,在南亚和印度洋北部形成势力强大的西南季风(夏季风),此时天气状况和赤道带相似,空气湿度大,气温日较差小,有大量对流雨。冬季则为热带气团所形成的东北信风(冬季风)所控制,湿度减小,气温日较差增大,降水量显著减少。该带年降水量约1000~1500mm。

11.3.2.3 热带

在赤道季风带以北是热带气候带(北半球),这里全年盛行热带气团。热带锋的夏季位置是这个气候带的南界,冬季极锋的位置是其北界。在海洋上,热带气团在低层受湿,具有大量不稳定能量,其下层温度、湿度与赤道气团相近。在大陆上,热带气团很干燥,温度高,沙尘多。

因此,热带又可分为**热带大陆气候型**和**热带海洋气候型**。热带大陆气候型气候干燥,降水稀少,气温日较差大,气温年较差也较大。热带海洋气候型湿度大,温度变化和缓,近似于赤道气候,但云量少,热带气旋是其特有的天气系统,发生在大洋的西部。它又可分为海洋反气旋东沿气候型(降水很少)和海洋反气旋西沿气候型(天气与赤道带相似,只是冬季会出现寒冷天气)。

11.3.2.4 副热带

作为过渡带的副热带位于热带和温带之间,夏季盛行热带气团,冬季盛行极地气团。冬季极锋的平均位置是副热带的南界,极锋的夏季位置是副热带的北界。

副热带可分为副热带大陆气候型、副热带海洋气候型、副热带大陆西岸气候型、副热带大陆东岸气候型。

副热带大陆气候型夏季受热带大陆气团控制,晴朗干燥,冬季则很不稳定,有降水和急剧的温度变化。副热带海洋气候型夏季盛行反气旋天气,而冬季多气旋活动,并有强风、降水、多云及急剧的温度变化,但平静而晴朗的天气也绝不罕见。

副热带大陆西岸气候型夏季处于副热带高压东沿,盛行晴朗干燥天气,冬季气旋活动频繁,有大量降水,这种气候以地中海地区最为典型,故有地中海气候型之称。副热带大陆东岸夏季处于副热带高压的西沿,有大量降水,而冬季由于盛行高压干冷气团,降水比夏季少得多,是季风气候型。

11.3.2.5 温带

由副热带向北是温带气团盛行的温带气候带(北半球)。夏季极锋的位置,即热带气团在夏季向北扩展的平均位置是温带的南界;北极锋的冬季位置,即冬季北极气团向南移动的平均位置是温带的北界。

在温带形成的气团的性质很大程度上决定于下垫面的特性。极地海洋气团气温年较差约15℃,而极地大陆气团气温年较差可达50~60℃。热带气团和北(南)极气团可伸入温带,锋面过程造成天气状况的急剧变化。温带的降水,主要是由锋面造成的。

温带可分为温带大陆性气候、温带海洋性气候、温带大陆西岸气候、温带大陆东岸季风气候四种气候型。

温带大陆性气候型终年受极地大陆气团控制。夏季大陆气团温度较高,下层层结不稳定;冬季大陆气团具有低温和稳定的层结,逆温层厚度很大。由于南半球陆地很少,故大陆气候型仅见于北半球。

温带海洋性气候终年受极地海洋气团控制,温和而湿润,降水分布均匀。极地海洋气团是大陆西岸盛行气团,因此冬季较同纬度温度高,夏季凉爽,气温年较差小,降水丰沛且分布均匀。温带大陆东岸气候具有季风气候的特点,冬季风由寒冷大陆的东部吹出偏北风,并把极锋推至副热带;夏季是由温带海洋上吹来的偏南风,气旋活动是夏季雨的主要来源。因此温带大陆东岸季风气候的特点是冬季寒冷、晴朗、少雪,夏季多雨潮湿。

11.3.2.6 副北极(副南极)带

在极地气团和北极气团占优势的地区之间存在一个过渡带,即副极地带。夏季,在这个过渡带上盛行极地气团。北极锋在冬季和夏季的平均位置是副极地带的南北界限。南半球由于高纬都是辽阔的海洋,南极气团和极地气团之间没有明显的过渡带,因此南半球不出现副南极带。

副北极带可分为两种气候型:副北极带大陆性气候和副北极带海洋气候。副北极大陆性气候冬季盛行寒冷的北极气团,夏季盛行较温暖的大陆气团,冬季气温极低,某些地区极端最低气温可达$-70℃$,降水几乎都是锋面降水,但降水量不大,例如维尔霍扬斯克年降水仅155mm,降水集中在夏季;有较短促而温暖的夏季。

副北极带海洋性气候气温年较差小,冬季温和,夏季凉爽,苔原是典型的景观。

11.3.2.7 北(南)极带

北(南)极气候带,或者确切地说是北(南)极气候区,是北(南)半球最北(南)面的一个基本气候带,这里是北(南)极气团的源地。北(南)极锋的夏季位置,即极地气团在夏季向南(北)扩展的平均位置,就是北(南)极气候带的南界。

除格陵兰中部外,北极气候属海洋型。夏季地面温度有时也可达10℃,只是偶尔在海岛上有部分冰雪融解。

南极气候则表现为大陆型,夏季除少数几天外,温度都是负的;冬季气温甚低,极端最低温度为$-94.5℃$,是地球上最寒冷的地方。

11.3.3 理论分类法

11.3.3.1 斯查勒气候分类法

理论分类法是在深入认识气候特征与各气候形成因子的关系基础上,应用水、热平衡理论,选择分类依据,设计分类指标,建立分类方案的方法。下面以斯查勒分类法说明之。

斯查勒曾于20世纪50年代末到60年代初提出一个成因分类法,该方法与阿里索夫分类法类似,以气团和气候锋的位置及其季节变化为依据,其分带图式见图 11.12。此后,他又对该分类方法进行多次修改,于 1978 年又提出一个完整的理论分类法。该方法以早期成因分类法为基础,收集世界上 13000 个测站的观测资料,应用桑斯威特方法计算水、热平衡中的各个分量,以可能蒸散量(E_P)为分带指标,土壤缺水量(D)为主要分型指标,土壤储水量(S)和土壤多余水量(R)为分副型指标,把世界气候分为 3 个气候带、13 个气候型和若干个气候副型,高地气候另列一类。

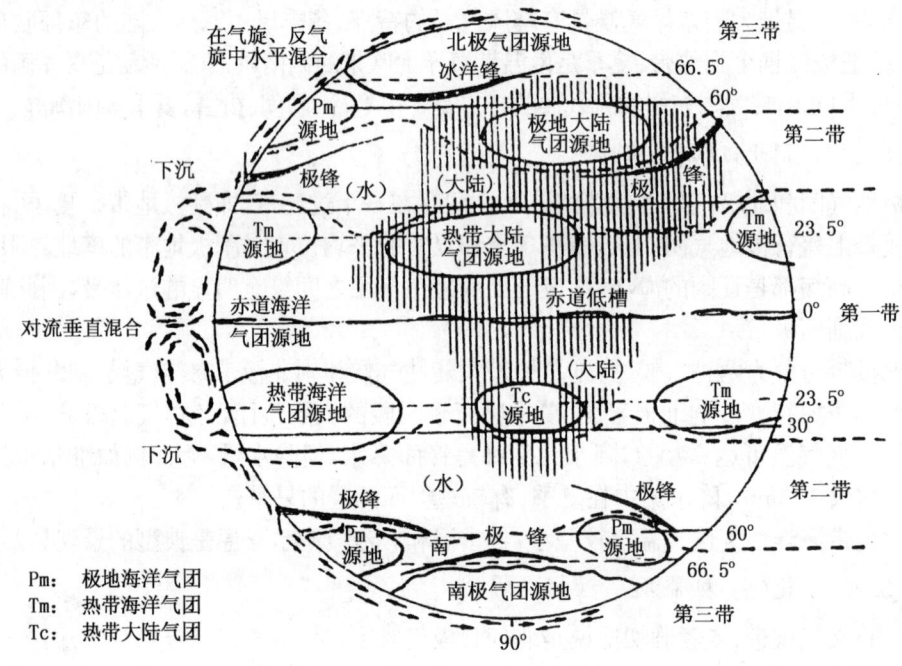

图 11.12 斯查勒气候分带简明图式

在气候带的划分过程中,斯查勒通过对比全球气团和气候锋的带状分布型式与可能蒸散量的分布图,用实验的方法确定气候带之间的界线。在此基础上,他用年可能蒸散量 130cm 和 52.5cm 把全球分为低纬度气候带、中纬度气候带和高纬度气候带。其中低纬度气候带的年可能蒸散量在 130cm 以上,是热带气团(包括热带海洋气团 Tm 和热带大陆气团 Tc)与赤道气团(E)的源地,影响天气气候的最主要因子是赤道辐合带、信风带、副热带高压和热带气旋;中纬度气候带的年蒸散量在 130~52.5cm 之间,是热带气团与极地气团角逐交绥的地带,影响天气气候的主要因子是副热带高压、中纬度西风带、极锋、温带气旋和反气旋;高纬度气候带的年可能蒸散量小于 52.5cm,是极地气团和冰洋气团的源地,二者交绥形成冰洋锋(或北极锋和南极锋)。在每一气候带中,斯查勒又按土壤水分收支的不同情况分为若干气候型,如图 11.13 所示。

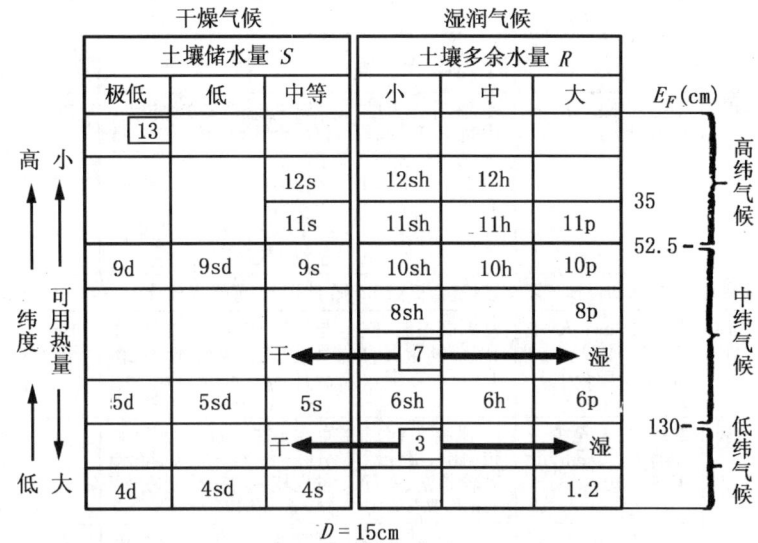

图 11.13　按年可能蒸散量 Ep 和土壤干湿度划分的气候带和气候型

干旱气候型和湿润气候型界线指标值为土壤年总缺水量 $D=15$ cm。各气候型的特征值、环流系统、基本气候特征以及与柯本分类法中气候类型的对应关系见表 11.5。

表 11.5　斯查勒气候分类系统

气候型	特征值	环流系统	气候特征	柯本气候型	气候副型
一、低纬度气候带(赤道气团和热带气团的源地,并受其控制,年可能蒸散量大于130cm)					
1. 赤道潮湿气候 10°N～10°S (亚洲 0～20°N)	各月 $E_p \geqslant 10$ cm；$s \geqslant 20$ cm 的月数 $\geqslant 10$	受赤道辐合带影响,Tm 和 E 气团控制	全年炎热多雨,各月平均气温25℃～28℃,气温年较差小于3℃,日较差6～12℃,年降水量≥2000mm	Af Am	
2. 热带季风和信风气候 5～25°N(S)	各月 $E_p \geqslant 4$ cm；连续 6～9 个月 $s \geqslant 20$ cm,或如果 $s \geqslant 20$ cm 的月数 $\geqslant 10$,则连续 $E_p \leqslant 10$ cm 的月数 $\geqslant 5$	受海洋副高西缘信风影响,盛行 Tm	炎热多雨,降水量和气温有明显的季节变化,有短暂干季,多雨季节 R 很大,D 不大,且出现于干季	Af Am	
3. 热带干湿季气候 5～20°N(S) (亚洲:10～30°N)	$D \geqslant 20$ cm, $R \leqslant 10$ cm,各月 $E_p \geqslant 4$ cm；$s \geqslant 20$ cm 的月数 $\leqslant 5$,或 s 极小月的值 <3 cm	夏季受赤道辐合带影响,盛行 E 和 Tm 冬季受信风带影响,盛行 Tc	降水量季节变化非常明显,气候季节更替表现为干季—热季—湿季的形式,一年中至少有 1～2 个月为干季;湿季的 R 很大,干季的 D 很大。最冷月均温16～18℃	Aw Cw	

续表 11.6

气候型	特征值	环流系统	气候特征	柯本气候型	气候副型
4. 热带干旱气候 15～25°N(S)	$D \geqslant 15cm$, $R=0$, 各月 $E_p \geqslant 4cm$	受副高和大陆内部与西岸信风影响，盛行 Tc 和下沉的 Tm	气温很高，季节变化较大，仅在大陆西岸与西岸较凉爽，降水量极少，半干旱气候降水量 r 在 250～750mm，干旱气候 $r \leqslant 250mm$，$r \ll E_p$，D 很大。气温年较差和日较差都很大	Bw Bs	半干旱气候 4s；半沙漠气候 4sd；沙漠气候 4d
二、中纬度气候带（热带气团和极地气团交替控制，极锋出现在此带，年可能蒸散量在 130～52.5cm 之间）					
5. 副热带干旱气候 25～35°N(S) 大陆西岸和内陆	$D \geqslant 15cm$, $R=0$, 各月 $E_p \geqslant 0.8cm$, 有一个月 $E_p<4cm$	受副高控制，盛行 Tc 和下沉的 Tm，Pc 冬季入侵	与热带干旱气候类似，只是气温较低，E_p 较小，最冷月 $E_p<4cm$	Bw Bs	半干旱气候 5s；半沙漠气候 5sd；沙漠气候 5d
6. 副热带湿润气候 25～35°N(S) 大陆东岸	$D<15cm$, 至少一个月 $E_p<4cm$, 每月 $E_p \geqslant 0.8cm$	受副高和西风带影响，极锋活动较频繁，盛行 Tm 和 Pc	夏季炎热多雨，有大量水分盈余；冬季凉爽，降水量也较多，有少量水分亏缺，E_p 较小	Cf	半湿润气候 6sh；湿润气候 6h；过湿润气候 6p
7. 地中海气候 （或副热带夏干气候） 30～40°N(S) 大陆西岸	$D \geqslant 15cm$, $R \geqslant 0$, 各月 $E_p \geqslant 0.8cm$, 水分储存指数（土壤储水量在一年内的相对较差）>75%，或最热月降水量与实际蒸散量之比<40%	夏季受副高控制，盛行 Tc 和下沉的 Tm；冬季西风带控制，盛行 Pm	夏季炎热干旱，冬季温和多雨，年降水量 300～1000mm，最冷月均温 4～10℃，降水量和 s 的年变幅很大，D 常达 15cm 以上	Cs	
8. 温带海洋性气候 35～60°N(S) 大陆西岸	$D>15cm$, 全年 $E_p>80cm$, 各月 $Ep \geqslant 0.8cm$	西风带控制，气旋、锋面活动频繁，盛行 Pm	降水量丰沛，季节分配均匀，冬雨偏多，年降水量 750～1000mm，最冷月均温在 0℃以上，气温年较差较小，R,D 因地而异，一般 R 较大 D 较小	Cf	半湿润气候 8sh；湿润气候 8h；过湿润气候 8p
9. 温带干旱气候 35～55°N 大陆中心	$D \geqslant 15cm$, $R=0$, 至少有一个月 $E_p<0.7cm$	西风带控制，盛行 Pc，夏季受 Tc 的影响	夏季炎热，冬季寒冷，气温年、日较差大，降水量极少，干旱气候在 250mm 以下，半干旱气候 250～400mm	Bw Bs	半干旱气候 9s；半沙漠气候 9sd；沙漠气候 9d
10. 温带湿润大陆性气候 30～55°N （欧洲 45～60°）温带海洋性的东侧	$D<15cm$, 至少有一个月 $E_p \leqslant 0.7cm$	受西风带控制，是极锋活动频繁的地带，盛行 Pc，夏季受 Tm 影响	全年降水量较丰富，夏季温暖多雨，冬季寒冷多雨，有少量气旋性降水（雪），气温年较差较大	Df Dw	半湿润气候 10sh；湿润气候 10h；过湿润气候 10p
三、高纬度气候带（极地气团和冰洋气团控制，年可能蒸散量小于 52.5cm）					
11. 副极地大陆性气候 （雪林气候） 50～70°N	全年 $35cm<E_p<52.5cm$, 连续 $E_p=0$ 的月数<8	盛行 Pc，夏季受 Pm 影响，冬季受 Ac 或 Am 影响	夏季短暂凉爽，冬季漫长严寒，有"寒极"之称，一年中至少有 9 个月是冬季，月均温 10℃以上不足 3 个月；年降水量少，不超过 500mm，有少量夏雨，气温年较差最大，可达 60～70℃。土壤冻结现象严重	Df Dw	半干旱气候 11s；半湿润气候 11sh；湿润气候 11h；过湿润气候 11p

续表 11.6

气候型	特征值	环流系统	气候特征	柯本气候型	气候副型
12. 苔原气候 65～90°N(S)	全年 $E_p<35\text{cm}$，连续 $E_p=0$ 的月数≥8	受 Pc,Pm 和 A 控制,气旋、锋面活动频繁	长冬无夏,一年中有 1～4 个月的月平均气温在 0～10℃;降水量少,一般为 200～300mm,内陆地区不足 200mm;冻土层接近地表,全年大部分月份 $E_p=0$	ET	半干旱气候 12s;半湿润气候 12sh;湿润气候 12h
13. 冰原气候 65～90°N(S)	各月 $E_p=0$	受冰洋气团控制	年均温很低,各月气温均低于 0℃,全年 $E_p=0$,降水量极少,小于 250mm,均为干雪,不融化,形成冰原,长年大风,能见度恶劣	EF	
高地气候			分布于世界各地的高山和高原区,气温有明显的垂直地带性;在干旱地区降水也有有明显的垂直地带性		

就全球范围来说,从湿润到沙漠分为六级,其中干旱气候型和湿润气候型各 3 个,分别用小写拉丁字母表示,其划分标准见表 11.6。

表 11.6 气候副型的划分标准

气候型	气候副型与符号	划 分 标 准
干旱气候	半干旱(草原)s 半沙漠 sd 沙漠 d	一年中至少有两个月土壤储水量 s≥6cm 一年中不到两个月 s≥6cm,但至少有一个月 s>2cm 无 s≥6cm 的月份
湿润气候	半湿润 sh 湿润 h 过湿润 p	若没有水分盈余即 $R=0$,则 $0<D<15\text{cm}$;若 $R\neq 0$,则 $D>R$ 总有 $R>D$,且 $0.1\text{cm}\leqslant R\leqslant 60\text{cm}$ $R\geqslant 60\text{cm}$

11.3.3.2 周淑贞对斯查勒气候分类的改进

周淑贞全球气候分类图见图 11.14。斯查勒气候分类法汲取了实验分类法和成因分类法的优点,并把气候形成和水热平衡原理紧密地结合在一起,具有坚实的理论基础,是迄今为至比较完整的理论分类法。斯查勒重视地带性因子和非地带性因子的差别,并把高地气候与低地气候区别开来,同时还用具体的定量指标确定气候类型界线。

斯查勒气候分类方案清晰明确,系统细致,对生产部门有明显的实用价值。斯查勒分类法的不足主要有以下两点:

①对季风气候不够重视;
②所选取的一些经验方法不够精细。

东亚和南亚是世界上季风最显著的地区,在斯查勒分类法中,把我国副热带季风气候和温带季风气候与北美东部的副热带湿润气候和温带大陆性气候等同起来,把我国南方的热带季风气候与非洲、南美洲的热带干湿季气候等同起来,这都是不妥当的。

周淑贞等在斯查勒气候分类的基础上,针对其存在的不足,加以补充修改,将全球

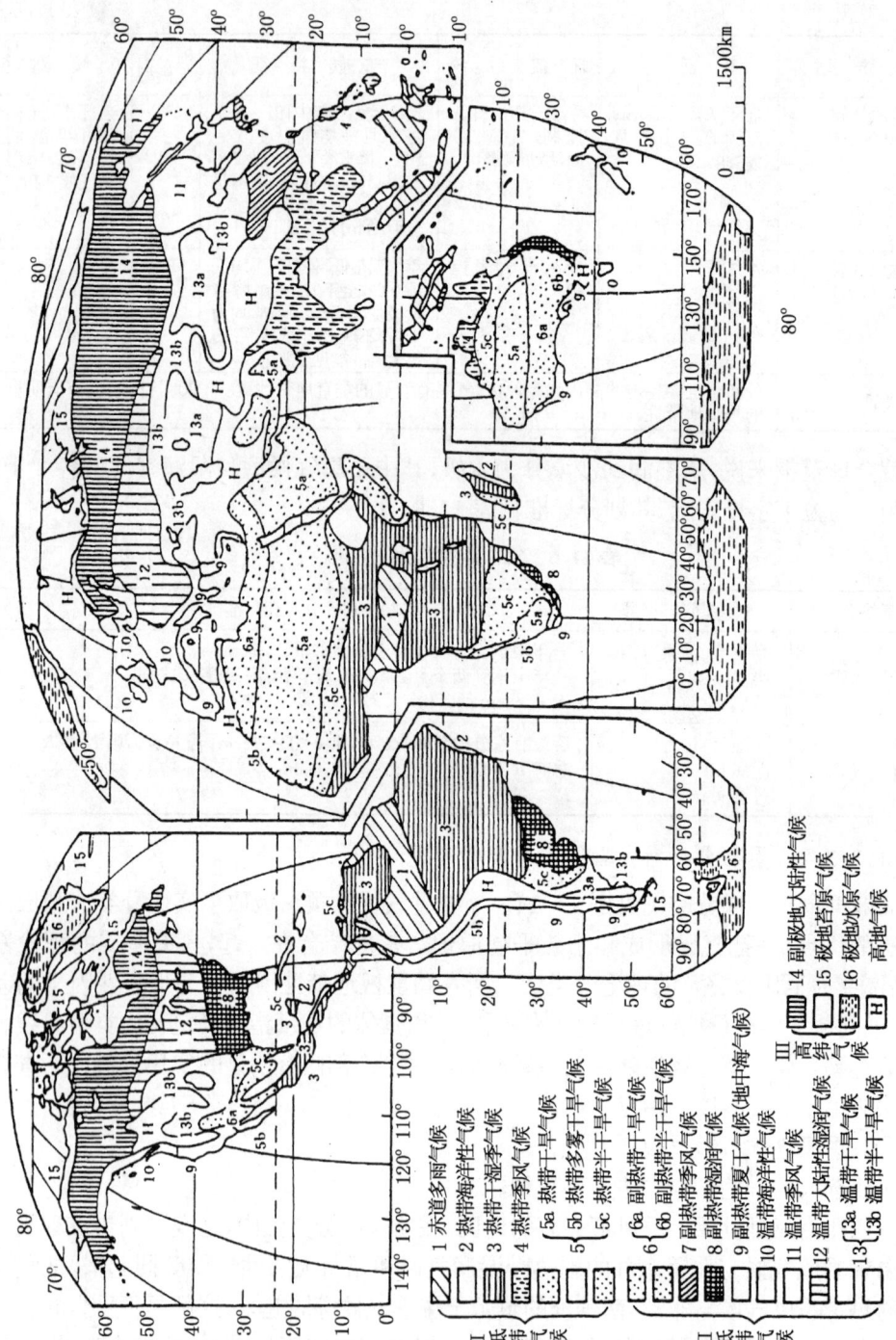

图11.14 周淑贞世界气候分类图

气候分为3个气候带16个气候型,即在斯查勒气候分类的基础上,又列出了热带季风气候、副热带气候和季风气候三个气候型,另列高地气候一类,其分类图见图11.14。即周淑贞气候分类对斯查勒气候分类的改进之处是明确提出了季风气候。季风气候的划分指标是:

①当地冬夏盛行风向有明显的季节变化,其变移角度至少有120°;
②随着冬夏季风的交替,有干湿季的明显变化。

必须具备上述两个条件,才能划为季风气候。季风气候又因所在纬度不同而划分为热带、副热带和温带季风气候等类型。

热带季风气候分布在10~25°的亚洲大陆东南部如我国的台湾南部、雷州半岛和海南岛,中南半岛,印度半岛大部,菲律宾,澳大利亚北部沿海等地。这里热带季风发达,一年中风向变化明显。在热带大陆气团(Tc)控制时,降水少。而当赤道气团(E)控制时,降水丰沛。又有大量气旋雨,降水量一般在1500~2000mm,集中在6~10月(北半球)。全年高温,年平均气温在20℃以上,年较差3~10℃,春秋极短。

副热带季风气候位于副热带亚欧大陆东岸,约25~35°N。是热带海洋气团和极地大陆气团交绥角逐的地带。夏热冬温,最热月均温在22℃以上,最冷月均温在0~15℃,年较差15~25℃。四季分明,降水量750~1000mm以上,夏雨较集中,无明显干季。

温带季风气候出现在亚欧大陆东岸35~55°N地带,包括中国的华北、东北,朝鲜大部,日本北部及俄罗斯远东部分地区。冬季盛行偏北风,寒冷干燥,最冷月均温0℃以下,南北气温差别大。夏季盛行东南风,温暖湿润,最热月均温在20℃以上,南北温差小。气温年较差比较大。全年降水集中在夏季,降水分布由南向北,由沿海向内地减少。天气的非周期变化显著,冬季寒潮爆发时,气温在24小时内可下降10℃甚至20℃多。

总结与提要

对气候进行分类是了解气候地理分布的基础。

(1)全球气温变化的总趋势自赤道向两极降低,即大致呈纬向地带性,但由于受海陆、洋流及大气环流的影响,东西向的等温线呈现南北波动。热赤道与天文赤道并不相符。

(2)受大气环流所形成行星气压带的影响,降水量的全球分布也呈现出大致的纬向地带性:赤道多雨带、副热带少雨带、温带多雨带和高纬少雨带。根据降水的年变化可划分为全年多雨型(赤道)、冬雨型(大陆西岸)和夏雨型(中纬度大陆东岸)。

(3)众多的气候分类法各有优劣。自然地理研究中应用较广泛的是柯本气候分类法。而中学地理教学中介绍的气候类型则来自于周淑贞改进后的斯查勒气候分类。

复习思考题

1. 世界气候分类主要有哪几种方法？它们的分类依据和指标有何区别？其优缺点有哪些？
2. 试比较下列气候类型的异同：
    (1) 温带季风气候与热带季风气候；
    (2) 热带季风气候和热带干湿季气候；
    (3) 地中海气候和温带海洋气候；
    (4) 温带海洋气候和温带季风气候；
    (5) 热带沙漠气候和温带沙漠气候；
    (6) 温带季风气候和温带大陆性湿润气候。
3. 试区别赤道山地地区气候垂直变化与经向从赤道—极地气候水平变化的异同点。
4. 书后附表中给出了一些气象站的气候资料，试判断它们的气候型。T_m 和 R_m 分别为月平均气温和降水量。

第十二章 气候变化

地球形成以来,气候始终处在变化之中。冷暖交替,干湿变化,一直是气候演变史的基本特征。它们的时间尺度有长达数百万年直至数亿年的冰期和间冰期循环,也有几百年、几十年、甚至几年的短期气候振动。气候变化所涉及的空间范围,既有全球性的,也有一个洲的甚至更小区域的。而且,地球气候的演变与人类的进化与发展,生物、海洋、地质等的演化存在相互影响和相互制约的关系。研究地球气候变化的历史,弄清现代气候变化的趋势,一方面具有重大的理论意义,另一方面更为我们按照气候演变规律,采取适当措施及早预防和抗御异常气候灾害,合理地利用气候资源,改造气候条件提供科学依据。

§12.1 气候变化的史实

地球形成行星的时间尺度约为 50 ± 5 亿年。据地质沉积层的推断,约在 20 亿年前地球上就有大气圈和水圈。地球气候史的上限,可追溯到 20 ± 2 亿年。地球的古气候史是采用"地质年代"来表示的。其中最大的时间单位是"代",每个"代"分为若干个"纪",每个"纪"又分为若干"世"。据地质考古资料、历史文献记载和气候观测记录分析,世界上的气候都经历着周期长度为几十年到几亿年的气候变化。现在为科学界公认的有:

大冰期与大间冰期气候:时间尺度约为几百万年到几亿年。
亚冰期气候与亚间冰期气候:时间尺度约为几十万年。
副冰期与副间冰期气候:时间尺度约为几万年。
寒冷期(或小冰期)与温暖期(或小间冰期)气候:时间尺度约为几百年到几千年。
世纪及世纪内的气候变动:时间尺度约为几年到几十年。

根据不同的时间尺度和研究方法,地球气候变化史可分为三个阶段:地质时期的气候变化、历史时期的气候变化和近代气候变化。地质时期气候变化时间跨度最大,从距今 22 亿年到 1 万年,其最大特点是冰期与间冰期交替出现。历史时期气候一般指 1 万年左右以来的气候。近代气候是指最近 100~200 年有气象观测记录时期的气候。

12.1.1 地质时期的气候变化

在地质时期的气候变化中,地球经历过几次大冰期气候。其中最近的三次大冰期气候具有全球性意义,发生的时间比较肯定,即震旦纪大冰期、石炭-二迭纪大冰期和第四纪大冰期(表 12.1,图 12.1)。震旦纪以前,还有过大冰期的反复出现,但时代不太明确,证据也不够充分。在大冰期之间是比较温暖的大间冰期。

表 12.1　地球古气候史地质年代表(引自潘守文,现代气候学原理,1994)

地质年代				地壳运动与地质概况		气候概况	
代	纪(系)	符号	距今年龄(百万年)				
新生代	第四纪	Q	2 或 3	喜马拉雅运动(新阿尔卑斯运动)	地壳缓慢的升降运动		第四纪大冰期,氧气含量达现代水平,气温开始下降
	晚第三纪	R	25		喜马拉雅运动主要时期 煤形成	大间冰期气候	东亚大陆趋于湿润
	早第三纪	E	65		火山运动 海侵		世界气候均匀变暖 表现为热带气候
中生代	白垩纪	K	136	燕山运动(旧阿尔卑斯运动)	燕山运动主要时期(造山运动强烈) 中国、欧洲、北美出现红色、紫色土层		干燥气候继续发展 干燥气候 湿热气候
	侏罗纪	J	192.5				
	三迭纪	T	225		海洋继续增加容积		大气氧波动速率增加 气候炎热,氧化作用强烈
古生代	二迭纪	P	280	海西运动	大火山作用 阳新统和乐平统造山运动 陆相或海相沉积	大冰期气候	世界性的湿润气候(除欧洲、北美外) 干燥气候 气候温暖无季节
	石炭纪	C	345				
	泥盆纪	D	395	加里东运动	海西运动开始 海相沉积 大规模的造山运动 地层运动平静 海侵海退交替 地层运动平静 多海相沉积	大间冰期气候	气候带呈明显的分区 气候更趋暖化 气候增暖且干湿气候带分异明显,形成欧亚大陆三个明显的气候带
	志留纪	S	435				
	奥陶纪	O	500				
	寒武纪	∈	570				
元古代	震旦纪	Z			主要岩层为沉积岩		大冰期气候
	主要根据南非古老地层划分的地质年代和地运动		1000 1200 1500 2000 3000 3300 4500	吕梁运动 五台运动 劳伦运动	上贝克白云地层(加利福尼亚) 燧石藻地层(安大略) 无花果树地层 地壳岩石、海洋形成 地壳分化		氧为现代大气 O_2 水平的 3%~10% 氧为现代大气 O_2 水平的 1% 氧化大气的出现 元古代大冰期气候 太古代大冰期气候
太古代							
地球初期发展阶段			6000?	地球形成			

从图 12.1 可以看出,地球气候在其发展过程中以温暖气候为主,温暖期约占整个地球气候史的 90%。在大冰期或大间冰期内,虽然全球气温普遍偏低或偏高,但存在相对的冷暖和干湿的交替。如距今最近的第四纪大冰期中,还存在尺度较小的亚冰期和亚间冰期。每个亚冰期内,还有若干尺度更小的副冰期和副间冰期。

12.1.1.1　震旦纪大冰期气候

震旦纪大冰期发生在距今约 6 亿年前。根据古地质研究,在亚、欧、非、北美和澳大利亚的大部分地区,都发现了冰碛层,说明这些地方曾经发生过具有世界规模的大冰川气候。在我国长江中下游广大地区都有震旦纪冰碛层,表示这里曾经有过寒冷的大冰期气候。而在目前黄河以北地区震旦纪地层中分布有石膏层和龟裂纹现象,说明那里当时曾是温暖而干燥的气候。

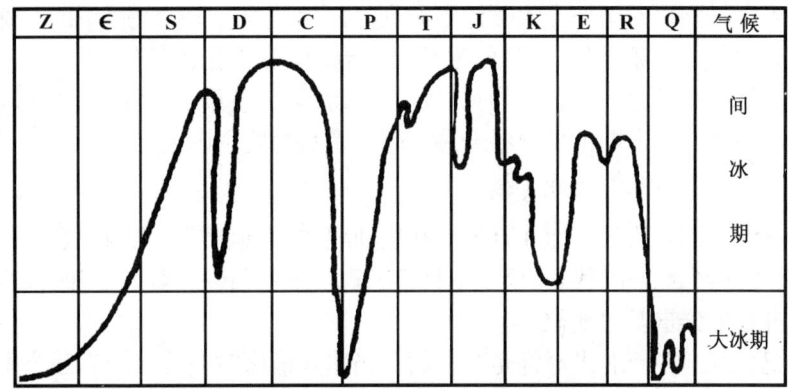

图中：Z为震旦纪； €为寒武纪； S为志留纪； D为泥盆纪； C为石炭纪； P为二迭纪； T为三迭纪；
J为侏罗纪； K为白垩纪； E为早第三纪； R为晚第三纪； Q为第四纪

图12.1　地质时期的气候变迁图(引自潘守文,现代气候学原理,1994)

12.1.1.2　寒武纪-石炭纪大间冰期气候

寒武纪-石炭纪大间冰期发生在距今约3～6亿年前。包括寒武纪、奥陶纪、志留纪、泥盆纪和石炭纪五个地质时期,共经历3.3亿年,都属大间冰期气候。当时整个世界气候都比较温暖,特别是石炭纪是古气候中典型的温和湿润气候。当时森林面积极广,最后形成大规模的煤层,树木缺少年轮,说明当时树木终年都能均匀生长,具有海洋型气候特征,没有明显季节区别。在我国石炭纪时期,全国都处于热带气候条件下,到了石炭纪后期出现了三个气候带,自北而南分布着湿润气候带、干燥带和热带。

12.1.1.3　石炭-二迭纪大冰期

石炭-二迭纪大冰期发生在距今2～3亿年。从所发现的冰川迹象表明,受到这次冰期气候影响的主要是南半球。在北半球除印度外,目前还未找到可靠的冰川遗迹。这次冰川气候中,中国西部、西伯利亚、北欧和北美为广大的干燥带,其外围是温暖的湿润气候带,干燥带的南面是潮湿炎热的气候带。这时我国仍具有温暖湿润气候带、干燥带和炎热潮湿气候带。

12.1.1.4　三迭纪-第三纪大间冰期气候

三迭纪-第三纪大间冰期发生在距今约2亿到200万年前,包括整个中生代的三迭纪、侏罗纪、白垩纪,都是温暖的气候,到新生代的第三纪时,世界气候更趋暖化,共计约2.2亿年。在中国、欧洲、北美发现三迭纪时的红色和紫色地层很普遍,说明当时气候炎热,氧化作用强烈。地层中常含有石膏和石盐层,又说明当时气候很干燥。

在我国,三迭纪的气候特征是西部和西北部普遍为干燥气候。到侏罗纪,我国地层普遍分布着煤、粘土和耐火粘土等,由此可以认为我国当时普遍在湿润气候控制下。侏罗纪后期到白垩纪是干燥气候发展的时期,当时我国曾出现一条明显的干燥气候带。西起新疆经天山、甘肃,向南伸至大渡河下游到江西南部都有干燥气候下的石膏层发育。

到了新生代的早第三纪,世界气候更普遍温暖,格陵兰具有温带树种,我国当时的沉积物大多带有红色,说明我国当时的气候比较炎热。晚第三纪时,东亚大陆东部气候趋于湿润。晚第三纪末期世界气温普遍下降。喜热植物逐渐南退。

12.1.1.5 第四纪大冰期气候

第四纪大冰期约从距今 200 万年前开始到现在。在地质上,第四纪是资料最丰富的一个时代。在这个地质时代里,已基本具备了现代地理条件,因而这一时代的地球气候史的研究占有十分重要的地位。

第四纪大冰期在南北半球都是存在的。当冰期最盛时在北半球有三个主要大陆冰川中心,即斯堪的那维亚冰川中心:冰川曾向低纬伸展到 51°N 左右;北美冰川中心:冰流曾向低纬伸展到 38°N 左右;西伯利亚冰川中心:冰层分布于北极圈附近 60~70°N 之间,有时可能伸展到 50°N 的贝加尔湖附近。估计当时陆地有 24% 的面积为冰覆盖,还有 20% 的面积为永冻土,这是冰川最盛时的情况。

第四纪大冰期中,气候有多次变动,冰川有多次进退。根据对欧洲阿尔卑斯山区第四纪山岳冰川的研究,确定第四纪大冰期中有 5 个亚冰期。在中国也发现不少第四纪冰川遗迹,定出 4 次亚冰期,如表 12.2 所示。

在亚冰期内,平均气温约比现代低 8~12℃。在两个亚冰期之间的亚间冰期内,气温比现代高。北极约比现代高 10℃以上,低纬地区约比现代高 5.5℃左右。覆盖在中纬度的冰盖消失,甚至整个极地冰盖消失。在每个亚冰期中,气候也有波动,例如在大理亚冰期中就至少有 5 次冷期(或称副冰期),而其间为相对温暖时期(或称副间冰期)。每个相对温暖时期一般维持 1 万年左右。目前正处于一个相对温暖期的后期。

据研究,在距今 1.8 万年前为第四纪冰川最盛时期,一直到 1.65 万年前,冰川开始融化,大约在 1 万年前大理亚冰期(相当于欧洲武木亚冰期)消退,北半球各大陆的气候带分布和气候条件基本上形成为现代气候的特点。

根据上述气候变化的事实和许多其它现象,可以肯定在过去 50 亿年里地球气候曾经历过极为显著的冷暖变化和干湿变化。有冰川广布时期,也有温暖或炎热时期,这些变动不仅是局部地区的,也是全球性的气候变迁。

12.1.2 历史时期的气候变化

历史时期的气候变化,通常是指第四纪大冰期中武木(大理)亚冰期的最近一次副冰期结束以来 1 万年左右的所谓"冰后期"气候。

表11.2　第四纪冰期中的亚冰期

影响第四纪气温的因素综合曲线 热　冷	距今年数（千年）	欧洲的亚冰期	中国的亚冰期对比（暂定）
	100	武木亚冰期　武Ⅱ 晚期　武Ⅰ 早期	大理亚冰期
	200	里斯-武木间冰期	
	300	里斯间冰期	庐山亚冰期
	400 500 600	民德-里斯间冰期	
	700	民德亚冰期	大姑亚冰期
	800 900	群智-民德间冰期	
	1000 1100	群智亚冰期	鄱阳亚冰期
	1200 1300	多脑-群智间冰期	
	1400 1500 1600 1700 1800 1900	多脑亚冰期	

12.1.2.1　历史时期的全球气候

挪威的冰川学家曾作出冰后期的近1万年来挪威的雪线升降图(图12.2)。雪线的升降与降水量的多少及季节分布因素等有关，但它能表示气温的变化。气候温暖时雪线上升，气候转寒时雪线下降。

O. Leistol(1960年)根据1万年来挪威雪线的变化，把冰后期分为四次寒冷期和三次温暖期。第一次寒冷期距今8000～9000年，主要寒冷期在公元前6300年左右。第二次寒冷期在公元前5000～1500年，是一次气候转寒时期，主要寒冷期在公元前3400年左右。第三次寒冷期发生在公元前1000年到公元100年之间，主要寒冷期在公元前

830年前后。第四次寒冷期在公元1550年到1900年间,主要寒冷期在公元1725年前后,这段寒冷期为冰后期以来最寒冷的阶段,称为现代小冰期,当时气温比现在低1℃~2℃。两个相邻的寒冷期之间为相对温暖的时期。第一次温暖期发生在距今7000年左右;第二次温暖期的主要暖期发生在距今4000年左右。由于这两次温暖期之间的寒冷期降温幅度较小,这两次温暖期又往往合称气候最适期,当时气温比现在高3~4℃。第三次温暖期发生在公元900~1300年之间,称为第二次最适期。

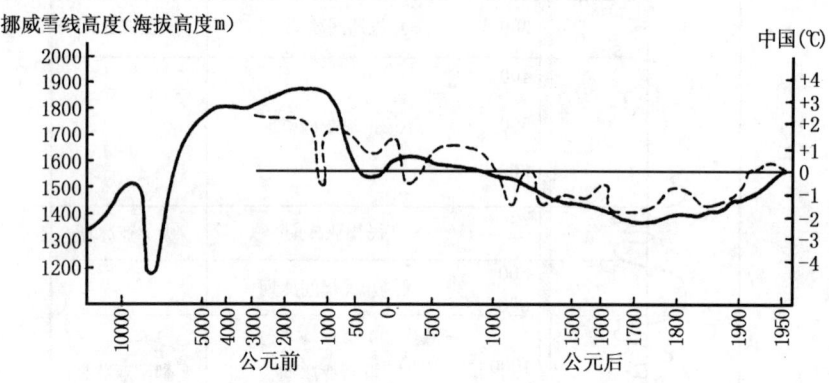

图12.2 10000年来挪威雪线高度(实线)和近5000年中国气温(虚线)变迁图(竺可桢1973)

12.1.2.2 中国历史时期的冷暖气候

中国近5000年来的气温变化(图12.2中虚线)大体上与近5000年来挪威雪线的变化相似。著名气候学家竺可桢根据对历史文献记载和考古发掘等有关资料的分析,得到图12.2中国温度变化曲线。可以将5000年来我国的气候划分为4个温暖时期和4个寒冷时期,如表12.3所示。

综上所述可见在近5000年的最初2000年中,大部分时间的年平均气温比现在高2℃左右,是最适时期。从公元前1000年的周朝初期以后,气候有一系列的冷暖变动,其最低温度出现时期分别为公元前1000年、公元400年、公元1200年和公元1700年,温度变幅1~2℃。在每个400~800年的期间内,又可分出50~100年的周期波动,温度变化范围0.5~1.0℃。其分期的特征是:温暖期越来越短,温暖的程度愈来愈低。从生物分布可以看出这一趋势。例如,在第一个温暖时期,我国黄河流域发现有象;在第二个温暖时期象群栖息北限就移到淮河流域及其以南,公元前659~627年淮河流域有象栖息;第三个温暖时期就只在长江以南,例如,信安(浙江衢县)和广东、云南才有象。而5000年中的四个寒冷时期相反,长度越来越大,寒冷程度越来越强。从江河封冻可以看出这一趋势。在第二个寒冷时期只有淮河封冻的例子(公元225年),第三个寒冷时期出现了太湖封冻的情况(公元1111年),而在第四个寒冷时期在17世纪(如公元1670年)长江也出现了封冻现象。

表 12.3　我国近 5000 年的寒暖变化(4 个温暖时期和四个寒冷时期)

第一次温暖时期 公元前 3500~1000 年左右(仰韶文化到河南安阳殷墟时代)	黄河流域有象、水牛和竹等。估计当时大部分时间年平均气温比现在高 2℃,1 月温度约比现在高 3~5℃,年降水量比现在多 200mm 以上,是我国近 5000 年来最温暖的时代
第一次寒冷时期 公元前 1000~850 年(西周时期)	《竹书纪年》中有公元前 903 年和公元前 897 年汉水两次结冰的记载,紧接着又是大旱,气候寒冷干燥
第二次温暖时期 公元前 770~公元初(秦汉时期)	气候温暖湿润,《春秋》中提到鲁国(今山东)冬天没有冰,《史记》写到当时竹、梅等亚热带植物分布界线偏北,表明当时气候比现在暖湿
第二次寒冷时期 公元初~6 世纪(东汉、三国到六朝)	拒史书记载公元 225 年淮河结冰。在公元 366 年前后从昌黎到营口的渤海海面连续三年全部结冰,物候比现在晚 15~28 天
第三次温暖时期 7~9 世纪(隋唐时期)	公元 650、669 和 678 年的冬天,当时长安(今西安)无冰雪,梅和柑桔能在关中地区生长。8 世纪梅树生长于皇宫,9 世纪初西安还种有梅花
第三次寒冷时期 10~12 世纪(宋代)	华北已无野生梅树。公元 1111 年太湖全部结冰。公元 1131~1260 年杭州每 10 年平均降雪最迟日期是 4 月 9 日,比 12 世纪以前推迟 1 个月左右。公元 1153~1155 年苏州附近的南运河经常结冰,福建的荔枝两次冻死(公元 1110 年和 1178 年),当时的气候比现在寒冷得多
第四次温暖时期 13 世纪(元代)	短时间回暖。公元 1200 年、1210 年、1216 年杭州无任何冰雪。元代初期西安等地又重新设立"竹监司"的衙门管理竹类,显示气候转暖
第四次寒冷时期 15~19 世纪末(明清时期)	长达 500 年。当时极端初霜冻日期平均比现在提早 25~30 天,极端终霜日期平均比现在推迟约 1 个月。北京附近的运河封冻期比现在长 50 天左右。估计 17 世纪的冬温要比现在低 2℃左右

12.1.2.3　中国历史时期的干湿气候

历史时期的气候,在干湿上也有变化,不过气候干湿变化的空间尺度和时间尺度都比较小。中国科学院地理所曾根据历史资料,推算出我国东南地区自公元元年至公元 1900 年的干湿变化如表 12.4 所示。其湿润指数 I 的计算方法为:

$$I = 2\frac{F}{F+D}$$

式中 F 为历史上有记载的雨涝频数,D 是同期内所记载的干旱频数,I 值变化于 $0 \sim 2$ 之间,$I=1$ 表示干旱和雨涝频数相等,小于 1 表示干旱占优势。对中国东南地区而言,求得全区湿润指数平均为 1.24,将指数大于 1.24 定义为湿期,小于 1.24 定为旱期。在这段历史时期中共分出 10 个旱期和 10 个湿期。

由表 12.4 可看出各个湿期的长度不等,最长的湿期出现在唐代中期(公元 811~1050 年),持续 240 年,接着是最长的旱期,出现在宋代,持续 220 年(公元 1051~1270 年)。

表 12.4 中国东南地区旱湿期

公元(年)	年 数	湿润指数	旱或湿期	公元(年)	年 数	湿润指数	旱或湿期
0～100	100	0.66	旱	1051～1270	220	1.08	旱
101～300	200	1.44	湿	1271～1330	60	1.46	湿
301～350	50	0.94	旱	1331～1370	40	1.00	旱
351～520	170	1.48	湿	1371～1430	60	1.50	湿
521～630	110	0.96	旱	1431～1550	120	1.08	旱
631～670	40	1.60	湿	1551～1580	30	1.48	湿
671～710	40	0.98	旱	1581～1720	140	1.02	旱
711～770	60	1.50	湿	1721～1760	40	1.40	湿
771～810	40	0.88	旱	1761～1820	60	1.02	旱
811～1050	240	1.44	湿	1821～1900	80	1.30	湿

12.1.3 近代气候变化特征

12.1.3.1 冷暖变化

近百年来有了大量的气温观测记录,由于学者们所获得的观测资料和处理计算方法不尽相同,所得出的结论也不完全一致。但总的趋势是大同小异的,那就是从19世纪末到20世纪40年代,世界气温曾出现明显的波动上升现象。这种增暖在北极最为突出,1919～1928年间的巴伦支海水面温度比1912～1918年时高出8℃。巴伦支海在20世纪30年代出现过许多以前根本没有来过的喜热性鱼类,1938年有一艘破冰船深入西西伯利亚海域,直至83°05′N,创造了世界上船舶自由航行的最北记录。这种增暖现象到20世纪40年代达到顶点,此后,世界气候有变冷现象。以北极为中心的60°N以北,气温越来越冷,进入20世纪70年代以后高纬地区气候变冷的趋势更加显著。例如1968年冬,原来隔着大洋的冰岛和格陵兰,竟被冰块连接起来,发生了北极熊从格陵兰踏冰走到冰岛的罕见现象。进入20世纪70年代以后,世界气候又趋变暖,到1980年以后,世界气候增暖的形势更为突出。

Wilson(H.威尔森)和Hansen(J.汉森)等应用全球大量气象站观测资料,将1880年到1993年逐年气温对1951年至1980年这30年的平均气温求出距平值(图12.3)。计算结果为全球年平均气温从1880～1914年的60年中增加0.5℃,1940～1945年降低了0.2℃,1965～1993年又增

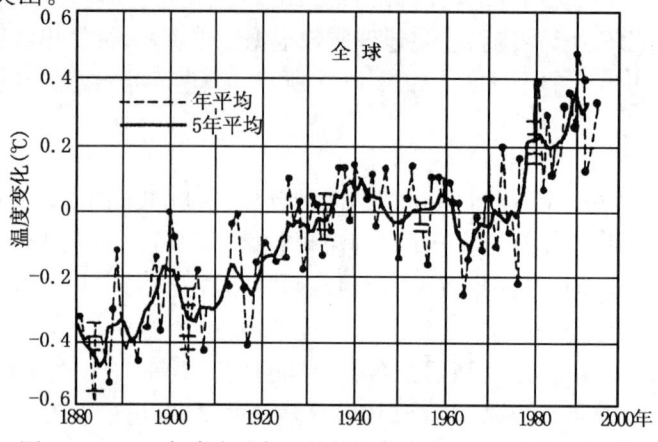

图 12.3 近百年来全球年平均气温的变化(1880～1993年)

加了0.5℃。北半球的气温变化与全球形势大致相似,升降幅度略有不同。从1880年到1940年年平均气温增暖0.7℃,此后30年降温0.2℃,从1970年至1993年又增暖0.6℃。南半球平均气温变化呈波动较小的增长趋势,从1980~1993年增暖0.5℃。显示出自1980年以来全球年平均气温增暖的速度特别快。1990年为近百余年来年温最高值(正距平为0.47℃),其余7个特暖年(正距平在0.25~0.41℃),均出现1980~1993年中。

我国学者根据我国1910~1984年137个站的气温资料,将每个站逐月平均气温划分为五个等级,即1级暖,2级偏暖,3级正常,4级偏冷,5级冷,并绘制了全国1910年以来逐月的气温等级分布图。根据图中冷暖区的面积计算出各月气温等级值,把每5年的平均气温等级值与北半球每5年的平均温度变化进行比较(图中北半球气温变化以1880~1884年为基准),如图12.4所示。

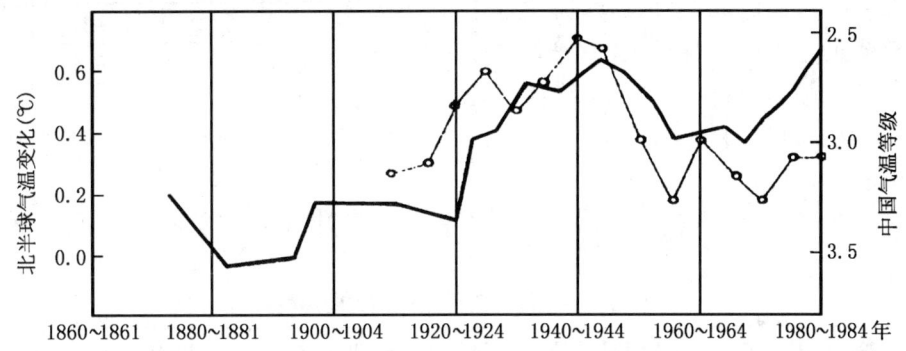

图12.4 中国气温等级的5年平均值(细线)和北半球气温5年平均值(粗线)的变化
(引自中国科学技术蓝皮书第5号,气候,1990)

可见20世纪以来我国气温的变化与北半球气温变化趋势基本上是大同小异的,20世纪30年代初曾有短期降温,但很快又继续增温,至20世纪40年代初达到峰点。另外,20世纪40年代中期以后的降温则比北半球激烈,至20世纪50年代后期达到低点,20世纪60年代初曾有短暂回升,但很快又再次下降,而且夏季比冬季明显,20世纪70年代中期后又开始回升,但20世纪80年代的增暖远不如北半球激烈,在20世纪80年代南、北半球和全球都是本世纪年平均气温最高的10年,而我国1980~1984年的平均气温尚低于60年代的水平。从19世纪末到20世纪40年代,我国年平均气温约升高0.5~1.0℃,40年代以后由增暖到变冷,全国平均降温幅度在0.4~0.8℃之间,20世纪70年代中期以后逐渐变为增暖趋势。

12.1.3.2 干湿变化

近百年来世界降水的变化,概括起来是,在纬向环流强盛时高纬度降水增加,低纬度降水减少,中纬度大陆西岸降水增多,东岸降水减少。在纬向环流衰弱时中纬度降水增加,高纬度降水减小,中纬度大陆东岸降水增加,西岸降水减少。例如,20世纪初期,英国西风频率增加,降水逐渐增多,40年代前达到高峰,而后递减,1961～1965年已显著减少,这种变化过程与欧洲和澳大利亚西岸基本相似。而与此趋势相反的是,在美国东部和澳大利亚东部自19世纪末降水开始减少,直至20世纪40年代开始增多。

影响中国降水的因素较多,地域差异显著,因此各地的降水变化不同。但20世纪我国降水总趋势大致是从18、19世纪的较为湿润时期转向较为干燥时期。长江中下游在19世纪末,20世纪30年代和60年代是三个少雨时期,平均周期为35年。华北降水低点比长江中下游地区要晚7～8年。华南地区的降雨趋势与中纬度地区不同,周期长度明显缩短,平均约14～18年,如图12.5所示。

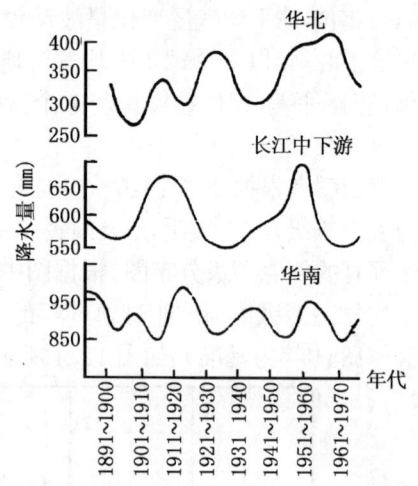

图12.5 中国东部降水量十年滑动平均曲线
(引自中国科学技术蓝皮书第5号,气候,1990)

综上所述,中国的冷暖与干湿变化有明显的周期性振动,这从表12.5可以看得很清楚。

表12.5 中国冷暖与干湿气候的周期性振动

年 代	1901～1910	1911～1920	1921～1930	1931～1940	1941～1950	1951～1960	1961～1970
降 水	干	湿	干	湿	干	湿	干
气 温	暖	冷	暖	冷	暖	冷	冷

综上所述,全球地质时期气候变化的时间尺度在22亿年到1万年以上,以冰期和间冰期的交替出现为特征,气温变化幅度在10℃以上。冰期来临时,不仅整个气候系统变化,甚至导致地理环境的改变。历史时期的气候变化是近1万年来,主要是近5000年来的气候变化,变化的幅度最大不超过2～3℃,大都是在地理环境基本不变的情况下发生。近代的气候变化主要是指近百年或20世纪以来的气候变化,气温振幅在0.5～1.0℃之间。

§12.2 气候变化的可能原因

气候的变化受多种因子的影响和制约,图12.6表示各因子之间的主要关系。图中C和D是气候系统的两个主要组成部分,A和B则是两个外界因子。由图可以看出:<u>太阳辐射和宇宙－地球物理因子都是通过大气和下垫面来影响气候变化的。人类活动既</u>

能影响大气和下垫面从而使气候发生变化，又能直接影响气候。在大气和下垫面之间，人类活动和大气及下垫面间，又互相影响、互相制约，这样形成了重叠的内部和外部反馈关系，从而使同一来源的太阳辐射影响不断地来回传递、组合、分化和发展。在长期的影响传递中，太阳又出现许多新变动，它们对大气的影响与原有的变动所产生的影响叠加起来，交错结合，以多种方式表现出来，使地球有史以来，气候的变化非常复杂。

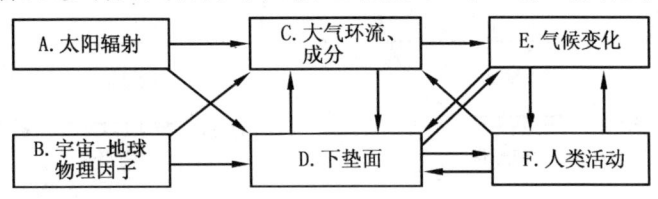

图12.6 气候变化的因子

12.2.1 太阳辐射的变化

太阳辐射是气候形成的主要因素。气候的变迁与到达地表的太阳辐射的变化关系至为密切，引起太阳辐射能变化的条件是多方面的。

12.2.1.1 地球轨道因素

地球在自己的公转轨道上，接受太阳辐射能。而地球公转轨道的三个要素：偏心率、地轴倾角和春分点的位置都以一定的周期变动着，这就导致地球上所受到的天文辐射发生变动，引起气候变迁。

(1)**地球轨道偏心率的变化**：到达地球表面单位面积上的天文辐射强度是与日地距离(b)的平方成反比的，地球绕太阳公转轨道是一个椭圆形，现在这个椭圆形的偏心率(e)约为0.016。目前北半球冬季位于近日点附近，因此北半球冬半年较短(从秋分至春分比夏半年短7.5日)。但偏心率在0.00～0.06间变动，其周期约为96000年。偏心率的变化意味着近日点和远日点发生变化，因而导致地球在一年里，接受的太阳辐射能发生变化。当偏心率为0时，地球公转轨道为圆形，冬夏等长，冬半年和夏半年接受的太阳辐射能相等。在目前偏心率约为0.016的情况下，地球在近日点时所获得的天文辐射量(不考虑其它条件的影响)较现在远日点的辐射量约大1/15，当偏心率e值为极大时，则此差异就成为1/3。当北半球冬至通过近日点，夏至通过远日点时，北半球具有短而温暖的冬季，长而凉爽的夏季。

(2)**地轴倾斜度的变化**：地轴倾斜(即赤道面与黄道面的夹角，又称黄赤交角)是产生四季的原因。由于地球轨道平面在空间有变动，所以地轴对于这个平面的倾斜度(ε)也在变动。现在地轴倾斜度是23.44°，最大时可达24.24°，最小时为22.1°，变动周期约40000年。这个变动使得夏季太阳直射达到的极限纬度(北回归线)和冬季极夜达到的极限纬度(北极圈)发生变动(图12.7)。

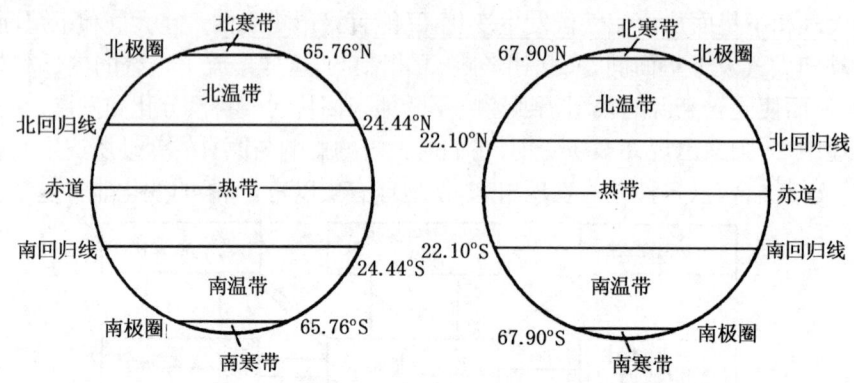

图 12.7 黄赤交角变动时回归线和极圈的变动

当倾斜度增加时,高纬度的年辐射量要增加,赤道地区的年辐射量会减少。例如当地轴倾斜度增大 1°时,极地年辐射量增加 4.02%,而赤道却减少 0.35%。可见地轴倾斜度的变化对气候的影响在高纬度比低纬度大得多。此外,倾斜度越大,地球冬夏接受的太阳辐射量差值就越大,特别是在高纬度地区必然是冬寒夏热,气温年较差增大;相反,当倾斜度小时,则冬暖夏凉,气温年较差减小。夏凉最有利于冰川的发展。

(3) 春分点的移动(岁差现象): 由于地球自转轴的进动,使地球公转轨道面与赤道面的交点(即二分点)每年沿黄道向西缓慢移动,大约每 21000 年,春分点绕地球轨道一周。春分点位置变动的结果,引起四季开始时间的移动和近日点与远日点的变化。地球近日点所在季节的变化,每 70 年推迟 1 天。大约在 10000 年前,北半球在冬季处于远日点的位置(现在是近日点),那时北半球冬季比现在更冷,南半球则相反。

上面三个轨道要素的不同周期的变化,是同时对气候发生影响的。M. M. Lankovitch(米兰柯维奇)曾结合这三者的作用计算出 65°N 纬度上夏季太阳辐射量在 60 万年内的变化,并用相对纬度来表示。例如,23 万年前在 65°N 上的太阳辐射量和现在 77°N 上的一样,而在 13 万年前又和现在 59°N 上的一样。他认为当夏季温度降低约 4～5℃,冬季反而略有升高的年份,冬季降雪较多,而到夏季雪还未来得及融化时,冬天又接着到来,这样反复进行,就会形成冰期。他还绘制成 65°N 纬度上夏季辐射量在 60 万年内的变化图(用相对纬度表示),并在图上标出第四纪冰期中历次亚冰期出现的时期(图 12.8),图中 G 代表群智,M 代表民德,R 代表里斯,W 代表武木。

12.2.1.2 火山活动引起大气透明度的变化

到达地表的太阳辐射的强弱要受大气透明度的影响。火山活动对大气透明度的影响最大,它们能强烈地反射和散射太阳辐射,削弱到达地面的直接辐射。据分析火山尘在高空停留的时间一般只有几个月,而硫酸盐气溶胶则可形成火山云在平流层漂浮数年,能长时间对地面产生净冷却效应。

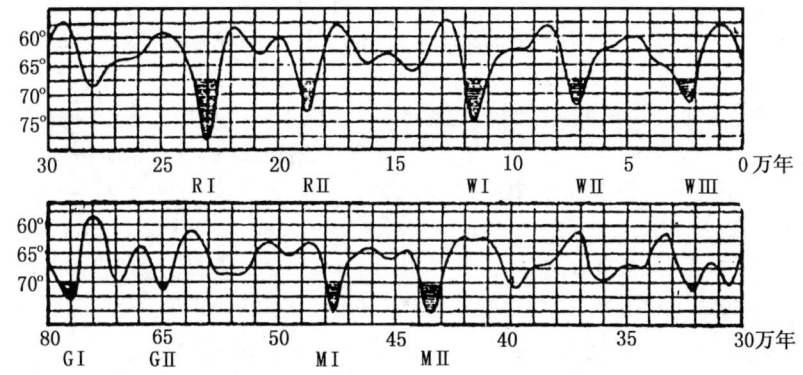

图 12.8　在 65°N 处过去 60 万年以来的辐射量变化

图 12.9 为北半球 1880～1960 年的气温和太阳直接辐射的长期变化曲线，显然，两者之间具有某种相似性，如两条曲线上都有两个最大值，一个出现在 19 世纪末，另一个发生在 20 世纪 30～40 年代。据分析，19 世纪末直接太阳辐射的增加，是由于 1883 年印尼克拉喀托火山喷发出的火山灰已逐渐沉降，大气透明度增加的结果。而 20 世纪初的直接太阳辐射减少，则由

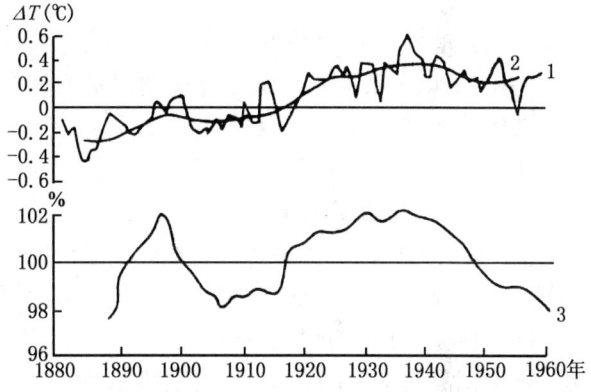

图 12.9　北半球近代气温和太阳辐射的变化

1902 年帕累(Pelle)等火山爆发引起的。以后随着 1912 年阿拉斯加卡特迈火山喷发的火山灰的沉降，大气透明度增加，使 1915 年后日射急增，而且此后长时期增温；20 世纪 40 年代以后，由于人类活动的影响，使大气气溶胶粒子增加，结果引起辐射减弱。1991 年 6 月菲律宾皮纳图博(Pinatubo)火山爆发是最近 80 年来最强的一次。在热带(20°S～30°N)火山爆发 3 个月后气溶胶厚度达到高峰，直到 1993 年 5 月(亦即约 2 年后)恢复到正常。有资料证明 1992 年 4～10 月北半球两个大陆气温距平在 $-0.5 \sim -1.0$°C 之间。1990 和 1991 年曾经是近百年来最暖的两年，但 1992 年全球气温平均下降了 0.2°C，北半球下降 0.4°C。不少学者认为，这主要是皮纳图博火山爆发的影响。

火山爆发呈现着周期性的变化，历史上寒冷时期往往同火山爆发次数多、强度大的活跃时期有关。Baldwin 等(1976)指出，火山活动的加强可能是小冰期以至最近一次亚冰期出现的重要原因。

> 据历史记载,1815 年 4 月初 Tambora 火山(8.25°S,118.0°E)爆发时,500km 内有三天不见天日,估计喷出的物质可达 100~300km³。大量浓烟云长期环绕平流层漂浮,显著减弱太阳辐射,欧美各国在 1816 年普遍出现了"无夏之年"。据 Bryson(1977)估计,当年整个北半球中纬度气温平均比常年偏低 1℃左右。英格兰夏季气温偏低 3℃,加拿大 6 月即开始下雪。
> 　　再从我国华东沿海各省近 500 年历史气候资料看,在 1817 年 6 月 29 日(公历 8 月 11 日)赣北彭泽(29.9°N,116.0°E)见雪,木棉多冻伤。皖南东至县(30.1°N,117.0°E)在同年 7 月 2 日(阳历 8 月 14 日)降雨雪,平地寸许。在我国中部夏季有两处以上出现霜雪记载的这类严重冷夏在 1500~1865 年间竟有 35 年,它们绝大多数出现在大火山爆发后的两年间。

总之,火山活动的这种"阳伞效应"是影响地球上各种空间尺度范围数年以上气候变化的重要因子。

12.2.1.3　太阳活动的变化

通过 200 多年来对太阳黑子观测记录的分析表明,太阳活动具有周期性,主要有 11 年、22 年和 80~90 年三种周期。此外还有一些其它周期,如 35 年以及时间更长的 169 年、400 年和 600 年等超世纪周期。研究表明,太阳活动增强时,太阳辐射也增强。

据研究,太阳常数可能变化在 1%~2%左右。模拟试验证明,太阳常数增加 2%,地面气温可能上升 3℃;但减少 2%,地面气温可能下降 4.3℃。我国近 500 年来的寒冷时期正好处于太阳活动的低水平阶段,其中三次冷期对应着太阳活动的不活跃期。如第一次冷期(1470~1520 年)对应着 1460~1550 年的斯波勒极小期;第二次冷期(1650~1700 年)对应着 1645~1715 年代蒙德尔极小期;第三次冷期(1840~1890 年)较弱,也对应着 19 世纪后半期的一次较弱的太阳活动期。而在中世纪太阳活动极大期间(1100~1250)正值我国元初的温暖时期,说明我国近千年以来的气候变化与太阳活动的长期变化也有一定联系。

12.2.2　下垫面地理条件的变化

在整个地质时期中,下垫面的地理条件发生了多次变化,对气候变化产生了深刻的影响。其中以海陆分布和地形的变化对气候影响最大。

12.2.2.1　地极移动和大陆漂移

地极移动会相应影响赤道以及各地理纬度发生变化,从而导致气候发生变化。在地质时期里,这种以几千万年到上亿年时间尺度变化的地极移动可以从古地磁、古生物以及海陆分布的变化史实中推断出来。如人们根据岩石的化石磁性测定的结果,发现所测得的古纬度往往与目前所处的纬度有颇大的差异,一般认为这是地极移动和大陆飘移共同的结果。

据魏格纳(Wegener)计算,北极自泥盆纪以来一直向北移动,从泥盆纪的30°N移动到现代的90°N,中间经过几次反复;南极则向南移动,说明地质时期两极位置变动极大;而在各地理纬度的变化中,如斯匹次卑尔根在石炭纪时位于24°N,属于热带气候,以后一直向北移动,至今位于79°N,属于极地气候。

大陆飘移学说是魏格纳首先提出的。他搜集了有关地层构造、古生物地理以及古生物方面的证据,认为在2~3亿年前的石炭纪晚期,地球上的所有大陆都连接成为一个统一的巨大陆块,称为联合大陆(或古大陆),围绕联合古陆的只有一个广阔的海洋,称为泛海洋。

从中生代开始,由于联合古陆发生分裂,各大陆终于飘移到它们现在的位置,并在其间形成了大西洋和印度洋,同时泛海洋缩小为现代的太平洋。地质学家对南极地区早已发现煤层沉积一直未能作出合理的解释,根据大陆飘移学说,在石炭纪时南极恰好位于25°S附近,具有热带和副热带森林气候的特点。

石炭-二迭纪大冰期的影响范围主要是南半球,除印度洋外,北半球到目前为止还没有找到可靠的冰川遗迹,地质学家对此表示难以理解,然而大陆飘移学说对此作出了令人满意的解释。

12.2.2.2 海陆分布的变化

在各个地质时期地球上,海陆分布的形势也是有变化的。以晚石炭纪为例,那时海陆分布和现在完全不同,如图12.10所示。

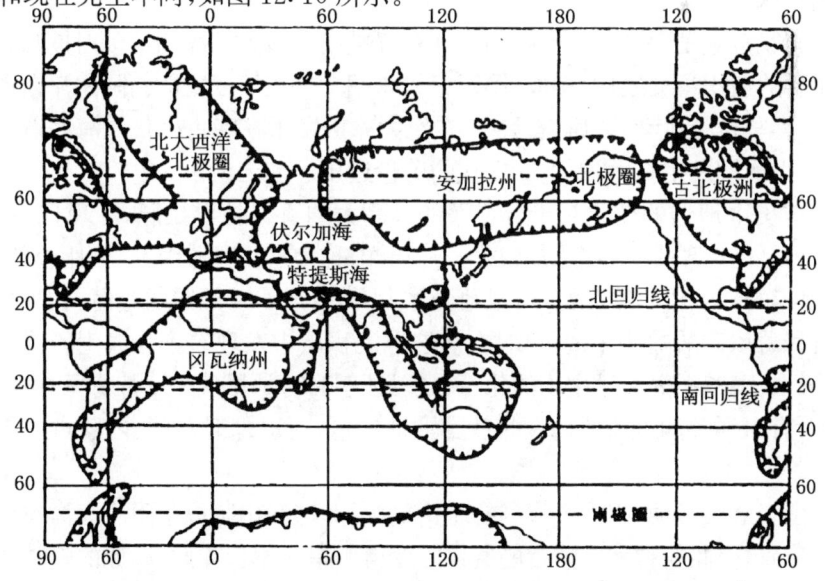

图12.10 晚石炭纪世界海陆分布

在北半球有古北极洲、北大西洋洲(包括格陵兰和西欧)和安加拉洲三块大陆。前两块大陆是相连的,在三大洲之南为坦弟斯海。在此海之南,为冈瓦纳大陆,这个大陆连接了现在的南美、亚洲和澳大利亚。在这样的海陆分布形势下,有利于赤道太平洋暖流向西流入坦弟斯海。这个洋流分出一支经伏尔加海向北流去,因此这一带有温暖的气候。

从动物化石可以看到石炭纪北极区和斯匹次卑尔根地区的温度与现代地中海的温度相似,即受暖洋流的影响的缘故。冈瓦纳大陆由于地势高耸,有冰河遗迹,在其南部由于赤道暖流被东西向的大陆隔断,气候比较寒冷。此外,在古北极洲与北大西洋洲之间有一个向北的海湾,同样由于与暖流隔绝,其附近地区有显著的冰原遗迹。

又例如,大西洋中从格陵兰到欧洲经过冰岛到英国之间有一条水下高地,这条高地因地壳运动有时会上升到海面以上而隔断了墨西哥湾流向北流入北冰洋。这时整个欧洲西北部受不到湾流热量的影响,因而形成大量冰川。

有不少古气候学者认为,第四纪冰期的形成与此有密切的关系。当此高地下沉到海底时,就给湾流进入北冰洋让出了通道,西北欧气候即转暖。这条通道的阻塞程度与第四纪冰川的强度关系密切。

12.2.2.3 造山运动

在整个地质时期,地球表面经历了一系列的周期性变化。相对漫长的宁静时期,出现过较短的地壳剧烈变动时期,即地壳沉降和造山运动,这时崇山峻岭不断隆起,形成了发展高山冰川的良好地理条件。

地质学家考查发现,在整个地质时期中,气候史上最大的冰川活动时期都发生在地史上最重要的造山运动之后。例如,第四纪大冰期发生在第三纪的新阿尔卑斯造山运动(亚洲称为喜马拉雅运动)之后,石炭-二迭纪大冰期发生在晚古生代的海西造山运动之后,震旦纪大冰期发生在太古代、元古代的劳伦造山运动之后。

在地球史上地形的变化是十分显著的。高大的喜马拉雅山脉,在现代有"世界屋脊"之称,可是在地球史上,这里却曾是一片汪洋,称为喜马拉雅海。直到距今约7000万至4000万年的新生代早第三纪,这里地壳才上升,变成一片温暖的浅海。在这片浅海里缓慢地沉积着以碳酸盐为主的沉积物,从这里沉积层中发现有不少海生的孔虫、珊瑚、海胆、介形虫、鹦鹉螺等多种生物的化石,足以证明当时那里确是一片海区。由于这片海区的存在,有海洋湿润气流吹向今日我国西北地区,所以那时新疆、内蒙古一带气候是很湿润的。

其后由于造山运动,出现了喜马拉雅山等山脉,这些山脉成了阻止海洋季风进入亚洲中部的障碍,因此新疆和内蒙古的气候才变得干旱。不仅如此,高原的隆起还对东亚甚至整个北半球的大气环流、高原本身的气候及邻近地区的气候、生物、土壤等产生重要影响。

12.2.3 宇宙-地球物理因子

宇宙因子指的是月亮和太阳的引潮力,地球物理因子指的是地球重力空间变化、地球转动瞬时极的运动和地球自转速度的变化等。这些宇宙-地球物理因子的时间或空间变化,引起地球上变形力的产生,从而导致地球上海洋和大气的变形,进而影响气候发生变化。

12.2.3.1 地球自转速度的变化

地轴是在不断地移动的,地球自转速度也在变动着,这些都会引起离心力的改变,相应地也会引起海洋和大气的变化,从而导致气候变化。据研究,厄尔尼诺事件的发生与地球自转速度有密切关系。

从地球自转的年际变化来看,1956～1990年发生的8次厄尔尼诺事件,均发生在地球自转速度减慢时段,尤其是自转连续减慢两年之时。再从地球自转的月变化来看,1957年、1963年、1965年、1969年、1972年和1976年6次厄尔尼诺事件,海温开始增暖和最暖的时间,都发生在地球自转开始减慢和最慢之后或处在同时,表明地球自转减慢有可能是形成厄尔尼诺的原因。其物理原因在于,上述6次厄尔尼诺增温都首先开始于赤道太平洋东部的冷水区,海水和大气都是附在地球表面跟随大气自转快速向东旋转,在赤道转速为最大,达465m/s。

当地球自转突然减慢时,必然出现"刹车效应",使大气和海水获得一个向东的惯性力,从而使自东向西流动的赤道洋流和赤道信风减弱,导致赤道太平洋东部的冷水上翻减弱而发生海水增暖的厄尔尼诺现象。

1982～1983年和1986～1987年的两次厄尔尼诺事件,海水增温首先开始于赤道中太平洋,这两次大气自转开始减慢时间虽落后于海温增暖,但对其后的赤道东太平洋冷水区的增温以及增温抵达盛期,仍有重要贡献。

12.2.3.2 引潮力和地球表面重力

月球和太阳对大气都具有一定的引潮力,月球的质量虽比太阳小得多,但因离地球近,它的引潮力等于太阳引潮力的2.17倍。月球引潮力是重力的0.56‰～1.12‰,其多年变化在海洋中产生多年月球潮汐大尺度的波动,这种波动在极地最显著,可使海平面高度改变40～50mm,因而使海洋环流系统发生变化,进而影响海-气间的热交换,引起气候变化。

地球表面重力的分布是不均匀的。这是由于重力分布的不均匀引起海平面高度的不均匀,并且使大气发生变形。从图12.11看出,在40°～70°N的地区平均海平面高度距平计算值(ΔH)与气压平均距平观测值(ΔP)呈明显的反相关,其相关系数为$R = -0.82$。

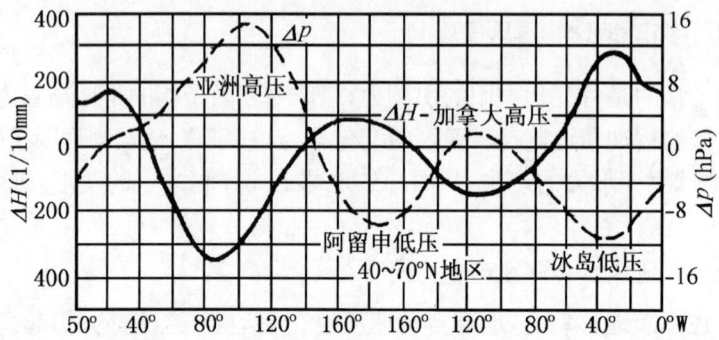

图 12.11 40~70°N 地区平均海平面高度变形距平计算值(ΔH)与气压平均距平观测值(ΔP)的比较(引自彭公炳,陆巍,气候的第四类自然因子,1983)

12.2.4 大气环流的变化

大气环流形势的变化是导致气候变化和产生气候异常的重要因素。例如近几十年来出现的旱涝异常就与大气环流形势的变化密切相关。图 12.12 是 1951~1966 年与 1900~1930 年相比较的北半球平均气压分布的距平图。

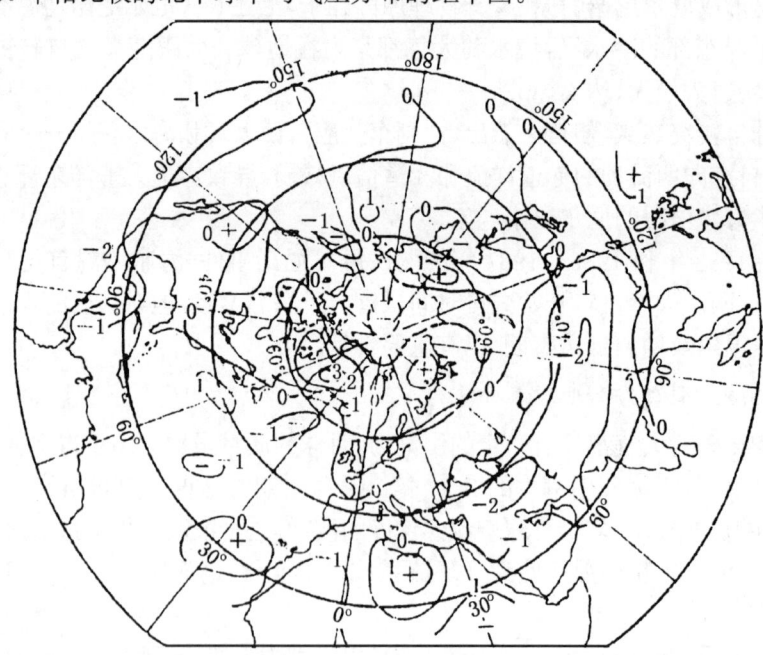

图 12.12 1951~1966 年与 1900~1939 年相比较的北半球平均气压的距平 (引自周淑贞,气象学与气候学,1998)

由图 12.12 可以看出,在 20 世纪 50 年代和 60 年代,北半球大气环流的主要变化,就是北冰洋上极地高压的扩大和加强。这种扩大、加强对北极区域是不对称的,在极地中心区域平均气压的变化较小,平均气压的主要变化发生在大西洋北部区域,最突出的特点是大西洋 50°N 以北的极地高压的扩展,它导致北大西洋地面偏北风加强,促使极地海冰南移,气候带向低纬推进。

根据高纬度洋面海冰的观测记录,在北太平洋区域海冰南限与上一次气候寒冷期(1550～1850 年)结束后的海冰南限位置相差无几,而大西洋区域的海冰南限却南进甚多,这是极地高压在北大西洋区域扩大与加强的结果。

北极变冷导致极地高压加强,气候带向南推进,这一过程在地区活动中心的多年变化中也反映出来。从冬季环流形势来看,大西洋上冰岛低压的位置在一段时间内一直是向西南移动的;太平洋上的阿留申低压也同样向西南移动。与此同时,中纬度的纬向环流减弱,经向环流加强,气压带向低纬方向移动。

1961～1970 年,这 10 年是经向环流发展最明显的时期,也是我国气温最低的 10 年。在转冷最剧的 1963 年,冰岛地区竟被冷高压所控制,原来的冰岛低压移到了大西洋中部,亚速尔高压也相应南移,使北极奇冷,撒哈拉沙漠向南扩展,在副热带高压中心的控制下,这一区域持续干旱。而在地中海区域正当冷暖气团交馁的地带,静止锋在此滞留,致使这里暴雨成灾。

海流的变化引起气候的异常,见第九章。

12.2.5 人类活动引起的气候变化

自古以来,人类活动就在多方面不断影响气候,而且随着人类活动的发展,其影响的深度和广度也在日益增长,因此人类活动的影响具有潜在的重要性,特别就局地而言,这种影响是极为明显的,也是引起近代气候变化的原因之一。有关人类活动对气候的影响,在本书第九章已有专门论述,此处不再赘述。

总结与提要

研究气候变化的历史是为了更好地探索未来气候之发展趋势。气候的冷暖变化像波浪起伏的长河,大波浪中含着小的波动。

(1) 地质时期,地球气候发生过三次大冰期(冷期)和大间冰期(暖期),三次大冰期分别是:震旦纪大冰期、石炭-二迭大冰期、第四纪大冰期。它们仿佛是地球气候史上的三个里程碑,给出了地质时期气候变迁的大轮廓。现在仍处于始于 200 万年的第四纪大冰期中。

(2) 人类历史发展的 5000 年中,可划分为四次温暖时期和四次寒冷时期。

(3) 20 世纪以来,大致以 40 年代为界,前期是世界性气候的增暖期,后期至 70 年代气候变冷,进入 70 年代后,气候又趋变暖,到 1980 年以后,世界气候增暖的形势更为突出。

(4) 对未来气候变化趋势,目前有两种截然相反的预测:变冷说和变暖说。持变冷说者看重自然因子,因目前处于气候的冷期发展中;持变暖说者看重人类的影响。

(5) 气候变化的影响因素错综复杂,交错结合。主要因子有太阳辐射、下垫面、宇宙-地球物理因子和人类活动。

复习思考题

1. 造成气候变化的原因有哪些,它们的影响机制是什么?
2. 了解地质时期、历史时期和近代气候变化的主要特征。

附图　世界气温、降水资料测站位置图

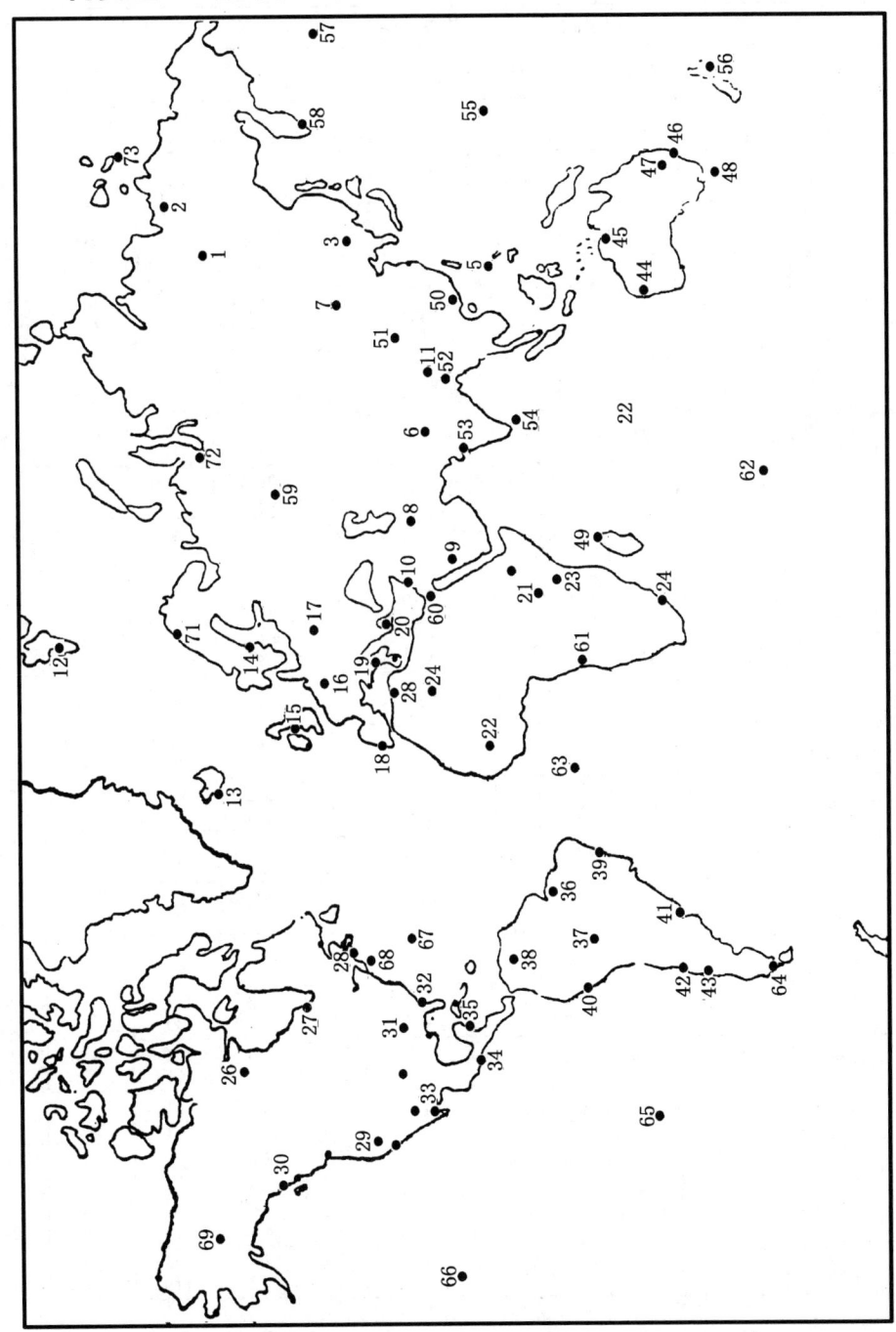

附表 世界气

序号	地 名	经纬度	海拔高度(m)	项目	1月	2月	3月	4月
1	卡扎切	70°55′N,136°27′E	17	T_m R_m	−42.8 3	−36.1 5	−27.5 3	−20.8 3
2	雅库次克	62°01′N,129°43′E	163	T_m R_m	−42.7 7	−36.6 6	−23.2 5	−6.9 7
3	哈尔滨	45°45′N,126°38′E	145	T_m R_m	−20.1 4	−15.8 5	−6.0 11	5.8 22
4	东京	35°46′E	4	T_m R_m	3.7 48	4.3 73	7.6 101	13.1 135
5	黎牙实比	13°02′N,23°44′E	19	T_m R_m	25.7 315	25.8 202	26.3 263	27.3 200
6	新德里	28°35′N,77°12′E	216	T_m R_m	14.3 25	17.3 22	22.9 17	29.1 7
7	乌兰巴托	47°55′N,106°50′E	1325	T_m R_m	−23.7 <3	−19.2 <3	−11.3 <3	0.7 5
8	伊斯法罕	32°51′N,51°44′E	1773	T_m R_m	2.4 15	4.3 10	10.3 25	15.6 15
9	麦地那	24°39′N,39°39′E	34	T_m R_m	21.5 0	21.0 0	23.5 0	23.5 0
10	贝鲁特	33°54′N,35°28′E	34	T_m R_m	13.9 113	14.1 80	15.3 77	18.1 26
11	拉萨	29°43′N,01°02′E	3658	T_m R_m	−0.3 0.1	1.6 4	5.5 13	9.1 22
12	巴伦支堡	78°04′N,14°13′E	54	T_m R_m	−13.6 37	−15.5 39	−16.8 28	−12.7 26
13	雷克雅未克	64°09′N,21°57′W	40	T_m R_m	−0.8 93	−0.6 80	0.4 83	3.2 65
14	耶夫勒	60°40′N,17°09′E	21	T_m R_m	−4.4 24	−4.1 20	−1.4 24	2.6 28
15	道格拉斯	54°10′N,4°28′W	43	T_m R_m	5.2 101	4.7 81	5.2 71	7.2 64
16	科隆	50°56′N,6°57′E	56	T_m R_m	2.4 52	3.4 45	5.9 46	9.4 49
17	华沙	52°13′N,21°01′E	133	T_m R_m	−2.9 32	−2.1 25	1.9 29	7.7 40
18	里斯本	38°43′N,9°28′W	95	T_m R_m	10.3 86	11.2 82	12.7 80	14.1 54
19	罗马	41°54′N,12°29′E	63	T_m R_m	6.9 79	7.9 80	10.6 77	13.7 72
20	雅典	37°58′N,23°43′E	107	T_m R_m	8.9 54	9.2 44	11.6 33	15.0 21
21	雅温得	4°30′N,12°20′E		T_m R_m	23 41	23 69	23 150	22 231
22	凯斯	12°N,12°W		T_m R_m	25 0	27 0	32 0	35 0
23	内罗毕	3°S,37°E		T_m R_m	18 48	18 107	18 94	18 211
24	德班	29°5′S,31°02′E	5	T_m R_m	25 112	25 119	24 130	22 91

候资料表

5月	6月	7月	8月	9月	10月	11月	12月	年	气候类型
−7.5 8	5.3 28	8.9 28	5.6 28	−0.9 20	−15.3 8	−28.9 8	−33.6 5	−16.1 147	极地长寒气候
6.6 16	16.1 31	19.5 43	15.5 38	6.3 22	−7.9 16	−28.4 13	−39.8 9	−10.1 213	亚寒带大陆性气候
13.9 44	19.7 99	23.3 164	21.6 121	14.3 57	5.6 31	−6.7 13	−16.8 5	3.2 578	温带季风气候
17.6 131	21.1 182	25.1 146	26.4 147	22.8 217	16.7 220	11.3 101	6.1 61	14.7 1562	亚热带季风气候
28.0 211	28.2 209	27.8 180	27.7 250	27.5 221	27.2 351	26.6 511	25.9 494	27.0 3407	热带季风气候 （海洋性）
33.5 8	34.5 65	31.2 211	29.9 173	29.3 150	25.9 31	20.2 1	15.7 5	25.3 715	热带季风气候 （大陆性）
8.0 10	14.6 28	17.1 76	15.3 51	8.1 23	−0.8 5	−13.2 5	−21.7 3	−2.2 208	温带大陆性半干旱气候
21.1 5	26.1 <3	29.2 <3	31.1 <3	24.2 <3	17.8 3	11.5 15	3.6 20	16.4 120	亚热带干旱半干旱气候
30.5 0	33.0 0	2.0 0	33.0 0	32.5 0	29.5 0	25.0 15	22.5 25	27.7 40	热带干旱半干旱气候
21.0 10	24.1 1	23.2 0	27.1 0	25.7 7	23.0 20	18.8 78	15.5 105	20.2 517	亚热带夏干气候
13.0 107	17.0 196	16.4 511	15.6 369	14.3 215	9.2 25	3.9 0.6	0 0.1	8.8 1463	高山气候
−4.2 19	2.0 14	5.5 18	4.9 31	0.5 31	−5.1 32	−9.6 35	−11.4 44	−6.3 354	冰原气候
6.4 40	9.6 45	11.3 55	10.5 70	8.0 82	4.3 87	1.5 95	−0.1 90	4.5 885	苔原气候
8.3 41	13.2 48	16.3 68	14.4 82	10.1 47	5.0 51	−0.3 38	−3.3 38	4.7 509	亚寒带针叶林气候
10.1 69	12.8 70	14.4 76	14.1 102	12.6 89	9.6 130	7.3 119	5.4 136	9.1 1108	温带海洋性气候
14.1 52	16.8 65	18.4 81	17.7 70	14.9 54	10.4 64	6.0 55	3.4 63	10.2 696	温带海洋性气候
14.2 51	17.0 60	18.8 84	17.5 73	13.5 44	8.2 39	2.6 38	−1.2 35	8.0 550	温带大陆性气候
16.5 40	19.3 19	21.3 4	21.8 5	20.3 38	17.1 82	13.5 109	11.3 93	15.8 692	地中海式气候
17.9 61	21.8 44	24.7 18	24.4 25	21.2 65	16.5 132	11.7 122	8.2 107	15.5 882	地中海式气候
19.5 23	23.8 18	27.0 5	26.8 8	23.3 17	19.0 44	14.3 66	10.9 74	17.4 407	地中海式气候
22 206	22 114	24 66	22 34	22 193	22 226	22 150	23 151	22.5 1631	赤道多雨气候
36 15	33 99	29 211	28 211	28 142	29 48	28 8	25 5	29.6 739	热带干、湿季气候
17 132	17 51	14 20	15 23	17 23	18 51	18 143	17 89	17.1 996	赤道型高地气候
20 18	18 31	18 31	19 41	20 79	22 125	23 127	24 125	21.7 1059	副热带湿润气候

续附表

序号	地名	经纬度	海拔高度(m)	项目	1月	2月	3月	4月
25	阿尔及尔	36°43′N,8°02′W	468	T_m R_m	12 107	13 89	14 89	16 58
26	贝克累克	64°18′N,96°00′W	4	T_m R_m	−32.9 5	−32.8 4	−26.3 6	−16.4 9
27	木索尼	51°16′N,80°39′W	3	T_m R_m	−20.6 48	−18.0 47	−11.9 42	−2.5 44
28	波特兰	43°39′N,70°19′W	19	T_m R_m	−5.7 111	−5.1 97	−0.3 110	5.8 95
29	里诺	39°30′N,119°47′W	1342	T_m R_m	−0.1 30	2.3 26	5.0 17	8.6 14
30	鲁伯特太子港	54°17′N,130°23′W	16	T_m R_m	1.8 225	2.4 177	3.8 196	6.3 173
31	亚特兰大	33°39′N,84°25′W		T_m R_m	7.1 113	8.1 115	11.1 136	16.1 114
32	杰克森维尔	30°25′N,81°39′W	7	T_m R_m	13.3 62	14.2 74	16.8 89	20.4 90
33	拉巴斯	24°10′N,110°2′W	12	T_m R_m	17.2 3	18.4 11	20.2 1	21.4 0
34	萨利维克鲁斯	16°12′N,95°12′W	56	T_m R_m	25.6 4	25.9 4	27.0 2	28.4 1
35	伯利兹	17°29′N,88°20′W	24	T_m R_m	23.7 129	24.8 66	20.2 40	26.6 38
36	贝伦	10°28′S,48°27′W	24	T_m R_m	25.6 314	25.5 382	25.4 429	25.7 377
37	库亚巴	15°36′N,56°06′W	165	T_m R_m	26.5 225	26.5 200	26.2 220	25.5 107
38	玻利瓦尔	8°08′N,63°33′W	38	T_m R_m	26.0 12	26.6 5	27.2 6	27.9 24
39	萨尔瓦多	12°59′S,38°31′W	30	T_m R_m	25.8 82	26.1 123	26.0 139	25.7 245
40	利马	12°06′S,77°02′W	105	T_m R_m	21.7 1	22.4 0.4	20.9 0.5	20.2 0.3
41	蒙得维的亚	34°42′S,56°12′W	22	T_m R_m	22.6 83	22.2 79	20.4 101	17.0 104
42	圣地亚哥	33°27′S,70°42′W	52	T_m R_m	20.0 2	19.3 2	17.1 5	13.7 14
43	瓦尔迪维亚	39°48′S,13°14′W	9	T_m R_m	16.6 61	15.8 76	14.4 141	11.7 239
44	杰腊尔顿	28°45′S,114°36′E	4	T_m R_m	24.1 7	24.3 10	23.5 16	21.5 30
45	温得姆	15°27′S,128°07′E		T_m R_m	31.2 202	30.8 163	30.8 122	29.9 34
46	悉尼	33°51′S,151°13′E	42.1	T_m R_m	22.0 104	21.9 125	20.8 129	18.3 101
47	达博	32°18′S,148°35′E	265	T_m R_m	25.5 65	25.3 73	22.4 47	17.7 50
48	隆塞斯顿	41°27′S,147°10′E	81	T_m R_m	17.7 41	18.2 50	16.1 40	12.9 62

附表　世界气候资料表

5月	6月	7月	8月	9月	10月	11月	12月	年	气候类型
19 33	22 15	25 3	26 8	24 28	21 79	17 117	13 137	18.5 763	地中海式气候
−5.8 8	3.9 21	10.7 40	10.0 45	2.8 34	−7.5 20	−20.0 9	−28.2 7	−11.9 208	极地长寒气候
5.2 72	11.9 92	15.6 80	14.9 81	10.7 82	3.9 73	−5.4 72	−15.5 56	−1.1 789	亚寒带大陆性湿润气候
11.7 87	16.7 81	20.1 73	19.3 61	14.8 89	9.2 81	3.4 106	−3.4 98	7.2 1089	温带大陆性湿润气候
11.9 13	15.6 9	20.1 7	19.2 4	15.7 6	10.1 13	4.1 14	0.8 27	9.4 180	温带干旱与半干旱气候
9.5 130	11.7 108	13.4 117	13.9 149	12.1 217	8.7 336	5.2 293	2.8 278	7.6 2399	温带海洋性气候
20.9 80	24.9 97	26.0 120	25.8 91	22.8 83	17.1 62	10.6 75	6.7 111	16.4 1197	亚热带湿润气候
24.3 88	27.1 161	28.1 195	27.9 174	26.3 192	21.7 131	16.5 43	13.4 56	20.8 1355	亚热带湿润气候
23.4 0	25.2 0	28.0 6	28.6 42	27.9 52	26.0 10	22.4 13	18.7 34	23.2 172	热带干旱与半干旱气候
29.5 48	28.3 264	28.4 207	28.5 176	27.6 240	27.4 88	26.7 4	26.0 4	27.4 1042	热带干湿季气候
27.7 104	28.0 231	28.1 243	28.1 215	27.7 238	26.2 273	24.5 259	23.1 160	25.7 2006	热带海洋性气候
26.0 268	26.0 164	25.9 154	26.0 124	26.0 122	26.2 96	26.5 89	26.3 197	25.9 2716	赤道多雨气候
24.3 50	23.2 12	22.8 9	25.0 18	27.0 46	27.2 126	26.8 164	26.6 199	25.6 1376	热带干湿季气候
28.0 7	26.7 141	26.5 157	27.1 161	27.6 79	27.6 86	27.2 87	26.0 49	27.0 819	热带干湿季气候
24.7 259	23.6 243	23.2 187	23.2 123	23.7 84	24.5 119	25.1 120	25.3 152	24.8 1876	热带海洋性气候
17.8 1	16.1 4	15.0 6	15.0 7	15.6 5	16.1 2	17.6 1	19.4 0.8	18.2 29	热带干旱气候
13.3 92	10.6 88	10.3 70	11.0 87	12.8 82	15.9 76	18.9 83	21.0 74	16.3 1020	亚热带湿润气候
10.6 62	8.2 82	8.0 74	9.1 57	11.5 29	14.5 14	16.6 6	19.0 4	13.9 351	亚热带夏干气候
9.8 387	7.5 433	7.6 409	8.0 336	8.9<>220	11.1 132	12.8 127	15.0 105	11.6 2666	温带海洋性气候
18.6 66	16.6 113	15.4 96	15.8 64	16.8 26	18.1 18	20.7 7	22.5 5	19.8 453	热带干旱与半干旱气候
27.3 10	24.9 10	24.2 5	26.1 <1	29.0 2	31.3 9	32.2 42	31.9 104	29.1 703	热带干湿季气候
15.1 115	12.8 141	11.8 94	13.0 83	15.2 72	17.6 80	19.5 77	21.1 86	17.4 1207	亚热带湿润气候
13.2 44	10.1 52	9.2 45	10.5 45	13.6 37	17.7 52	21.6 52	24.1 36	17.6 598	亚热带干旱半干旱气候
10.2 73	8.1 71	7.4 86	8.5 81	10.4 65	12.3 68	14.6 56	16.5 50	12.7 742	温带海洋气候

续附表

序号	地名	经纬度	海拔高度(m)	项目	1月	2月	3月	4月
49	马达加斯加岛	12°21′S,49°18′E	11	T_m R_m	26.9 277	26.8 211	27.2 187	27.1 56
50	广州	23°00′,N113°13′E	18	T_m R_m	13.6 27	14.2 65	17.2 101	21.6 185
51	兰州	36°01′N,103°59′E	1058	T_m R_m	−6.5 1	−1.7 3	−5.4 8	12.1 14
52	乞拉朋齐	25°15′N,91°44′E	1313	T_m R_m	11.8 19	12.9 54	16.4 237	17.9 765
53	孟买	18°54′N,72°49′E	11	T_m R_m	24.3 3	24.9 1	26.9 1	28.7 1
54	科伦坡	6°54′N,79°52′E	7	T_m R_m	26.2 88	26.4 96	27.2 118	27.7 260
55	威克岛	19°17′N,166°39′E	3	T_m R_m	25.2 29	25.1 34	25.4 37	25.8 47
56	惠灵顿	41°16′S,174°46′E	126	T_m R_m	16.9 81	16.9 81	15.8 81	13.9 97
57	阿留申群岛	51°53′N,176°39′W	5	T_m R_m	0.6 196	0.6 151	1.3 195	2.8 130
58	彼得罗巴甫洛夫斯克	52°58′N,158°43′E	102	T_m R_m	−11.6 87	−11.2 58	−7.2 59	−2.0 66
59	斯维尔得洛夫斯克	56°48′N,60°38′E	237	T_m R_m	−14.6 15	−13.4 17	−7.5 17	3.3 22
60	开罗	29°52′N,31°20′E	116	T_m R_m	13.3 7	14.4 4	17.5 5	21.5 3
61	罗安达	8°51′S,13°14′E	70	T_m R_m	25.9 26	26.6 35	26.9 97	26.4 124
62	克尔格伦岛	49°20′S,70°13′E	14.2	T_m R_m	7.3 75	8.0 50	7.2 66	6.1 90
63	阿森松岛	7°56′S,14°25′W	17	T_m R_m	26.1 5	26.9 10	27.5 18	27.5 28
64	彭塔阿雷纳斯	53°10′S,70°54′W	28	T_m R_m	11.0 33	10.6 27	8.9 42	6.7 44
65	伊斯特岛	27°10′S,109°26′W	30	T_m R_m	22.8 132	23.3 41	23.1 229	21.4 130
66	檀香山	21°18′N,158°06′W	3	T_m R_m	21.6 90	21.6 62	22.2 38	23.0 40
67	百慕大群岛	32°17′N,64°46′W	46	T_m R_m	17.2 112	16.9 119	17.0 122	18.3 104
68	纽约	40°47′N,73°58′W	132	T_m R_m	40.8 94	40.6 97	3.1 91	9.7 81
69	阿拉斯加	71°18′N,156°47′W	9	T_m R_m	−23.9 23	−17.5 13	−12.5 18	−1.4 8
70	温哥华	49°11′N,123°10′W	3	T_m R_m	2.3 139	4.2 121	5.8 96	9.1 60
71	特罗姆瑟	69°39′N,18°57′E	102	T_m R_m	−2.7 118	−3.3 94	−2.0 113	1.0 75
72	萨列哈尔德	66°31′N.66°35′E	25	T_m R_m	−22.0 24	−22.3 20	−18.8 24	−7.8 32
73	符兰格尔岛	70°54′N,178°33′W	3	T_m R_m	−23.6 5	−25.6 5	−23.3 5	−17.2 5

5月	6月	7月	8月	9月	10月	11月	12月	年	气候类型
26.3 8	25.0 8	24.2 7	24.2 7	24.6 5	25.5 11	26.6 28	27.2 111	26.0 916	
25.6 256	27.3 291	28.8 264	28.2 249	27.2 149	24.0 49	19.7 51	15.7 34	21.9 1721	
17.4 34	20.9 40	22.8 66	21.4 92	16.3 55	10.1 18	1.7 4	−5.3 2	9.5 337	
19.2 1341	20.1 2692	20.4 2620	20.4 1955	20.5 1245	18.9 432	16.1 56	12.8 13	17.3 11429	
29.9 16	29.1 498	27.5 646	27.1 356	27.4 285	28.3 54	27.5 15	25.9 2	27.3 1878	
28.0 353	27.4 212	27.1 140	27.2 124	27.2 153	26.6 354	26.2 324	26.1 175	26.9 2397	
25.5 52	27.4 48	27.8 117	28.0 180	28.1 133	27.6 134	26.9 78	26.1 46	26.4 936	
11.4 117	9.7 117	8.6 137	9.2 117	10.8 97	12.2 102	13.6 89	15.9 89	12.9 1205	
4.5 167	6.7 115	9.3 81	10.9 99	8.5 153	5.7 207	2.7 208	1.1 209	4.6 1911	
2.2 51	6.7 60	10.6 66	11.9 33	9.2 72	3.9 75	−2.5 67	−7.6 80	0.3 771	
10.3 40	16.4 59	17.8 80	15.8 82	9.4 49	1.9 29	−7.1 25	−13.0 27	1.6 462	
25.4 2	27.7 0	28.3 0	28.1 0	26.2 0	24.1 1	19.8 4	15.1 5	21.8 31	
25.0 19	22.2 0	20.2 0	20.3 1	21.8 2	24.0 6	25.2 34	25.6 23	24.2 367	
3.8 129	2.1 117	2.2 113	2.1 100	2.5 107	3.5 86	4.6 94	6.2 93	4.6 1120	
26.9 13	26.1 13	25.6 13	25.0 10	24.7 8	25.0 8	25.0 5	25.6 3	26.0 134	
4.1 45	2.5 41	1.9 34	2.7 32	4.5 33	6.8 28	8.4 28	11.1 32	6.5 419	
20.6 99	18.3 241	17.8 81	17.8 66	18.1 86	18.6 56	19.7 127	21.7 74	20.3 1362	
24.2 18	25.2 9	25.9 10	26.2 12	25.9 18	25.1 45	23.8 44	22.6 84	23.9 470	
21.1 117	23.9 112	26.1 114	26.7 137	25.6 132	23.3 147	20.3 127	18.3 119	21.2 1462	
15.8 81	20.3 84	23.3 17	22.8 109	20.8 86	15.0 89	6.7 76	1.7 91	11.5 1086	
8.3 15	14.7 33	15.6 48	12.8 53	6.4 33	−3.1 20	−15.8 18	−21.9 15	−3.2 297	
12.6 48	15.2 51	17.6 26	17.0 36	14.3 56	10.1 117	6.0 142	3.9 156	9.8 1048	
4.6 65	8.7 57	12.0 56	11.1 83	7.7 115	3.7 131	0.5 97	−1.3 115	3.3 1119	
−0.6 39	8.8 51	14.1 57	12.0 57	5.6 54	−3.0 46	−13.5 29	−20.6 29	−5.7 464	
−8.6 5	0.3 10	3.1 15	1.9 23	−1.9 13	−8.6 10	−17.2 3	−20.8 5	−11.8 104	

主题词索引
(按汉语拼音音序排列)

A

阿里索夫分类法	261
阿留申低压	141
鞍形气压场	113

B

半永久性活动中心	134
雹	99
饱和差	20
饱和水汽压	20,80,82,83,84
北大西洋高压(亚速尔高压)	141
北美大槽	135,140
北美低压	141
北美高压(加拿大高压)	141
北太平洋高压(夏威夷高压)	141
比气体常数	25
比湿	21
标准大气压	20
冰成云	99
冰岛低压	141
冰晶效应	82
冰洋锋	159

C

层结曲线	65
城市热岛效应	242
赤道槽	182
赤道带	54,262,263
赤道锋	159
赤道辐合带(热带辐合带)	182,183
赤道西风带	138
冲并增长过程	97
臭氧层	11,231,232,233
传导	72
传统气候学	7
垂直气压梯度	104,116
粗粒散射	39

D

大陆性气候	199,200,201,202,214
大气长波	167
大气辐射	44
大气候学	2
大气环流	131,137,145,146,147
	148,290
大气活动中心	134,141
大气静力学方程	104
大气科学	1,7
大气逆辐射	46
大气湿度	20
大气稳定度	62,63
大气物理学	1
当代气候学	7
等压面	110,123
等压线	109,120
低纬信风带(热带东风带)	138
低压	112,170
低压槽	113
地面辐射	44,48
地面有效辐射	46

地球行星反射率	43,44
地质时期气候学	2
地转风	120,122,123
地转偏向力	118,120,121,125,132, 187
电离层	15
东北冷涡	169
东北信风	132
东风波	183
东南信风	132
东亚大槽	135,140
东亚季风	207
动力气象学	1
短波槽	167
对流	72
对流层	12,141

E

厄尔尼诺	209,210,289

F

反气旋	170,171,173
反射率	31
费雷尔环流圈(中纬度环流圈)	133,139
焚风	216,217
风压定律	120,123
锋	156,157,159,160
锋际雾	89
锋面	71,156,161,162
锋面逆温	158
锋面气旋(温带气旋)	172,215
锋面雾	89,161
辐射	29,72
辐射差额(净辐射)	47
辐射光谱	30,33

辐射能	29
辐射能力	29
辐射逆温	66
辐射通量密度	29
辐射雾	88
副寒带	54
副热带	54,261,264
副热带高压(副高)	132,144,176,210, 249
副热带急流(南支西风急流)	144

G

干绝热过程	58
干绝热直减率	59
干空气	10
高空大气物理学	2
高空气象学	2
高压	111,170
高压脊	112
高原季风	215
古气候学	2
锢囚锋	159,160,161,164
惯性离心力	118,121,187

H

哈得来环流圈(低纬环流圈)	132,138,211, 215,222
海陆风	204,205
海洋性气候	199,200,201,202
寒潮	174,176,212
寒带	54
黑体	31
灰体	31
混合云	99

J

极地带	55
极地东风带	137,150
极地环流圈(高纬环流圈)	133,139
极锋	159
极涡	170
急流	141
季风	205,206,207
假相当位温	61
降水	95,217,221,249
近代气候学	2
近地层大气物理学	2
经向环流型	146
飓风	186
绝对不稳定	65
绝对零度	19
绝对湿度	20
绝对稳定	65
绝热过程	58
绝热直减率	59

K

柯本分类法	257
可见光	29
空气温度的个别变化	69
空气温度的局地变化	69

L

冷锋	159,160,162
冷平流	71,107,213
冷气团	154,155,156,160,161
冷涡	170
冷性低压	114
冷性高压	115
历史时期气候学	2
露	85
露点	21,83

M

梅雨	180,181,222
孟加拉湾低槽	135
摩擦力	118,125,126

N

南方涛动	209,210
南极臭氧洞	232
南亚低压(印度低压)	141
南亚高压(青藏高压)	182
南亚季风	207
南亚季风环流圈	136
逆温层	66
凝华	83
凝华核	84
凝结	72,79,83
凝结核	84,85
凝结增长过程	96
暖层	15
暖锋	159,160,162
暖平流	71,107,213
暖气团	154,155,156,160,161
暖性低压	115
暖性高压	114

P

平流层	14
平流逆温	67,68
平流雾	88

Q

气候	2,199,225,247,273
气候变化	2,273,282
气候变率	2

气候锋	166,167	热带风暴	184,186
气候系统	9,17,219,220	热带季风(赤道季风)	206
气候学	1,2,3,6	热带气旋	183,184
气候资源	5	热力季风	205
气溶胶粒子	12	热量平衡	51
气体常数	25	融雪逆温	69
气团	153,154,155,156	瑞利散射	38
气团雾	89		
气温	19,73,74,75,76,212,220,247	**S**	
气温年较差	75,200,214	散射辐射	39,41
气温日较差	74,200,214	散射光	38
气温直减率	13	散逸层	15
气象学	1,2,3,6	沙尘暴	244
气象要素	19	山谷风	216
气旋	170,171,172,253	深厚系统	115
气压	19,103,104,105,106,107,108,109	盛行西风带	137
		湿绝热过程	59
气压场	109,111,114	湿绝热直减率	60
气压阶	104	霜	85,86
气压梯度力	117,120,125,131	水成云	99
气压系统	109,113,114,115	水平气压梯度	116
潜热	72,147,221	水汽混合比	21
潜热交换	72	水汽压	20
浅薄系统	115	水相变化	79
切变线	169	斯查勒分类法	265
切断低压	169	酸雨	233,234
青藏槽	167,168		
青藏高压	136	**T**	
		台风	184,186,187,188,189
R		太阳常数	34
热成风	123,124,125,137	梯度风	121,122
热赤道	37,249	天气	1,24,153,155,162,163
热带	54,264,266	天气气候学	2
热带低压	184	天气系统	153,167,169,170,176
热带东风急流	144	天气学	1

天文辐射	34,283
天文气候	53
条件不稳定	65
透明系数	40
透射率	31
湍流	72
湍流逆温	67

W

洼地逆温	69
纬向环流型	146
纬向环流指数	146
位势高度	111
位温	61
温带	54,264,266
温带急流(极锋急流)	144
温度的平流变化	70
温度对数压力图解	61
温度平流	70
温室气体	11,225,227,228
温室效应	46
沃克环流	208,209,222
物理动力气候学	2
雾	87,88
雾凇	86

X

西北槽	167,168
吸收率	31
峡谷风	217
下沉逆温	68
下垫面	44

霰	99
相对辐射率(比辐射率)	44
相对湿度	20
小气候学	2
行星边界层	14,187
行星风带(行星风系)	133,145,149
行星季风	206
行星气压带	134
虚温	26,27

Y

压高方程	105,106
阳伞效应	234
一个大气光学质量	40
印缅槽	167,168
永久性活动中心	134
雨凇	86
云	90,91,94,95,97,98,99,100

Z

蒸发	72,79
蒸发雾	89
直接辐射	39,285
中间层	15
中气候学	2
状态方程	25
准静止锋	159,160,163
自然气候学	2
自由大气	14
自由大气物理学	2
总辐射	39,42
阻塞高压(阻高)	168,169

参 考 文 献

Barry R G and R J Chorley. 1976. Atmosphere, Weather & Climate, 3rd, Edition, Methuen & Co ltd.

E 帕尔门, C W 牛顿著. 程纯枢等译. 1978. 大气环流系统, 北京:科学出版社

傅抱璞. 1983. 山地气候. 北京:科学出版社

傅抱璞等. 1994. 小气候学. 北京:气象出版社

符淙斌. 1980. 北半球冬季冰雪面积变化与我国东北地区夏季低温的关系. 气象学报, **38**(2)

Gates W L. 1977. Open Lecture, The Influences of the Oceans on Climate, Scientific lectures at the 28 th session of the EC WMO Bulletin, July

Gribbin J. 1978. Climatic Change, Cambrige University Presss

高国栋等. 1996. 气候学教程. 北京:气象出版社

Hess W N. 1974. Weather and Climate Modilfication, John Wiley & Sons

Kates R W etal. 1985. Climate Impact Assessment, Johnn Wiley & Sons

Kellogg W W and R Schware. 1981. Climate Change and Society, Westview Press

Kukia G J. 1978. Chenges in Snow and Ice in Climate Change

李克煌. 1993. 气象学与气候学基础教程. 郑州:河南大学出版社

梁必骐. 1996. 天气学原理. 北京:气象出版社

Lockwood J G. 1979. Causes of Climate, Edward Arnold ltd.

潘守文等. 1994. 现代气候原理. 北京:气象出版社

彭公炳等. 1992. 气候与冰雪覆盖. 北京:气象出版社

Sellers W D. 1965. Physical Climatology, Uuniversity of Chicago Presss, Chicago, Jllinois

施雅风主编. 1996. 中国气候与海面变化及其趋势和影响. 济南:山东科学技术出版社

王绍武. 1994. 气候系统引论. 北京:气象出版社

吴伯雄等. 1979. 气象学. 南京:江苏科学技术出版社

幺枕生. 1959. 气候学原理. 北京:科学出版社

叶笃正等. 1991. 当代气候研究. 北京:气象出版社

叶笃正,高由禧等. 1979. 青藏高原气象学. 北京:科学出版社

张家诚. 1981. 气候变化的基本概念及其预报问题的讨论——全国气候变化学术讨论会文集. 北京:科学出版社

张家诚等. 1976. 气候变迁及其原因. 北京:科学出版社

中国科学技术蓝皮书第 5 号. 1990. 气候蓝皮书气候. 北京:科学技术文献出版社

中国科学院西藏考察队. 1975. 珠穆朗玛峰地区科学考察报告(1966～1968)《自然地理》. 北京:科学出版社

中国气象局. 1997. 中国二十一世纪议程,气象行动计划

中山大学地理系. 1979. 气象学与气候学. 北京:高等教育出版社

周淑贞. 1955. 海洋性气候和大陆性气候. 北京:新知识出版社

周淑贞. 1997. 气象学与气候学(第三版). 北京:高等教育出版社
周淑贞,束炯. 1994. 城市气候学. 北京:气象出版社
周淑贞,张超. 1985. 城市气候学导论. 上海:华东师范大学出版社
朱乾根等. 1979. 天气学原理和方法. 北京:气象出版社
朱乾根,林锦瑞,寿绍文. 1981. 天气学原理和方法. 北京:气象出版社

毛卷云(上海郊区)

钩卷云(四川,冕宁)

卷积云（上海）

毛卷层云（江西，庐山）

透光高积云（江西，上饶）

蔽光高积云（上海）

荚状高积云（北京）

透光高层云（北京西郊）

浓积云（四川，冕宁）

鬃积雨云（内蒙古自治区）

淡积云（上海市郊）

蔽光层积云（浙江，洞头）

闪电（江西，庐山）

龙卷风（海南，海口）

雾凇（吉林）

虹（新疆，天山大西沟）

雾（上海市郊）